国家级工程创新综合实验中心规划教材

现代制造工程基础实习
(第3版)

徐建成　申小平　主编

国防工业出版社
·北京·

内 容 简 介

本书是根据教育部工程训练教学指导委员会课程组制定的标准，结合南京理工大学工程训练改革与发展的成果编写而成。

全书共10章，主要介绍工程概论、产品设计、材料成型、普通切削加工、数控加工、特种加工、质量检测、机械安全、智能制造、基于MBD的产品数字化设计制造一体化等。本书各实训项目配有典型案例，每章设有复习思考题，内容力求精简、实用。

本书是普通高等学校各专业的工程训练课程配套教材，也可供高职高专、成人教育学院选用及相关工程技术人员参考。

图书在版编目(CIP)数据

现代制造工程基础实习/徐建成，申小平主编．—3版．—北京：国防工业出版社，2022.7(2024.2重印)

ISBN 978-7-118-12535-1

Ⅰ.①现… Ⅱ.①徐… ②申… Ⅲ.①机械制造工艺-实习 Ⅳ.①TH16-45

中国版本图书馆CIP数据核字(2022)第112545号

※

国防工业出版社出版发行

(北京市海淀区紫竹院南路23号　邮政编码100048)

三河市天利华印刷装订有限公司印刷

新华书店经售

*

开本 787×1092　1/16　**印张** 21　**字数** 485千字

2024年2月第3版第2次印刷　**印数** 3001—6000册　**定价** 59.50元

国防书店：(010)88540777　　书店传真：(010)88540776

发行业务：(010)88540717　　发行传真：(010)88540762

前　言

“现代制造工程基础实习”（原课程名称：金工实习）是高等学校工程训练核心课程。《现代制造工程基础实习》（第3版）是在本书第1版、第2版基础上修订的。本书以“我国制造业发展战略”为背景，以培养学生工程创新实践能力为核心，全面优化内容体系，形成以下特色。

(1) 关注现代工程观教育。环境污染、生态失衡、资源短缺对人类工程活动提出了新的问题和挑战，所以正确认识工程和思考工程十分重要。本书第1章工程概论，介绍了工程的历史发展，阐述了工程与系统、工程与环境、工程与伦理、工程与文化的关系，使学生建立工程系统观、工程生态观、工程伦理观、工程文化观，培养学生工程创新综合素质与能力。

(2) 关注机械安全教育。机械化、自动化及信息化已成为工业领域的主要生产方式，人的不安全行为、机械的不安全状态等导致的安全问题已成为全社会面临的重要公共安全问题。所以，在高等学校工程训练课程中开展安全设计理念及安全标准教育意义重大。本书介绍了国外和国内机械安全标准发展情况、机械安全设计原则、风险评估和风险减小的过程，以及常用的机械安全设计防护方法。

(3) 强化产品开发创新思维与方法训练。创新驱动发展已经成为中国制造业发展的国家战略。中国制造要走向中国创造，设计创新是关键。本书介绍了产品开发策略、开发流程、工业设计的理念及方法和产品数字化设计技术。

(4) 强化智能制造相关技术训练。智能制造是制造业的发展方向。本书介绍了智能制造发展历程技术与内涵、智能制造生产线、基于MBD的产品数字化设计与制造一体化技术等智能制造相关内容。

本书共10章，编写分工如下：第1章由徐建成编写，第2章由徐建成、缪莹莹、周成、张巨香编写，第3章由潘诗琰、于晓伟、申小平、黄韦、荆琴编写，第4章由张巨香、荆琴、皮永江、申小平编写，第5章由刘东升、侯春霞编写，第6章由王景贵编写，第7章由申小平编写，第8章由居里锴、周成编写，第9章、第10章由周成编写。全书由申小平、周成统稿。

本书是南京理工大学工程训练中心国家级工程创新实验教学示范中心和国家级虚拟仿真实验教学中心建设的重点教材。本书参考了部分同行的论著，在此表示感谢。限于编者水平，书中难免有不足之处，恳请批评指正。

编　者

2022年4月

目　录

第1章 工程概论

教学基本要求：

(1) 了解工程的历史发展，建立正确的工程发展观。

(2) 了解制造业的地位和作用、制造技术发展历程。

1.1 工程的历史发展

1.1.1 工程的起源

工程是人类为了改善自身的生存、生活条件，根据当时对自然的认识水平，而进行的各类造物活动，即物化劳动过程。

工程是直接的生产力，工程活动是人类社会存在与发展的物质基础。在工程活动中，不但体现人与自然的关系，而且体现人与社会的关系。

富兰克林给“人”的定义：“人是制造工具的动物。”雅科米在《技术史》中也明确主张：“唯一与生命有关的不可辩驳的人类标准是工具的出现。”根据上述观点，可以认为工程和人类有着“合二为一”的起源，工程的历史和人类的历史一样久远。由于工程活动可以被理解为使用工具和制造工具、制造器物的活动，因此工程活动起源的追溯与对工具起源问题的追溯密切联系在一起。因为工具是为人所用，所以为了避雨遮风而建巢定居，有了“土木”工程；为了吃饭，开荒种地，有了农业和“食物”工程……

工程起源问题可以从两个层次来认识和分析：一是把工程活动与人类使用和制造工具的活动联系在一起，这就可以认为人类最初用物和造物的历史就是原意义上工程活动的开端。二是从严格意义上，将“居住工程”和与此相关的食物工程的出现作为工程诞生的标志。总之，工程首先起源于人类生存的需要，起源于人类对器物的需要，尤其是对工具的需要；然后是对居所的需要以及对一切非自然生成的有用物的需要，而制作、建造它们的活动，就成为人类的工程活动。

1.1.2 工程的历史阶段

在人类文明的发展历史上，从史前原始人制造的极其粗笨的石器直到今天制造宇宙飞船和芯片，工程活动经过了一个漫长且激动人心的历史过程。从工程发展的历史进程中，不但可以看到人类社会在物质文明方面的进步和发展，而且可以看到人类社会在精神文明和制度建设方面的进步和发展。工程发展的历史可分以下几个阶段。

1. 原始工程时期

从人类的诞生尤其是可以制造石器工具时算起，到1万年前农业出现，通常称为人类历史上的原始时代或史前时代，它对应于技术史分期中的旧石器时代，属于原始工程时期。

旧石器时代的早期，以打制石器为标志；旧石器时代的中期出现了骨器；旧石器时代的晚期石器出现小型化和多样化，甚至有简单的组合工具，如弓箭、投矛器等。这个时期，采集、狩猎和捕鱼是人类食物的全部来源，居所由最初的天然洞穴，逐步发展为人造居所。制造工具、用火、建筑居所、迁移是这个时期的主要工程内容。

2. 古代工程时期

从1万年前到15世纪属于古代工程时期。这个时期，人类开始使用新石器，开始定居并能够制作陶器、纺织品。新石器时代出现的制陶实践，使人们逐渐掌握了高温加工技术，从而使人类进入熔化铜和铁的金属时代。金属工具，特别是铁器工具的使用，提高了社会生产力，使得大型水利工程开始出现，农业生产力得到了空前的提高。

生产力的发展使社会的需求更加复杂多样，其社会内涵更加丰富。在古代中国，大型建筑结构和水利工程举世闻名。例如：万里长城，迄今为止仍是世界历史上最伟大的工程之一；都江堰作为中国最古老的水利工程之一，至今仍在发挥灌溉效益、造福社会；大运河、历代皇宫建筑等。

3. 近代工程时期

从15世纪到19世纪末属于近代工程时期。在这个时期，工程实践变得日益系统化。蒸汽机的发展和广泛使用成为工程发展历史中划时代的标志。它推动了机械工程、采矿工程、纺织工程、结构工程等的出现和发展。

从1650年前后开始，机械工程从机械钟表发展到蒸汽机的试制，再到瓦特发明的高效能蒸汽机，形成从动力机到工具机的生产技术体系，同时意味着一种复杂的系统工程的出现。机器的出现标志着工业革命的开始，从而使大型且集中的工厂生产体系取代了分散的手工作坊。在这个工程时期完成了第一次产业革命，从而使人类真正进入了工业社会。

4. 现代工程时期

19世纪末以来属于现代工程时期。19世纪工业工程在西方迅速发展，这个时期称为“指数增长的工程时代”。特别是在工程活动中出现了“福特制”和“泰勒制”，零部件生产标准化和流水作业线相结合，使生产效率得到空前提高，工业工程史进入了一个新的历史阶段。

19世纪末~20世纪初，基于电学理论而引发的电力革命使人类进入了“电气化时代”。电力革命成为第二次产业革命的基本标志。电气化时代的开端也就是现代工程时期的开端。

20世纪随着计算机的发明和使用，人类在技术上逐渐进入了“信息时代”，它形成了与过去的工业时代许多不同的特征，又称为“后工业时代”。在这个新时期，形成了以高科技为支撑的核工程、航天工程、生物工程、微电子工程、软件工程、新材料工程等。

综上所述，可以粗略地归纳总结出表1-1所列的工程发展历程，可以在总体上把握工程发展的历史进程。

表 1-1 工程发展历程

工程的历史分期	原始工程时期	古代工程时期	近代工程时期	现代工程时期
持续时间	人类诞生—1 万年前	1 万年前— 15 世纪	15 世纪—19 世纪末	19 世纪末—现在
工程科学史	经验的⟶科学的			
工程产业史	渔猎、采集⟶农业⟶工业⟶信息业等			
工程技术史	手工工程⟶机械工程⟶自动工程⟶智能工程			
工程造物史	打磨/建造⟶制造/构造⟶重组再造			
工程对象史	宏观物体⟶分子/原子⟶原子核/电子			
工程精度史	模糊时代⟶毫米时代⟶微米/纳米时代			
工程材料史	石器时代⟶铜/铁器时代⟶钢铁/高分子时代⟶“硅器”时代			
工程能源动力史	体力⟶畜力/水力⟶蒸汽/电力⟶核能等			
工程空间扩展史	地面工程⟶地下工程⟶海洋工程⟶航空航天工程等			
工程社会史	个体工程⟶简单协作工程⟶系统工程⟶大系统与超大系统工程			
工程方法史	个性化、经验化时期⟶共性化、单一化⟶智力化、知识化			
工程思想史	敬畏自然⟶征服自然⟶人与自然和谐共存			

1.1.3 未来工程与工程创新人才

1. 未来工程发展背景

随着科学、技术、经济、政治以及环境的加速变化，人类面临前所未有的挑战和机遇。其中，全球性的人口膨胀、资源匮乏、环境污染、自然灾害以及战争等重大问题，共同构成了未来相当长一段时间内工程活动的基本问题背景。

(1) 经济全球化促使工程国际化。随着经济的全球化，工程要素的获取和使用已在全球范围内进行。工程活动在相当程度上超越了时空限制，其规模和复杂性大大增加，风险和不确定性也随之增大。所以，跨国界的工程团队必将在未来的工程创新中发挥越来越大的作用。

(2) 知识的爆炸性增长和知识经济的来临，为工程的发展提供了强大的推动力。知识的爆炸性增长为未来工程活动奠定了全新的知识基础，同时也使未来的工程领域发生根本变化。随着知识价值的不断增加，人类已经开始进入以对知识资源的占有、生产、分配和使用为关键要素的知识经济时代，为工程科学、工程技术和工程实践变革提供全新的契机。

(3) 社会、经济、环境的变化所提出的一系列重大问题影响工程发展的基本方向。随着世界人口总量和经济总量的不断增长，自然环境承受着越来越大的压力，人与资源之间的矛盾不断加剧，资源匮乏、能源危机、粮食不足、全球变暖等问题都在极大地威胁人类的持续生存和发展。如何通过工程活动的生态化支撑人类的可持续发展，如何建设资源节约型、环境友好型社会，是摆在人类面前的关键问题。

(4) 人类社会发展开始出现某些新的风险特征，要求对工程活动重新定义。环境污染、资源枯竭、食品安全、交通与生产安全、新型疾病、恐怖袭击、大规模杀伤性武器及其扩散等，都使得当代人处在一个充满风险的环境之中，而所有这些风险都与现代科学、技术和工程具有密不可分的关联。因此，充满风险的社会为工程发展提出了包括工程伦理在内的一系列新课题，它要求人们在深入思考充满风险的社会基础上提出对策并解决工程的创新问题。

2. 未来工程发展的基本趋势

新背景下，未来工程的发展呈现以下10个基本趋势。

(1)形成新的工程理念。为降低工程活动带来的重大负面影响，未来工程活动必须建立在自然规律和社会规律基础上，遵循社会道德、社会伦理以及社会公平公正的准则，以促进人与自然、人与社会、工程与自然、工程与社会的协调发展为出发点，并在工程系统的决策、设计、构建和运行中充分体现人性化。

(2) 工程系统观将成为工程活动的主导原则之一。为全面领会当代复杂工程系统，人们正在努力从系统视角来建立整体论视野，以便寻求在多元要素间的系统集成与和谐运行，并构建功能良好的工程系统。

(3) 与工程知识相关的各类知识将迅速走向交叉和融合。人类与工程相关的知识已经从宏观深入到微观乃至超微观，工程造物的"精度"也从"经验时代"进入"毫米时代""微米时代"，目前正在向"纳米时代"推进。因此，促使众多工程领域不断走向交叉和融合。

(4) 大尺度的工程创新将成为工程创新活动的重点内容。随着工程活动规模的不断扩展，工程的系统性越来越强、集成度越来越高，包括多种时间尺度和不确定性以及社会、自然与工程之间的互动，大尺度工程系统成为工程发展的重要趋势。

(5) 社会科学知识在工程创新活动中的重要作用将日益显现。随着工程发展，工程与社会之间越来越紧密关联。目前，许多企业的研究开发中心不仅包括工程技术专家、科学家和工程管理者，还包括社会科学家与人文科学家，共同从事研究开发和工程创新，鲜明地体现了工程创新活动的跨学科特征。

(6) 经济全球化将使工程国际化程度越来越高。随着技术设施的成熟和经济的全球化，未来工程问题的解决将更多地在全球范围内协同进行，参与主体将包含遍布全球的跨学科团队成员、公共官员以及全球客户等。在这种情况下，只有充分尊重民族文化的多样性，才能使工程活动符合建设和谐世界和人类命运共同体的需要。

(7) 未来的工程将逐步成为对环境保护有益的绿色工程。资源匮乏、环境污染和生态失衡使人们的生态意识不断增强，生态平衡和生态健康开始成为工程建设的一个硬指标，生态价值成为工程活动的内在价值追求。在未来的工程活动中，人类在展示自己依靠自然、认识自然、适应自然以及合理改造自然的智慧和力量的同时，将会更加注重人类与其他生物、人类与环境的友好相处。

(8) 工程设计的理论和方法将发生重大变革。随着工程实践的规模扩大和复杂性增加，人类越来越难以预见自己构建的系统的所有行为。为此，人们将采用计算机仿真等新的虚拟实践手段进行大尺度工程系统创新的试验与评估。另外，人们将进一步考虑工程系统设计的原则，发展新的容错设计手段，以使工程创新的失败不至于造成重大灾难。此外，将民主原则深入设计过程，广泛听取利益相关者的呼声，也是应对工程活动不确定性的一种有效途径。随着工程科学的发展，人类在不确定条件下对工程系统的驾驭能力会不断提升。

(9) 工程科学的研究也将发生重大变革。随着工程系统的扩展，新的跨学科工程系统研发领域也将蓬勃发展，该研究领域主要立足于四类基础性学科之上，即系统结构、系统工程与产品看法、运筹学与系统分析、工程管理与技术政策。

(10) 公众理解和参与工程成为未来工程建设的重要社会基础。工程直接关系到大众的利益和社会的福祉,公众作为重大工程创新的利益相关者,有权利参与这类工程创新的决策和实施过程。

3. 未来工程人才素质要求

面对一系列重大挑战和问题,人类最终还得靠自己(包括依靠高素质的工程人才)。那些直接参与工程创新活动的工程人才,肩负着通过工程来营造人类未来的重大使命。由于工程塑造未来的作用越来越大,因此在工程中的风险问题也会越来越严峻,未来工程对工程人才的素质要求就会与过去有所不同,未来工程人才评估标准与强化素质如表1-2所列。

表1-2 未来工程人才评估标准与强化素质

评估标准①	需要强化的素质
应用数学、科学与工程等知识的能力	经验、知识积累和工程经历
进行工程设计、实验分析与数据处理的能力	需要有开放和灵活的整体思维能力
根据需要设计部件、系统、过程的能力	具备比较强的组织领导才能
多种工程训练的综合能力	需要明白自己肩负的伦理重任
验证、指导及解决工程问题的能力	具备开阔的专业视野
对职业道德及社会责任的了解	拥有较强的人际交往能力与合作精神
有效地表达与交流的能力	具有时间管理才能和跨文化沟通能力
懂得工程问题对全球环境和社会的影响	具有全球视野和前瞻性
终生学习的能力	有更强的知识更新能力
具有当今时代问题的知识	完善的知识结构
应用各种技术和现代工程工具解决实际问题的能力	拥有强大的分析问题和解决问题的能力,具有很强的工程创新能力

①美国工程与技术认证委员会对21世纪新的工程人才提出的评估标准。

总之,当今社会日益加速的技术进步和有关工程活动引发的重大议题,呼唤大批优秀新型工程人才的涌现。他们不仅具有处理最棘手系统问题的勇气,而且具有带动其他人一起工作的组织领导才能;他们不仅关切与供应商、分销商、客户以及其他利益相关者之间的合作关系,而且关切与工程系统有关的社会问题和公共政策的讨论。这些具有新工程理念的优秀工程人才,正是人类通过工程活动塑造和谐世界与美好未来的人才基石。

4. 工程创新与工程创新人才

1) 工程创新

工程创新是指在工程中每个环节和每个因素发生的或大或小、或全局性或局部性的创新活动,包括多方面的具体内容和多种不同的表现形式:工程理念创新、工程观念创新、工程设计创新、工程技术创新、工程制度创新、工程维护创新、工程退出机制创新等。工程创新是对科学技术、经济、管理、制度等要素的高效集成创新,是多维度、多因素和多环节以及多学科知识交叉综合运用的过程,是国家创新体系运行的基本实践形式之一。

工程创新的过程是不断突破壁垒和躲避陷阱的过程，分为继承、引进消化吸收、要素集成再创新和自主创新四个阶段。工程创新与科学发现和技术发明活动不同：科学发现和技术发明活动以“可重复性”为基本特征，而工程创新以“唯一性”和“当时当地性”为基本特征，这就使创新必然成为工程活动的内在要求。因此，必须从“全要素”和“全过程”的观点认识和把握工程创新活动。

2）工程创新人才

工程创新是由工程人才开创、设计、实施和完成的。工程师、工人、管理者和投资者是四类最基本的工程创新人才。工程创新人才通常采用表1-3所列体系进行评价。

表1-3　工程创新人才的评价指标体系

模块	指标	赋值(解释或说明)
素质	情商(EQ)	能够良好地认识并管理自身情绪，能够自我激励，能承受压力，人际关系良好等
	智商(IQ)	IQ≥140：天才；120≤IQ<140：非常优秀；110≤IQ<120：优秀；90≤IQ<110：智力平常
知识	科学知识	创新源于深厚的科学技术知识基础、宽广的知识面和合理的知识结构，同时科学思想、科学精神、科学态度和科学方法在获得科学知识过程中得到熏陶和培养。采用知识测试法评价科学知识
	专业知识	社会分工是让有专长的人做自己擅长的事。可选取学历、成绩评价专业知识
	人文知识	人文知识主要指人文领域(主要是精神生活领域)的基本知识，如文学、历史、哲学、艺术等。采用知识测试法评价人文知识
	经验知识	经验有助于快速将知识和问题联系起来，提高面对问题的应变性和前瞻性。选取工作时间为参数(岗位适应时间和岗位适应度等)或问题测试法评价经验知识
	国际知识	包括第二语言、国外经历等，采用知识测试法评价国际知识
技能	基本技能	基本技能是指基本能力和方法，包括学习能力、分析能力、综合能力、想象能力、批判能力、解决问题能力、实践能力、组织协调能力、整合与转化能力、人际交往和国际交往能力等。采用问题测试法评价基本技能
	创新技能	综合运用创新理念、思维、意识、方法及要素集成的能力。采用工程创新成果评价创新技能
创新表现	技术创新	发明成果数量、专利数量、论文数量、专著数量、参与项目数量等为参数评价技术创新
	管理创新	从引入新型的管理方法与手段、革新企业管理、流程优化、提高效率、降低成本等方面选取参数评价管理创新
	思想理念创新	从引入新型的商业模式、新工艺、新设备、新材料、新服务、新工作方法等方面选取参数评价思想理念创新
	制度市场创新	从引入新型的制度、提高市场反应速度、开辟新的市场等方面选取参数评价制度市场创新
	行为创新	可用某一时间段内业绩的增加、工作态度的转变、工作积极性的提高等方面衡量，即工作绩效为参数评价行为创新

1.2 工　程　观

1.2.1 工程与系统

1. 工程的系统构成

工程是按照特定目标及其技术要求建构，由工程人才、物料、能源、设施、工具等要素形成有机整体,并受自然、技术、经济、社会、管理等工程环境的影响。任何具体工程都是作为功能单元存在并发挥作用,工程单元组成如图 1-1 所示。工程系统是以工程过程系统为核心,以工程战略、组织协调、工程过程为主线,以工程技术、工程管理、评估控制为支撑的有机整体,其结构如图 1-2 所示。

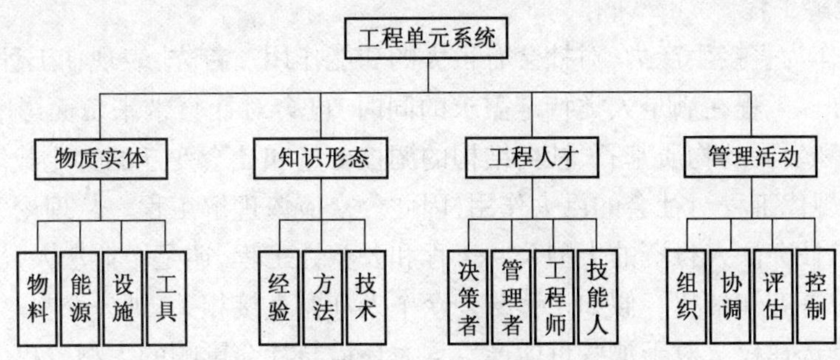

图 1-1　工程单元组成

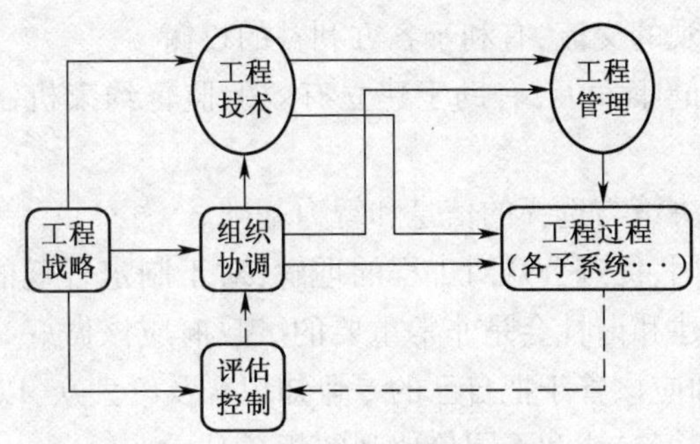

图 1-2　工程系统结构

现代工程系统正在由简单结构向复杂结构、层次结构向网络结构、静态结构向动态结构、显性结构向隐性结构等变化。因此,综合集成法是解决现代复杂工程的重要方法,其在实际应用中的主要特点及要求,具体如下:

(1) 根据系统的复杂机制和变量众多特点,把定性分析和定量分析有机结合。

(2) 根据系统综合集成思想,把理论与经验、规范性与创新性有机结合。

(3) 根据复杂巨系统的层次结构,把宏观、中观与微观研究统一起来,将内外环境与媒介环境结合起来。

(4) 根据人机特点及信息的重要作用,将专家群体与数据信息和计算机科学技术有机结合。

2. 工程系统观

工程是一个包括多种要素的动态系统,在认识、分析和观察工程时,不但要认识其组成的各种要素,更要把工程看成一个系统,用系统的观点认识、分析和把握工程。新的工程系统观要求工程活动建立在符合客观规律的基础上,遵循自愿节约、环境友好及社会和谐的要求和准则。

现代工程师应该树立正确的工程系统理念，掌握系统思维和系统分析方法，扩大观察视野和知识范围，努力成为具有战略眼光、系统思维和综合素质的新型工程人才。

1.2.2 工程与社会

1. 公众理解工程

工程活动作为直接生产力，对社会有很大的功能作用。首先，表现在工程对社会影响的二重性上，许多工程在满足人类特定需求的同时，也会对社会带来负面影响。其次，工程是社会存在和发展的物质基石、社会结构的调控变量和社会变迁的文化载体。

正是由于现代工程对社会的巨大作用，因此公众应该理解工程。从理论、内容和政策层面看，无论是社会法人投资的大型公共工程和公益性工程，还是企业法人投资的商业性工程，公众都应享有知情权。假如工程与公众个人利益直接相关，则公众在享有知情权的基础上，还享有选择权。对于那些可能产生重大环境与社会影响的大型工程，公众在享有知情权的基础上，还享有表达意见的权利，甚至是某种形式的决策参与权。

公众理解工程对工程建设和发展具有重要意义，具体表现在以下几个方面。

（1）促进多种价值观的交流，有利于各方利益的权衡。

（2）有利于工程的健康发展，有助于建立有效的监督约束机制，减少工程中的腐败行为。

（3）可以扩大工程决策与选择的信息和智力基础。

中国是一个工程大国，促进公众对工程的理解，对于制定合理的工程决策、提高工程质量、消解社会冲突、构建和谐社会是非常重要的。政府应该做好有关工程信息的发布、传播与普及工作；工程师应该善于把自己的专业知识普及给大众，以适当的方法促进社会公众的各类经验、知识相互交流和不同价值观的相互对话。

2. 工程社会观

工程社会观是“完整的工程观”的不可缺少的重要组成部分。从社会的角度“观”工程，认识工程的社会性，理解与工程相关的社会问题，对于促进工程与社会发展之间的和谐是非常重要。

工程师作为“工程共同体”的主体，应该树立正确的工程社会理念，在未来的工程活动中，多从社会的视角来审视工程，并让公众理解工程，最大限度地降低工程对社会的负面影响，保证社会的可持续发展。

1.2.3 工程与环境

1. 工程与自然

工程活动作为人与自然相互作用的中介，对自然、环境、生态都产生直接的影响，特别是 20 世纪下半叶以来，生态环境问题已经日益突出，严重影响了人类的生存质量和可持续发展。工程与自然之间的矛盾，具体表现在以下几个方面。

（1）生产过程的单向性与自然界的循环性的矛盾。

（2）工程技术的机械片面性与自然界的有机多样性的矛盾。

（3）工程技术的局部性、短期性与自然界的整体性、持续性的矛盾。

2. 工程生态观

工程生态观是人类在工程活动剧烈、技术手段多样、自然环境变得脆弱的背景下理性反思的产物,既有对技术滥用的担忧,也有对合理利用技术的期望,更有对工程、技术、生态一体化设计的理想追求。工程生态观的基本思想可以概括为以下四个方面。

1) 工程与生态环境相协调的思想

工程活动作为人与自然相互作用的中介,无论效果怎样,只能是"自然—人—社会"大系统中的一个角色;无论成就如何,工程活动总不能超出规律的约束。人类在工程活动中应该尊重自然,承认自然存在的合理性和价值,把工程事物作为自然生态循环的一个环节,树立科学的工程生态观,做到工程的社会经济和科技功能与自然界的生态功能相互协调和相互促进。

2) 工程与生态环境优化的思想

从自然生态系统自身循环来看,任何工程活动都会影响自然生态自我运行,对环境造成后果。因此,人们应当以对这些后果负责的态度,形成新的工程观指导工程活动进行环境优化和环境再造。一方面,将工程活动的负面影响控制在自然生态系统可以自我调节的限度之内,从而保证自然生态系统的良性循环;另一方面,通过工程活动对自然生态系统自身的盲目性、破坏性加以因势利导,为我所用,从而使工程活动在追求经济社会效益的同时,能融入自然生态循环,以改善和优化生态环境。

3) 工程与生态循环技术思想

工程与生态循环技术思想要求在进行工程活动的技术选择过程中,考虑并吸收生态环境的要求,开发出能和生态环境相和谐的技术成果。人类的工程活动应该是各种绿色循环技术的集成,从要素上体现工程活动的生态性,真正实现工程活动是自然生态循环的一个环节,并符合生态环境自我运行规律。

4) 工程与生态再造思想

人类的工程活动引起自然环境破坏的同时,也孕育着保护自然环境的理念,会创造优化环境和获得生态再造的新理念和新方式。因此,工程规划与设计应将工程活动的工程效应与生态效应和环境效应综合考虑,不仅使工程避免负面效应,而且可以进一步通过工程建造优化生态环境,实现生态良性循环的工程再造。

1.2.4 工程与伦理

1. 工程伦理概述

在工程活动中存在许多不同的利益主体和利益集团,如何公正、合理地分配工程活动带来的利益、风险和代价,是当代工程伦理学所直接面对和必须解决的重要问题之一。

广义的工程伦理,主体是参与工程活动的工程共同体,包含参与工程设计和建设以及工程运转和维护各环节的工程师、工人、管理者、其他利益相关者;内容是指导工程实践的道德价值,解决工程中道德问题的伦理准则以及论证与工程有关道德判断的标准。狭义的工程伦理,仅指工程师的职业道德规范和社会责任意识。

工程伦理是调整工程与技术、工程与社会之间关系的道德规范,是在工程领域必须遵守的伦理道德原则。工程伦理的道德规范是对从事工程设计、建设和管理工作的工程人员的道德要求;其主要道德规范:责任、公平、安全、风险。责任、公平是普遍伦理原则,安全、风险是工程伦理特有的原则。工程伦理研究工程师及其他工程人员职业道德素质、行为规范及其伦理控制机制，在充分总结工程活动的道德要求和工程技术实践的基础上，提出工程师及其他工程人员应具备的道德素养和伦理规范。

2. 工程伦理准则

工程建设应遵循的工程伦理准则：以人为本、关爱生命、安全可靠、关爱自然、公平正义。

（1）以人为本的准则。以人为本就是以人为主体，以人为前提，以人为动力，以人为目的。它既是工程伦理观的核心，又是工程师处理工程活动中各种伦理关系最基本的伦理准则。

（2）关爱生命的准则。始终将保护人的生命摆在重要位置，是对工程师最基本的道德要求，也是所有工程伦理的根本依据。

（3）安全可靠的准则。在进行工程技术活动时必须考虑安全可靠，对人类无害。

（4）关爱自然的准则。工程活动要有利于自然界的生命和生态系统的健全发展，提高环境质量。工程技术人员在工程活动中要坚持生态伦理原则，要在开发中保护，在保护中开发，建立人与自然的友好伙伴关系，实现生态的可持续发展。

（5）公平正义的准则。在工程活动中体现尊重并保障每个人合法的生存权、发展权、财产权、隐私权等权益，树立维护公众权利的意识，不任意损害个人利益，有利于他人和社会。

在现代工程活动中，工程师扮演了极其重要的专业角色。工程自身的技术复杂性和社会联系性，必然要求工程师不仅要精通技术业务，能够创造性地解决有关技术难题，还要善于管理和协调，处理好与工程活动相联的各种关系。最重要的是，工程活动对社会和环境越来越大的影响，要求工程师能够突破技术眼光的局限，对工程活动的全面社会意义和长远社会影响建立自觉的认识，承担起全部的社会责任，如表1-4所列。总之，工程师对社会和职业的忠诚应该“高于”和“超过”对直接雇主的忠诚。

表1-4　工程师的伦理规范与责任准则

国际电机电子工程师学会提出的伦理规范	美国工程师协会提出的五大基本准则	中国台湾的“中国工程师协会”提出的四大“中国工程师信条”
秉持符合大众安全、健康与福祉的原则，承担进行工程决策的责任，并且立即揭露可能危害大众或环境的因素	工程师在完成其专业任务时，应将公众安全、健康、福祉放在至高无上的位置优先考虑，并作为执行任务时的标准	工程师对社会的责任：守法奉献、尊重自然
避免任何实际或已察觉（无论何时发生）的可能利益冲突，并告知可能受影响的团体	应只限于在足以胜任的领域从事工作	工程师对专业的责任：敬业守分、创新精进
根据可取得的资料，诚实并确实地陈述、声明或评估	应以客观诚实的态度发表口头或书面意见	工程师对雇主的责任：真诚服务、互信互利
拒绝任何形式的贿赂	应在专业工作上，扮演雇主、业主的忠实经纪人、信托人的角色	工程师对同僚的责任：分工合作、承先启后
改善对于科技的了解、合适的应用及潜在的结果	避免以欺瞒的手段争取专业职务	

（续）

国际电机电子工程师学会提出的伦理规范	美国工程师协会提出的五大基本准则	中国台湾的“中国工程师协会”提出的四大“中国工程师信条”
维持并改善技术的能力；只在经过训练或依经验取得资格，或相关限制完全解除后，才为他人承担技术性相关任务	—	—
寻求、接受并提出对于技术性工作的诚实批评；了解并更正错误；适时对他人的贡献给予赞赏	—	—
公平地对待所有人，不分种族、宗教、性别、伤健、年龄与国籍	—	—
避免因错误或恶意行为而伤害到他人，包括其财产、声誉或职业	—	—
协助同事及工作伙伴在专业上的发展，以及支持他们遵守本伦理规范	—	—

1.2.5 工程与文化

1. 工程文化

工程文化是“工程”与“文化”的融合，是文化的一种表现形式。广义的工程文化是人类为社会生存和发展在设计、生产、经营和消费活动中形成的物质和精神成果的总和。狭义的工程文化是指在实际工程活动中所设计的文化现象，即在工程领域、工程活动的各个环节中所发生、反映、传播的具有工程特色的文化现象，是在人类工程活动中产生的物质和精神成果的总和。工程文化是人类从事工程活动的记录，是工程历史发展的积淀，具有整体性、渗透性、时空性、审美性和民族精神等特性。

工程文化通过工程这个载体不断进行新陈代谢和演变，可以将其分为三个层次来理解：实践物质层、生态环境层、核心价值层。其内涵是知识、思维、方法、制度、精神、实践（图 1-3）。

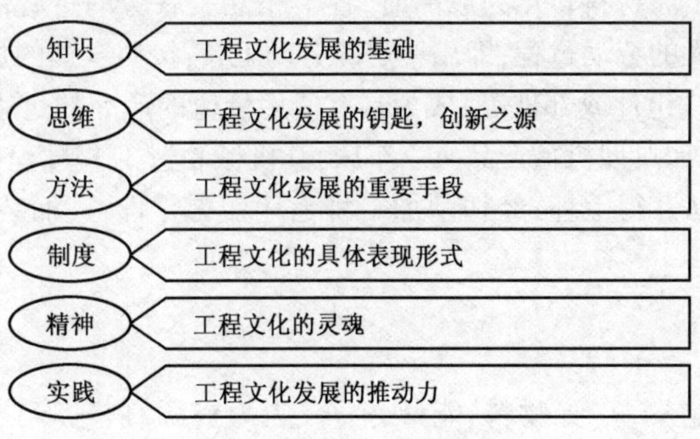

图 1-3　工程文化的内涵

工程文化在工程活动中所起的作用是广泛的、深刻的，并随人类文明的进步而越来越重要,越来越突出,具体表现在以下4个方面。

(1) 工程文化影响工程设计的结果。

(2) 工程文化影响工程实施的质量。

(3) 工程文化影响工程评价标准的合理性。

(4) 工程文化影响工程未来的发展图景。

总之,工程文化与工程活动息息相关,是工程活动的“精神内涵”和“黏合剂”,富含工程文化要素的工程才会有强大的生命力。

2. 工程文化观

“文化”是基础,“工程”是平台,而在这个平台上,不同的产业现象又不断演绎文化的发展与变迁,工程与文化的完美结合是工程师追求完美工程的目标。树立正确的工程文化理念,从文化的高度审视工程,在未来从事工程活动的过程中能自觉融入人文精神,并不断发现、不断创新。

1.3 制造业的发展

1.3.1 制造

制造,即人类按照市场需求,运用主观掌握的知识和技能,借助手工或可以利用的客观物质工具,采用有效的工艺方法和必要的能源,将原材料转化为最终物质产品并投放市场的全过程。制造的概念有广义和狭义之分:狭义的制造是指生产车间与物流有关的加工和装配过程;广义的制造包括市场分析、产品设计、工艺设计、生产准备、加工装配、质量保证、生产过程管理、市场营销、售前售后服务,以及产品报废后的回收处理等整个生命周期内一系列相互联系的生产活动。

制造系统是指由制造过程及其所涉及的硬件、软件和人员组成的一个具有特定功能的有机整体。现代制造系统是一个工厂或企业所包含的生产资源和组织机构,即综合考虑物质流、信息流和能量流三者的关系,将现代工业生产和产品的决策、质量评价和市场信息等有效地融为一体,如图1-4所示。

制造过程是指由原材料转化为成品时,各个相互关联劳动过程的总和,如图1-5所示。其基本内容是人的劳动过程,即用一定的劳动工具,按照合理的加工方法使劳动对象(如材料、毛坯、工件、组件或部件等)成为具有使用价值的产品的过程。工艺过程是制造过程中的主要部分,如典型机械产品——车床,其机械制造工艺过程(图1-6)包括:用铸造、锻造、焊接的方法获得毛坯,经切削加工将毛坯变为零件,进而装配成组件-部件,直至成为整台车床。

1.3.2 制造业

制造业是将制造资源(如物料、能量、资金、人力资源、信息等),通过制造过程转化为可供人们使用和消费的产品的行业。制造业是所有与制造有关的企业群体的总称。制造业涉及国民经济的许多部门,一般包括机械、食品、化工、建材、冶金、纺织、电子等行业。

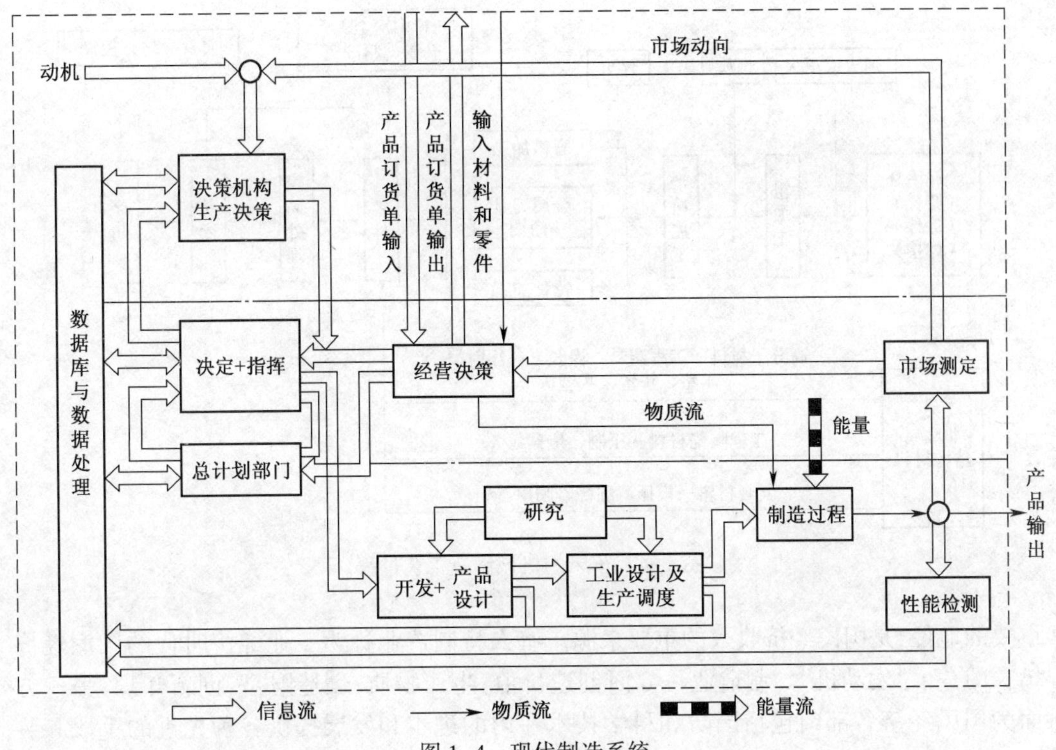

图 1-4 现代制造系统

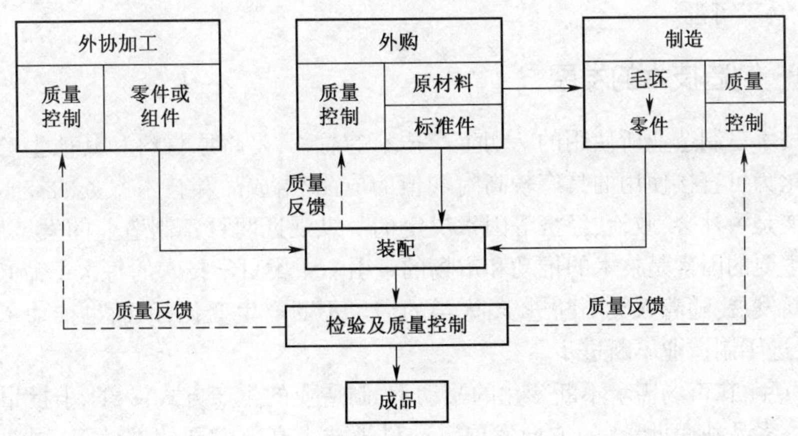

图 1-5 产品制造过程

在国民经济产业结构中通常有三大产业:第一产业为农业,第二产业为工业,第三产业为服务业,其中工业分为制造业、建筑业、采掘业以及电力、煤气、水的生产供应业等。

在工业经济时代,一个国家的制造业增长一般高于其国内生产总值(GDP)的增长。例如:美国 1950—1980 年 GDP 平均增长率为 3.42%,而制造业平均增长率为 4.78%,其对 GDP 增长的贡献率为 36.5%。

上述数据表明,制造业是一个国家经济发展的支柱,在整个国民经济中一直处于十分

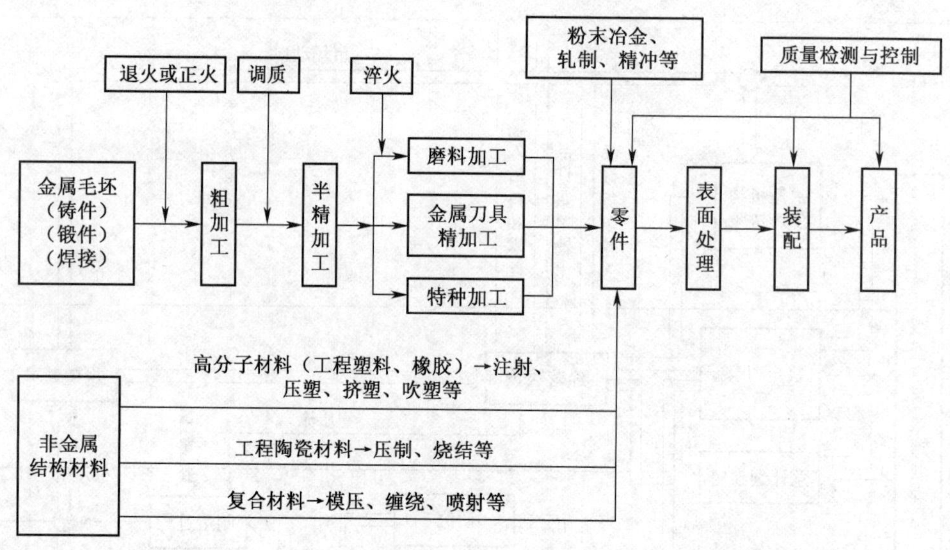

图 1-6　车床的机械制造工艺过程

重要的地位，是国民经济收入的重要来源。有人将制造业称为工业经济时代的国家经济增长的一个“发动机”。制造业一方面创造价值：生产物质、创造财富、创新知识；另一方面为国民经济各部门包括国防和科学技术在内的进步和发展提供各种先进的手段和装备。在工业化国家中，约有 1/4 人口从事各种形式的制造活动。纵观世界各国的经济腾飞，制造业功不可没。

1.3.3　制造技术的发展

制造技术是制造业所使用的一切生产技术的总称，是将原材料和其他生产要素经济合理地转化为可直接使用的具有较高附加值的成品/半成品和技术服务的技术群。制造技术的发展是由社会、政治、经济等因素决定的。纵观近两百年制造业的发展历程，影响其发展最主要的因素是技术的推动和市场的牵引。人类科学技术的每次革命必然引起制造技术不断发展；随着人类不断进步，人类的需求不断产生变化，因而也推动了制造业不断发展，促进了制造业不断进步。

近两百年，在市场需求不断变化的驱动下，制造业的生产方式沿着“小批量→少品种→大批量→多品种变批量”的方向发展。在科学技术高速发展的推动下，制造业的资源配置沿着“劳动密集→设备密集→信息密集→知识密集”的方向发展，与之相适应的制造技术沿着“手工→机械化→单机自动化→刚性自动化→柔性自动化→智能自动化”的方向发展。

自 18 世纪以来，制造技术的发展经历了以下 5 个发展时期。

1. 工场式生产时期

18 世纪后半叶，以蒸汽机和工具机的发明为标志的产业革命，揭开了近代工业的历史，促成了制造企业的雏形——工场式生产。其标志着制造业已完成从手工业作坊式生产到以机械加工和分工原则为中心的工场生产的艰难转变。

2. 工业化规模生产时期

19世纪电气技术得到了发展,由于电气技术与其他制造技术的融合,所以开辟了电气化新时代,制造业得到飞速发展,制造技术进入了批量生产、工业化规范生产的新局面。

3. 刚性自动化发展时期

20世纪初,内燃机的发明,引起了制造业的革命,流水线生产和泰勒式工作制及其科学管理方法得到了应用。特别是第二次世界大战期间,以大批量生产为模式,以降低成本为目的的刚性自动化制造技术和科学管理方式得到了很大的发展。例如:福特汽车制造公司用大规模刚性生产线代替手工作业,使汽车的价格在几年内降低到原价格的1/8,促进了汽车普及到普通家庭,奠定了美国经济发展的基础。然而,这类自动机和刚性自动线生产工序和作业周期固定不变,仅适用于单一品种的大批量生产的自动化。

4. 柔性自动化发展时期

自第二次世界大战之后,计算机、微电子、信息和自动化技术迅速发展,推动了生产模式由大批量、中批量生产自动化向多品种、小批量柔性生产自动化转变。在此期间,形成了一系列新型的柔性制造技术,如数控技术、计算机数控、柔性制造单元、柔性制造系统等。同时,有效地应用系统论、运筹学等原理和方法的现代化生产管理模式,如及时生产、全面质量管理开始应用于生产,以提高企业的整体效益。

5. 综合自动化发展时期

自20世纪80年代以来,随着计算机及其应用技术的迅速发展,促进了制造业包括设计、制造和管理在内的单元自动化技术逐渐成熟和完善,如计算机辅助设计与制造、计算机辅助工艺规划、计算机辅助工程、计算机辅助检测,在经营管理领域的物料需求规划、制造资源规划、企业资源规划等,在加工制造领域的直接或分布式数控、计算机数控、柔性制造单元/系统、工业机器人等。为了充分利用各项单元技术资源,发挥其综合效益,以计算机技术为中心的集成制造技术从根本上改变了制造技术的面貌和水平,并引发了企业组织机构和运行模式革命性的飞跃。在此期间,体现新制造模式的计算机集成制造系统、并行工程以及精良生产等得到了实践、应用和推广。此外,各种先进的集成化、智能化加工技术和装备,如精密成型技术与装备、快速成型技术与系统、少无切削技术与装备、激光加工技术与装备等进入了一个空前发展的阶段。

思考题

1-1 工程发展的历史阶段分为哪几个阶段?每阶段的特点是什么?

1-2 未来工程人才的基本素质要求与能力标准是什么?

1-3 从人与自然、人与社会的角度,阐述工程观包含的具体内容。

1-4 试述现代制造系统的内涵。

1-5 产品制造过程是什么?车床的机械制造工艺过程包括哪些?

1-6 制造技术的发展大致经历的5个发展时期是什么?

第2章 产品设计

教学基本要求：

(1) 了解产品设计流程。

(2) 了解工业设计的定义、重要性、设计要求及评价方法。

(3) 了解 CAD/CAE 技术的概念、应用及常见的 CAD/CAE 软件系统。

(4) 了解 3D 打印原理、制造流程及典型应用。

2.1 产品设计流程

2.1.1 产品

人们通常只把物质的制品作为产品来认识，包括农产品、建筑物以及各种工业产品。随着信息时代的到来，产品的概念越来越广，服务性业务也是一种无形产品，如软件制作、咨询服务、金融贷款或保险业务等。因此，产品不仅有有形的物质产品，也有无形的知识产品和服务产品。产品概念的内涵如图 2-1 所示。从图 2-1 可知，产品是指能够提供给市场，被人们使用和消费，并能满足人们某种需求的任何东西。

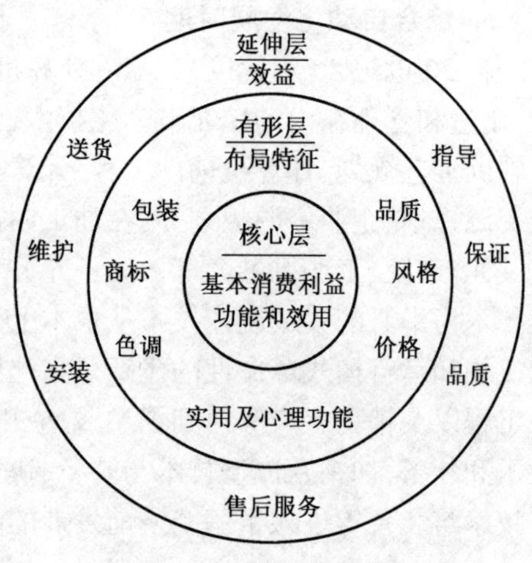

图 2-1 产品概念的内涵

产品是生产活动的源头和生产过程的结果，同时产品自身也存在从产生到消亡的生命周期。产品的生命周期大体上由四个阶段组成：产品开发、产品的制造和销售、产品的使用和维修以及产品的废弃和再造。

例如，汽车是 20 世纪最重要的交通工具之一，是人们最喜欢的产品之一。汽车主要由发动机、传动机构、行驶机构、电子/电气设备等机构组成，而这些机构总成由许多零件的组件构成。它的基本结构和工作原理，如图 2-2 所示。

2.1.2 产品设计概念

产品的总体特征和性能都是在设计中确定的。设计的结果，即产品的几何形状和技术特征是以工程图样、零件明细表、几何模型等形式的文档表达，并提供给后续的计划部门和生产部门。因此，产品设计，即产品形态的确定，其在产品形成过程中占有核心的地位。产品设计决定产品在市场上的成功与否，同时作为企业生产和经营的信息源也具有

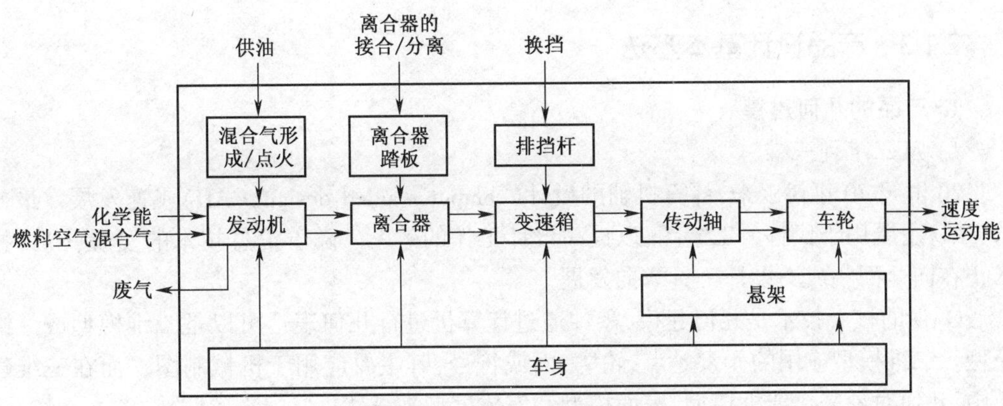

图 2-2 汽车的基本结构和工作原理

特别重要的意义。

设计是产品形成过程的源头,是所有后续工作的出发点。

在工业化初期,工业产品的设计造型和制作都是由师傅在车间完成的。因此,早期的产品开发具有设计、制造一体化的特征;产品信息是依靠口头指示、木制材料模型和草图传递的。

19 世纪末,在机械制造企业内出现了完全分离出来的设计部门,形成了产品设计的职责范围。它不再与产品的制造任务混合在一起,特别是与加工的职责范围严格区分开来。无论是产品的构思,还是产品的结构设计和图样绘制都在设计室内进行。由于产品设计和制造在空间上、功能上的分离,因此明显提高了产品设计的效率和质量。

直到 20 世纪 60 年代,制造企业的产品设计都是通过产品图样来实现的,也就是设计人员、计划人员和车间工人为完成他们的任务,都可以从图样中得到与生产有关的信息。虽然现在计算机、信息和网络技术飞速发展,但图样仍然没失去意义。在工业领域,工程图样和以前一样,仍是应用最多的信息源及产品设计最重要的数据载体。

在工业产品生产和发展的 200 多年的进程中,创造性的产品设计活动内容发生了巨大的变革。产品设计的历史演变过程,如图 2-3 所示。

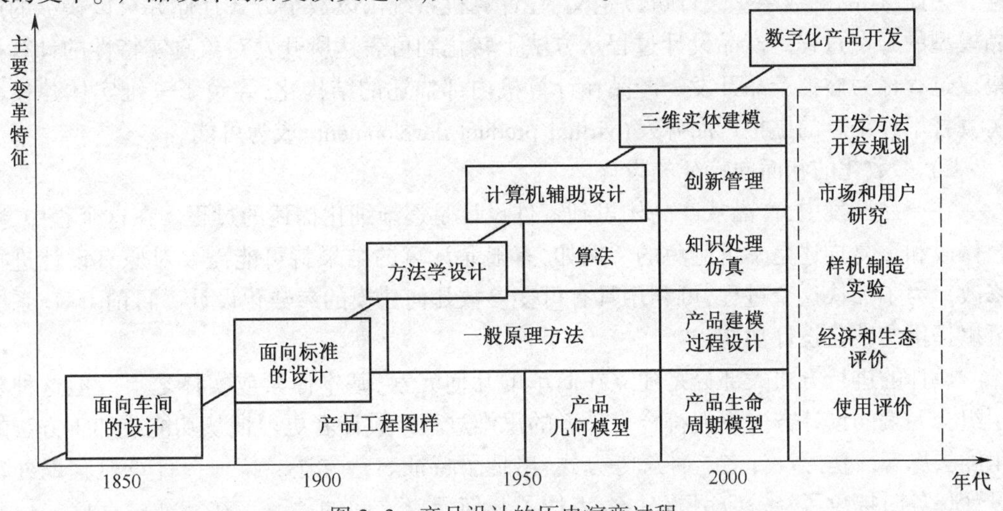

图 2-3 产品设计的历史演变过程

2.1.3 产品设计基本方法

1. 产品的几何建模

1）从二维到三维

20世纪70年代以来，计算机辅助设计（computer aided design，CAD）飞速发展。最初的CAD主要用于代替人工绘图，以提高设计工作的效率。随着信息技术的发展，CAD技术正在向全面集成的设计工具方向发展。

CAD的核心技术是几何建模，零件通过计算机进行几何表达可以是二维模型或三维模型。二维模型应用的元素是点、轮廓、面或符号，其主要应用于机械制图。而在三维建模中，几何对象采用线框模型、表面模型和实体模型来描述。

三维实体模型具有以下优点。

（1）可以清楚地描述复杂形体并加以形象、逼真地表示，以便更好地进行评价。

（2）在三维实体模型基础上可以自动且随意地生成剖面和视图。

（3）可以方便地进行空间布局和装配研究。

（4）可以进行空间运动模拟和加工过程仿真，并同时检测干涉碰撞问题。

（5）可以自动生成有限元模型。

（6）可以自动生成为供货、装配和售后服务用的爆炸拆卸图。

（7）可以为数控编程提供精确的数据。

（8）可以直接与快速成型技术集成。

（9）由于采用集成的产品数据模型，因此计算机输出产品的其他数据错误较少。

（10）可以在短时间内与并行工程和同步工程相连接。

零件的三维模型在实现CAD/CAM过程链以及生成管理方面需要的数据，如拟定零件明细表、工艺计划、材料清单等，具有越来越重要的作用。CAD软件不仅能够实现三维实体建模，还能将产品功能、几何形状和工艺信息一起处理，并在投入生产之前进行产品的运行和性能的仿真，避免产品开发失误。

三维实体建模不仅能使设计对象的虚拟成型变为可能，还能演示产品在使用中的特性。因此，产品的数字化设计可以定义：在计算机系统内以数字方式存储并可以操纵的产品模型的开发过程。产品设计过程从方法上转化到可表达所开发对象真实特性的计算机集成过程称为虚拟产品开发。产品在计算机内部描述的结构化，导致了三维实体建模与仿真技术相结合的虚拟产品开发（virtual product development）成为可能。

2）参数化的和面向特征的设计

在产品开发中，产品从产品构思到零件设计是逐渐细化描述的过程。在这个程中，频繁修改和重复描述是不可避免的。例如，有限元计算的结果就可能需要对原有设计进行修改。为了加快这个过程，可利用具有可变参数几何建模的参数化设计。目前CAD系统可以提供参数化设计功能。

设计的进行方式大部分是建立在简单的几何元素、基本体素或实体之上。但这种利用组合元素的设计方法不太符合设计者的思维过程。设计者更习惯从功能或加工方法的角度去思考。仿照设计者这种思考方式，出现了特征表达方法。特征为计算机辅助处理设计任务时提供了经常应用的对象，表达了几何元素之间的关系。在特征中存储的信息涉及产品开发所有阶段,成为开发产品的基本模块。特征的语义还包含非几何信息,如结构数据或工艺数据。特征的语义信息可通过以下三类属性描述。

(1) 静态的工艺属性,如形状公差、位置公差、加工余量。

(2) 确定几何尺寸的参数,如钻孔长度、符合标准的螺纹直径等。

(3) 功能和工艺边界条件,如安装规则或零件、部件的整体特征结构信息。

特征的信息内容对应语义特性,这些语义特性对使用者来说表明了相应意义的特征。特征的定义和应用如图 2-4 所示。

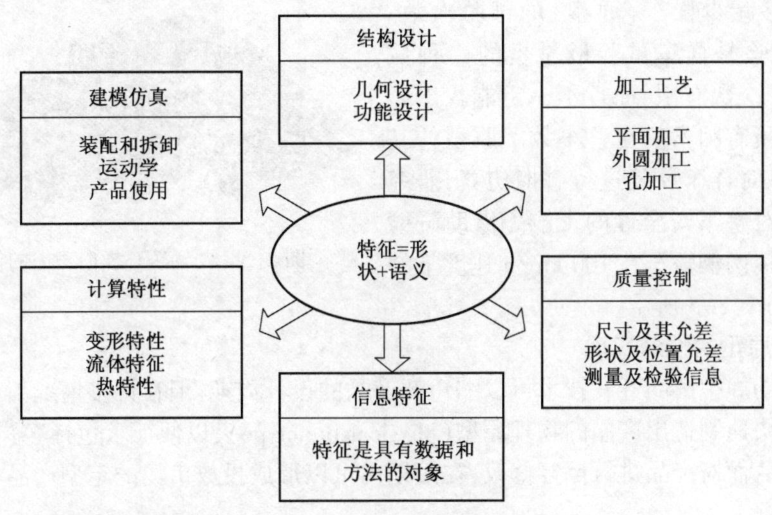

图 2-4　特征的定义和应用

2. 设计的验证和优化

1) 计算辅助工程分析

在产品开发时,通过设计计算程序、验算和优化程序,可以帮助设计人员不断完善设计。设计计算程序的任务是在零件成型之前,依据设计要求确定零件的尺寸和材料。设计计算的结果与要求不符时,可以通过参数反复变化逐渐向期望的结果靠近。验算是对所定义的零件进行求解,确定其正确性和可靠性。工程分析范围很广,涉及强度计算、重量计算等,一直到机械或热负载下的变形和应力状态分析,这类分析可借助有限元分析方法进行。验算结果会引起零件参数变化,利用变化的参数再进行新一轮的验算,这个反复过程直到验算结果处于目标值范围内为止。为了得到某一个确定参数的最大值或要求的目标值,可采用优化程序。最简单的做法是让其他参数取任意值,而使优化特征达到目标值。

有限元分析是应用最广泛、最重要的计算方法。这种方法首先把要研究的零件结构分解成大量容易求解的单元,每一单元都近似为一个基本力学方程式;然后将这些单个方程连接成一个方程组并求其数值解。有限元分析方法的应用领域主要是用于计算分析及表达:力和应力曲线的矢量场、静态和动态变形、振动特性的振形、温度场和温度曲线、速度场和速度曲线等。

2) 虚拟产品仿真

随着产品的复杂程度的增加和开发周期的缩短,虚拟产品仿真在产品开发中的作用越来越重要。所谓仿真，可理解为在一个模型上以一定关系仿制一个动态系统，以达到认识现实的目的。传统的产品开发通常是先在试制样品或样机上试验，借助试验发现缺陷，再改进设计、批量生产。这样会浪费产品开发时间和增加产品开发成本。通过应用仿真技术，可以使人们在产品早期规划阶段就了解产品的特性，以及所采用加工方法的结果或制定加工进程的可行性。这样，可以及早发现问题和错误，节省样件制造时间和费用。

例如：提高安全性是汽车设计的关键问题之一。仿真技术为汽车工业带来的好处很明显，即能够减少样车（原型）的试验次数。汽车碰撞试验是样车试验最昂贵的一种试验，不但进行次数有限，而且不一定能找出影响安全性的所有因素。在整车数字原型的基础上，就可以对样车反复进行碰撞仿真，研究各种零部件对整车安全性的影响。借助碰撞仿真软件模拟两辆轿车在100 km/h速度下的横向碰撞，如图2-5所示。

图2-5　两辆轿车横向碰撞的仿真

3. 产品原型的快速实现

虽然借助虚拟产品开发技术可以缩短新产品的设计周期，但在许多情况下，人们仍然需要或希望快速制造出产品的物理原型（physical prototype），以便征求包括客户在内的各方面意见。从而对产品进行反复修改，在短期内可以形成投放市场的定型产品，加快市场响应速度。

20世纪80年代末出现的快速成型（rapid prototyping，RP）技术，就是在上面这样的需求背景下产生的。它涉及CAD/CAM技术、数控技术和激光技术等机电一体化技术，以及材料技术和计算机软件技术，是各种新技术的综合应用。

采用快速成型和快速制模技术以后，样机试制与批量生产的模具准备工作并行作业，从而明显缩短新产品设计和试制周期，节省新产品的开发费用。如图2-6所示，与传统产品开发的周期和费用相比较，快速成型和快速制模技术可以使新产品开发在时间和费用上节约高达50%以上。

由于快速成型和快速制模技术的明显技术优势和经济效益，因此在设计验证、功能验证、可制造性和可装配性检验、非功能性样品制作等领域得到广泛应用。

2.1.4　产品开发策略

产品开发是企业的重要业务活动，其使命是为企业带来高赢利，是企业在市场竞争环境中赖以生存和发展的基石。

传统企业的产品开发策略通常按照产品的功能和质量、产品的生产成本、产品的开发时间等方面来衡量能否为企业带来经济效益。

企业为了实现这一目标，不仅依靠设计部门，还需要市场和制造部门的密切配合。也就是说，产品的开发是从市场调研和产品构思开始，一直到新产品上市的整个流程，涉及企业的所有业务和部门。

换言之，产品设计是产品开发的子集。一个企业的产品开发能力不仅标志着企业所

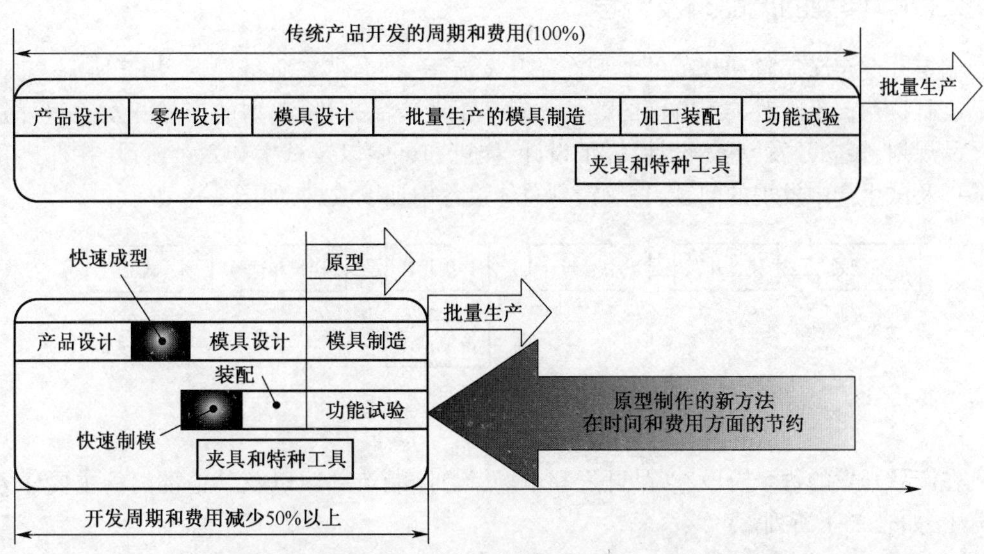

图 2-6 快速成型和快速制模技术带来的时间和费用节约

掌握的技术,还在某种程度上说明企业的管理和运作水平,即协调设计、市场和制造三大功能的综合能力。因此,产品开发能力是企业核心竞争力的重要标志之一。从企业赢利的角度来看,成功的产品开发活动必须在期望的时间内为企业提供能激发顾客购买欲望、可生产和可获利的产品。

自 20 世纪 70 年代以来,随着精益生产等生产新模式的推广应用,国内外的制造企业在不断扩大生产规模的基础上,在提高产品质量和降低成本方面都已经积累了很多的经验,取得了很大的成功。新一轮的制造企业市场竞争规则不是“大吃小”,而是“快吃慢”。

21 世纪,制造企业之间的竞争和博弈上升到更高的层面,创新成为新的竞争焦点。产品竞争的加剧导致客户对产品的要求不但是质量高、成本低和上市快,而且能为其增值,使其心甘情愿付钱买产品。

随着生产方式和技术的进步,人们对产品的期望和要求不断在变化。20 世纪 60 年代以来,产品开发策略的变迁,如图 2-7 所示。

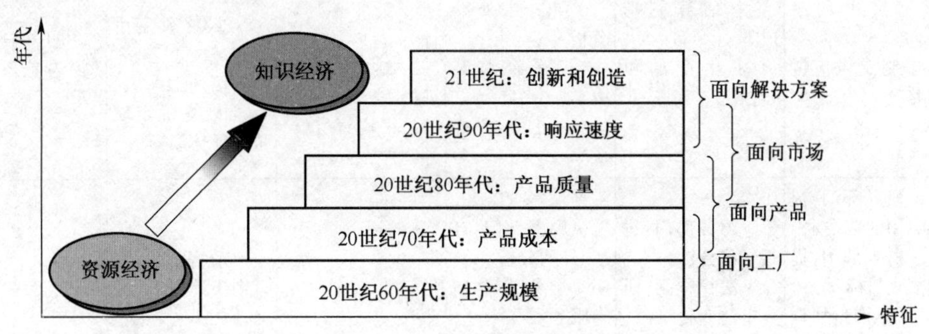

图 2-7 产品开发策略的变迁

2.1.5 典型的产品开发流程

制定一个定义完整和规范的典型产品开发流程，将会带来质量保证、相互协调、工作计划、项目检查、不断改善等方面的好处。对于工业产品来说，典型的产品开发流程可分为产品规划、概念开发、总体设计、详细设计、样机和试验以及试生产六个阶段，在样机和试验以及试生产中发现的问题，将反馈到总体设计中加以改进，如图 2-8 所示。

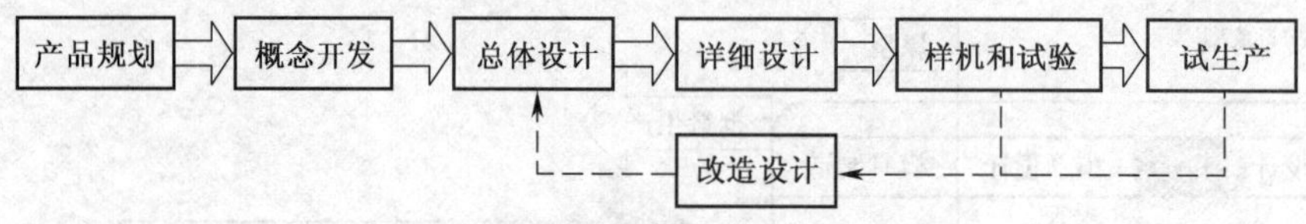

图 2-8　典型的产品开发流程

在产品开发的每个阶段，产品开发和市场、设计、制造部门以及其他部门的主要任务和分工，如表 2-1 所列。

表 2-1　产品开发流程及各部门主要任务和分工

部门	阶段 1：产品规划	阶段 2：概念开发	阶段 3：总体设计	阶段 4：详细设计	阶段 5：样机和试验	阶段 6：试生产
市场部门	·市场机遇 ·市场占有率	·了解客户需求 ·认识关键客户是谁 ·认识竞争对手是谁	·产品选项和产品族开发计划 ·确定产品的目标销售价格	制订市场开拓计划	·编制市场宣传资料 ·制订促销方案	·关键客户试用产品并反馈意见
设计部门	·产品平台和架构 ·评估新技术应用	·概念的可行性 ·产品工业设计 ·前期试验研究	·不同方案设计 ·部件分解和接口 ·工业设计审定	·零件几何建模 ·选择材料 ·确定公差配合 ·控制设计 ·编制设计文件	·可靠性测试 ·寿命测试 ·性能测试 ·设计变更修改 ·设计审批	·评估试制结果
制造部门	·提出约束条件 ·制定供应链策略	·估算制造成本 ·生产的可行性	·关键零部件供应 ·自制/外购分析 ·确定总装方案 ·设定目标成本	·制定零件生产工艺 ·工装夹具设计 ·制定质量保证措施 ·采购原材料、外购件和工具	·调整和确定供应链 ·最终确定生产和装配工艺 ·培训工人 ·最终确定质量保证体质	·开始运作整个生产系统
其他部门	·研究部门：提出可用的新技术 ·财务部门：提出规划目标 ·总经理：协调开发项目所需资源	·财务部门：进行经济分析 ·法律顾问：研究申请专利	·财务部门：自制/外购分析 ·服务部门：制定服务内容	—	·销售部门：制订销售计划	—

2.2 工业设计

2.2.1 发展历史

工业设计的概念源于18世纪60年代的工业革命。1851年,在英国伦敦海德公园的“水晶宫”举办的第一届万国工业博览会上(图2-9),较全面地展示了当时欧洲和美国的工业发展成就,同时也暴露了工业设计中的各种问题,成为引发工业设计问题争论的导火索。其中,最有深远影响的批评来自拉斯金(Ruskin)及其追随者。拉斯金将展览作品的粗制滥造归咎于机械化批量生产,主张回归到中世纪的社会和手工劳作。拉斯金的理论成为后来的工艺美术运动的重要理论基础。

图2-9 1851年伦敦“水晶宫”万国工业博览会

工业设计真正在理论和实践上的突破,是来自1907年成立的德意志制造联盟。这是一个积极推进工业设计的组织,由一群热心教育与宣传工业设计的艺术家、建筑师、设计师、企业家和政治家组成。该联盟从发展技术、经济、艺术和文化的高度,对机器工业持肯定和支持的态度,并提出了与工业时代相适应的设计美学标准。

1919年4月在德国魏玛成立的包豪斯设计学校,汇集了当时各个现代艺术流派的代表人物,促进了现代主义艺术的融汇、发展,奠定了现代工业设计教学体系的基础。包豪斯设计学校的教学方式成了世界许多学校艺术教育的基础,它培养的杰出建筑师与设计师把现代建筑与设计推向了新的高度。

现代设计是在欧洲发展起来的,但工业设计确立在工业界的地位是在美国。1929年美国经济大萧条使厂家无法在商品价格上进行竞争,只能在商品的外观、质量和实用性上吸引消费者,因此工业设计成了企业生存的必要手段。以罗维(Loewy)为代表的第一代职业工业设计师就是在这种背景下出现的,他们使工业设计成为一门独立的学科,并得到社会的广泛承认。

第二次世界大战以后,工业的复兴促成了新的设计理论和活动发展的高潮,许多国家都形成了自己的设计理论和形式语言,工业设计的重心也从德国、法国、荷兰转向美国、英国和斯堪的纳维亚地区。

20 世纪 80 年代以来，随着计算机科学技术的迅速发展，人类开始进入信息社会，国际互联网的兴起标志着网络时代的到来。这对工业设计的发展产生了巨大影响，无论是设计的对象，还是设计的程序与方法，都发生了很大的变化。

2.2.2 工业设计的定义

现代工业设计可分为广义和狭义的工业设计。

广义的工业设计（generalized industrial design）是指为了达到某个特定目的，从构思到建立一个切实可行的实施方案，并且用明确的手段表示出来的系列行为。它包含了一切使用现代化手段进行生产和服务的设计过程。

狭义的工业设计（narrow industrial design）仅指产品设计，即针对在人与自然的关联中产生的工具装备的需求所做的响应。其包括为了使生存和生活得以维持与发展，对所需的工具、器械与产品等物质性装备所进行的设计。产品设计的核心是对工业产品的功能、材料、构造、形态、色彩、表面处理、装饰等要素，从社会、经济、技术、审美的角度进行综合处理，使产品对使用者的身心具有良好的亲和性与匹配性。

工业设计是现代产品开发流程中不可缺少的组成部分，小到日常生活用品，大到载人航天器，都需要工业设计。工业设计有一整套的内容，从市场潮流、人的需要到提出设计构思方案，除了解决技术与材料的问题之外，还研究产品的内部结构与功能、客户的使用习惯与方法、生产工艺的选用、节约原材料与降低成本、外观设计与色彩、包装与运输，直到如何推向市场销售等问题。工业设计有机地将技术与艺术、科学与美学、适用与美观等方面统一在现代工艺产品设计上。

事实上，大多数产品都可以借助工业设计进行改进，获得客户的青睐，从而提高市场竞争力。据有关资料统计，在创新产品中，设计创造的价值占产品总价值的比例低于 5%，因为创新产品的技术含量高；在改良产品中，设计的价值约占总价值的 15%；在以设计优势占领市场的手机、家电等行业的品牌产品中，设计的价值占总价值的 80% 以上。

例如，第一台个人电脑制造商美国苹果公司，由于各方面的原因，经营一度陷入严重亏损状态。为了扭亏为盈，该公司创始人从工业设计入手，从消费者的心理、生理等角度出发，推出了具有全球理念的 iMac 电脑（图 2-10）。该电脑在设计上将人的因素放在首位，使其与同类产品竞争；将传统 PC 彼此分离的主机、显示器与音箱融为一体。其在色彩、造型、材料上突破以往的旧观念，改变了一成不变的米黄色而变为五种颜色的彩色外壳，用半透明状材料做的外壳和奇特的半透明鼠标，使消费者产生一种奇特感、新颖感。虽然该电脑的售价比其他电脑高出数百美元，却大受消费者的青睐。这是工业设计的力量使 iMac 电脑获得成功。

在现代社会，人们不仅需要产品的使用功能，还有精神、艺术、思想、文化方面的追求；不仅需要产品的使用价值，还需要观赏价值。这些只有通过工业设计，才能实现对自然和生活价值的认识与体现。

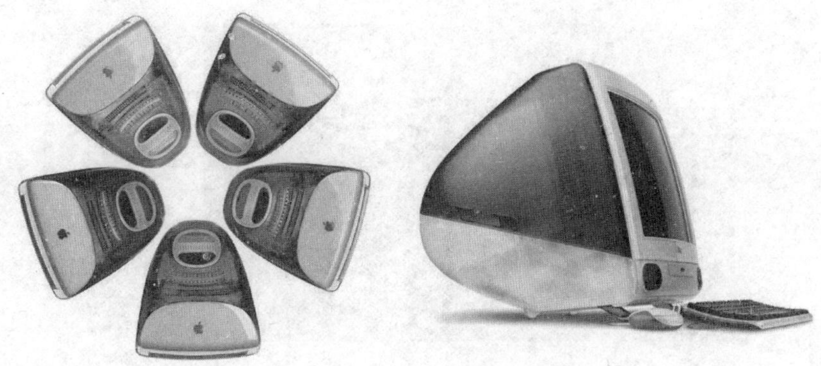

图 2-10 iMac G3 电脑

2.2.3 工业设计的视野

现代工业设计的视野正在不断扩大，渗透到产品概念开发的全过程，包括市场需求、技术构成、人机工程和文化构成四大领域，如图 2-11 所示。本小节主要介绍绿色设计、人性化设计、情感化设计。

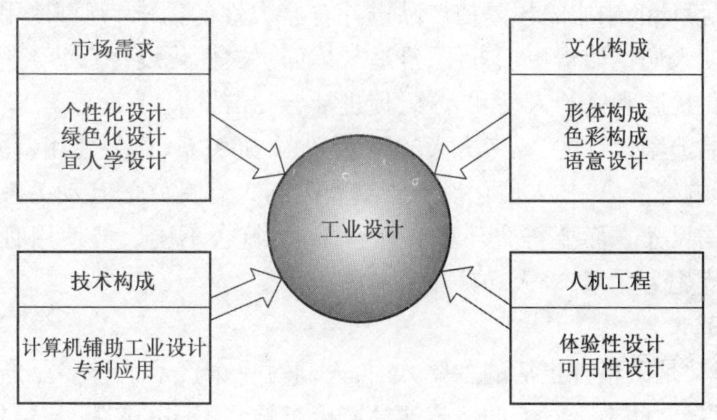

图 2-11 现代工业设计的视野

1. 绿色设计

在产品设计领域，绿色设计是可持续发展理念具体化的新思潮与新方法。所谓绿色设计，就是在保护生态环境的前提下，产品设计既要满足人的需求，又要注重生态环境的保护与可持续发展；既实现社会价值，又保护自然价值，促进人与自然的和谐发展。随着人们逐渐认识到环境要素在设计过程中的重要性，在产品造型设计时就要考虑到产品的节能、降耗、减污、材料的选择、加工工艺、运输、营销、使用、维修、废弃和回收整个生命周期；要合理协调产品开发过程中的经济与环境之间的关系。图 2-12 所示为特斯拉汽车在技术上为实现可持续能源供应，提供高效出行方式，减少汽车对石油类资源的依赖。

产品造型设计的设计要素十分广泛，其中材料的选择是解决环境问题的关键。例如，应用广泛的塑料具有成型工艺成熟、生产效率高、成本低的优点，但很难降解，设计时必需考虑塑料零件回收、重复利用的可能性。很多塑料零件为了美观，往往进行涂漆、镀金、印

图 2-12 特斯拉汽车

刷、转印等表面处理工艺,使其在回收加工中由于涂膜粒子的混入而影响再生塑料的流动性和表面质量。因此,提倡尽量利用材料自身的色泽和质感,或对模具表面进行特殊处理,以增加塑料表面的表现力。

2. 人性化设计

人性化设计是一种关注人性需求的设计,其根本原则是技术应该适应人,而不是人适应技术。人性化设计的中心思想是使产品设计符合人性的需求,尊重使用者的人格和生理与心理需要,使人们生活得更加方便、舒适与体面。人性化设计有助于提高产品的经济价值和社会价值,提高和完善人性和人格,促进社会和谐发展。

第一,在产品造型设计中,要考虑人的因素,如人机关系、产品使用者的需求动机、使用环境对人的影响等。第二,人性化设计要求产品与人有良好的互动关系,产品在造型、质感、色彩和结构尺寸方面要符合环境和社会需求,符合不同人群使用时生理与心理特点,特别要注意优先为儿童、老人和残障者考虑。

3. 情感化设计

人的情感活动是人精神生活的主要方面,人们对一个产品的体验是通过视觉、听觉、触觉、嗅觉等获得,这些都会对人的情感活动产生影响。不同的产品给人的体验与想象空间不同,可以利用多种情感因素来提升产品的价值。

审美的感官体验可以加强产品与人的情感纽带:产品外观部件的形式、尺寸、比例、材质、色彩等都会对人产生不同的感受、刺激、愉快或压抑,从而影响人的情绪,使人产生冷暖感、兴奋感、平静感、轻重感、大小感、轻松或疲劳感等,进而影响人对产品功能的发挥和使用积极性。

一旦设计赋予产品情感,使产品成为情感的依托和回忆的载体,产品就有了生命和情感,或者产品已经人格化。

图 2-13 所示为阿莱西公司向设计师的童年致敬的 9091 开水壶,标志着阿莱西的开水壶设计理念进入了一个新的时代。这款设计的灵魂之处是当水烧开时,水壶的铜哨会发出“咪”和“西”两个音调;当开水持续沸腾的时候,开水壶又会演奏出悦耳的音乐。这款开水壶的设计师是理查德·萨帕(Richard Sapper)。他设计这款水壶的要义在于避免开水壶那千篇一律的声音,这声音来源于萨帕童年时渡船经过家门前的回忆。

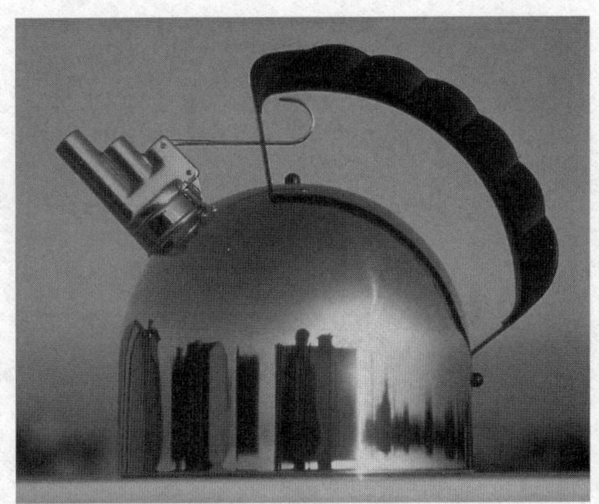

图 2-13 阿莱西设计的 9091 开水壶

2.2.4 美学及人机工程学基础

1. 美学

美学是研究美的存在、美的认识和美的创造为主要内容的一门学科,它研究的范围很广。人的劳动产品具有美的特征,它包括形式和内容两个方面。形式和内容是矛盾的统一体,它们相互依存、相互作用。产品造型设计,就是一个同时探索造型物形式和内容美的过程,只有当产品形式与产品内容达到和谐统一与协调,产品造型才具有真正审美的意义,才能产生引起人的喜悦情感,即美感。

在产品形态设计中,产品形态必须满足基本的美学法则:变化统一,既有变化,又整体协调。在工业产品产生的整个过程中,直接影响审美的主要因素有以下几方面。

1) 产品功能与形态结构

产品功能与形态结构是相互关联、不可分割的关系,产品功能在一定程度上决定形态结构,不同的产品功能形成产品的多种形态,不同的形态结构表现产品形态设计的不同风格和特点。产品结构形态可以表现均衡、稳定、秩序、轻巧等效果。

2) 尺度与比例的制定

尺度与比例的制定是在保证实现使用功能的前提下,以人的生理和心理需求为出发点,以数理逻辑理论为依据而进行的。正确的比例关系,不仅能在视觉上产生愉悦,在功能上也能起到平衡稳固的作用。Herman Miller Embody 办公椅重新定义了舒适和人体工学的新高度,如图 2-14 所示。

3) 材料选择

在设计中,遵循材料的外观、固有特性、工艺性、创新性等,发挥材质自身的自然美,将材质的特征和产品的功能有机地结合在一起,体现材质美。例如,木材让人联想到温暖,不锈钢让人联想到冷峭与坚硬,塑料则给人轻盈的感受,如图 2-15 所示。

4) 表面处理

产品的表面处理主要体现在加工工艺和外观装饰方面,采用先进的加工工艺和现代装饰手段是进一步提高产品功能,提高产品全面质量的重要途径。

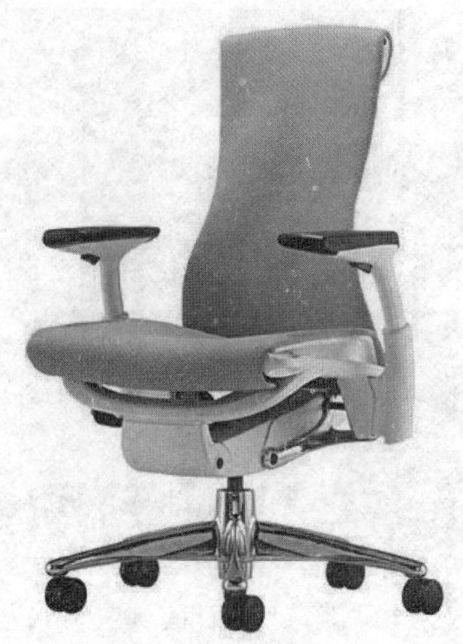

图 2-14　Herman Miller Embody 办公椅

（a）木材　（b）不锈钢　（c）塑料

图 2-15　不同材质体现不一样的美感

5）色彩配置

良好的色彩配置(图 2-16)不仅具备审美性和装饰性,还具备符号意义和象征意义。作为视觉审美的核心,色彩深刻地影响人们的视觉感受和情绪状态。在产品设计中的色彩暗示人们的使用方式和提醒人们注意。人们对色彩的感受还受到所处时代、社会、社区、生活方式以及文化习俗等影响,反映追求时代潮流的倾向。

2. 人机工程学

1）重要性

美在于适宜,在于事物的和谐。任何产品都不是孤立存在的,产品与人、物和空间有着相互的关联,即产品与人和环境的关系,如图 2-17 所示。人机工程学追求产品、人、环境三者的和谐与协调,保证产品在使用与维护过程中的安全、方便和心情愉悦。

人机工程正是研究人劳动过程的机能特点,为其创造较好的劳动条件,即不仅要保证提高劳动生产率及劳动安全,而且要在劳动中有必要的舒适条件,也就是要保持人的体力、健康和工作能力。设计一台造型优美的产品,不但要满足人们视觉的审美需求,而且要适合人的使用。由于工业产品要适合人的使用,保证高的生产率,因此必须有良好的工

图 2-16 产品的色彩设计方案

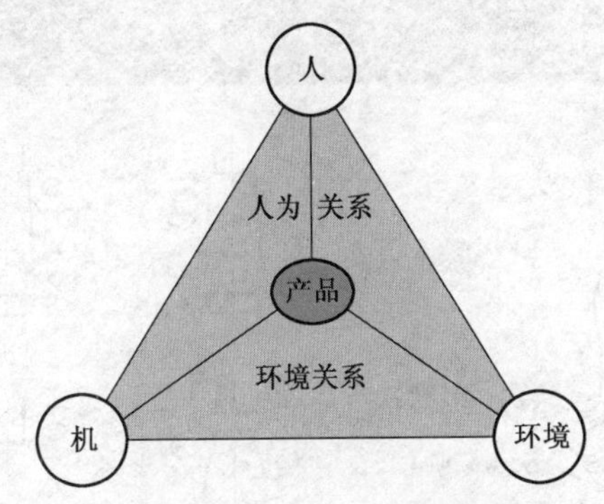

图 2-17 产品、人与环境的关系

作环境和合适的操纵装置，各种仪表、显示器和信号装置也必须是清晰易辨且使用方便，这些都与产品造型密切联系。

2）设计要点

产品的信息显示设计必须符合人的视觉、听觉、触觉等感觉的传输特点，以保证人能够迅速且准确地获得信息。显示器设计除了要完整、准确地反映产品的状况之外，还应适合人的生理特征，使人与显示器能够充分协调，既要考虑显示器的形状、位置、色彩、环境等因素，又要考虑到人的生理、心理、社会等因素。

在设计控制器时，如图 2-18 所示的仪表，应考虑通过一定的操作信息反馈方式，使

图 2-18 仪表设计

操作者获得关于操作控制器结果的信息，以便操作者及时纠正执行的错误信息。因此，应尽量利用控制器的结构特点（如利用弹簧、杠杆原理等）或利用操作者身体部位的重力进行控制；使操作者采用自然的姿势与动作就能完成控制任务；尽量设计和选用多功能控制器；同一系统内同一类型的控制器应规定统一的操作方法；具有危险性的控制器要用标记标出，并且提供较大的活动空间。例如，操纵手把与手掌的关系，如图 2-19 所示。

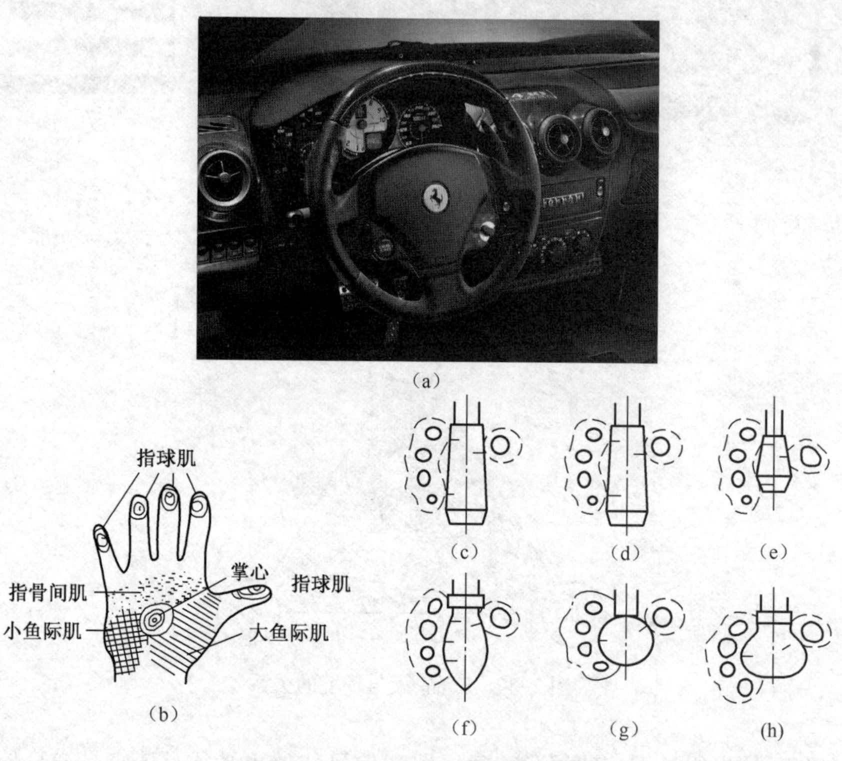

图 2-19　操纵手把与手掌的关系

在设计安全装置时，通过机器自身的结构功能限制或者防止机器的某些危险运动，如联锁装置、双手操作装置、自动停机装置、有限运动装置等。在设计防护装置时，可以通过物体障碍的方式防止人的任何部位进入危险区，如机壳、罩、屏、盖、门等。一般安全装置和防护装置联合使用。防护装置的结构和布局应设计合理，要符合与人体测量参数相关尺寸的要求：注意上肢探越可及安全距离、穿越网状空隙可及安全距离、防止挤压伤害的夹缝安全距离、防护屏、危险点和最小安全距离关系等。

图 2-20 所示的 OXO 削皮器，是人机工程学设计的典型案例。该款削皮器具有舒适并易于抓握的手柄，受到老年人尤其是患有风湿关节炎的人的喜爱。尽管其价格高出其他普通削皮器 5~6 倍，仍然很畅销。

2.2.5　工业设计的评价

不同的社会发展时期，人们对于成功产品的认定有所不同。20 世纪 80 年代的中国处在满足消费者日常需求状态，产品以简单廉价、满足基本使用功能需求为目的；20 世纪 90 年代后期的中国随着人们生活水平的提高，产品个性化需求剧增，要求产品个性化、更

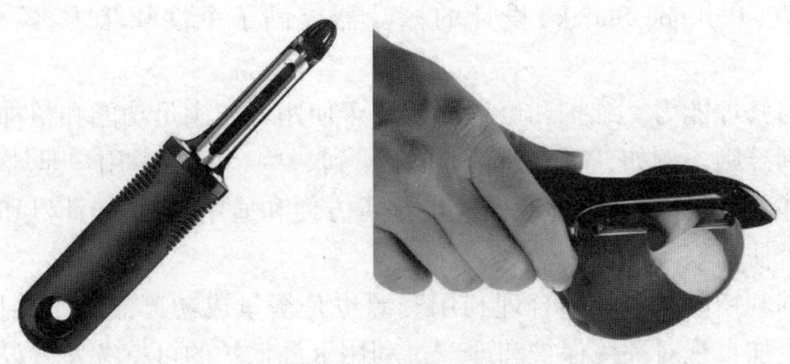

图 2-20 OXO 削皮器

新快、新颖时尚等。现在人们对于自身生存环境、可持续发展设计策略、贫困地区人们生活状态的关注,使产品设计形成了一个多元发展的格局。

如何评判产品的设计是不是好的,不同的评价方法,其评价标准有所不同,具体如下。

1. 从企业角度

盈利是企业存在的主要目的之一,因此企业评估产品开发的工作成效,一般从产品质量、成本、开发时间、开发能力四个方面来衡量。

(1) 产品质量。产品质量体现了产品本质的优劣程度,是带给消费者可靠的使用信心,获得长期市场份额的最基本保障因素。

(2) 产品成本。产品成本包括产品制造和开发两类成本。制造成本包括生产产品的设备、材料、模具、安装等费用,是设计师必须考虑的因素之一;开发成本是指企业为产品开发所付出的总体费用,包含规划调研、设计以及制造成本。

(3) 开发时间。开发时间决定了企业在竞争过程中的优势地位以及资金回笼、利润回报的速度。

(4) 开发能力。一个成熟企业的产品开发是有长远规划的。一件产品取得一次市场成功并不能代表企业具有开发成功产品的能力。一个可以为企业长远地开发优秀产品的团队是企业具备开发能力的关键,是企业获得可持续发展,在市场竞争中立于不败之地的保证。特别是在当前全球金融危机、消费萎缩的经济形势下,产品设计能力更加成为企业生存和发展的坚强后盾。

2. 从产品设计角度

产品设计团队可以从用户界面、情感吸引力、维护和修理能力、资源的利用、产品的个性五个方面来评估产品设计成功与否。

(1) 用户界面。用户界面是评判产品的外观、使用便捷程度、是否满足用户心理和生理需求的一个标准。例如,把手是否抓握舒适,龙头是否具有很好的使用引导性,按钮是否容易操作以及是否易学等。如图 2-21 所示,剪刀的把手设计需要符合用户的生理特征和使用习惯。

(2) 情感吸引力。情感吸引力是产品通过外形、色彩、声音、气味、触觉等方式给用户传达信息,在用户的情感上引起反馈的评判准则。例如,电动工具使用时是否带给用户坚实耐用的感觉,开关机器所发出的声音是否带给使用者愉悦的感受,工具产品的色彩和操作按钮是否带给用户舒适的体验,产品是否能激起拥有者的自豪感等。如图 2-22 所示,飞利浦·斯塔克(Philippe Starck)设计的榨汁器充满了个性和张力,给使用者带来新奇感。

(3) 维护与修理能力。维护和修理能力属于使用者在满足功能和精神需求之后的一个很重要的评判准则。例如,家用型打印机在遇到一些小问题时用户是否可以容易地完成故障排除操作,手机等更换电池以及充电是否方便和通用,家用榨汁机和绞肉机等在使用后的清洗是否便捷等。

(4) 资源的利用。是否能够合理利用资源也是衡量成功产品的重要因素。21 世纪全球设计领域更加重视对环境保护和地球可利用资源保护的可持续发展设计概念。对于资源再利用、能源再开发和环保材料再创新的生态设计将成为今后设计发展的一个主要方向。图 2-23 所示为采用可回收材料制作的电视机外壳。该设计对材料进行了充分的利用。

图 2-21 易于抓握的剪刀把手

图 2-22 情感吸引力强烈的榨汁器

(5) 产品的个性。创新作为设计的一个主要目的,具有独特个性的产品外观毫无疑问是衡量产品成功与否的重要标准。例如,客户是否能在琳琅满目的商品中被某商品的外观吸引,产品的个性是否和企业的形象相一致而成为客户心目中一种记忆深刻的标识等。图 2-24 所示的餐具滤水架的造型就极具个性。

图 2-23 采用可回收材料制作的电视机外壳

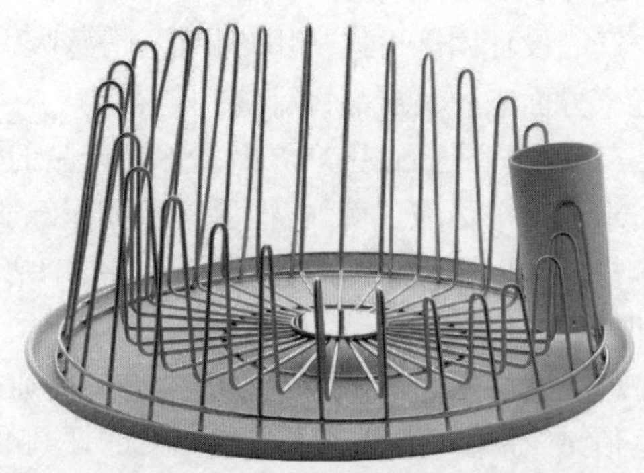

图 2-24 极具个性的餐具滤水架

3. 设计师角度

设计师必须站在产品设计和企业发展的高度来分析和解决问题。一方面,结合企业自身的综合能力;另一方面,结合产品设计的各种因素,把市场、技术、功能、价值、形式、美学有机地整合起来,创造既符合企业市场规范,又符合设计哲学的产品。

通过产品设计评价,找出设计的问题,反馈到具体生产中,并在产品生产过程中尽量调整,合理地解决相关问题,使产品更趋完美。

2.3 数字化设计

数字化设计是指将计算机技术应用于产品设计领域,通过基于产品描述的数字化平台,建立数字化产品模型并在产品开发过程中应用,达到减少或避免使用实物模型的一种产品开发技术。数字化设计具有减少设计过程中实物模型的制造和易于实现设计的并行化两个显著优点,在提高产品设计质量与速度方面具有重要的意义。

2.3.1 数字化设计技术的发展历程

数字化设计技术的发展历程大体上可以划分为三个阶段。

1. CA*X* 工具应用阶段

自20世纪50年代起,各种CA*X*工具(如计算机辅助设计(computer aided design,CAD)、计算机辅助工程(computer aided engineering,CAE)、计算机辅助制造(computer aided engineering,CAM)、计算机辅助工艺(computer aided process planning,CAPP))开始出现并逐步得到应用,标志着数字化设计的开始。图2-25为典型的应用CA*X*工具设计某零件的案例。

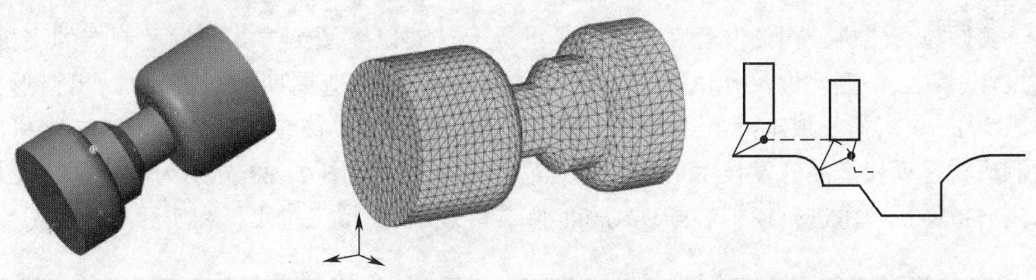

图2-25 应用CA*X*工具进行数字化设计案例

2. 并行工程应用阶段

并行工程于20世纪80年代提出,具体体现在产品数据管理(product data management,PDM)技术及DF*X*(如面向制造的设计(design for manufacture,DFM)、面向装配的设计(design for assembly,DFA)技术在产品设计阶段的应用。并行工程是在CAD、CAM、CAPP等技术的支持下,将原来分别依次进行的工作在时间和空间上交叉、重叠,利用原有技术,吸收计算机技术、信息技术的成果,成为产品数字化设计的重要手段和先进制造技术的基础。并行工程是利用现代计算机与信息技术对传统的产品开发方式的一种改进。典型的并行工程工作流程，如图 2-26 所示。

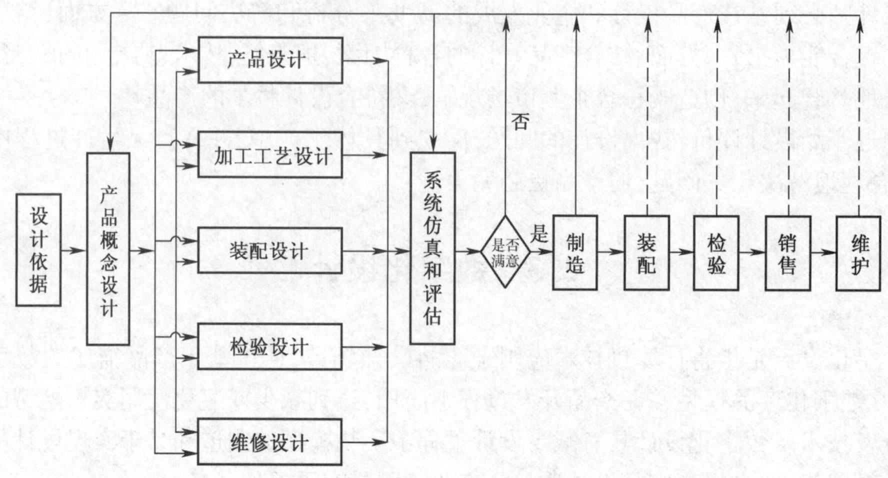

图 2-26　并行工程工作流程

3. 虚拟样机技术(virtual prototyping,VP)应用阶段

虚拟样机技术是一种基于虚拟样机的数字化设计方法，是将 CAX/DFX 建模/仿真技术、现代计算机与信息技术、先进设计制造技术和现代管理技术应用于复杂产品全生命周期、全系统，并进行综合管理。

虚拟样机技术在美国、德国、日本等发达国家已得到广泛应用，应用领域包括汽车制造、工程机械、航空航天、造船、机械电子、国防、人机工程学、生物力学、医学以及工程咨询等。

美国波音飞机公司的波音 777 飞机是世界上首架以无图纸方式研发及制造的飞机。其设计、装配、性能评价及分析采用了虚拟样机技术，使制造周期缩短了 50%，出错返工率减少了 75%，研发成本降低了 25%，确保了最终产品一次接装成功。波音 777 飞机的研制成功是现代产品开发技术应用的里程碑。图 2-27 和图 2-28 分别为波音 777 飞机采用虚拟样机技术进行模拟装配现场和实际装配现场、模拟飞机飞行和实际飞行的图片。

(a) 模拟装配现场

(b) 实际装配现场

图 2-27　用数字化技术模拟的装配现场与实际装配现场

（a）模拟飞机飞行

（b）实际飞机飞行

图 2-28 用数字化技术模拟飞机飞行与实际飞机飞行

2.3.2 计算机辅助设计

CAD 是利用计算机软件及其相关的硬件设备，通过强大的图形处理能力和数值计算能力，帮助工程设计人员进行计算分析、信息存储、图形绘制、实物模拟等工作的一种技术和方法。

1. CAD 建模技术

在企业的新产品开发过程中，工程师首先把产品的三维设计概念以三视图的方式，绘制在二维的图样上，然后加上尺寸标注以及工艺说明等信息，便绘制成了二维工程图样，如图 2-29 所示。

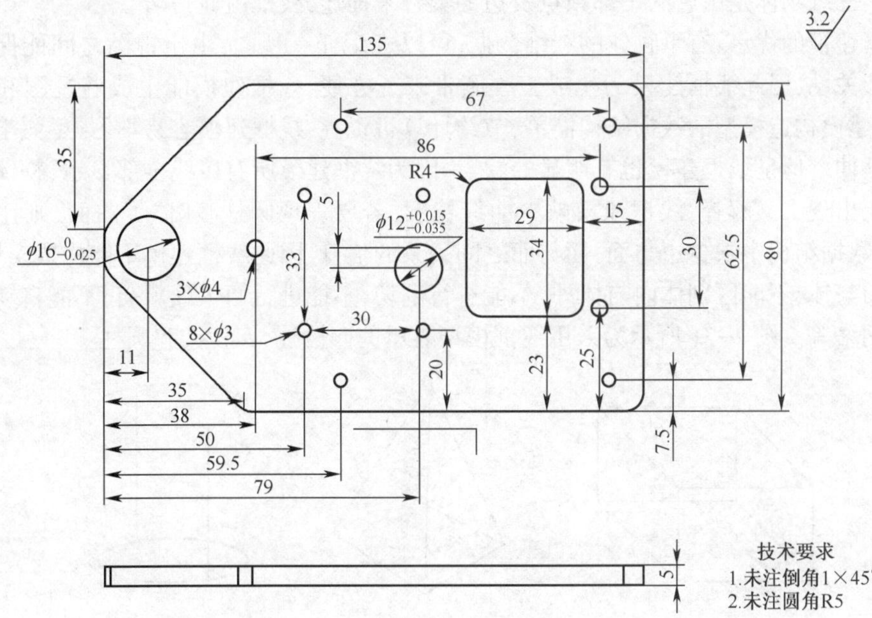

图 2-29 典型的二维工程图样

在 CAD 技术发展初期，CAD 仅限于计算机辅助绘图。随着三维建模技术的发展，CAD 技术从二维平面绘图发展到三维产品建模，随之产生了三维线框模型、曲面模型和实体造型技术。目前,参数化及变量化设计思想和特征模型代表了 CAD 技术的发展方向。三维建模技术是伴随 CAD 技术的发展而发展的。图 2-30 为典型的零件三维模型。

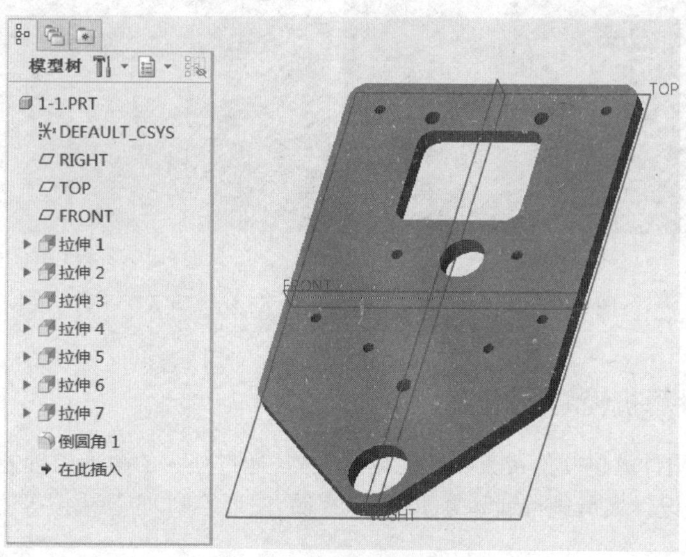

图 2-30　典型的零件三维模型

1）线框建模

20 世纪 60 年代末开始设计人员用线框和多边形构造三维实体,这样的模型称为线框模型。三维物体是由它的全部顶点及边的集合来描述,线框由此得名。

线框建模的优点:有了物体的三维数据,可以产生任意视图,由于视图之间能保持正确的投影关系,因此线框建模为生成工程图带来了方便;线框建模能生成透视图和轴侧图;线框建模构造模型的数据结构简单,节约计算机资源;线框建模容易学习,是人工绘图的自然延伸。但是线框建模也有明显的缺点:因为线框建模所有棱线全部显示,物体的真实感可能出现二义解释;线框建模缺少曲线棱廓,若要表现圆柱、球体等曲面,则比较困难;由于数据结构中缺少边与面、面与面之间关系的信息,因此线框建模不能构成实体,无法识别面与体,不能区别体内与体外,不能进行剖切,不能进行两个面求交,不能自动划分有限元网络等。图 2-31 所示为采用线框模型表示的四棱柱、四棱锥和圆柱。

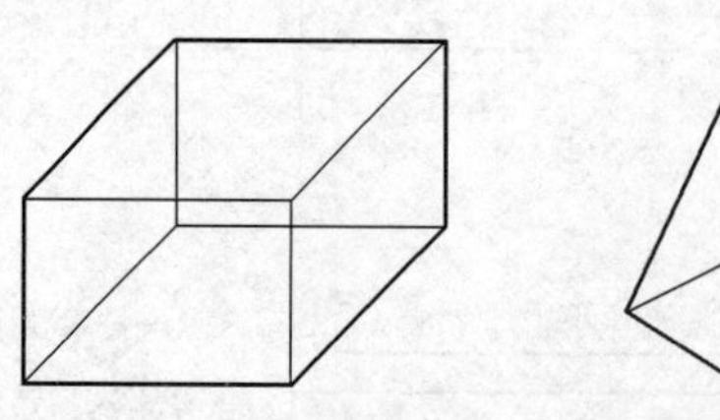
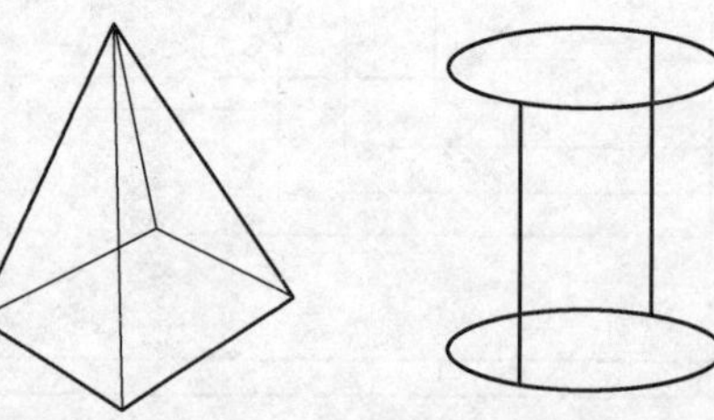

图 2-31　四棱柱、四棱锥和圆柱的线框模型

2）曲面建模

20 世纪 70 年代飞机和汽车工业蓬勃发展,工程师在产品设计的过程中遇到了大量

自由形状和雕塑曲面问题,CAD 系统的二维绘图及简单的三维线框模型已无法满足设计者的要求。此时,人们提出了曲线和曲面算法,使得用计算机处理曲线和曲面变为可行,从此三维 CAD 系统进入曲面建模时代。曲面模型是在线框模型数据结构的基础上,增加可形成立体面的各相关数据后构成的。与线框模型相比较,曲面模型多了一个面表,记录了边与面之间的拓扑关系。

曲面模型具有的优点:曲面模型的三维实体信息描述比线框建模严密、完整,能够构造出复杂的曲面,如汽车车身、飞机表面、模具外型;曲面模型可以对实体表面进行消隐、着色显示;曲面模型可以计算表面积,利用建模中的基本数据,进行有限元划分;曲面模型可以利用表面造型生成的实体数据产生数控加工刀具轨迹。但是,曲面模型也存在一定的缺点:曲面建模理论严谨复杂,所以建模系统使用较复杂,并需要一定的曲面建模数学理论及应用方面的知识;曲面建模虽然有面的信息,但缺乏实体内部信息,所以有时产生对实体二义性的理解。例如,一个圆柱曲面,就无法区别是一个实体轴的面或是一个空心孔的面;不能实行剖切,不能计算物性,不能检查物体间碰撞和干涉等。图 2-32 为采用曲面模型建模的零件。

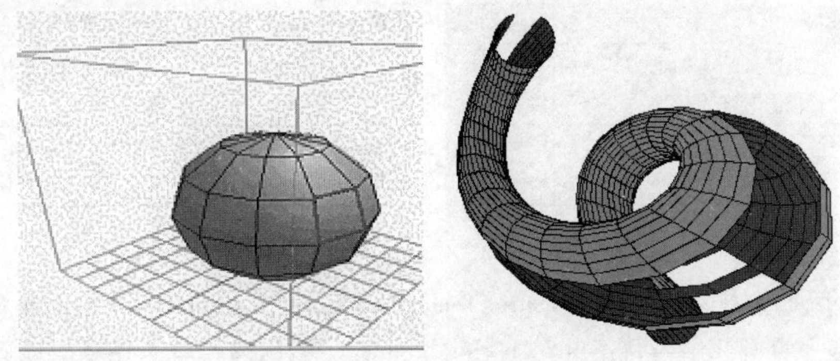

图 2-32　曲面模型建模的零件

3）实体建模

由于表面模型技术只能表达形体的表面信息,难以准确表达零件的其他特性,如质量、重心、惯性矩等,因此其对使用计算机进行工程分析十分不利。然而,实体模型能够精确表达零件全部属性。实体模型在表面看来往往类似经过消除隐藏线的线框模型或经过消除隐藏面的曲面模型。但在实体模型上如果挖一个孔,则会自动生成一个新的表面,同时自动识别内部和外部。实体模型可以使物体的实体特性在计算机中得到定义。

实体模型的特性:实体模型是一个用计算机表示的全封闭(实体)的三维形体;实体模型具有完整性和无二义性;实体模型保证只对实际上可实现的零件进行造型;实体模型零件不会缺少边和面,也不会有一条边穿入零件实体,因此实体模型能避免差错和不可实现的设计,提供高级的整体外形定义方法。此外,通过布尔运算可以从旧模型得到新模型。实体建模技术是 CAD 发展史上第二次技术革命。图 2-33 为采用实体建模技术建立的某零件三维模型。

在产品建模中,采用线框建模、曲面建模和实体建模的优点、缺点以及应用范围如表 2-2所列。为了克服某种造型的局限性,在 CAD 软件系统中常统一使用线框模型、表面模型和实体模型,以相互取长补短。

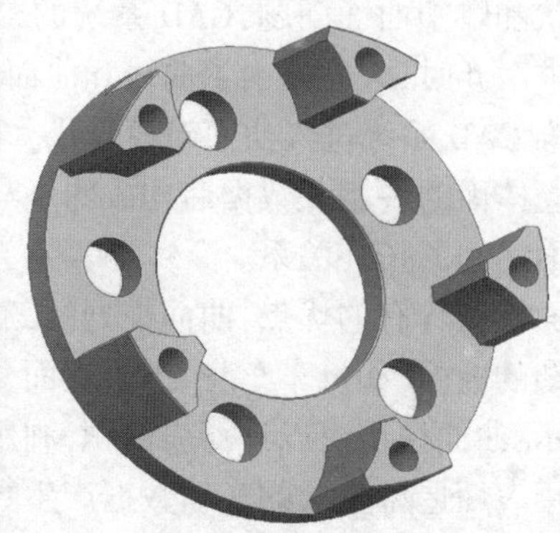

图 2-33　采用实体建模技术建立的某零件三维模型

表 2-2　三种建模方法比较

类型	优点	局限性	应用范围
线框建模	结构简单、易于理解、运行速度快	无法观察参数的变化；不可能产生有实际意义的形体；图形会有二义性	画二维线框图（工程图）、三维线框图
曲面建模	完整定义形体表面，为其他场合提供表面数据	不能表示形体	艺术图形；形体表面的显示；数控加工
实体建模	定义了实际形体	只能产生正则形体；抽象形体的层次较低	物性计算；有限元分析；用集合运算构造形体

4）参数化建模

1988 年，参数技术公司（Parametric Technology Corporation，PTC）采用面向对象的统一数据库和全参数化造型技术开发了 Pro/Engineer 软件，为三维实体造型提供了一个优良的平台。参数化造型的主体思想是用几何约束、工程方程与关系来说明产品模型的形状特征，从而达到设计一系列在形状或功能上具有相似性的设计方案。目前能处理的几何约束类型基本上是组成产品形体的几何实体公称尺寸关系和尺寸之间的工程关系，因此参数化造型技术又称为尺寸驱动几何技术，为 CAD 发展带来了第三次技术革命。

参数化设计是 CAD 技术在实际应用中提出的课题，它可使 CAD 系统不仅具有交互式绘图功能，还具有自动绘图的功能。

参数化建模的指导思想：只要按照系统规定的方式操作，系统保证设计的正确性及效率性，否则拒绝操作。这种思路的缺点：第一，使用者必须遵循软件内在使用机制，如决不允许欠尺寸约束、不可以逆序求解等；第二，当零件截面形状比较复杂时，将所有尺寸表达出来比较困难；第三，只有尺寸驱动这一种修改手段，那么究竟改变哪一个（或哪几个）尺寸会导致形状朝自己满意方向改变呢？这不容易判断；第四，尺寸驱动的范围是有限制的，如果给出的尺寸参数不合理，使某特征与其他特征相干涉，则会引起拓扑关系的改变；第五，从应用来说，参数化建模特别适用于技术已相当稳定、成熟的零配件行业。该行业零件的形状很少改变，经常只需采用类比设计，即形状基本固定，只需改变一些关键尺寸就可以得到新的系列化设计结果。

5）变量建模技术

由于参数化建模技术要求全尺寸约束，即设计者在设计全过程（包括设计初期）中，必须将产品形状和尺寸联合起来考虑，并且通过尺寸约束来控制形状，通过尺寸改变来驱动形状改变，即一切以尺寸（参数）为出发点，因此其干扰和制约设计者创造力及想象力的发挥。

SDRC（Structural Dynamics Research Corporation）的开发人员以参数化建模技术为蓝本，提出了一种比参数化建模技术更为先进的变量化建模技术。1993 年该公司推出全新体系结构的 I-DEAS Msater Series 软件，带来了 CAD 发展史上第四次技术革命。

在进行机械设计和工艺设计时，设计者总是希望能够随心所欲地构建零部件，能够在平面的显示器上构造三维立体的设计作品，并且希望保留每一个中间结果，以备反复设计和优化设计时使用。变量化建模能够实现这些想法。

变量化建模的指导思想：第一，设计者可以采用先形状后尺寸的设计方式，允许采用不完全尺寸约束，甚至只给出必要的设计条件，仍能保证设计的正确性及效率性；第二，造型过程是一个类似工程师思考设计方案的过程，满足设计要求的几何形状是首要的，尺寸细节可以后面逐步完善；第三，设计过程相对自由宽松，设计者可以更多地思考设计方案，无需过多关心软件的内在机制和设计规则限制，所以变量化建模的应用领域也更加广阔；第四，变量化建模除了在做一般系列化零件的概念设计时特别得心应手之外，还比较适合新产品开发、老产品改形设计等创新式设计。

2. 典型 CAD 软件系统介绍

1）AutoCAD

AutoCAD 是美国 Autodesk 公司开发的一种交互式绘图软件，是用于二维及三维设计、绘图的系统工具，用户可以使用它来创建、浏览、管理、打印、输出、共享及准确复用富含信息的设计图形。AutoCAD 是目前世界上应用最广的 CAD 软件。据相关统计资料表明，目前世界上有 75%的设计部门、数百万的用户应用此软件，在二维绘图软件市场占有率位居世界第一，在城市规划、建筑、测绘、机械、电子、造船、汽车等行业得到了广泛应用。AutoCAD 软件的特点：具有完善的图形绘制功能；具有强大的图形编辑功能；可以采用多种方式进行二次开发或用户定制；可以进行多种图形格式的转换，具有较强的数据交换能力；支持多种硬件设备；支持多种操作平台；具有通用性、易用性，适用于各类用户。图 2-34 为 AutoCAD 软件界面。

2）Creo

Creo 是参数技术公司旗下的 CAD/CAM/CAE 一体化三维软件。PTC 早期的软件 Pro/Engineer 以参数化建模技术著称，是参数化建模技术的最早应用者，在三维实体建模领域具有重要地位。Creo 是整合了 PTC 2010 年推出的三个软件 Pro/Engineer（参数化技术）、CoCreate（直接建模技术）和 ProductView（三维可视化技术）的新型 CAD 设计软件包，是 PTC“闪电计划”所推出的第一个产品。

Creo 在拉丁语中是创新的意思。Creo 解决了困扰制造企业在应用 CAD 软件中的四大难题。虽然 CAD 软件已经应用了几十年，其技术与市场逐渐趋于成熟，但是制造企业在 CAD 应用方面仍然面临以下四大核心问题。

（1）软件的易用性。CAD 软件虽然已经在技术上逐渐成熟，但是软件的操作还很复杂，宜人化程度有待提高。

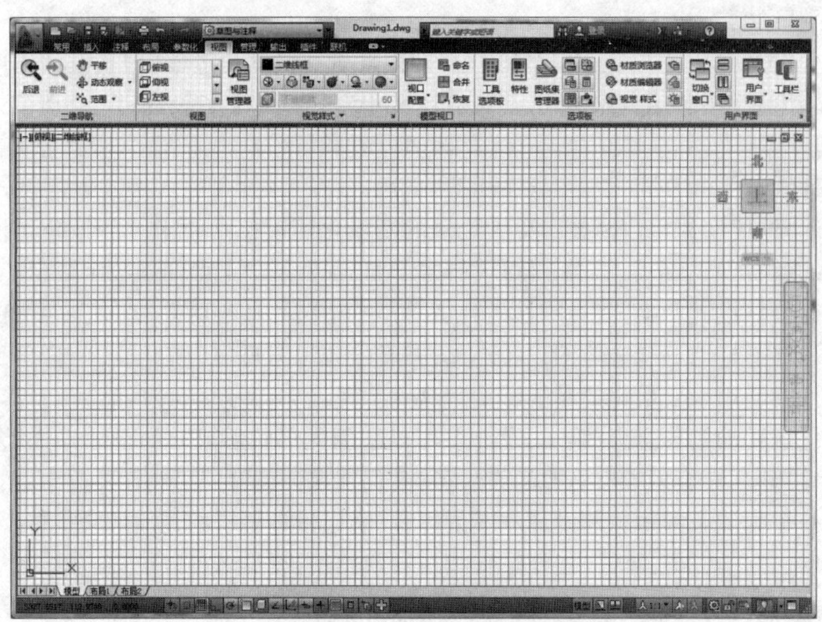

图 2-34　AutoCAD 软件界面

（2）互操作性。不同的设计软件造型方法各异包括特征造型、直觉造型等，二维设计还在广泛地应用。但这些软件相对独立，操作方式完全不同，对于用户来说，不能兼得各个软件，也不知如何取舍软件。

（3）数据转换。数据转换是困扰 CAD 软件应用的大问题。一些厂商试图通过图形文件的标准来锁定用户，因而导致用户产生很高的数据转换成本。

（4）配置需求。由于客户需求的差异，往往会造成因复杂的配置而延长产品交付的时间。

Creo 从根本上解决了制造企业在 CAD 应用中面临的上述核心问题，从而真正将企业的创新能力发挥出来，帮助企业提升研发协作水平，让 CAD 应用真正提高效率，为企业创造价值。Creo 软件界面如图 2-35 所示。

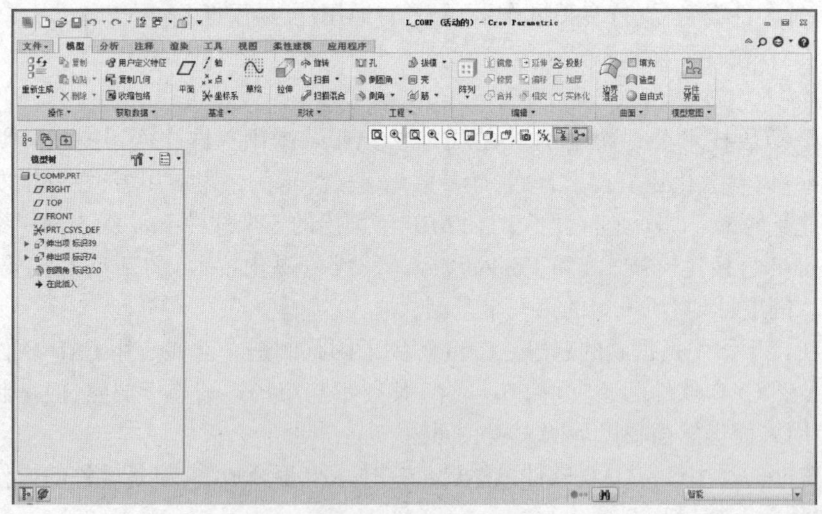

图 2-35　Creo 软件界面

3) UG NX

UG NX(Unigraphics NX)是 Siemens PLM Software 公司出品的一个产品工程解决方案,它为用户的产品设计及加工过程提供数字化造型和验证手段。UG NX 针对用户的虚拟产品设计和工艺设计的需求,提供经过实践验证的解决方案。最初 UG NX 主要应用于工作站,但随着 PC 硬件的发展和个人用户的迅速增长,其在 PC 上的应用取得了迅猛的增长,目前已经成为模具行业三维设计的一个主流应用。

UG NX 是一个交互式 CAD/CAM 系统,功能强大,可以轻松实现各种复杂实体及造型的构建。用户在使用 UG NX 软件强大的实体造型、曲面造型、虚拟装配及创建工程图等功能时,可以使用 CAE 模块进行有限元分析、运动学分析和仿真模拟,以提高设计的可靠性;根据建立的三维模型,还可由 CAM 模块直接生成数控代码,用于产品加工。图 2-36所示为 UG NX 软件界面。

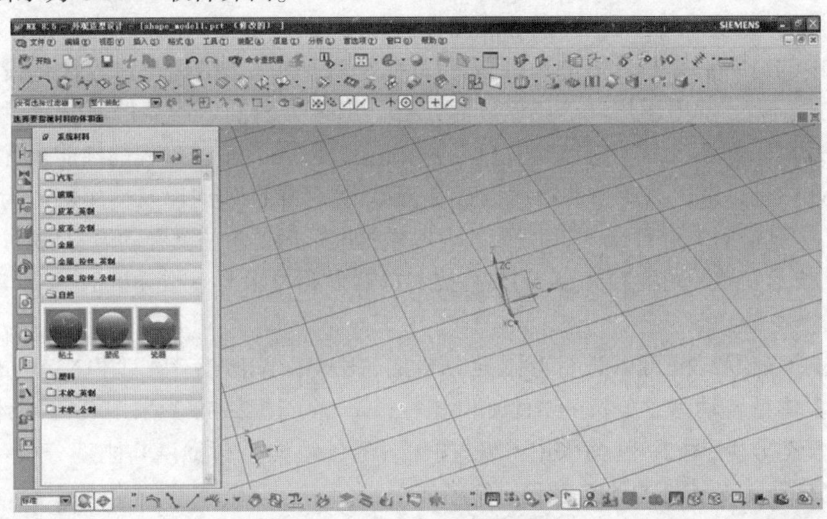

图 2-36 UG NX 软件界面

UG NX 软件的特点如下。

(1) 灵活的建模方式。采用复合建模技术,将实体建模、曲面建模、线框建模、显示几何建模及参数化建模融为一体。

(2) 参数驱动、形象直观、修改方便。

(3) 曲面设计以非均匀有理 B 样条曲线为基础,可用多种方法生成复杂曲面,功能强大。

(4) 良好的二次开发环境,用户可选用多种方式进行二次开发。

(5) 知识驱动自动化,便于获取和重新使用知识。

2.3.3 计算机辅助工程

新产品投入生产之前,需要进行原型或样机测试,以确保产品的性能符合客户的要求。某些测试只需要简单的物理样机,而结构完整的性能测试等就需要功能齐全的物理原型。利用原型测试作为设计验证的传统产品开发流程,如图 2-37 所示。原型制作和测试的过程需要耗费许多时间,并且费用昂贵。

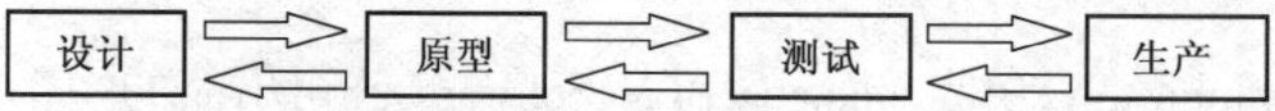

设计 ⇄ 原型 ⇄ 测试 ⇄ 生产

图 2-37　利用原型测试作为设计流程

随着 20 世纪 90 年代信息技术的发展，产品开发过程从“设计—原型—测试”发展成一种全新的产品开发流程，即借助计算机辅助设计和计算机辅助工程技术来开发产品。通过使用计算机辅助工程技术来分析计算机的目标设计模型，从而节省制造和测试原型所需的时间和费用。利用计算机辅助工程技术，工程师可以在各种载荷下仿真设计模型的效果，并使用这些结果来改进设计性能，最大限度地减少对物理原型的需求。

计算机辅助工程（computer aided engineering，CAE）主要是指利用计算机技术对工程和产品的运行性能与安全可靠性进行分析，对其未来状态和运行状态进行模拟，及早地发现设计缺陷，并证实未来工程、产品功能和性能的可用性和可靠性。准确地说，CAE 是指工程设计中的分析计算与分析仿真，具体包括工程数值分析、结构与过程优化设计、强度与寿命评估、运动/动力学仿真。工程数值分析是用来分析确定产品的性能；结构与过程优化设计是用来保证产品功能、工艺过程的基础上，使产品、工艺过程的性能最优；结构强度与寿命评估是用来评估产品的精度设计是否可行，可靠性如何以及使用寿命为多少；运动/动力学仿真是用来对 CAD 建模完成的虚拟样机进行运动学仿真和动力学仿真。从过程化、实用化技术发展的角度看，CAE 的核心技术是有限元技术与虚拟样机的运动/动力学仿真技术。

优秀的 CAE 软件，可以进行有限元分析的 ABAQS、ANSYS、NASTRAN、Moldflow 等，可以进行多体系统动力学分析的 ADAMS、Recurdyn 等。图 2-38 为采用 CAE 技术进行零件的振动模态分析；图 2-39 为采用 CAE 技术对零件结构进行强度与刚度分析；图 2-40 为采用 CAE 技术对零件的铸造过程进行模流分析。

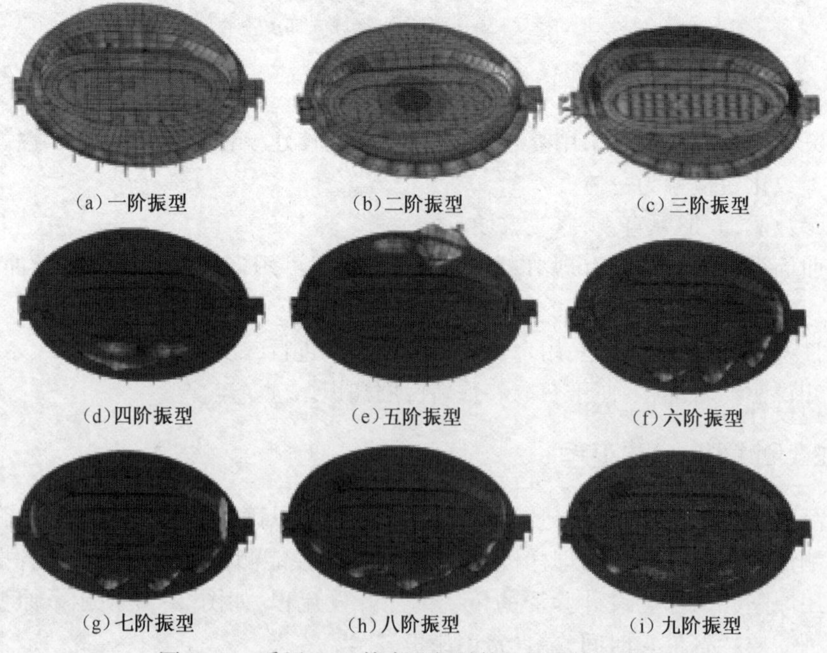

图 2-38　采用 CAE 技术进行零件的振动模态分析

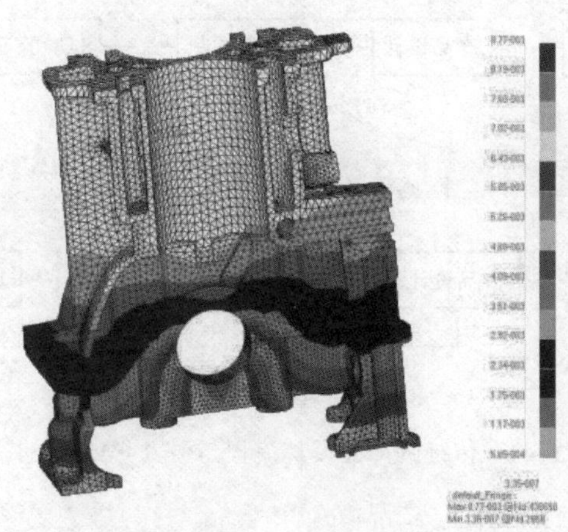

图 2-39 采用 CAE 技术对零件结构进行强度与刚度分析

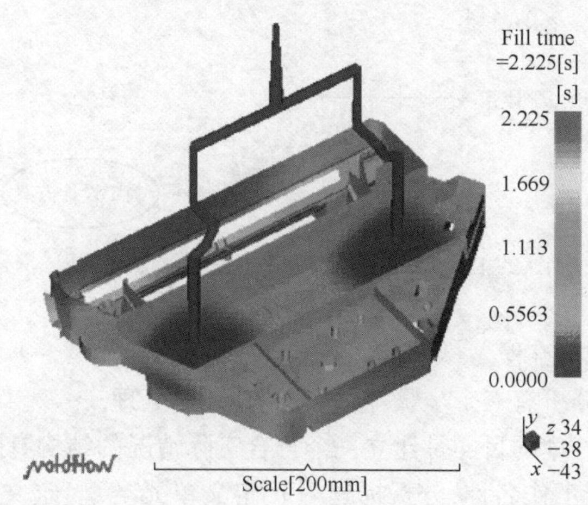

图 2-40 采用 CAE 技术对零件的铸造过程进行模流分析

1. CAE 的应用

1) CAE 在产品设计中的应用

设计人员在进行产品设计时,可以在进行实体建模的同时对产品进行有限元分析计算,形成“边设计,边分析”的互动式产品建模与分析,从而对设计做出更全面的考虑及优化,最大限度地减少对物理原型的需求。例如,在 CAD 概念设计阶段,利用 CAE 进行粗计算(提供可行性报告);在 CAD 设计初期,利用 CAE 进行方案优化计算(提供优化设计方案报告);在 CAD 设计后期,利用 CAE 进行设计校核计算(提供确认报告)。目前,CAD 与 CAE 一起构成产品研发的内核。图 2-41 为传统的产品设计流程与引入 CAE 后的产品设计流程;图 2-42 为 CAE 在产品研发中的具体应用流程。

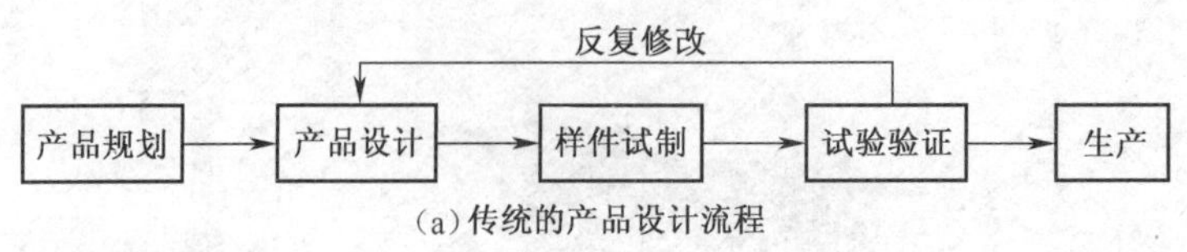

（a）传统的产品设计流程

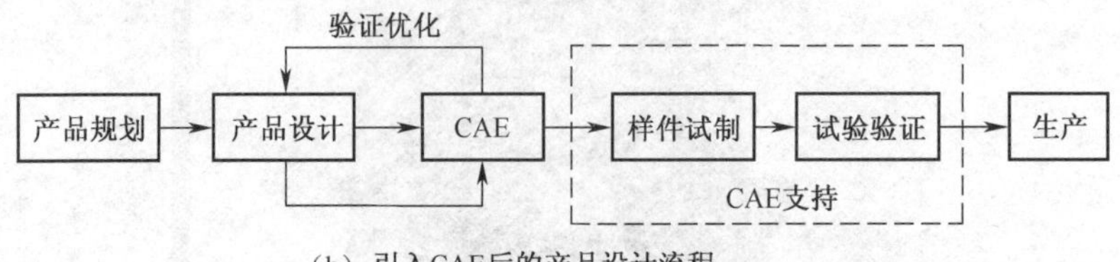

（b）引入CAE后的产品设计流程

图 2-41　传统的产品设计流程与引入 CAE 后的产品设计流程

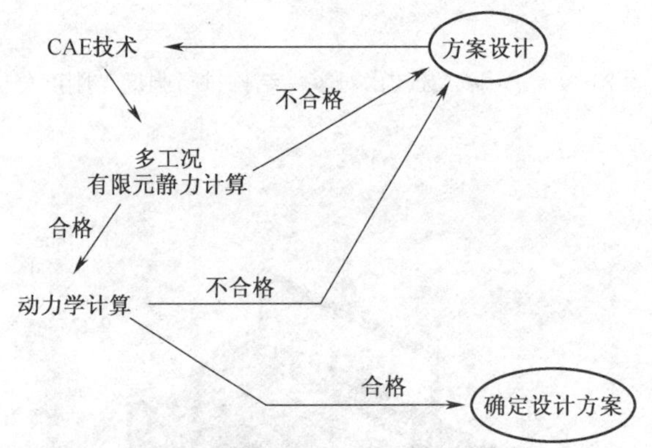

图 2-42　CAE 在产品研发中的具体应用流程

2）有限元软件分析流程

应用有限元软件分析有三个步骤：前处理、求解、后处理。

（1）前处理。前处理的目的是建立一个符合实际情况的结构有限元模型。其包括分析环境设置（指定分析工作名称、分析标题等）、定义单元类型、定义实常数、定义材料属性（如线弹性材料的弹性模量、泊松比、密度）、建立几何模型、对几何模型进行网格划分（赋予单元属性、指定网格划分密度、网格划分）、加载（如 ANSYS 软件结构分析的载荷包括位移约束、集中力、面载荷、体载荷、惯性力、耦合场载荷，将其施加于几何模型的关键点、线、面、体）。

（2）求解。求解包括指定分析类型（静力分析、模态分析、瞬态动力分析、谱分析等），设置分析选项（不同分析类型设置不同选项，有非线性选项设置、线性设置和求解器设置），设置载荷步选项（包括时间、子步数、载荷步、平衡迭代次数和输出控制），求解。

（3）后处理。当完成计算以后，首先通过后处理模块获得求解计算结果，包括位移、温度、应变、热流等，还可以对结果进行数学运算；然后以图形或者数据列表的形式输出计算结果，包括结构的变形图、内力图（轴力图、弯矩图、剪力图），各节点的位移、应力、应变，以及位移、应力、应变云图等，为分析问题提供重要依据。

3）有限元分析案例

打点喷枪模组(用于手机、平板电脑等电子元件黏接)主要是使用压缩空气推动模组内的顶针做高频上下往复运动,从而将高黏度的胶水从喷嘴中打出。顶针是这个产品的核心零件,设计使用材料为 AISI4140,最高工作频率是 160Hz(在一个周期中 3ms 开、3ms 关),能够提供的压缩空气压力为 3～8 bar,直接作用在顶针活塞面上,用有限元软件 Ansys 仿真模拟分析零件的强度是否符合要求。

(1) 零件外形尺寸如图 2-43 所示。

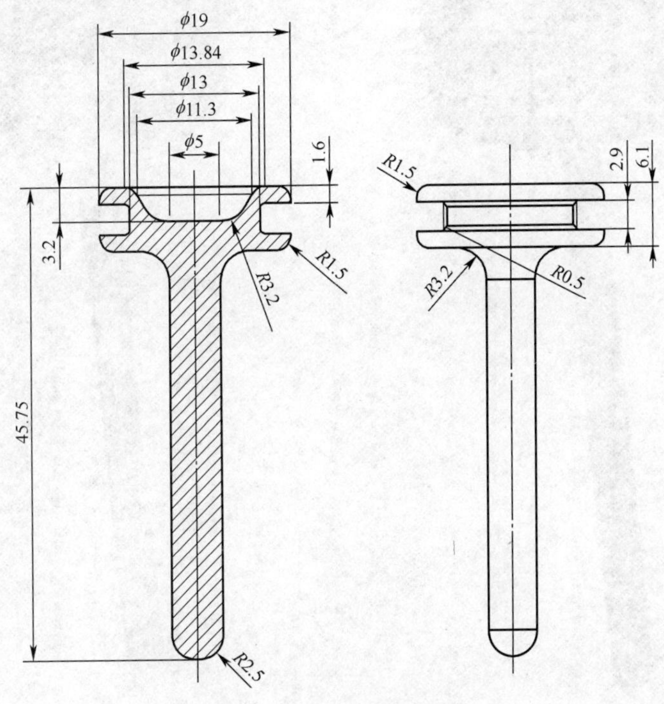

图 2-43　零件外形尺寸

(2) 简化模型特征后,在 Ansys 中完成有限元几何模型的创建,如图 2-44 所示。

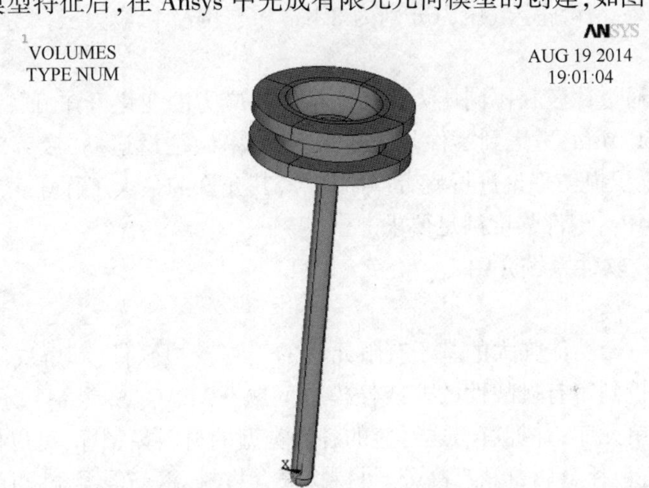

图 2-44　有限元几何模型

（3）选择有限元实体单元并设定，单元类型：SOILD185，长度单位：mm，压强单位：MPa，密度单位：Ton/m^3。材料属性：杨氏模量为 2.1E5、泊松比为 0.29。

（4）实体模型划分为六面体网格，如图 2-45 所示。

（5）根据使用工况条件要求，施加约束条件和作用载荷，载荷分别为 8 bar、7 bar、6 bar、5 bar、4 bar、3 bar，如图 2-46 所示。

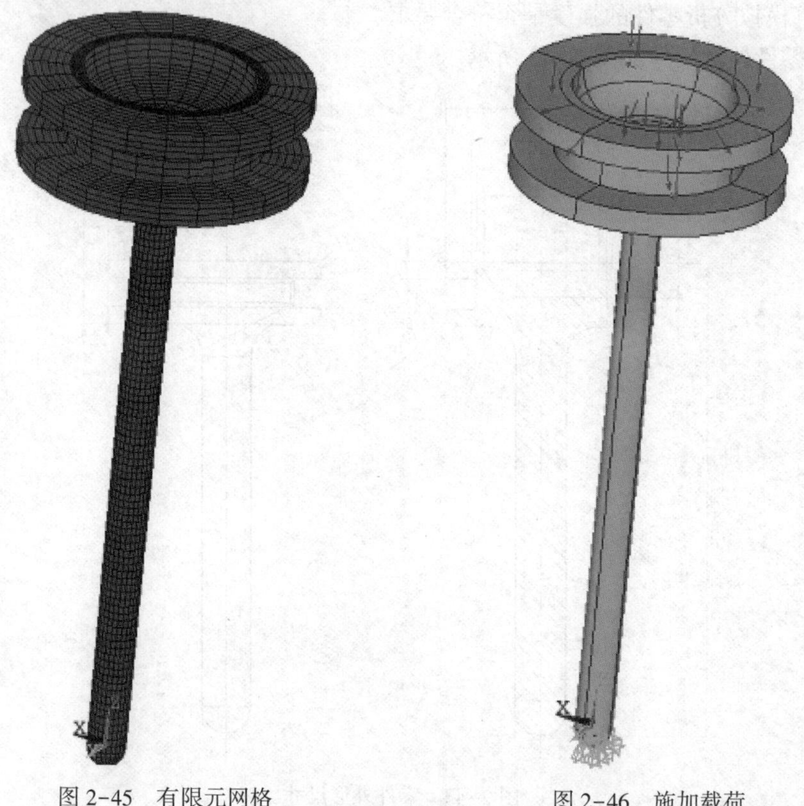

图 2-45　有限元网格　　　　图 2-46　施加载荷

（6）分析结果。压缩空气压力分别为 8 bar 和 5 bar 时，应力云图分别如图 2-47 和图2-48 所示。

（7）结论。通过比较在不同压力载荷下最大内应力的变化可知，顶针工作在 8 bar 时最大应力达到 250 MPa，考虑到零件是 160 Hz 高频率做往返运动，疲劳寿命要求五百万次以上，按线性累积损伤理论进行疲劳寿命计算，其允许的最大工作压力为 5 bar，此时应力最大值为 156MPa，零件强度满足要求。

2. 典型 CAE 软件系统介绍

1）ABAQUS

ABAQUS 是一套功能强大的基于有限元法的工程模拟软件，其解决问题的范围从相对简单的线性分析到富有挑战性的非线性模拟问题。ABAQUS 具备十分丰富的、可模拟任意实际形状的单元库，并拥有与之对应的各种类型的材料模型库，可以模拟大多数典型工程材料的性能，包括金属、橡胶、高分子材料、复合材料、钢筋混凝土、可压缩弹性的泡沫材料以及岩石和土等。作为通用的模拟分析工具，ABAQUS 不仅能解决结构分析中的问

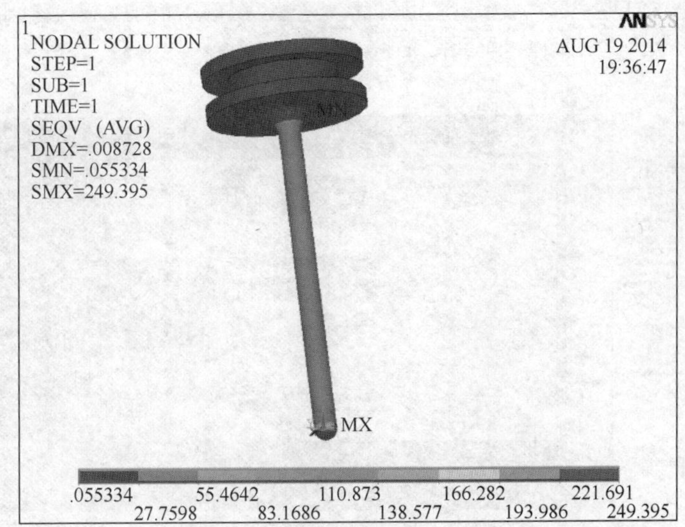

图 2-47 压缩空气压力为 8bar 时的应力云图

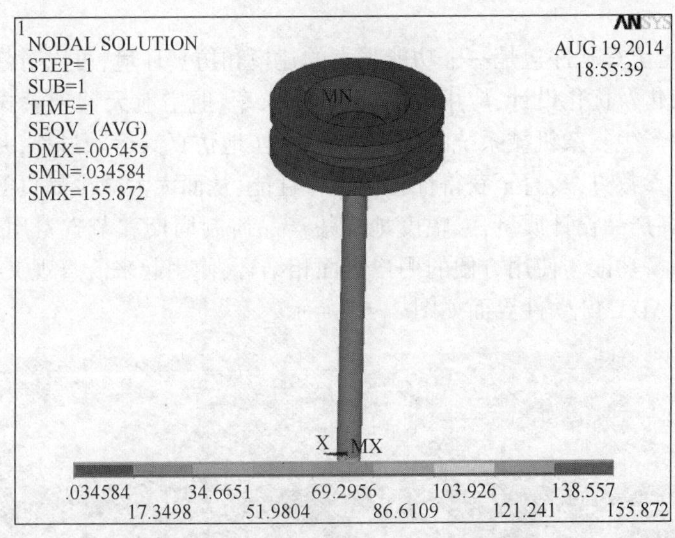

图 2-48 压缩空气压力为 5bar 时的应力云图

题(应力/位移),还能模拟和研究其他领域中的问题,如热传导、质量扩散、电子元器件的热控制(热-电耦合分析)、声学分析、土壤力学分析(渗流-应力耦合分析)和压电介质力学分析。ABAQUS 软件界面如图 2-49 所示。

2) ADAMS

机械系统动力学自动分析(Automatic Dynamic Analysis of Mechanical Systems, ADAMS),是美国 MDI(Mechanical Dynamics Inc.,现已经并入美国 MSC 公司)公司开发的虚拟样机分析软件。目前,ADAMS 软件已经被全世界各行各业的制造商采用。

ADAMS 软件 2010 版本推出多学科 MD 方案。ADAMS 软件是集建模、求解、可视化技术于一体的虚拟样机软件,是世界上目前使用范围最广、最负盛名的机械系统仿真分析

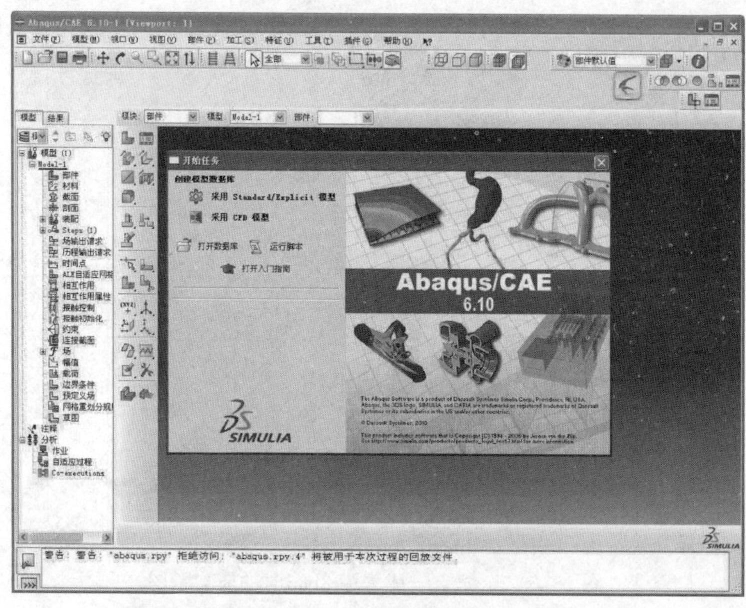

图 2-49　ABAQUS 软件界面

软件。ADAMS 全仿真软件包是一个功能强大的建模和仿真环境,可以对任何机械系统进行建模、仿真、细化及优化设计,应用范围从汽车、火车、航空航天器到盒式录像机等。使用这套软件可以产生复杂机械系统的虚拟样机,真实地仿真其运动过程,并且可以迅速地分析和比较多种参数方案,直至获得优化的工作性能,从而大大减少昂贵的物理样机制造及试验次数,提高产品设计质量,大幅度地缩短产品研制周期和节省费用。ADAMS 软件将强大的分析求解功能与使用方便的用户界面相结合,使用起来既直观又方便,还可为用户专门化定制。ADAMS 软件界面如图 2-50 所示。

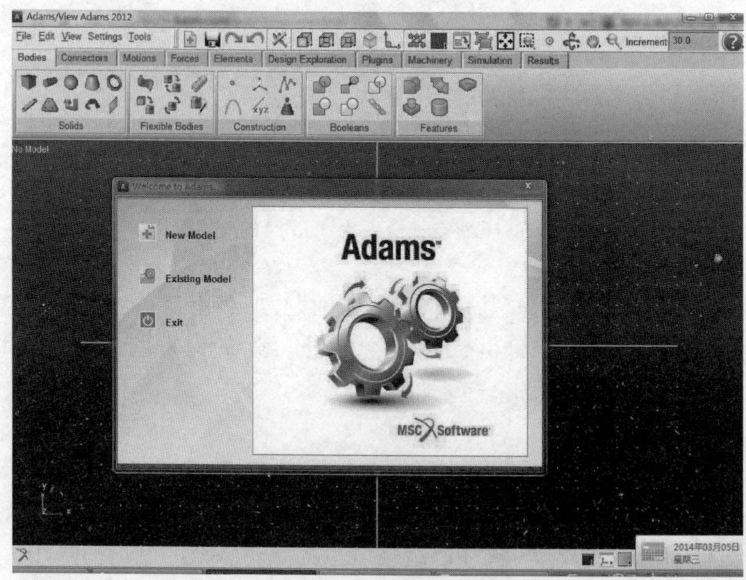

图 2-50　ADAMS 软件界面

2.4 3D 打印技术

三维打印(3 dimensional printing,3DP)技术,又称为3D打印技术是以计算机三维设计模型为蓝本,创造性地采用离散堆积的成型原理,通过软件分层离散和数控成型系统,利用激光束、热熔喷嘴等方式将金属粉末、陶瓷粉末、塑料、细胞组织等特殊材料进行逐层堆积黏结,最终叠加成型,制造任意复杂形状三维实体零件的技术总称。3D打印技术又称为快速成型、快速原型、快速模型、直接制造、自由成型技术、增材制造等。

2.4.1 成型原理及制作流程

1. 成型原理

首先,设计出所需零件的计算机三维模型;其次,根据工艺要求,按照一定的规则将该模型离散为一系列有序的单元,通常在 Z 向将其按一定厚度进行离散(称为分层);再次,把原来的三维CAD模型变成一系列的层片,根据每个层片的轮廓信息,加入加工参数,自动生成数控代码;最后,由成型机制造一系列层片并自动将它们连接起来,得到一个三维物理实体,如图2-51所示。

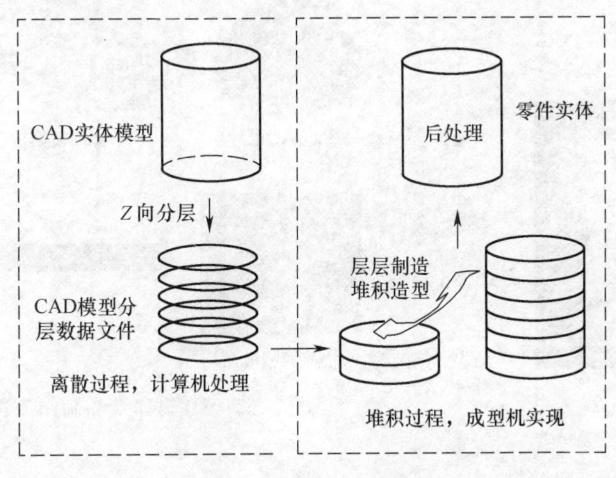

图2-51　成型原理

3D打印技术的基本原理决定了3D打印技术具有以下基本特点。

(1) 添加成型。从成型学的角度,3D打印技术是层层制造、堆积造型,在其成型过程中材料由无到有、由少到多。添加成型是3D打印技术的本质特点。

(2) 直接成型。其具有两层涵义:一是3D打印技术直接由原材料成型零件,无需或只需做少量加工即可使用。省去了传统机械制造中加工零件从原材料到毛坯,再由毛坯到零件(包括粗加工、半精加工和精加工等)的复杂加工过程。二是在这种数字化制造模式成型零件时,不需要刀具、夹具等工艺装备,不需要复杂的工艺,不需要庞大的机床,不需要众多的人力,直接由计算机图形数据生成零件。

(3) 任意成型。由于将一个三维产品分解成一个个二维截面层层制造,而成型一个二维截面简单易行，所以3D打印产品的形状几乎没有任何限制。

（4）数字化成型。整个加工过程是全数字化的制造过程。

2. 制作流程

3D打印技术在实现过程中具体分成四个技术步骤：模型设计、近似处理、切片处理和逐层制造。

（1）设计三维CAD模型。使用的绘图软件主要有CATIA、UG、Creo、Solidworks、Mastercam、CAXA等。

（2）对CAD模型进行近似处理。将三维实体表面用一系列相连的小三角形逼近，得到STL格式的三维近似模型文件，如图2-52所示。

（3）对STL格式文件进行切片处理。切片是将模型以片层的方式来描述，片层的厚度通常在50~500μm。无论零件形状多么复杂，对每一片层来说均是简单的平面矢量扫描组，轮廓线代表了片层的边界。

（4）逐层制造。当切片处理结束后，就开始对零件进行逐层制造，用3D打印机制作每一层，自下而上层层叠加，就成为三维实体。

图2-53是3D打印产品制作流程的一个直观示例。

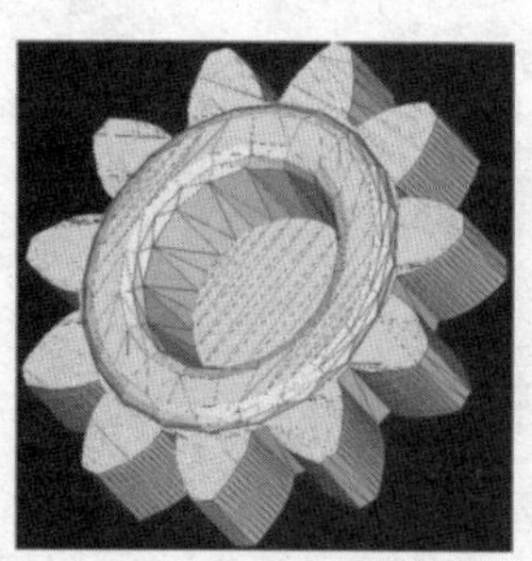

图2-52 典型的STL文件

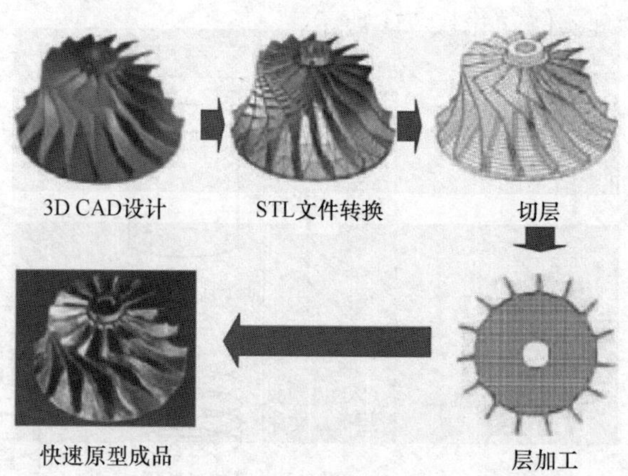

图2-53 3D打印产品制作流程的直观示例

在安排生产时，一般将3D打印技术的技术步骤连同生产所必需的辅助工作（如后处理）分成三个阶段：数据处理、产品制造和后处理。这三个阶段对应于3D打印技术步骤产品制作流程，如图2-54所示。

2.4.2 典型的3D打印方法

目前，比较成熟的3D打印方法有十几种，其中最为典型的是四种：立体光刻、分层实体制造、选择性激光烧结和熔丝沉积成型。下面介绍这四种典型的3D打印方法。

1. 立体光刻

立体光刻也称为液态光敏树脂选择性固化成型，英文缩写为SLA（stereo lithography apparatus）。SLA工艺是基于液态光敏树脂的光聚合原理工作的。首先在液槽中盛满液态光固化树脂，激光束在偏转镜作用下，能在液态表面上扫描，扫描的轨迹及激光的有

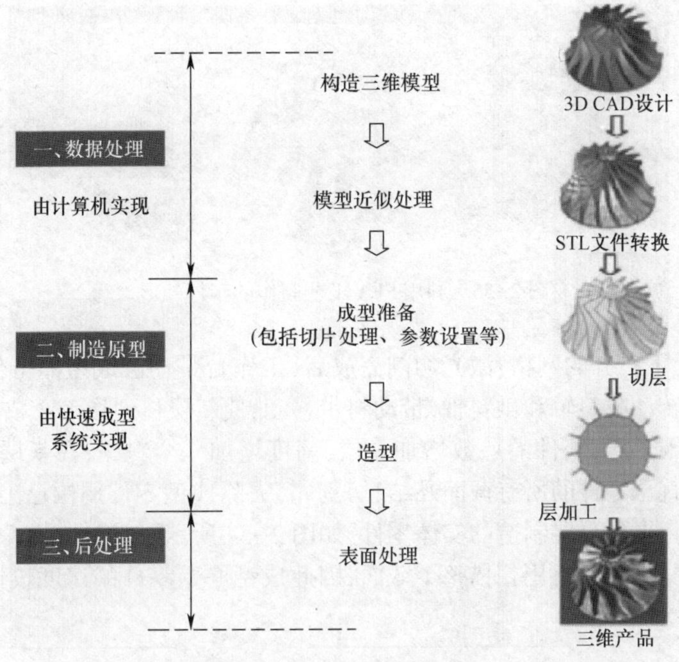

图 2-54　3D 打印的生产流程

无均由计算机控制，光点扫描到的地方，液体就固化。当一层扫描完成后，未被照射的地方仍是液态树脂。然后，升降台带动平台下降一层高度，已成型的层面上又布满一层树脂，刮平器将黏度较大的树脂液面刮平，再进行下一层的扫描，新固化的一层牢固地黏在前一层上，如此重复，直到整个零件制造完成，得到一个三维实体模型，如图 2-55 所示。SLA 工艺成型的零件精度较高，如图 2-56 所示。

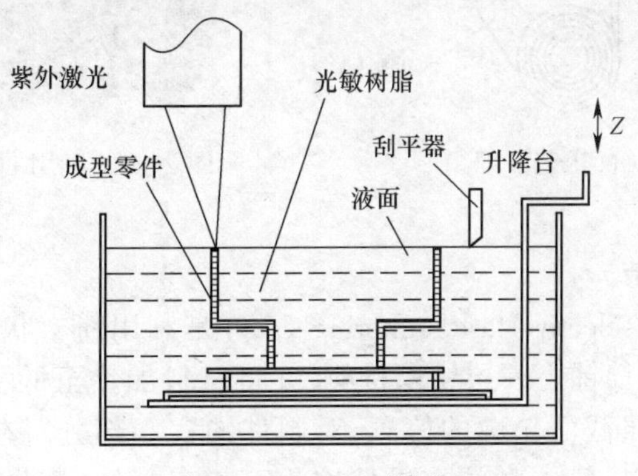

图 2-55　SLA 工艺原理

2. 分层实体制造

分层实体制造(laminated object manufacturing，LOM)采用薄片材料，如纸、塑料薄膜等作为立体成型的材料，片材表面先涂上一层热熔胶，将足够长度的片材卷成料带卷；加工时，用热压辊压片材，使之在一定的温度和压力下与下面已成型的工件牢固黏结；用激光器在刚黏结的新层上切割出零件截面轮廓和工件外框，并在截面轮廓与外框之间多余的

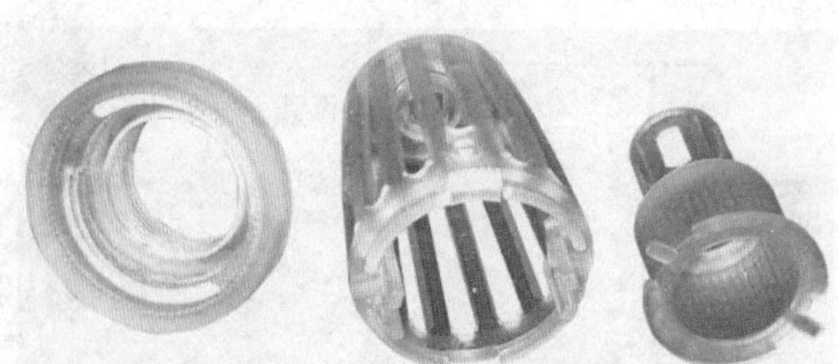

图 2-56　利用 SLA 工艺制作的车灯外形

区域内切割出上下对齐的网格；激光切割完成后，工作台带动已成型的工件下降，与料带分离；供料机构转动收料轴和供料轴，带动料带移动，使新层移到加工区域；工作台上升到加工平面；热压辊热压，工件的层数增加一层，高度增加一个料厚；在新层上切割截面轮廓。如此反复，直至零件的所有截面黏结、切割完，去除成型零件周围已经切割成网格的多余区域的材料，得到分层制造的实体零件，如图 2-57 所示。LOM 工艺只需在片材上切割出零件截面的轮廓，而不用扫描整个截面，因此成型厚壁零件的速度较快，易于制造大型零件，如图 2-58 所示。

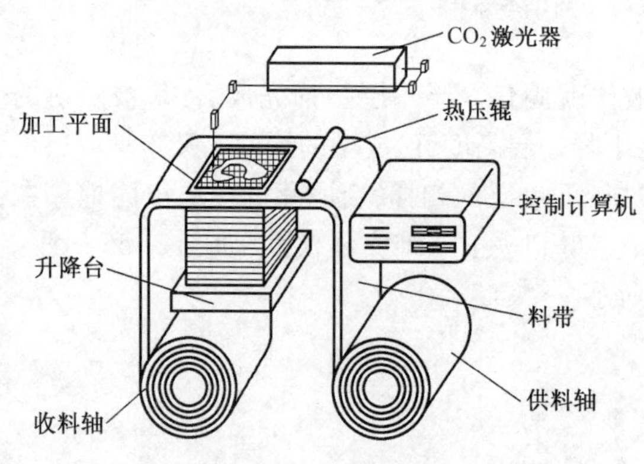

图 2-57　LOM 工艺原理

图 2-58　利用 LOM 工艺制作的泵体外壳

3. 选择性激光烧结

选择性激光烧结（selective laser sintering，SLS）是利用粉末状材料成型。其工艺过程：先在工作台上用滚筒铺上一层粉末材料，并将材料加热至低于其熔化的温度；然后计算机控制激光束按照截面轮廓的信息，对制件的实心部分所在的粉末进行扫描，使粉末的温度升至熔化点，粉末颗粒交界处熔化而相互黏结，逐步得到各层轮廓。而在非烧结区的粉末仍呈松散状，作为制件和下层粉末的支撑；一层成型后，工作台下降一截面层的高度，再进行下一层铺料和烧结，逐步顺序叠加，最终形成一个立体的原型（图 2-59）。SLS 工艺最大的优点是选材较为广泛，如尼龙、蜡、ABS、树脂裹覆砂（覆膜砂）、聚碳酸脂、金属和陶瓷粉末等都可以作为烧结对象，而且由于粉床上未被烧结部分成为烧结部分的支撑结构，因而无需考虑支撑系统（硬件和软件）。图 2-60 为选择性激光烧结工艺制作出来的零件。

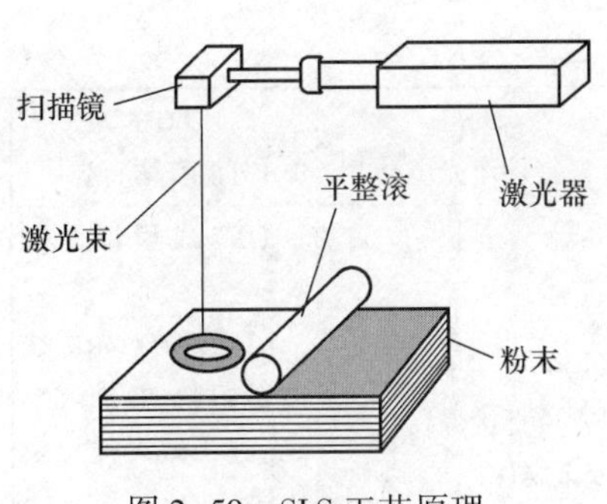

图 2-59 SLS 工艺原理

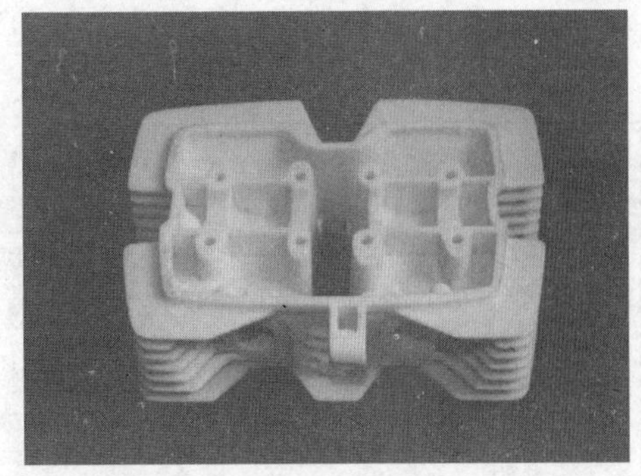

图 2-60 利用 SLS 工艺制作的发动机汽缸头

4. 熔丝沉积成型

熔丝沉积成型(fused deposition modeling,FDM)又称为熔丝沉积制造、熔融挤压成型,该技术的成型原理如图 2-61 所示。丝状热塑性材料(如 ABS 及 MABS 塑料丝、蜡丝、聚烯烃树脂丝、尼龙丝、聚酰胺丝等)由供丝机构送至喷头,并由喷头加热至熔融态,然后被选择性地涂覆在工作台上,快速冷却后形成加工工件截面轮廓。当一层成型完成后,工作台下降一截面层的高度,喷头再进行下一层的涂覆,每一个层片都是在上一层上堆积而成,上一层对当前层起到定位和支撑的作用。如此反复上面的步骤,最终形成三维产品。图 2-62 所示为利用熔丝沉积成型工艺制作的卡通玩偶模型。

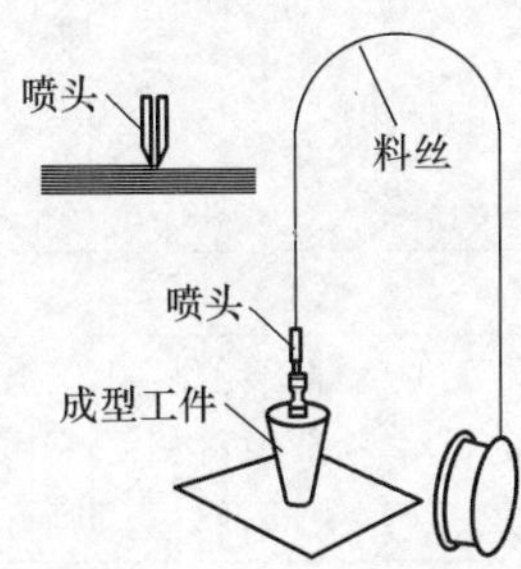

图 2-61 FDM 工艺原理

图 2-62 利用 FDM 工艺制作的玩偶模型

5. 四种典型的3D打印工艺的对比

四种典型的3D打印工艺的对比，见表2-3所列。

表2-3 四种典型的3D打印工艺的对比

比较项目	SLA 立体光刻	FDM 熔丝沉积成型	SLS 选择性激光烧结	LOM 分层实体制造
优点	(1)成型速度极快，成型精度、表面质量高； (2)适合做小件及精细件	(1)成型材料种类较多，成型工件强度高，能直接制作ABS塑料； (2)尺寸精度较高，表面质量较好，易于装配； (3)材料利用率高； (4)操作环境干净、安全，可在办公室环境下进行	(1)可直接制作金属制品，可直接得到塑料、蜡或金属件； (2)材料利用率高；造型速度较快	(1)成型精度较高； (2)只需对轮廓线进行切割，制作效率高，适合做大件及实体件； (3)制成的工件有类似木质制品的硬度，可进行一定的切削加工
缺点	(1)成型后需要进一步固化处理； (2)光敏树脂固化后较脆，易断裂，可加工性差； (3)工作温度不能超过100℃，成型件易吸湿膨胀，抗腐蚀能力不强	(1)成型时间较长； (2)做小件和精细件时精度不如SLA	(1)成型件强度和表面质量较差，精度低； (2)在后处理中难以保证制件尺寸精度，后处理工艺复杂，制件变形大，无法装配	(1)不适宜做薄壁原型； (2)表面比较粗糙，工件表面有明显的台阶纹，成型后需要进行打磨； (3)易吸湿膨胀，成型后需要尽快做表面防潮处理； (4)工件强度差，缺少弹性
设备购置费用	高昂	低廉	高昂	中等
维护和日常使用费用	激光器有损耗，光敏树脂价格昂贵，运行费用很高	无激光器损耗，材料的利用率高，原材料便宜，运行费用极低	激光器有损耗，材料利用率高，原材料便宜，运行费用居中	激光器有损耗，材料利用率很低，运行费用较高
发展趋势	稳步发展	飞速发展	稳步发展	渐趋淘汰
应用领域	复杂、高精度、艺术用途的精细件	塑料件外形和机构设计	铸造件设计	实心体大件

3D打印作为一种新的加工方式，自出现以来就得到广泛的关注，人们对其成型工艺方法的研究一直十分活跃。除了前面介绍的四种3D打印基本方法比较成熟之外，其他的许多技术也已经实用化，如三维打印快速成型、数码累积成型、光掩膜法、弹道微粒制造、直接壳法、三维焊接、直接烧结技术、全息干涉制造、光束干涉固化等。

2.4.3 应用案例

3D打印技术的应用领域十分广泛，遍及各个领域，如工业制造（包括航空航天、汽车、机械、电子、电器等）、医疗与生物工程、文化创意、教育、食品、时尚等。下面以一个案例来说明3D打印技术的应用。

1. 产品分析

(1) 产品名称:无碳小车徽标(图 2-63)。

图 2-63　徽标的设计方案

(2) 产品简介:该徽标是 2015 年南京理工大学参加"第三届江苏省大学生工程训练综合能力竞赛"的一组学生参赛作品。竞赛组委会对于徽标设计及制作的基本要求:在长×宽×厚=(40±1)×(30±1)×(4±0.1)(mm)空间内设计一个徽标,该徽标图案须包含校名、组名、队名、无碳小车四个元素,并操作 3D 打印机完成徽标制作;设计和制作时间为 45 分钟;根据徽标打印制作时间、徽标用料量、徽标尺寸精度和徽标表面整体效果进行评分。

(3) 产品外观:徽标的整体形状为四叶草的一个花瓣,在 40mm×30mm 矩形的两对边倒 10mm 圆角得到,徽标内有四叶草的四个瓣:三个瓣高出 3mm、一个瓣镂空,每瓣内有英文字母。其设计涵义:四叶草寓意 "无碳",四个花瓣代表第四组,镂空的花瓣镶嵌"S"表示小车行走路径为"S"形,其与其他三个花瓣的高度不同,以突出强调;其他三个花瓣分别有通透的字母"N""U""T",与"S"连接成"NUST",表示校名。该徽标线条简洁、流畅,内涵丰富、贴切,文字通透、美观,整体设计既准确传达了竞赛的主题,表达大学生对绿色生活的追求,又与小车简洁的结构一致,体现了团队的整体风格。

(4) 产品性能要求:由于评分的依据是徽标打印制作时间、徽标用料量、徽标尺寸精度和徽标表面整体效果,故在保证打印质量的前提下,重量轻、打印时间短为该产品的主要性能要求。

(5) 产品制作方案分析:徽标的制作,第一,优先考虑产品重量的因素;第二,徽标外形一般具有自由曲面,传统的成型方法无法完成;第三,徽标作为一个装饰,对加工精度、表面粗糙度要求不高,表面有些自然的纹理更显质感;第四,单件生产。通过对这四个方面的分析可知,采用 3D 打印方法直接成型该产品最为合理。竞赛组委会指定的加工方法为3D打印，指定的设备为北京太尔时代的桌面“UP！三维打印机系统”（图2-64），使用的材料为ABS，基本满足了产品的性能要求。在此系统下，在制作产品时徽标实体部分的体积、形状，以及打印时参数的选择，对模型质量和打印时间将产生至关重要的影响。

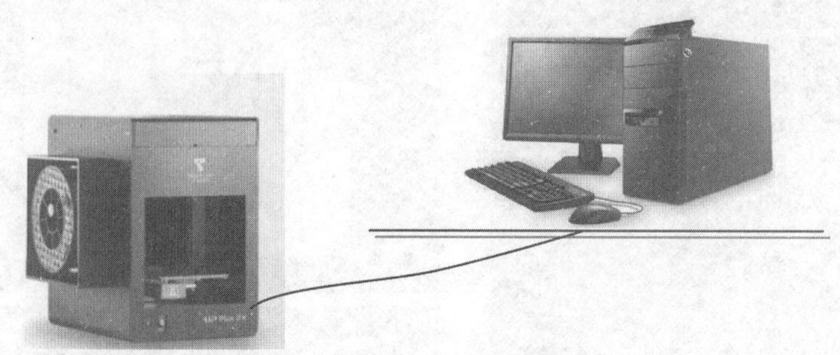

图2-64　UP！三维打印机系统

2. 制作流程

依次按照3D打印的生产流程：数据处理、模型制作和后处理三个部分完成产品制作。

1）数据处理

（1）构造三维CAD模型。使用UG（Creo、Caxa等）软件设计并绘制徽标三维模型，如图2-65所示。

（2）模型的近似处理，生成STL文件。选择“文件”，保存副本，选择后缀名STL保存，模型变为由三角形的面片表示的STL文件，如图2-66所示。注意：模型存为STL文件之后，将无法在原来绘制图形的软件中打开。

图2-65　徽标的三维模型

图2-66　模型的STL文件

2）模型制作

（1）开机前准备：① 检查料盘，保证料丝充足；② 检查成型室，保证底板完整、干净，不应有任何物品；③ 检查电源线路，保证电源线路正常。

（2）开机操作：① 接通电源，打开电源总开关，初始化设备；② 启动计算机，运行UP！软件，载入模型的STL文件，如图2-67所示。对模型进行旋转、平移等操作，将模型放在合适的成型方向和成型位置，如图2-68所示。③ 在“三维打印—设置”或“三维打印—打印预览—选项”或“三维打印—打印—选项”中选择层片厚度、填充形式等，对模型进行打印设置，如图2-69所示。

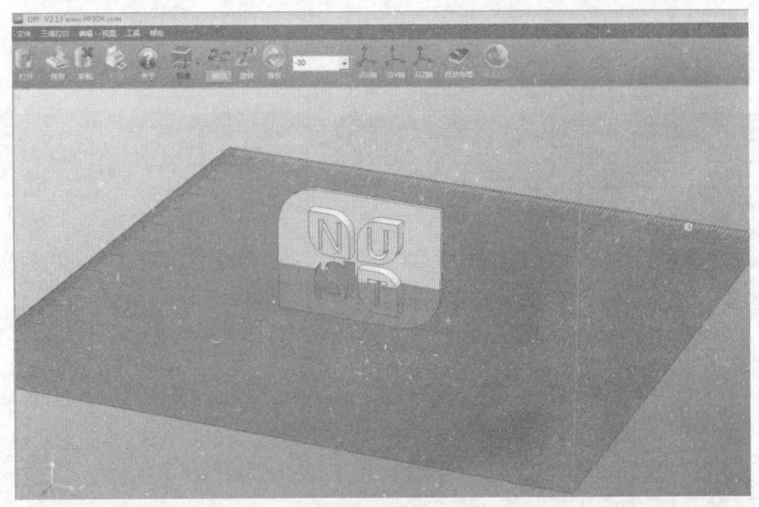

图 2-67　在 UP！中载入模型的 STL 文件

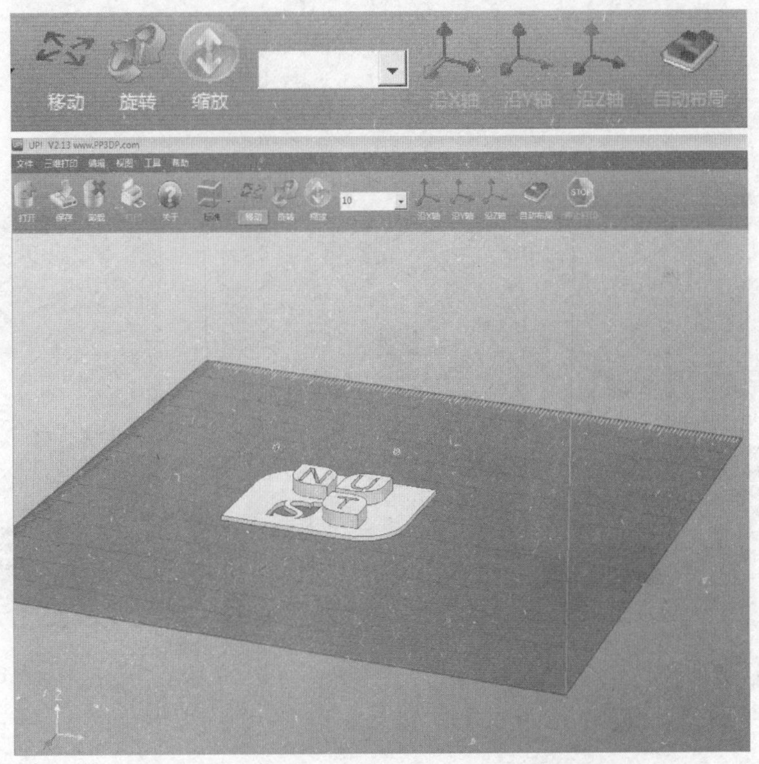

图 2-68　将模型放在合适的成型方向和成型位置

(3) 造型。选择“三维打印—打印”，系统显示造型需要的材料重量、加工时间、完成时间等打印参数，如图 2-70 所示，按“确定”按钮开始模型的造型。图 2-71 为模型在打印中，图 2-72 为打印好的在工作台上带有支撑的模型。

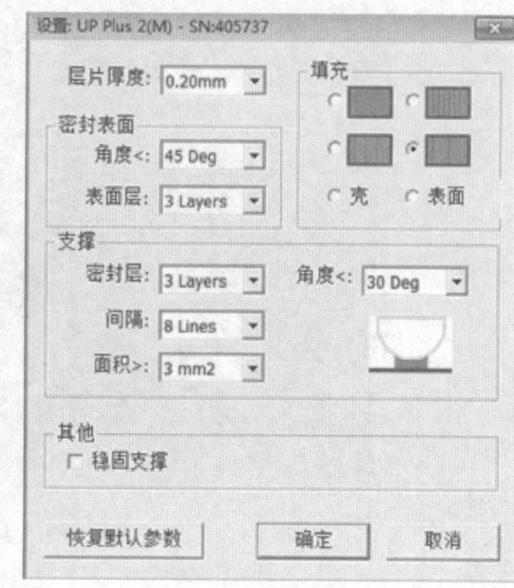

图 2-69　对模型进行打印设置

图 2-70　系统显示的模型打印参数

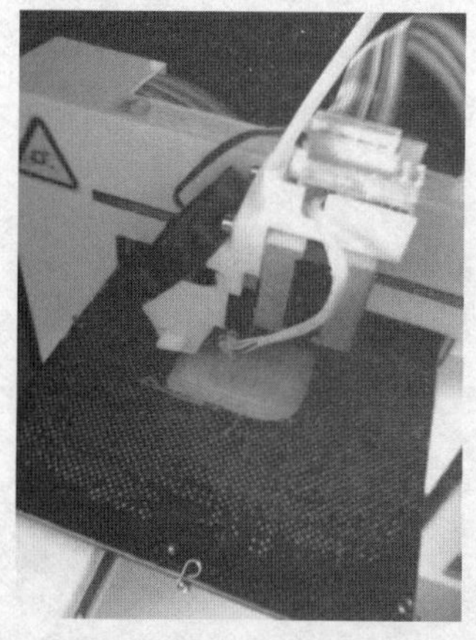

图 2-71　模型在打印中

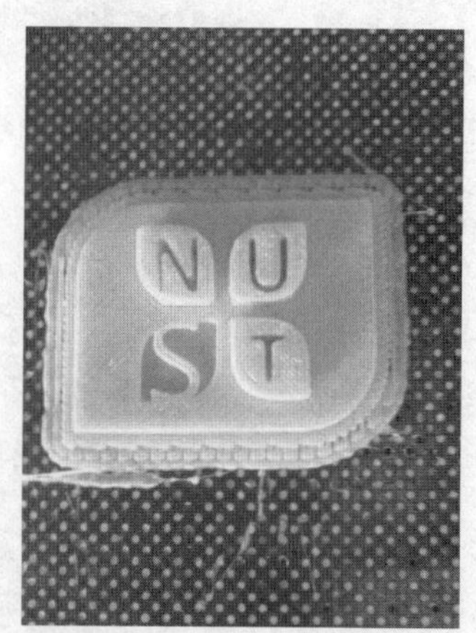

图 2-72　打印好的模型

3）后处理

后处理包括设备降温、零件保温、取型等过程。成型之后的徽标表面需要保持一定成型纹理的原状，无需做打磨处理，如图 2-73 所示。如果表面出现成型缺陷，则在不影响美观的情况下进行修补。

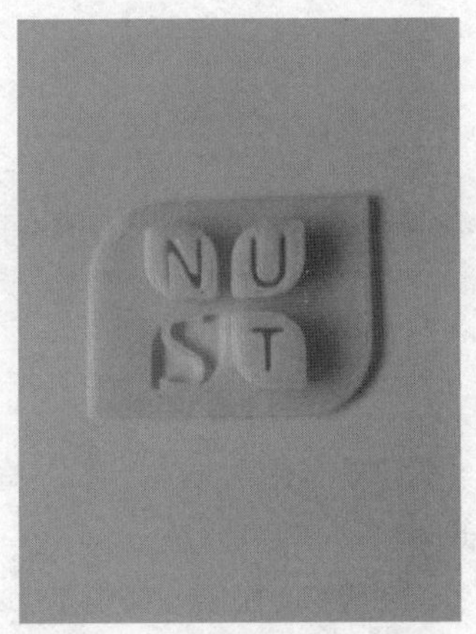

图 2-73 后处理过的模型

思考题

2-1 试述产品设计概念的变迁和产品开发策略的变迁。

2-2 产品开发流程包括哪六个部分?

2-3 针对当今环境恶化、资源匮乏的大环境,思考怎样回收利用旧产品、旧材料来设计制作新产品,实现资源的循环利用。

2-4 选择一种手持工具(削皮机、手持电钻、螺丝刀等),研究其使用功能和造型之间的关系。

2-5 观察周围的各种产品,谈谈在使用中发现的不便和设计上的不合理之处,并为其提出一些可能的改进措施。

2-6 CAD/CAE 技术的应用对于现代产品设计开发的意义是什么?

2-7 国内有哪些大型 CAD/CAE 软件系统? 与西方发达工业国家相比较,国产 CAD/CAE 软件系统的差距在哪儿?

2-8 如何高效地使用 CAD/CAE 技术进行产品设计开发?

2-9 简述 3D 打印技术的基本原理。

2-10 3D 打印技术的基本特点是什么?

2-11 举例说明 3D 打印技术产品制作的基本流程。

第3章 材料成型

教学基本要求：

（1）了解工程材料的分类、牌号和应用。

（2）了解热处理的基本原理和基本工艺方法。

（3）了解铸造、锻压、焊接、注塑、粉末冶金等材料成型方法的特点及典型应用。

3.1 工程材料

材料是现代文明的三大支柱之一，也是发展国民经济和制造工业的重要物质基础。历史上曾把当时使用的材料，当作历史发展的里程碑，如"石器时代""青铜器时代""铁器时代"等。我国是世界上最早发现和使用金属的国家之一。周朝是我国青铜器发展的鼎盛时期，到春秋战国时期，在我国已普遍应用铁器。19世纪中叶，大规模炼钢工业兴起，钢铁成为最主要的工程材料。

科学技术的进步，使新材料不断涌现，推动了材料工业的发展。石油化学工业的发展，促进了合成材料的兴起和应用。20世纪80年代特种陶瓷材料有很大发展，工程材料的范围扩展至包括金属材料、有机高分子材料（聚合物）和无机非金属材料三大系列的全材料。

3.1.1 材料的发展

1. 金属材料的发展

人类早在6000多年以前就发明了金属冶炼，公元前4000年古埃及人便掌握了炼铜技术。我国青铜冶炼始于约公元前2000年（夏代早期），春秋战国时期已经大量使用铁器。

人类使用铁器有5000多年的漫长岁月，到瓦特发明有实用价值的蒸汽机以后，由于在铁轨、铸铁管制造中的大量应用，铁器才走上工业生产的道路。15~18世纪，从高炉炼钢到电弧炉炼钢，奠定了近代钢铁工业的基础。

19世纪后半叶，欧洲社会生产力和科学技术的进步，推动了钢铁工业的大步发展。进入21世纪，钢铁工业发展进入新时代，2019年全世界粗钢产量达到18.699亿吨。我国2019年粗钢产量达到9.963亿吨，居全球粗钢产量首位。

在黑色金属发展的同时，非铁金属也得到发展。人类自1866年发明电解铝以来，铝已成为用量仅次于钢铁的金属。1910年纯钛的制取，满足了航空工业发展的需求。

2. 非金属材料及复合材料的发展

非金属材料，如陶瓷、橡胶等的发展历史也十分悠久，进入20世纪后取得了快速的发展。人工合成高分子材料从20世纪20年代至今发展最快，其产量之大、应用之广可与钢铁材料相比肩。20世纪60~70年代，有机合成材料每年以14%的速度增长，而金属材料年增长率仅为4%。据相关报道，1970年全球塑料产量约为3 000万吨、合成纤维约为400万吨；2019年全球塑料产量约为4亿吨，合成纤维约为9600万吨。近几十年陶瓷材料的发展十分引人注目，其在冶金、建筑、化工和尖端技术领域已成为耐高温、耐腐蚀和各种功能材料的主要使用材料。

航空、航天、电子、通信、机械、化工、能源等工业的发展对材料的性能提出了越来越高的要求。传统的单一材料已不能满足使用要求，复合材料的研究和应用引起了人们的重视。玻璃纤维树脂复合材料、碳纤维树脂复合材料等已在航空航天、交通运输、石油化工等工业中广泛应用。

3. 新材料的发展趋势

随着社会的发展和科学技术的进步，新材料的研究、制备和加工应用层出不穷。每一种重要新材料的发现和应用，都把人类支配自然的能力提高到一个新的水平。目前工程材料正朝高比强度（单位密度的强度）、高比模量（单位密度的模量）、耐高温、耐腐蚀的方向发展。图3-1为材料比强度随时间进展的示意图，该图表明现在的新材料强度比早期的材料提高50倍。

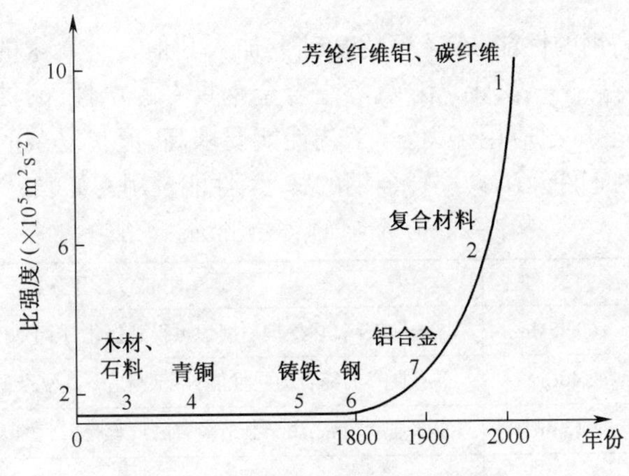

图3-1 材料比强度随时间的进展

3.1.2 金属材料

1. 金属材料的种类

金属材料可分为黑色金属和有色金属，其中黑色金属是应用最普遍的金属材料，包括碳素钢、合金钢和铸铁，有色金属包括铜、铝及其合金、轴承合金、硬质合金等。

1）碳素钢

碳素钢是指质量分数小于2. 11%的碳与含有少量硅、锰、硫、磷等杂质元素的铁组成的铁碳合金，简称为碳钢。其中：锰、硅是有益元素，对钢有一定的强化作用；硫、磷是有害元素，分别增加钢的热脆性和冷脆性，应严格控制。碳素钢的价格低廉、工艺性能良好，在机械制造中应用广泛。常用碳素钢的牌号、应用及说明如表3-1所列。

表 3-1　碳素钢的牌号、应用及说明

类别名称	牌号	应用举例	说明
碳素结构钢	Q235A	金属结构件、钢板、钢筋、螺母、连杆、拉杆等，Q235C、Q235D 可用作重要的焊接件	“Q”为“屈”字汉语拼音首字母，表示力学性能强度指标屈服极限，也可直接读作“屈”。“235”表示钢的屈服极限不低于 235MPa。后缀字母“A、B、C、D”表示等级
优质碳素结构钢	45	用于强度要求较高的重要零件，如曲轴、传动轴、齿轮、连杆等	“45”为钢的含碳量的百分数，表示钢的含碳量约为 0.45%。大多数结构钢用含碳量的百分数计入钢号首端
高级优质碳素工具钢	T10A	用于可承受中等冲击的工具和耐磨机件，如刨刀、冲模、丝锥、板牙、手工锯条、卡尺等	“T”为“碳”字汉语拼音首字母，表示碳素工具钢。“10”为钢的含碳量的千分数，表示钢的含碳量约为 10‰；工具钢用含碳量的千分数计入钢号。后缀字母“A”表示质量等级为高级优质级
碳素铸钢	ZG200-400	用于受力不大、要求韧性好的各种机械零件，如基座、变速箱等	“ZG”为“铸钢”汉语拼音首字母。“200”表示强度指标屈服极限不低于 200MPa；“400”表示抗拉极限不低于 400MPa

2）合金钢

为了改善和提高钢的性能，在碳钢的基础上加入其他合金元素的钢称为合金钢。常用的合金元素有硅、锰、铬、镍、钨、钼、钒等。合金钢具有耐温性、耐蚀性、高磁性、高耐磨性等良好的特殊性能，广泛应用于力学、工艺性能要求高、形状复杂的大界面零件及工具和有特殊性能要求的零件及工具。合金钢的牌号、性能及用途如表3-2所列。

表 3-2　合金钢的牌号、性能及用途

种类		牌　号	性能及用途
合金结构钢	弹簧钢	60Si2Mn	淬透性较高，热处理后组织可得到强化，用于制造承受重载荷的弹簧
	调质钢	40Cr	具有良好的综合力学性能，用于制造一些复杂的重要机械零件
	渗碳钢	20CrMnTi	芯部强度较高，用于制造重要的或承受重载的大型渗碳零件
	滚动轴承钢	GCr15	淬透性好，能获得好的硬度和耐磨性，用于制造滚动轴承的滚球、套圈
合金工具钢	刃具钢	9SiCr	有好的耐磨性、红硬性和足够的韧性，用于钻头、板牙、机用冲模及打印模等
	高速钢	W18Cr4V	有高的硬度、耐磨性、红硬性，用于高速切削用车刀、刨刀、钻头、铣刀、滚刀、拉刀、丝锥、板牙等
	模具钢	Cr12	有耐磨损和适当的韧性，用于滚丝模、冷冲模等
	热锻模具钢	5CrMnMo	有足够的强度、韧性、耐热疲劳性和耐磨，用于热锻模等
特殊性能钢（不锈钢）		0Cr13	有较好的耐蚀性，用于抗水蒸气等腐蚀性的设备
		1Cr18Ni9Ti	有很好的耐蚀性，用于耐酸容器及设备衬里、输送管道及抗磁仪器

3）铸铁

碳的质量分数大于 2.11%的铁合金为铸铁。由于铸铁含有的碳和杂质较多，因此其力学性能比钢差,不能锻造。但铸铁具有优良的铸造性、减振性、耐磨性等特点,加之价格低廉、生产设备和工艺简单,是在机械制造中应用最多的金属材料之一。常用铸铁的牌号、应用及说明如表3-3所列。

表3-3 铸铁的牌号、应用及说明

类别名称	牌号	应用举例	说明
灰口铸铁	HT200	用于承受较大载荷和较重要的零件,如汽缸、齿轮、底座、飞轮、床身等	"HT"为"灰铁"汉语拼音首字母。"200"表示强度指标抗拉极限不低于200MPa
可锻铸铁	KTZH450-06	用于承受冲击、振动等零件,如汽车零件、机床附件(如扳手)、各种管接头、低压阀门、农具等	"KT"为"可铁"汉语拼音首字母。"Z"代表珠光体,"H"代表黑心,分别表示不同类型的可锻铸铁。"450"表示抗拉极限不低于450MPa,"06"表示塑性指标伸长率不低于6%
球墨铸铁	QT400-18	用于机械制造业中受磨损和受冲击的零件,如汽缸套、活塞环、摩擦片、中低压阀门、千斤顶座、轴承座等	"QT"为"球铁"汉语拼音首字母。"400"表示抗拉极限不低于400MPa,"18"表示伸长率不低于18%

2. 金属材料的性能

金属材料由于能够满足大多数产品不同性能的要求,因此在机械制造中广泛应用。为了合理选用金属材料,充分发挥金属材料的潜力,应充分了解和掌握金属材料的有关性能。金属材料的性能一般分为物理性能、化学性能、使用性能和工艺性能,如表3-4所列。

表3-4 金属材料的性能

性能名称		性能内容
物理性能		密度、熔点、导电性、导热性、磁性等
化学性能		抵抗各种介质的侵蚀能力,如抗腐蚀性能等
使用性能	强度	在外力作用下金属材料抵抗变形和破坏的能力,分为抗拉强度、抗压强度、抗弯强度等,其单位均为MPa
	硬度	衡量金属材料软硬程度的指标,较常用的硬度测定方法有布氏硬度(HBS、HBW)、洛氏硬度(HR)和维氏硬度(HV)等
	塑性	在外力作用下金属材料产生永久变形,但不发生破坏的能力
	冲击韧性	金属材料抵抗冲击的能力,常把各种金属材料受到冲击破坏时,消耗能量的数值作为冲击韧性的指标。冲击韧性值主要取决于塑性、硬度,尤其是温度对冲击韧性值的影响具有更重要的意义
	疲劳强度	金属材料在多次交变载荷作用下,不引起断裂的最大应力
工艺性能		包括热处理工艺性能、铸造性能、锻造性能、焊接性能、切削加工性能等

硬度是指金属材料表面抵抗外物压入的能力。硬度和金属材料的强度有一定的关系,并在很大程度上反映金属材料的耐磨性。硬度是金属材料性能的一个重要指标,而且硬度试验方法简单易行,又无损于零件,所以在生产、科研中获得广泛应用。

硬度的测量方法有很多，洛氏硬度测量是使用最普遍的一种方法，其原理如图 3-2 所示。在洛氏硬度试验机上（图 3-3）用 120°的金刚石或小钢球，在规定的载荷下压入被测金属表面，根据压痕的深度（h）直接在指示盘上读出硬度值。洛氏硬度试验机常用的三个标尺：试验使用的压头为金刚石圆锥体，当 $P=1500\mathrm{N}$ 时用 HRC 表示，当 $P=600\mathrm{N}$ 时用 HRA 表示；用钢球做压头，当 $P=1000\mathrm{N}$ 时用 HRB 表示。因而，洛氏硬度测试范围宽，可用于测量硬质合金、表面硬化钢、淬火工具钢、有色金属、可锻铸铁以及退火、正火、调质钢等。

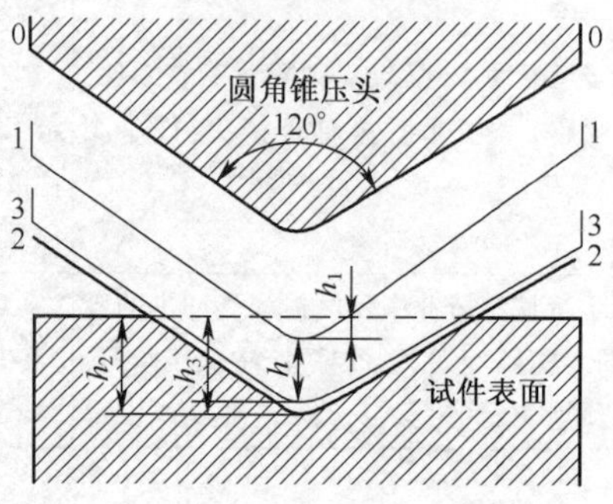

图 3-2　洛氏硬度测量原理

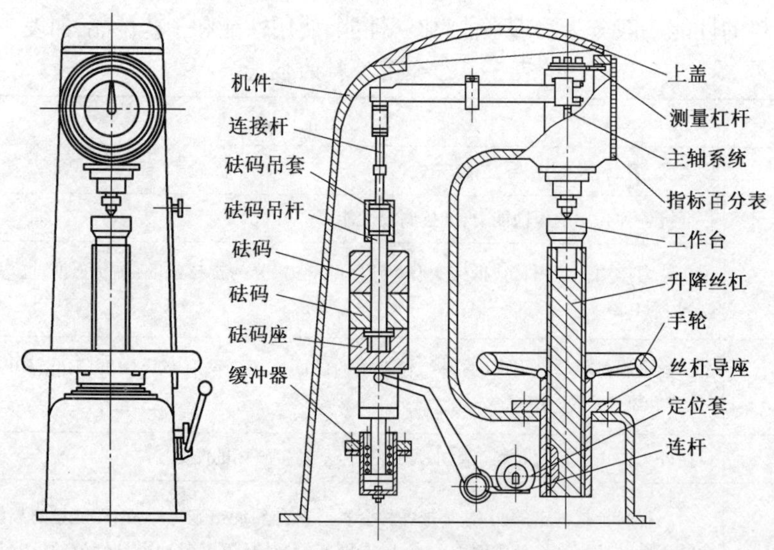

图 3-3　洛氏硬度试验机

3. 铁碳合金的平衡组织

铁碳合金是以铁和碳为组元的二元合金，是在机械制造中应用最广泛的金属材料。

铁碳合金中的铁和碳的结合方式为固溶体、化合物、机械混合物（固溶体和化合物混合形成）。该合金在极为缓慢的冷却条件下（如退火状态，即接近平衡状态）所得到的组织为平衡组织。铁碳合金的平衡组织，如表 3-5 所列。

表 3-5 铁碳合金的平衡组织

组织名称	符号	组织特点	碳的最大溶解度	力学性能
铁素体	F	碳溶解于体心立方晶格 α-Fe 中所形成的固溶体	0.0218%	塑性和韧性较好,$\delta=30\%\sim50\%$,$\sigma_b=180\sim280$MPa
奥氏体	A	碳溶解于面心立方晶格 γ-Fe 中所形成的固溶体	2.11%	质软、塑性好,$\delta=40\%\sim50\%$,HBW=170~220
渗碳体	Fe_3C	具有复杂斜方结构的铁与碳的间隙化合物	6.69%	塑性、韧性几乎为0,脆、硬
珠光体	P	$W_C=0.77\%$ 的奥氏体同时析出 F 与 Fe_3C 的机械混合物(共析反应)		$\sigma_b=600\sim800$ MPa,$\delta=20\%\sim25\%$,HBW=170~230
莱氏体	Ld Ld′	$W_C=4.3\%$的金属液体同时结晶出 A 和 Fe_3C 的机械混合物(共晶转变)		硬度很高,塑性很差

由于含碳量不同,铁素体(F)和渗碳体(Fe_3C)的相对数量、析出条件以及分布情况均有所不同,因此呈现出不同的组织形态。

1)工业纯铁(含碳量小于0.0218%)

工业纯铁在室温下为单相铁素体组织,呈白亮色多边形晶粒、块状分布,有时在晶界处可观察到不连续的薄片状三次渗碳体,如图3-4所示。

图3-4 工业纯铁的薄片状三次渗碳体

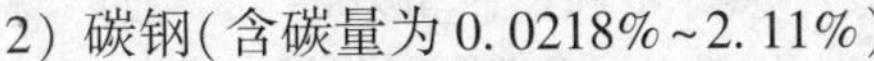

2)碳钢(含碳量为0.0218%~2.11%)

(1)亚共析钢(含碳量为0.0218%~0.77%)。亚共析钢在室温下为铁素体组织和珠光体组织。当碳的质量分数较低时,白色的铁素体量多,随着碳质量分数的增加,组织中铁素体的量逐渐减小,珠光体的量逐渐增多,如图3-5所示。

(2)共析钢(含碳量为0.77%)。共析钢在室温下全部为珠光体组织,在显微镜下看到铁素体组织和渗碳体组织呈片状交替排列,若显微镜放大倍数低,则分辨不出层状结构时,珠光体呈黑色块状组织,如图3-6所示。

(3)过共析钢(含碳量为0.77%~2.11%)。过共析钢在室温下为珠光体组织和二次渗碳体组织。经4%硝酸酒精溶液浸蚀后,Fe_3C为白色细网状,暗黑色的组织是珠光体。若采用苦味酸钠溶液浸蚀,则渗碳体组织被染成黑色,铁素体组织仍保留白色,如图3-7所示。

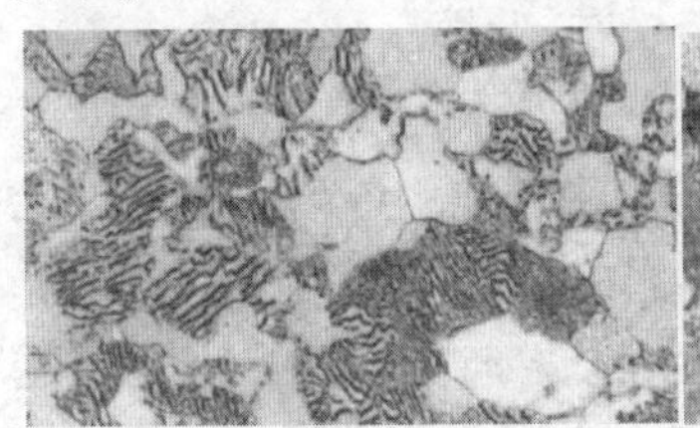

图3-5 亚共析钢的铁素体和珠光体组织

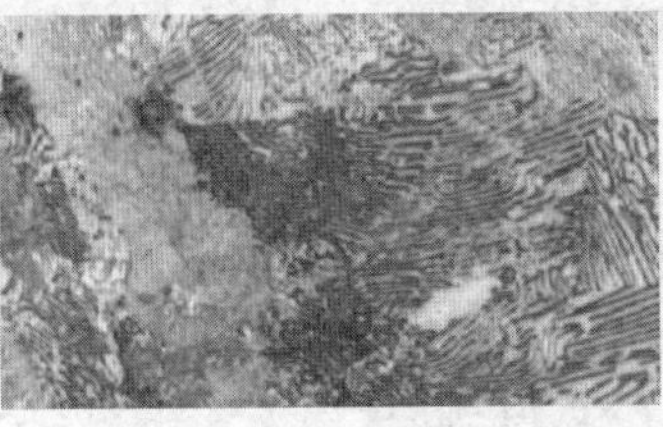

图3-6 共析钢的珠光体组织

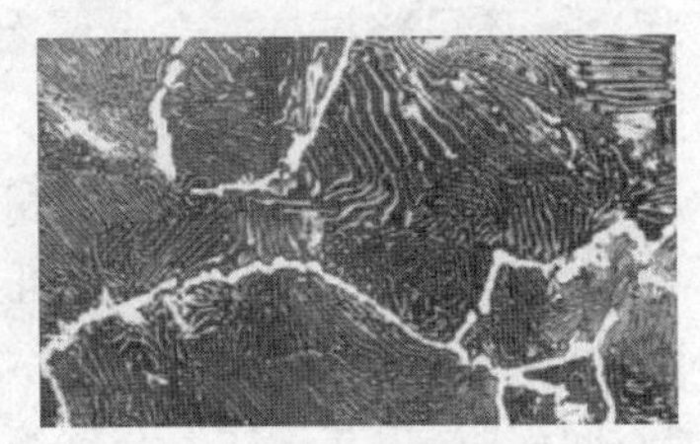

图3-7 过共析钢的珠光体和二次渗碳体组织

3）白口铸铁(含碳量为2.11%~6.69%)

(1) 亚共晶白口铁(含碳量为2.11%~4.3%)。亚共晶白口铁在室温下为珠光体组织、二次渗碳体组织和低温莱氏体组织。在显微镜下,珠光体组织呈黑色块状或树枝状,低温莱氏体组织在呈白色基体上散布黑色麻点和黑色条状,二次渗碳体组织分布在珠光体枝晶的边缘,如图3-8所示。

(2) 共晶白口铁(含碳量为4.3%)。共晶白口铁在室温下为低温莱氏体组织,在显微镜下看到的是黑色粒状或条状珠光体散布在白色渗碳体基体上,如图3-9所示。

(3) 过共晶白口铁(含碳量4.3%~6.69%)。过共晶白口铁由先结晶的一次渗碳体组织与低温莱氏体组织组成,在显微镜下看到的是一次渗碳体组织呈亮白色条状分布在莱氏体基体上,如图3-10所示。

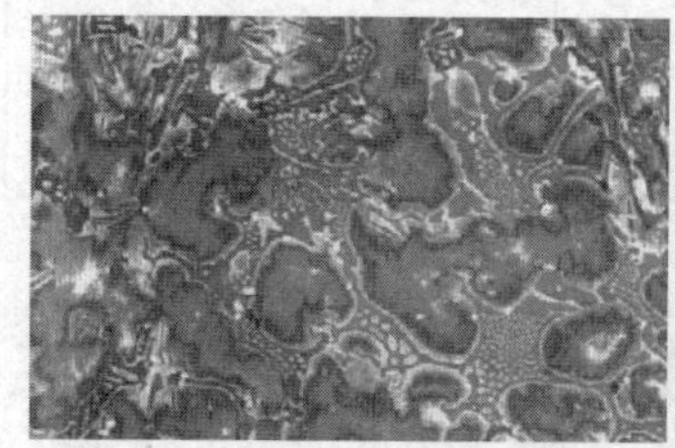

图3-8　亚共晶白口铁的珠光体、二次渗碳体和低温莱氏体组织

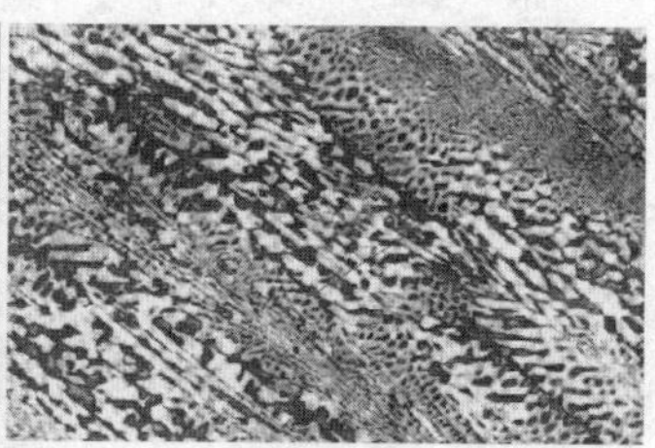

图3-9　共晶白口铁的低温莱氏体组织

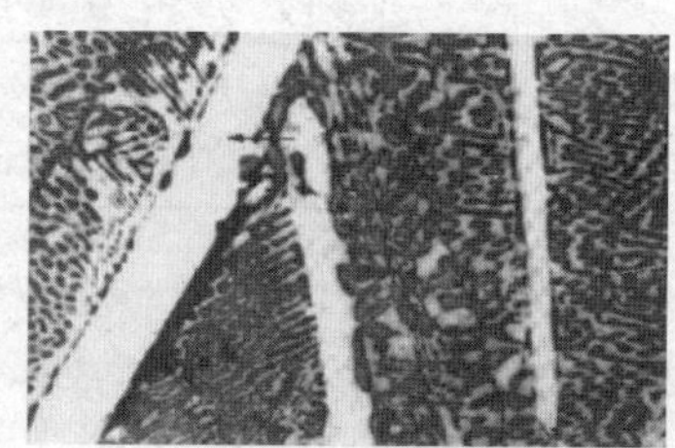

图3-10　过共晶白口铁的一次渗碳体和低温莱氏体组织

4. 金相试样的制备

金相试样的制备过程包括取样、磨制、抛光、浸蚀等步骤。制备好的试样应能观察到真实组织、无磨痕、麻点与水迹,并使金属组织中的夹杂物、石墨等不脱落。

1）取样

取样的部位及磨面的选择:根据检验金属材料或零件的特点,加工工艺及研究目的进行选择,取其具有代表性的部位。试样的截取方法视材料的性质不同而不同:对于软的金属,可用手锯或锯床切割;对于硬而脆的材料(如白口铸铁),可用锤击打下;对极硬的材料(如淬火钢),可采用砂轮片切割或电脉冲加工。但无论用哪种方法取样,都应避免试样受热或变形引起金属组织变化,为防止受热,必要时应随时用冷水冷却试样。试样的尺寸一般不要过大,应便于握持和易于磨制,其尺寸通常采用直径为ϕ12~15mm的圆形试样。对形状特殊或尺寸较小不易握持的试样,或为了试样不发生倒角,可采用镶嵌或机械装夹法。目前使用的镶嵌材料有热固性塑料(如胶木粉)及热塑性材料(聚乙烯聚合树脂)等,还可将试样放在金属圈内,注入低熔点物质,如硫磺、松香、低熔点合金等。

2）磨制

磨制分为粗磨和细磨。粗磨可使用砂轮机或锉刀,目的是将试样修整成平面。细磨分手工和机械磨制(在预磨机上磨制),目的是消除粗磨留下的磨痕,为抛光做好准备。细磨时,将粗磨好的试样用水冲洗并擦干后,手持试样按同一个方向在砂纸上向前推磨制;回程时,提起试样不与砂纸接触;磨制时,依次在由粗到细的各号金相砂纸上把磨面磨平,每更换一道砂纸,应将试样上磨屑和砂粒清除干净并将试样的研磨方向调转90°,与上一道磨痕方向垂直,直到磨痕全部消除。按砂纸的粗细程度,由粗到细更换4道或5道砂纸即可。有色金属应在金相砂纸上制备,用汽油、机油或肥皂水等作为润滑剂。

3) 抛光

抛光的目的是去除细磨时磨面上遗留下来的细微磨痕和变形层,获得光滑的磨面。常用的抛光方法有机械抛光、电解抛光和化学抛光三种,其中以机械抛光应用最广。机械抛光是在专用的抛光机上进行。抛光机主要由电动机和抛光盘(直径 200~300mm)组成,抛光盘转速为 200~600 转/分,在抛光盘上铺盖细帆布、呢绒、丝绸等。抛光时,在抛光盘上不断滴注抛光液。抛光液通常采用 Al_2O_3、MgO 或 Cr_2O_3 等细粉末(粒度约为 0.3~1μm)在水中的悬浮液。机械抛光是利用极细的抛光粉对磨面的机械作用消除磨痕而使其成为光滑的磨面。

4) 浸蚀

抛光后的试样,在显微镜下仅能看到某些非金属夹杂物、石墨、孔洞和裂纹等,无法辨别各种组成物及其形态特征,必须经过适当的浸蚀,才能使显微组织正确地显示出来。浸蚀后试样磨面就形成了凸凹不平的表面,在显微镜下通过光线在磨面上各处的不同反射情况,显现各种不同的组织结构特征及形态,即能够观察到金属的显微组织。目前,最常用的浸蚀方法是化学浸蚀法。化学浸蚀常用的化学试剂有硝酸、盐酸、苦味酸、过氧酸铵等,根据金属材料的不同选择浸蚀剂配方,如钢铁材料常用 4%的硝酸酒精溶液进行浸蚀。试样浸蚀前,用酒精棉擦净。浸蚀方法可采用浸入法或擦试法,浸蚀时间一般为试样表面发暗即可。试样浸蚀后立即用水冲洗、用酒精擦洗,吹干后在显微镜下进行观察。

3.1.3 钢的热处理

1. 热处理

热处理是指通过对金属材料进行加热、保温并以适当的方式冷却,用以控制金属内部组织,达到所需性能的加工方法。简单地讲,热处理工艺由加热、保温和冷却三个阶段组成。图 3-11 所示为热处理的温度-时间工艺曲线表示。

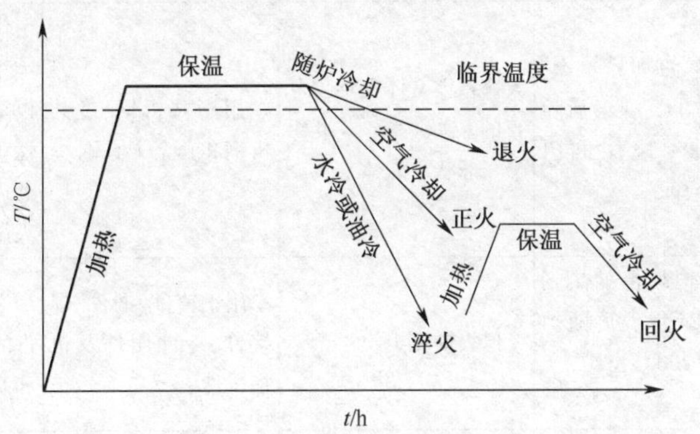

图 3-11 热处理工艺曲线示意图

通过热处理能提高零件的使用性能,充分发挥钢材的潜力,延长零件的使用寿命。此外,热处理还可以改善工件的工艺性能,提高加工质量,减小刀具磨损。因此,热处理在机械制造行业应用极为广泛。据统计,机床、汽车、拖拉机 70%的零件需要进行热处理,而刀具、量具和模具等 100%的零件需要进行热处理。

2. 钢的热处理

钢的退火和正火加热温度范围如图 3-12 所示，碳素钢的淬火温度范围如图 3-13 所示。常用的钢的热处理工艺简介，如表 3-6 所列。

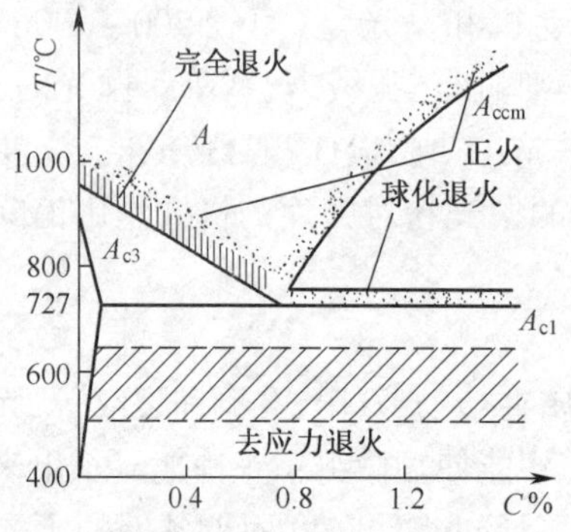

图 3-12　钢的退火与正火加热温度范围

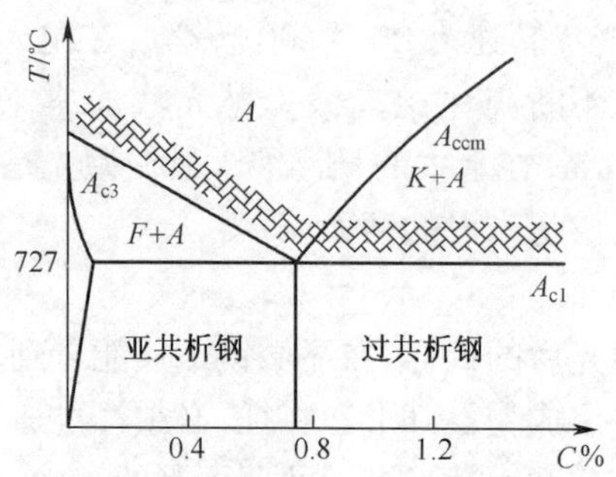

图 3-13　碳素钢的淬火温度范围

表 3-6　常用的钢的热处理工艺简介

热处理名称	热处理工艺	热处理后的组织	应用场合	目的
完全退火	将亚共析碳钢加热到 A_{c3} 以上 30℃～50℃，保温后随炉缓慢冷却到 600℃以下，出炉空气中冷却	铁素体+珠光体平衡组织	用于亚共析碳钢和合金钢的铸、锻件	细化晶粒，消除内应力，降低硬度以便于后面的切削加工
等温退火	奥氏体化后的钢，快速冷却至珠光体形成温度等温，保温后在空气中冷却至室温	珠光体	用于奥氏体比较稳定的合金钢	与完全退火相同，但所需时间可缩短一半，且组织也较均匀
球化退火	将过共析碳钢加热到 A_{c1} 以上 20℃～30℃，保温后随炉冷却到 700℃左右，再出炉，空气中冷却	铁素体基体上均匀分布的粒状渗碳体组织——球状珠光体	用于共析钢、过共析钢和合金工具钢	使珠光体中的片状渗碳体和网状二次渗碳体球化，以降低硬度、改善切削加工性；获得均匀组织，改善热处理工艺性能，为后面的淬火做组织准备
去应力退火	将工件随炉缓慢加热到 500℃～650℃，保温后随炉缓慢冷却至 200℃出炉，空气中冷却	退火前原组织	用于铸件、锻件、焊接件、冷冲压件及机加工件	消除残余内应力，提高工件的尺寸稳定性，防止变形和开裂
正火	将亚共析碳钢加热到 A_{c3} 以上 30℃～50℃，过共析碳钢加热到 A_{ccm} 以上 30℃～50℃，保温后在空气中冷却	亚共析钢：F 和 S；共析钢：S；过共析钢：S 和 Fe_3C_{II}	适用于碳素钢及中、低合金钢，因为高合金钢的奥氏体非常稳定，所以即使在空气中冷却也会获得马氏体组织	对于低碳钢、低碳低合金钢，细化晶粒，提高硬度，改善切削加工性能；对于过共析钢，消除二次网状渗碳体，有利于球化退火的进行

(续)

热处理名称	热处理工艺	热处理后的组织	应用场合	目的
淬火	将钢加热到临界温度以上,经保温后,以适当的冷却速度冷却,得到马氏体或下贝氏体	亚共析钢为细小马氏体;过共析钢为马氏体和颗粒状二次渗碳体	提高钢件的硬度和耐磨性,是强化钢材最重要的热处理方法	使钢强化,提高钢的硬度、强度和耐磨性;对于获得马氏体组织的淬火,配合不同的温度回火,可获得各种需要的性能
表面淬火	表面淬火包括感应加热和火焰加热及化学热处理两大类	表层获得硬而耐磨的组织,芯部保持原来塑性、韧性较好的退火、正火或调质状态的组织	表面耐磨,不易产生疲劳破坏,而芯部要求有足够的塑性和韧性的工件	外层提高了硬度,而内部又有较好的塑性和韧性
高温回火	淬火后,再加热到 500℃以上,保温后在空气中冷却。高温回火又称为调质处理	回火索氏体,由细粒状渗碳体和多边形铁素体组成,硬度:25~35HRC	重要零件,如轴、齿轮等	使淬火马氏体转变为具有优良综合机械性能的回火索氏体,内应力全部消除
中温回火	淬火后,再加热到350℃~500℃,保温后在空气中冷却	回火屈氏体,由极细粒状渗碳体和针状铁素体组成,硬度:35~55HRC	各种弹簧	消除内应力,并且具有高的弹性极限
低温回火	淬火后,再加热到150℃~250℃,保温后在空气中冷却	回火马氏体,高硬度:58~62HRC,耐磨性好	各种工模具及渗碳或表面淬火的工件	可部分消除淬火应力,适当降低钢的脆性,提高韧性,并保持淬火获得的高硬度和耐磨性

3.2 铸造

铸造是将熔融金属浇注(重力浇注、压射或吸入)到与零件外形、尺寸相适应的铸型空腔中,待其冷却凝固后获得一定形状和性能的铸件的成型方法。在机械制造中,铸造是零件毛坯成型的主要方法之一,熔炼金属和制造铸型是铸造成型的两个主要工艺过程。铸造成型的方法很多,按照造型材料、工艺及浇注方式的不同,可分为砂型铸造和特种铸造两大类。

铸造成型具有以下特点。

(1) 由于铸造成型具有液态成型的特点,因此可以生产形状复杂的铸件,尤其是具有复杂内腔的铸件,如各种箱体、机床床身、底座、叶轮、气缸体、活塞、缸盖等。

(2) 铸造金属及合金几乎不受限制,如铸铁、铸钢及各种有色合金均可用于铸造。对于塑性较差的合金材料,如铸铁,铸造是唯一的成型方法。

(3) 铸件的大小、质量及生产批量不受限制。小到几毫米、轻到几克,大到十几米、重到数百吨;从单件小批量生产,到大批量生产,铸造成型都可胜任。

(4) 铸造原材料来源广泛,并且可利用一切可以利用的报废金属,如机件、废铁、废钢、切屑等,因此铸造成型成本低廉、综合经济性能优良,其消耗的能源及成本是其他金属成型方法无法比肩的。

铸造成型存在的主要问题：生产过程复杂、工序繁多，铸件质量不够稳定、废品率比较高；铸态晶体组织粗大、组织不够均匀，常伴有气孔、砂眼、缩孔、偏析等缺陷，导致铸件的力学性能在同种材料的条件下比塑性铸件低；铸造劳动强度大，生产环境较差。所以，铸造往往给人以粗糙、笨重的印象。

近几十年来，随着铸造技术的进步，一些新技术、新材料、新工艺以及铸造生产的机械化、自动化、智能化，在铸造行业中得到了广泛的应用。铸造生产过程向"精确、快速、绿色"的方向发展，产品质量得到了大幅度的提高，产品的应用范围日益扩大。铸造产品除应用于机械制造业之外，还广泛应用于国防、医疗、电子等领域，如医用人造骨骼、高尔夫球头、金属工艺品、水暖器具、数码产品的金属外壳等。铸造行业已一改往日粗糙、笨重的形象，其产品已被各行各业所使用，并越来越多地出现在人们身边。

3.2.1 砂型铸造

砂型铸造是用型（芯）砂作为造型（芯）的材料，紧实成型后，利用重力将金属液浇注到砂型空腔中获得铸件的方法，简称为砂铸。砂型铸造的工艺流程，如图 3-14 所示。

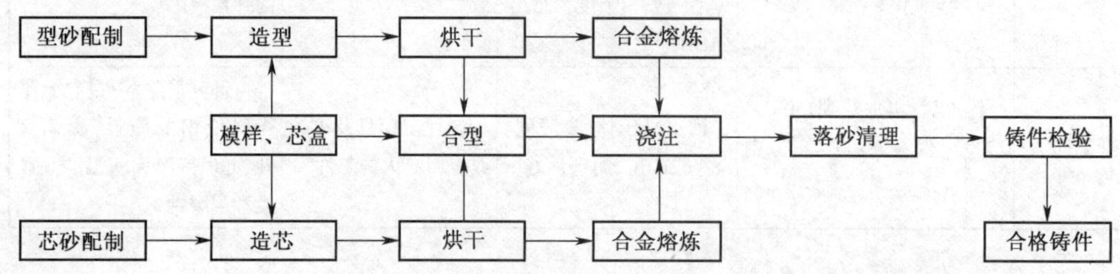

图 3-14　砂型铸造的工艺流程

1. 造型材料

用于造型与制芯的材料统称为造型材料，即型砂与芯砂。造型材料通常由原砂、黏结剂、附加物和水按一定比例混制而成，使其具有较好的可塑性、强度、透气性、耐火性、退让性。型砂和芯砂质量直接影响产品的质量与铸造生产成本。

2. 铸造工艺

1）模样与芯盒

模样与芯盒是用来制造铸型与型芯的模具，通常在单件、小批量生产时使用木材制作，在大批量生产时使用金属、塑料等材料制作。制作模样与芯盒时，必须根据零件图设计相应的铸造工艺图及模样图，并依图制作。图 3-15 为联轴节零件的铸造工艺图及模样图，从该图可以看到零件、铸件、模样在形状及尺寸上的差别。

2）铸造工艺参数

设计及绘制铸造工艺图应考虑的主要工艺参数有分型面、收缩率、机械加工余量、拔模斜度、铸造圆角、铸孔及芯头等。

（1）分型面。砂型各组元间的结合面称为分型面。分型面通常选择在模样的最大截面处，以便于起模；应尽量使铸件全部或大部分位于同一砂型内，确保铸件的加工精度；应

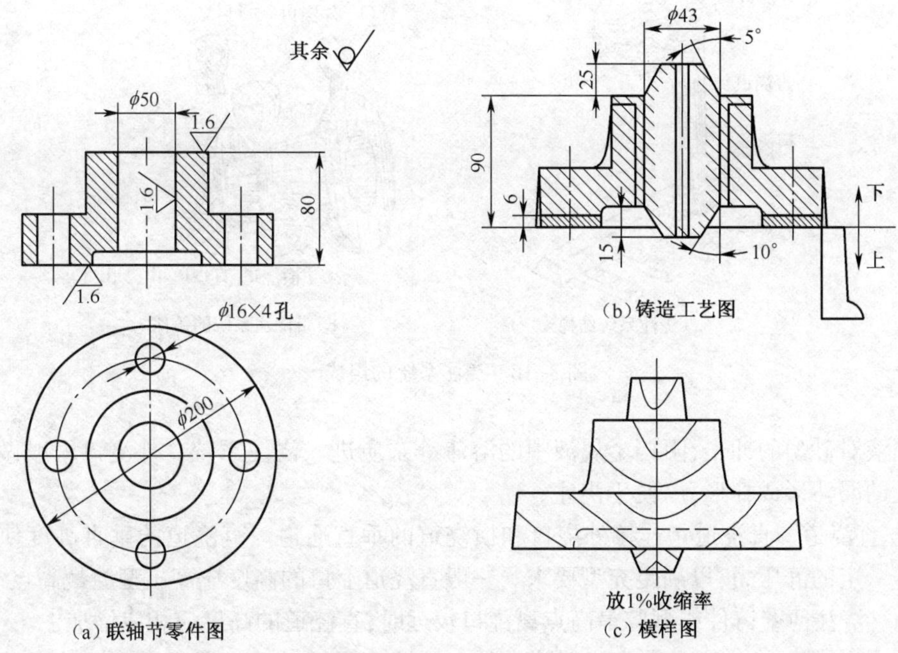

图 3-15　联轴节零件的铸造工艺图及模样图

尽量采用平直的分型面,减少分型面的数量,降低造型的操作难度;应尽可能使浇注位置与分型面的位置一致,并使铸件上的重要加工面在铸型中处于朝下或垂直位置,以减少铸造缺陷,保证铸件质量。

(2) 收缩率。铸件冷却凝固,其体积收缩的百分率称为收缩率。一般情况下,铸造铸铁件模样的尺寸需加放 1%,铸钢件的尺寸需加放 1.5%~2%,铝合金的尺寸需加放 1%~1.5%。

(3) 拔模斜度。其作用是便于起模,在模样上垂直于分型面的部分,都需做出 0.5°~4°的拔模斜度。

(4) 加工余量。在铸件上需要加工的部分,应留出合适的加工余量。加工余量可以依据铸造合金、加工要求、加工精度等合理选择。

(5) 铸造圆角。铸件转角处的直角部分,制模时应制成过渡形圆角,以防止铸件产生冲砂和裂纹缺陷。圆角半径一般为两壁平均厚度的 1/4 左右。

(6) 铸孔、芯头。在铸件上的孔是否铸出,应考虑铸出的可能性、必要性和经济性。如果孔深且孔径很小,则一般不铸孔。铸孔主要采用放置型芯的方式,为了在砂型中稳定地安放型芯,必须在制模时做出相应部位的芯头,起到支撑和固定型芯的作用。

3) 浇注系统及冒口

(1) 浇注系统。浇注系统是引导熔融金属流入铸型空腔的一系列通道的总称。浇注系统的主要作用是平稳地将液态金属引入铸形,有利于挡渣和排气,控制铸件的凝固顺序。

浇注系统通常由外浇口、直浇道、横浇道、内浇道四部分组成,如图 3-16 所示。

① 外浇口。外浇口是浇注系统的外部入口。其主要用来接纳浇注的金属液,同时缓

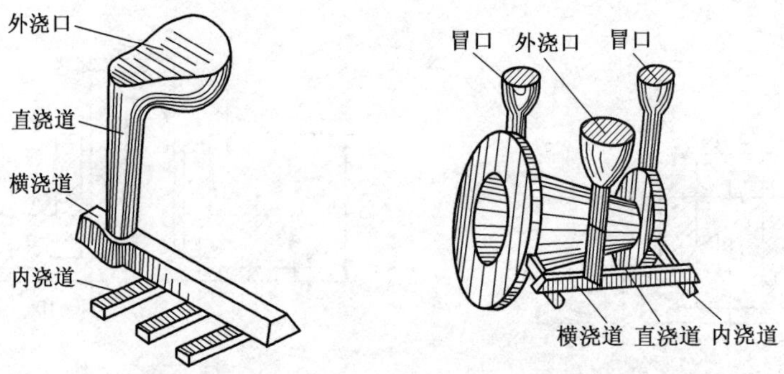

(a) 浇注系统结构　　(b) 带浇注系统的铸件

图 3-16　浇注系统的组成

和金属液对砂型的冲击，阻挡金属液中的溶渣等杂质进入浇注系统。外浇口一般做成开口较大的漏斗形或杯形，以便于浇注。

② 直浇道。直浇道是连接外浇口和横浇道的垂直通道。直浇道的垂直高度使金属液产生一定的静压力，以满足充型要求。一般直浇道上口的高度应高出型腔最高点100~200mm。浇注薄壁铸件或型腔最高点离浇口较远时，直浇道的高度应相应增加。

③ 横浇道。横浇道是在浇注系统中使金属液水平流动的一段通道。它使金属液的流动更加平稳，并分配液态金属流入各个内浇道，有时还可以通过改变横浇道的横截面积控制金属液的流量。金属液在横浇道中进行一段水平流动时，熔渣等比重轻的杂质和气体上浮，使进入内浇道的金属液更纯净，起到了很好的挡渣和排气作用。

④ 内浇道。内浇道是与铸型空腔直接连接的通道。内浇道的开设可以控制金属液流入型腔的速度和方向，内浇道开设的位置、数量、截面形状、开设方向，对铸件的浇注质量有很大影响。

(2) 冒口。由于液态金属在冷凝的过程中，体积会产生收缩，收缩较大的金属有铸钢、球墨铸铁、可锻铸铁、黄铜、锡青铜等，因此在金属最后凝固的地方，很容易产生缩孔和缩松。冒口的主要作用是补缩（图 3-17），即在铸件容易产生缩孔和缩松的部位附近，增设一个空腔，以容纳一部分多余金属；在铸件凝固时补充收缩的金属量，避免铸件内部产生缩孔和缩松。有的冒口与铸型外部连通，称为明冒口；有的冒口与外部封闭，称为暗冒口。通常冒口开设在铸件的上部或壁厚处，明冒口兼有排气、集渣和观察型腔是否充满的作用。在铸件成型以后，冒口和浇注系统等多余金属部分将一起去除。

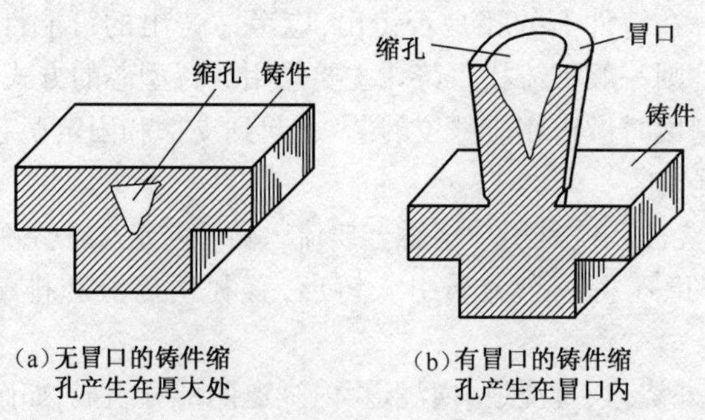

(a) 无冒口的铸件缩孔产生在厚大处　　(b) 有冒口的铸件缩孔产生在冒口内

图 3-17　冒口的补缩

3. 造型与制芯

使用造型材料和模样等工艺装备制造铸型的过程称为造型与制芯。造型与制芯的铸型一般由上砂型、下砂型、型腔、型芯、浇注系统等组成,如图 3-18 所示。

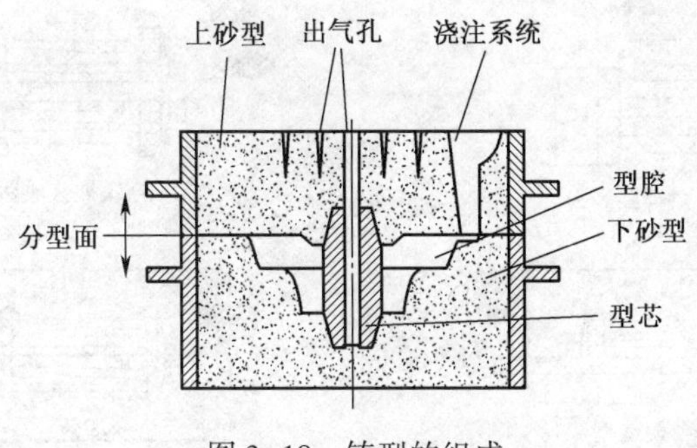

图 3-18 铸型的组成

砂型铸造的造型方法很多,主要分为手工造型和机器造型两类。手工造型操作灵活,工艺装备简单,适合单件小批量生产。机器造型实质上是用机器替代手工,完成紧砂和起模。机器造型生产率高,适用于大批量及专业化生产,是目前广泛采用的铸造生产方法。

1) 手工造型

依据铸件结构、生产批量的不同,可选用不同的手工造型方法,以下介绍几种常用的手工造型方法。

(1) 整模造型。最大截面位于铸件端部,模样制成整体,型腔全部位于一个砂箱内。在通常情况下,整模造型的铸件形状都比较简单,起模方便、造型容易。典型的整模造型零件,如齿轮、轴承座、罩、盖等。整模造型工艺过程如图 3-19 所示。

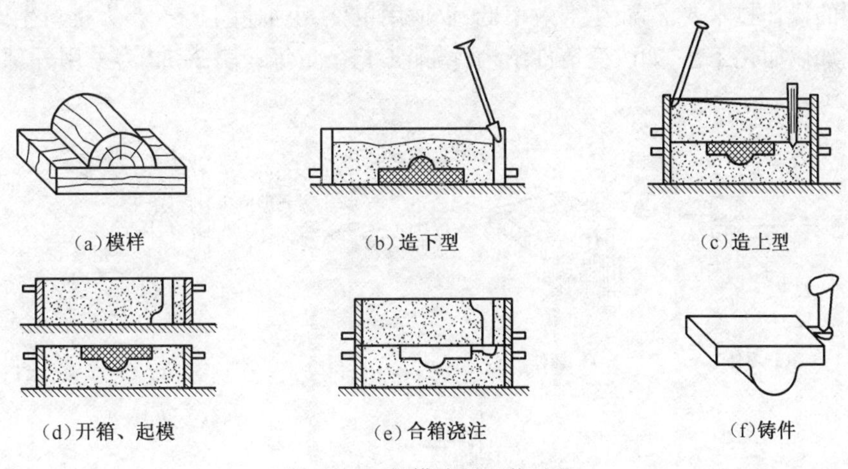

图 3-19 整模造型工艺过程

(2) 分模造型。当铸件的最大截面不在铸件的端面,可将模样沿最大截面分开,采用分模造型,分模造型工艺过程如图 3-20 所示。分模的主要目的是保证模样从最大截面处起模,不损坏砂型。同时,将形状复杂的零件分解为形状相对简单的分体,减少起模深度,降低造型难度。另外,分模造型有利于安放砂芯,特别适用于管类、阀体、箱形、曲轴等带孔和内腔的铸件。分模造型要特别注意在合型时上型、下型对准和紧固，以免产生错箱和金属液从分型面溢出，影响铸件质量。

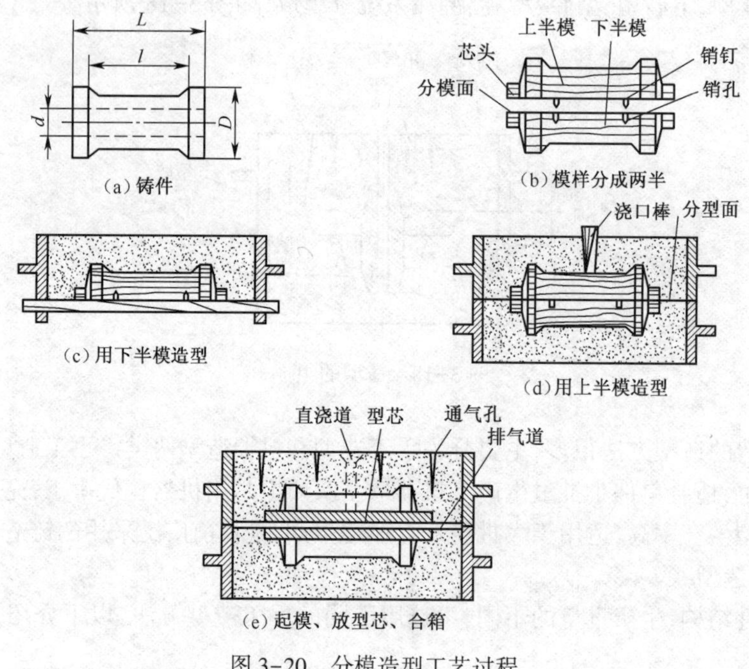

图 3-20　分模造型工艺过程

（3）活块造型。在铸件上存在妨碍起模的凸台或凹槽，制模时将其制成可拆卸或能活动的活块，起模时先起出模样主体，再取出活块，活块造型工艺过程如图 3-21 所示。活块造型的操作技术要求高、生产效率低，仅适用单件、小批量生产。当大批量生产时，应采取措施加以简化工艺，如改变铸件结构、增加工艺余量等。图 3-22 为采用外部型芯的方法简化工艺。

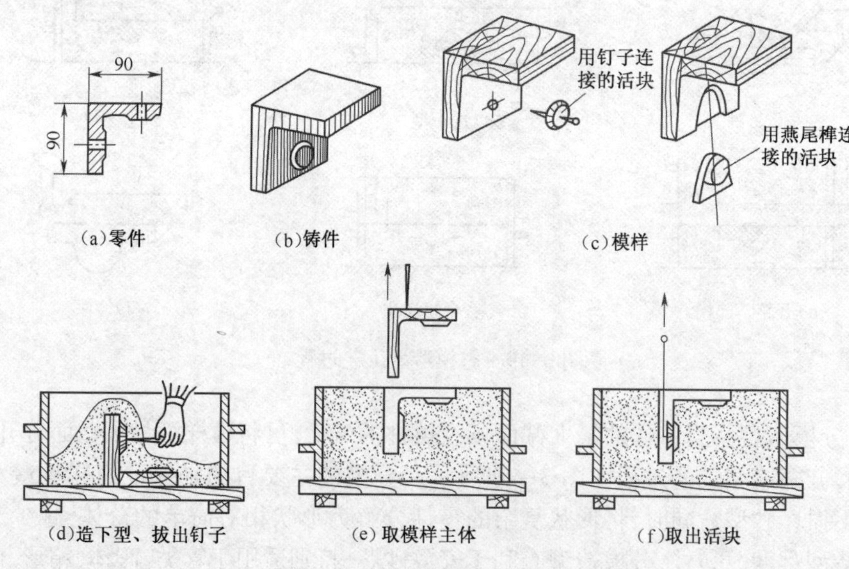

图 3-21　活块造型工艺过程

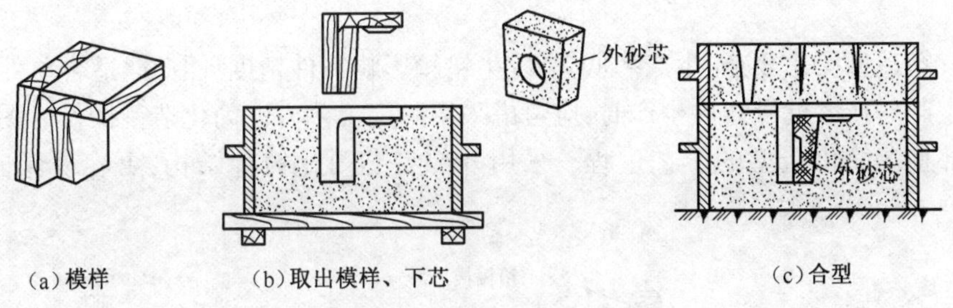

(a)模样　(b)取出模样、下芯　(c)合型

图 3-22　用外部型芯取代活块

(4) 挖砂造型。当铸件的最大截面为较复杂的曲面，而模样又不便于分开时，可采用挖砂造型，挖砂造型工艺过程如图 3-23 所示。挖砂造型操作比较麻烦，对工人的技术要求较高，生产效率低，适合单件、小批量生产。当大量生产时，常采用假箱和成型底板等方法对挖砂过程进行简化，假箱造型工艺过程如图 3-24 所示。

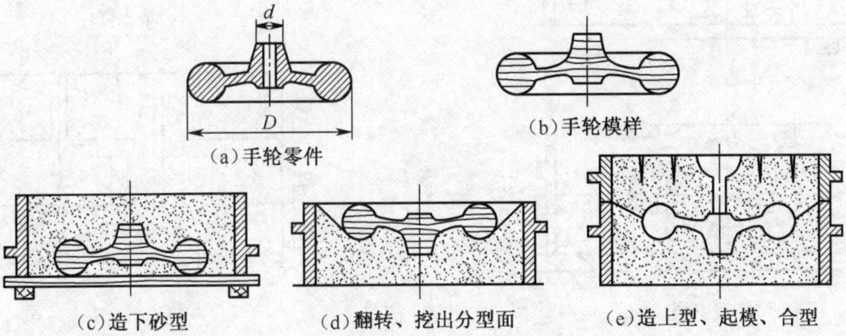

d

D

(a)手轮零件　(b)手轮模样

(c)造下砂型　(d)翻转、挖出分型面　(e)造上型、起模、合型

图 3-23　挖砂造型工艺过程

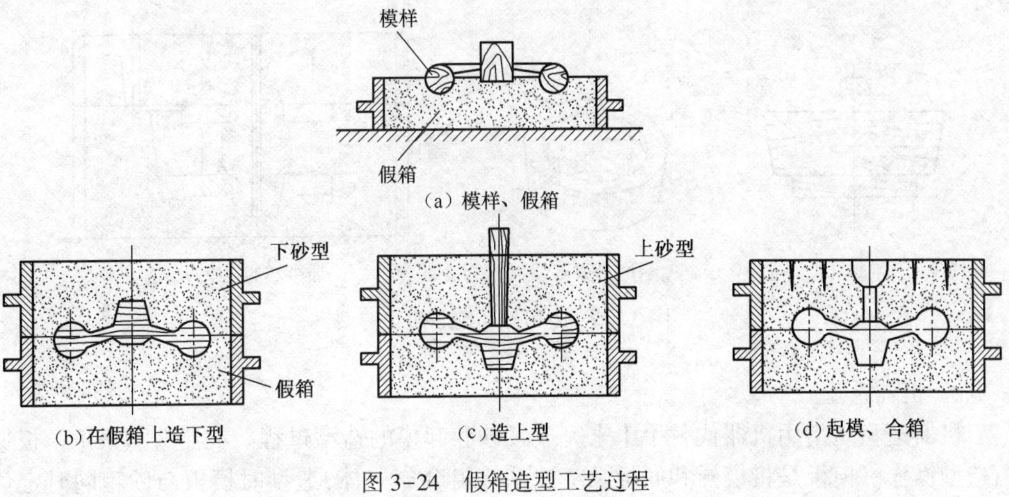

模样

假箱

(a) 模样、假箱

下砂型　上砂型

假箱

(b)在假箱上造下型　(c)造上型　(d)起模、合箱

图 3-24　假箱造型工艺过程

(5) 三箱造型。图 3-25 为三箱造型实例。在该图中，当铸件外形呈现两头截面大、中间截面小的外形轮廓时，可将模样沿小截面处分开，使模样能够将图中①和②两个分型面分别起出。由于三箱造型所用的中间箱高度应与中间箱的模样高度一致，故中间箱一

般需特制。

由于三箱造型操作复杂、生产率低，易发生错箱影响铸件精度，因此只适合单件、小批量铸件的生产。在大批量铸件生产时，应考虑采用一定工艺方法简化造型操作。图 3-26 为改用外部型芯简化造型的工艺过程。采用外部型芯简化铸件结构，更容易保证铸件质量。

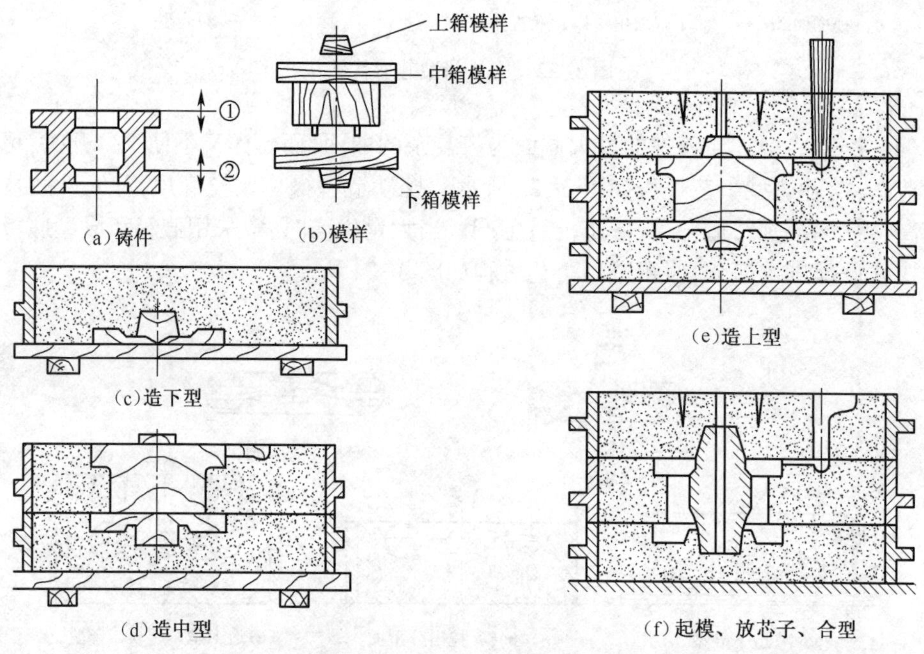

图 3-25　三箱造型工艺过程

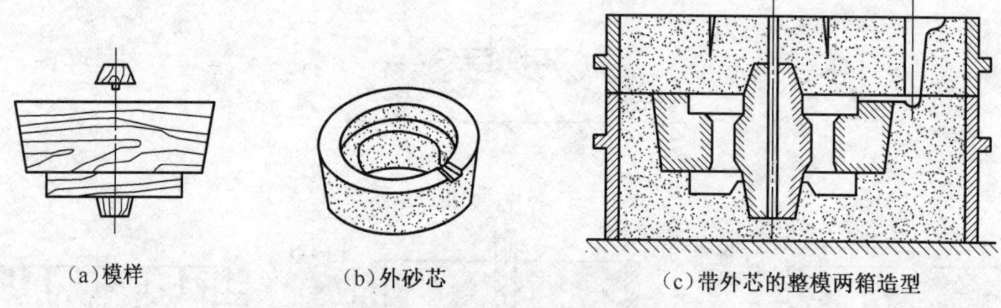

图 3-26　改用外部型芯简化造型

2）机器造型

机器造型是指用机器代替手工来完成紧砂和起模的造型过程。机器造型采用模板进行造型操作。模板是将模样和底板及浇注系统组合成一体，造型时模板与砂箱同时定位在造型机械的工作台上，起模时模板与砂箱在机械导引下动作，所有造型操作平稳一致，保证了造型精度和稳定性。模板的制造精度和结构合理性决定铸型的制造质量。

机器造型将砂型铸造生产的重要工序实现了机械化，降低了劳动强度，提高了生产效率，改善了铸件质量。虽然有些造型生产线已经实现造型全过程的自动化生产，但其应用仍受到一些局限,如不能生产形状十分复杂且尺寸大的铸件。由于机器造型设备的投入及工艺装备的成本高,并且对型砂的性能要求较高,需同期配备相应的砂处理生产线,专业化程度高,故适用于中型、小型铸件的大批量生产。

3）制芯

型芯是构成砂型的重要组成部分,其作用主要是用来形成铸件的孔和内腔,也可用来独立形成铸件的某些局部复杂外形(如凸台、凹槽等)。

型芯通常被高温液态金属包围,因此芯砂的耐火性、透气性等方面的要求比一般型砂要高。制芯用砂一般采用黏土砂,对于形状复杂性能要求较高的型芯,可采用树脂砂、合脂砂、植物油砂。

在生产中常用的制芯方法有手工制芯和机器制芯两种。手工制芯工艺简单、操作灵活,不需要制芯设备,但生产效率较低,适用于单件、小批量生产;机器制芯生产效率高、型芯质量稳定,目前广泛应用于大批量生产,如热芯盒射芯机制芯、壳芯机制芯等。

为了提高型芯强度,手工制芯通常要在型芯内部放置金属芯骨,同时扎出通气孔以提高型芯的透气性。

制作好的砂芯一般需要烘干。烘干一方面可以减少芯砂中的水分和挥发性物质,减少受高温作用时产生气体的量;另一方面可以固化砂芯的黏结剂和增加砂芯的孔隙度,以提高砂芯强度和透气性。

3.2.2 金属的熔炼与浇注

在铸造生产中,金属的熔炼与浇注是重要环节之一。常用的铸造金属有铸铁、铸钢、有色合金等,其中铸铁的应用范围最为广泛,其铸件产量占铸件总产量的80%左右。近年来,随着铸件多样化、轻量化需求的增加,以及铸造技术尤其是特种铸造技术的飞速发展,有色合金铸件的产量随之增加。

金属熔炼的目的是获得温度及化学成分符合铸造要求的金属液体。金属熔炼的质量对获得优质铸件有着直接的影响,应尽量减少金属液中的气体和夹杂物,提高熔炼设备的熔化率,降低燃料消耗,减少对环境的污染,以达到最佳的技术、经济和环保指标。

1. 铸铁的熔炼

铸铁是一种含碳量大于2.11%(实际应用的含碳量在2.4%~4%)的铁碳合金。在机械制造业中,铸铁绝大部分是以铸件的形式应用,这是因为其熔炼简便、成本低,具有优异的铸造性能、切削加工性能以及良好的耐磨性、减震性等。常用的铸铁材料有灰铸铁、球墨铸铁、蠕墨铸铁和可锻铸铁等。在实际生产中,可依据不同的使用要求,选用物理和力学性能不同的铸铁材料。

熔炼铸铁的设备有冲天炉、电弧炉、感应炉等,其中以冲天炉应用最广。冲天炉的结构,如图3-27所示。

冲天炉的工作原理是利用焦炭燃烧的火焰与热炉气自下而上地运动,冷炉料自上而下地移动,在这样的逆向流动中进行热交换和冶金反应,将炉料熔化得到合格的铁水。冲天炉的出炉温度一般在1400℃~1550℃。

2. 有色金属的熔炼

铸造有色金属主要有铸造铜合金、铸造铝合金、镁合金、锌合金、钛合金等,这些有色

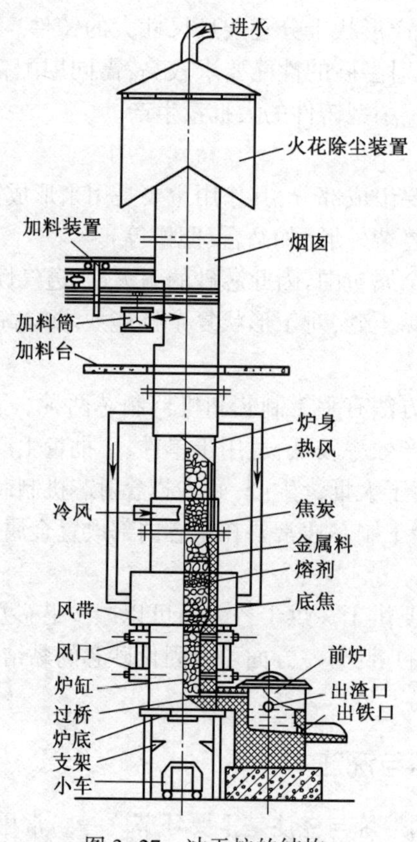

图 3-27　冲天炉的结构

金属大多数熔点较低，采用坩埚炉进行熔炼，电阻坩埚炉结构如图 3-28 所示。电阻坩埚炉是通过电阻元件通电进行加热，金属料在坩埚内受热熔化。电阻坩埚炉的优点是炉气为中性，炉温容易控制、操作简便、工作条件好；其缺点是熔炼时间长、生产率较低、能耗大等。

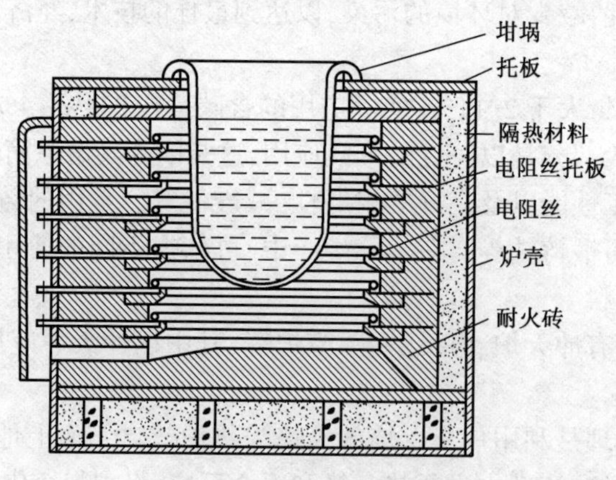

图 3-28　电阻坩埚炉结构

1）铸铝的熔炼

铸铝合金的熔点低，熔点为 550℃～630℃，可采用金属坩埚进行加热。金属坩埚多用铸铁或铸钢制成，小型坩埚也可用耐热不锈钢制成。铸铝的流动性好，可浇注各种形状复杂和壁薄的铸件。但铝液在空气中易氧化和吸气，氧化形成的 Al_2O_3 的密度与铝液相近，易混入合金铝液在铸件中形成夹渣；高温铝液溶入的气体，特别是氢气，常使铸件形成气孔。因此，在合金熔化后，须及时进行造渣，在出铝前进行除气精炼。

2）铜合金的熔炼

铜合金的熔点比铸铝高，一般用石墨坩埚进行熔炼。铜在高温液态时极易氧化，形成溶于铜的 Cu_2O，使铜合金力学性能下降。熔炼青铜（合金元素以锡、铅或铝为主）时，常用熔剂（如玻璃、硼砂等）覆盖铜液表面，以防氧化，青铜出炉前加 0.3%~0.6%的磷铜脱氧。黄铜（铜锌合金）所含的锌元素是良好的脱氧剂，由于熔炼时形成氧化锌覆盖在铜液表面，隔绝空气的氧化，同时也能抑制锌的挥发，故一般不需要另加熔剂和脱氧剂。

3. 浇注

将熔融金属浇入铸型的过程称为浇注。浇注是铸造生产的一个重要环节，浇注时应遵循“高温出炉、低温浇注”的原则，根据铸件的大小和铸型条件，正确选择合理的浇注温度和浇注速度，确保铸件质量。常用铸造合金的浇注温度，如表 3-7 所列。

表 3-7 常用铸造合金的浇注温度

合金种类	铸件形状	浇注温度/℃
灰口铸铁	小型、复杂	1360~1390
	中型	1320~1350
	大型	1260~1320
碳钢	—	1520~1600
铸铝合金	—	650~750

3.2.3 铸件质量分析

铸造生产工艺过程较为复杂，影响铸件质量的因素很多。因此，在铸造生产过程中，必须及时进行铸件缺陷分析以及质量技术监控，发现产生缺陷的原因，并采取必要的措施加以补救。铸件常见缺陷、特征及产生原因，如表 3-8 所列。

表 3-8 铸件常见缺陷、特征及产生原因

缺陷名称	缺陷图例	特征	产生的主要原因
气孔		多位于铸件内部，内壁光滑，呈椭圆形、圆形等	①熔炼工艺不合理，金属液吸入较多气体； ②砂型透气性差、排气不畅、型（芯）砂过湿、浇注温度偏低
缩孔		位于铸件厚大部位，形状不规则，内壁粗糙	①铸件局部过于厚大，壁厚不均匀； ②浇注系统、冒口、冷铁等设置不合理，补缩和凝固顺序控制不当

（续）

缺陷名称	缺陷图例	特征	产生的主要原因
砂眼		分布在铸件表面或内部,孔眼内带有砂粒,形状不规则	①砂型强度不足,局部产生掉砂、冲砂; ②型腔和浇口内散砂未吹净,合箱时铸型局部损坏,型(芯)砂散落
错箱		铸件在分型面错位、偏差	①造型时未做定位标记,导致合型不准; ②模样定位销、孔间隙过大; ③上型、下型未夹紧,搬动时错移
偏芯		铸件的孔或内腔偏离正确位置	①芯头与芯座间隙过大; ②内浇口开设方向不当,金属液冲偏型芯; ③合箱不合理,造成型芯偏差
变形		铸件形状向上、向下或其他方向弯曲或扭曲	①铸件壁厚差异过大; ②铸型退让性差; ③铸件冷却控制不当,落砂过早或过迟
黏砂	黏砂	铸件表面结附一层难以除去的砂粒	①浇注温度过高; ②型(芯)砂耐火性差; ③未刷涂料或涂料太薄; ④砂型紧实度太低,型腔表面不致密
浇不足		铸件形状残缺、不完整,边角轮廓不清晰,多出现在浇口远端	①浇注温度过低,合金流动性差; ②浇注速度过慢; ③局部排气不畅造成气堵
冷隔		铸件上金属未熔合,有接缝或凹陷	①浇注温度过低,浇注速度慢或断流; ②充型压力不足,浇口位置不当或太小
裂纹	裂纹	热裂断面氧化无光泽,纹缝曲折不规则;冷裂断面无氧化或边缘少氧化,纹缝较平直	①铸件厚薄不均匀,尖角处应力集中; ②型(芯)砂退让性差; ③浇注温度过高,合金收缩过大; ④合金化学成分中硫、磷含量过高

3.2.4 特种铸造

特种铸造是指除了砂型铸造之外的其他铸造方法。一般来说,与砂型铸造相比较,特种铸造能提高铸件的尺寸精度,改善铸件的表面质量,提高金属材料的利用率。有些特种铸造方法甚至能够直接获得零件,真正实现少切削或无切削,达到精确成型。特种铸造的方法有几十种,常用的是熔模铸造、压力铸造、低压铸造、金属型铸造等。

1. 熔模铸造

熔模铸造是用易熔材料制成精确的铸模,首先在铸模上用涂挂方法制成由耐火材料及高强度黏结剂组成的多层型壳,型壳硬化后加热熔出铸模,然后以高温焙烧型壳,浇铸合金,获得铸件。由于易熔材料广泛采用石蜡——硬脂酸模料,因此熔模铸造又称为失蜡铸造。熔模铸造工艺过程,如图 3-29 所示。

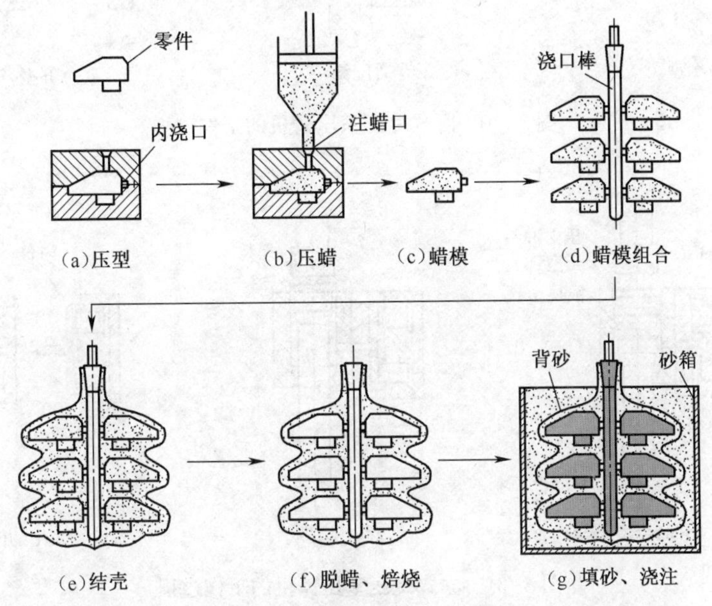

图 3-29 熔模铸造工艺过程

熔模铸造的主要特点是可生产尺寸精度高、表面质量好、形状复杂的铸件;可生产由组件代替多个零件组成的构件,结构更为合理、节约加工工时、节省材料;铸造合金不受限制,用于高熔点和难切削的合金更有优越性。熔模铸造主要用于生产汽轮机及燃气轮机的叶片、切削刀具、风动工具等。

2. 压力铸造

压力铸造简称为压铸,其是将液态或半液态的金属在高压作用下,高速充填压型并凝固获得铸件的一种方法,主要用于有色金属铸件的生产。图 3-30 所示为卧式冷压室压铸机的工作过程,图 3-31 为立式冷压室压铸机的工作过程。

高压、高速、金属铸型是压力铸造生产的主要特点。由于液态金属是在高压作用下结晶,铸件组织较密、表层紧实,因此压力铸造的铸件强度和表面硬度较高,抗拉强度比砂型铸件提高 25%~30%。压力铸造主要用于铝、镁、锌、铜等有色金属的大批量生产,广泛应用于汽车、仪表、电子、航空、电子计算机等部门。

3. 低压铸造

低压铸造是将液态金属在比较低的压力下(一般为 20~60kPa)充填铸型,凝固后获得铸件的一种铸造方法。低压铸造与前面所述的压力铸造方法除了压力较低不同之外,其铸造所用的铸型还可以是金属型、砂型、石膏型、石墨型等。图 3-32 为低压铸造机的结构。

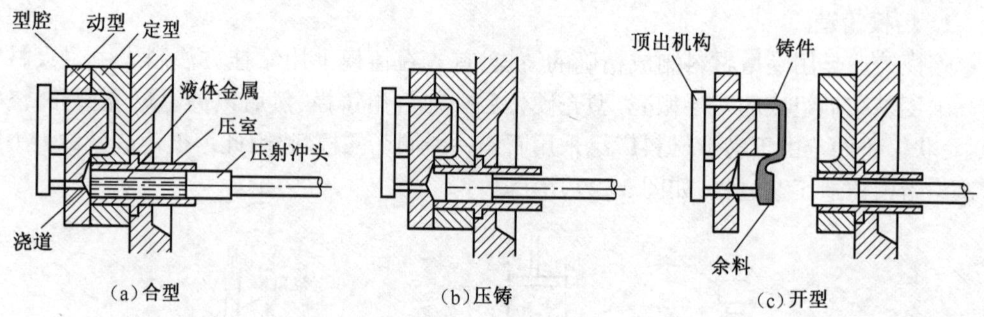

(a)合型　(b)压铸　(c)开型

图 3-30　卧式冷压室压铸机的工作过程

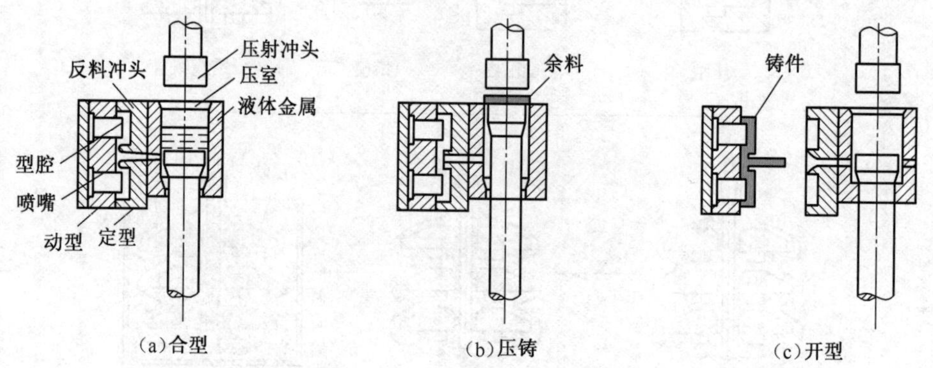

(a)合型　(b)压铸　(c)开型

图 3-31　立式冷压室压铸机的工作过程

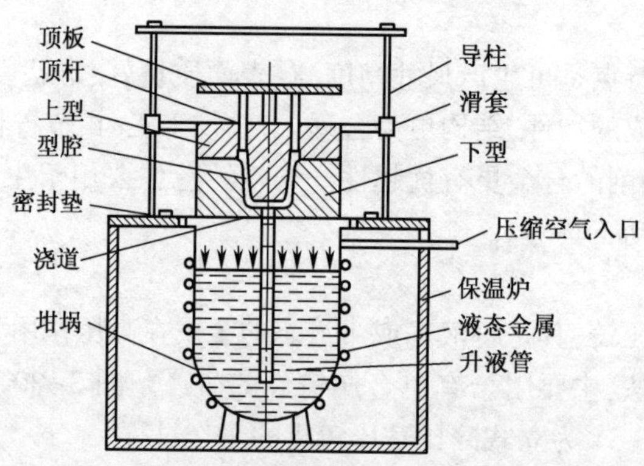

图 3-32　低压铸造机的结构

低压铸造充型平稳，并且金属液的流向与气流方向一致，因此可有效减少气孔、夹渣等铸造缺陷。低压铸造符合定向凝固原则，铸件组织致密、力学性能高。由于低压铸造补缩效果好，因此铸件省去了浇冒口，金属的利用率可以提高到95%以上。低压铸造广泛应用于铝合金铸件，如汽车发动机缸体、缸盖、活塞、叶轮等。

4. 金属型铸造

金属型铸造是将液态金属在重力作用下充填金属铸型，凝固后获得铸件的成型方法。

由于金属型铸造的铸型是由金属材料制成的,因此可反复使用。图 3-33 为垂直分型式金属型铸造机的结构。

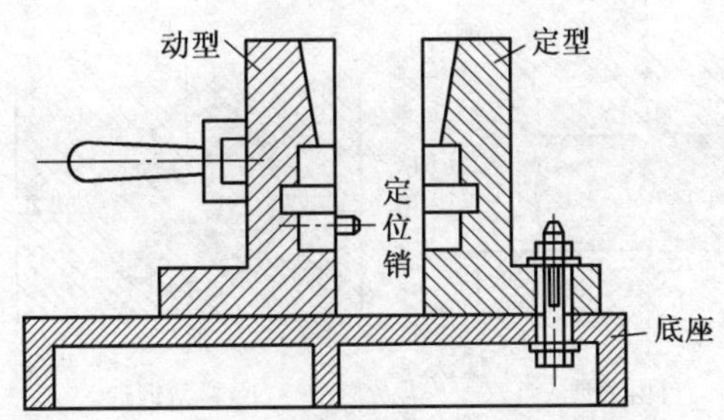

图 3-33 垂直分型式金属型铸造机的结构

金属型铸造可"一型多铸",广泛应用于大批量生产铜、铝、镁等有色金属铸件,如活塞、缸盖、壳体、轴瓦、轴套等。图 3-34 为铝合金活塞的金属铸型结构。

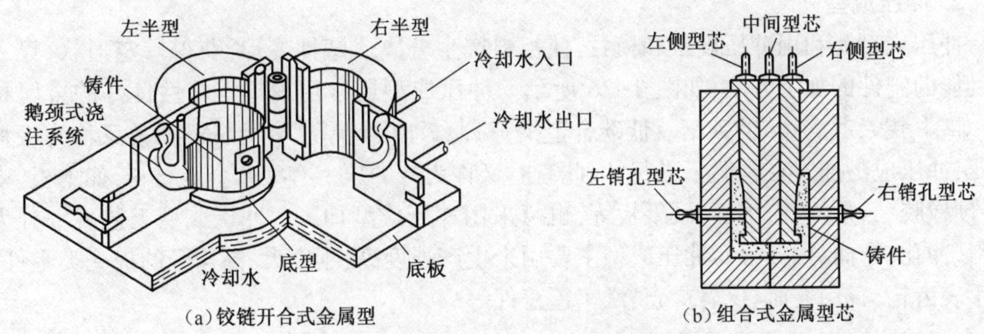

图 3-34 铝合金活塞的金属铸型结构

3.3 锻 压

锻压是在外力作用下利用金属的塑性变形,使其改变形状、尺寸和改善性能,获得型材、棒材、板材、线材或锻压件的加工方法。

塑性变形是锻压成型的基础。由于各类钢和大多数有色金属及其合金都具有不同程度的塑性,因此它们均可以在冷态或热态下进行锻压加工。

金属锻压成型在机械制造的各个领域有广泛的应用。例如,汽车有 70%左右的零件是利用锻压加工成型的。

3.3.1 锻压成型方法

金属锻压成型的主要方法有锻造、冲压、轧制、拉拔、挤压等。

1. 锻造成型

锻造成型是借助锻锤、压力机等设备或工具、模具,对加热到一定温度的金属坯料施加压力,使其产生塑性变形,获得所需形状、尺寸和一定组织性能的锻件的加工方法。锻造的基本方法有自由锻造、模型锻造、胎模锻造和特种锻造等。自由锻造和模型锻造如图3-35 所示。

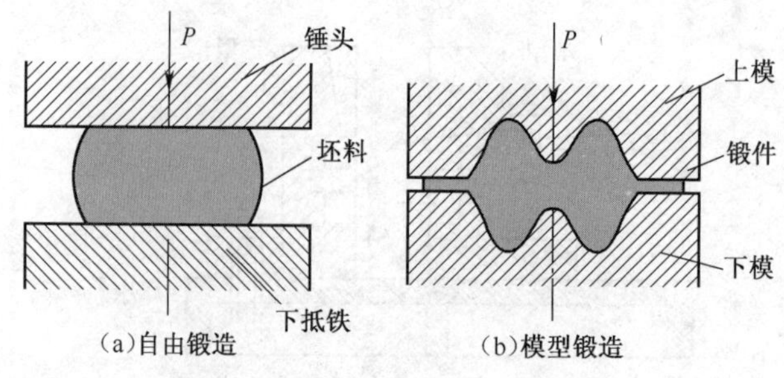

图 3-35　自由锻造和模型锻造

锻造成型主要用于生产各种重要的承受重载和冲击载荷的机械零件或毛坯，如机床的主轴和齿轮、内燃机的曲轴与连杆、炮筒和枪管以及起重吊钩等。

2. 冲压成型

冲压成型是利用冲压设备和模具，使板料产生分离或塑性变形，获得一定形状、尺寸和性能的制件的加工方法，如图 3-36 所示。冲压成型通常用来加工塑性良好的金属材料（如铜、铝及其合金、低碳钢及低碳合金钢等）薄板（板料厚度小于6mm），故又称为板料冲压；冲压成型通常在常温下进行，因此有时又称为冷冲压。有些非金属材料，如木板、皮革、硬橡胶、云母片、石棉板、硬纸板等，也可采用冲压成型加工。冲压成型工艺可细分为落料、冲孔、弯曲、拉伸等。冲压成型主要用来生产强度高、刚度大、结构轻的板壳类零件，如手表齿轮、日用器皿、仪表罩壳、汽车覆盖件等。

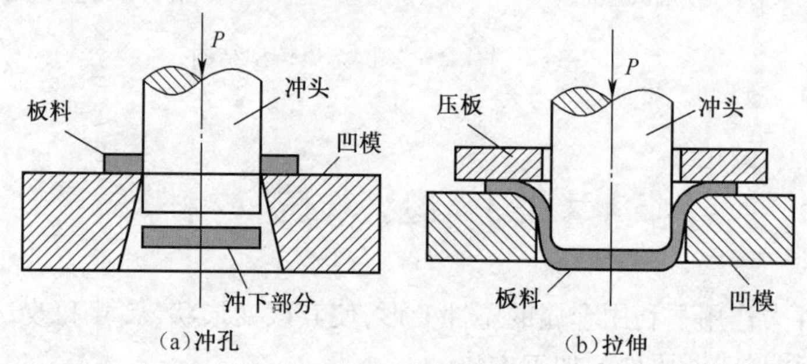

图 3-36　冲压成型

3. 轧制、拉拔、挤压成型

1）轧制成型

轧制成型是利用两个旋转轧辊之间的摩擦力使坯料在通过轧辊间隙时产生塑性变形的工艺方法，如图 3-37 所示。

2）拉拔成型

拉拔成型是坯料在拉力作用下通过模具口产生塑性变形的工艺方法，如图 3-38 所示。

3）挤压成型

挤压成型是密封模具内的坯料在外力作用下从模具中撤出而产生塑性变形的工艺方

法，如图 3-39 所示。

轧制、拉拔、挤压成型主要用于生产各种板材、管材、线材等。

4. 锻压成型加工的特点

锻压成型加工的特点如下：

(1)金属材料经锻压后能使组织致密均匀、晶粒细化，压合铸造组织缺陷，形成一定的锻造流线，提高力学性能。

(2)锻压成型加工主要是利用材料的塑性变形，因而与切削加工相比较，锻压成型可节约材料和减少加工工时。

(3)有较高的劳动生产率和较大的灵活性，可实现单件、小批量生产，也可在大批量生产中采用。

(4)不能获得形状复杂的零件或毛坯，生产设备也比较昂贵，所以锻压成型的应用范围受到一定的限制。

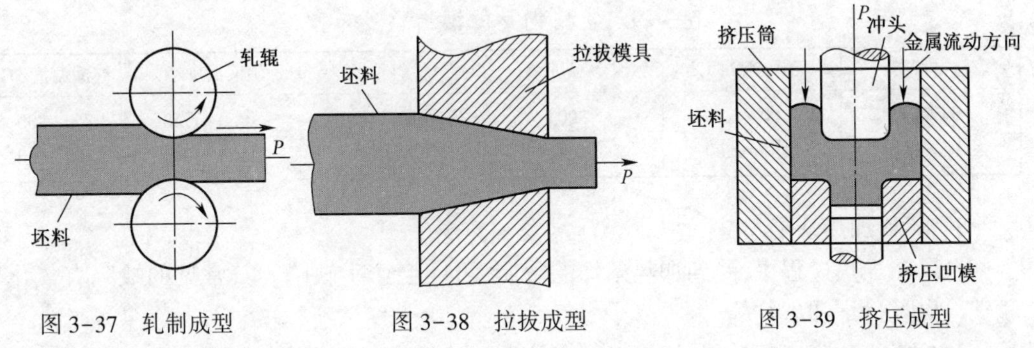

图 3-37　轧制成型　　图 3-38　拉拔成型　　图 3-39　挤压成型

3.3.2　锻造成型

锻造成型的一般生产工艺过程：下料→坯料加热→锻造成型→冷却→锻件检验→热处理→锻件毛坯。

1. 坯料的加热和锻件的冷却

金属材料在高温下锻造，可以提高材料的塑性变形量，降低变形抗力。锻造前对金属材料进行加热，是锻造成型工艺过程的一个重要环节。

1) 锻造加热设备

锻造加热设备按照热源可分为火焰炉和电加热设备两大类。火焰炉包括手锻炉、反射炉、油炉或煤气炉；电加热设备有电阻炉以及工频、中频感应加热炉等。常用的电加热设备是电阻炉，如图 3-40 所示。

2) 锻造温度范围

锻造温度范围是指金属开始锻造的温度（始锻温度）至终止锻造的温度（终锻温度）的温度间隔。

始锻温度的确定原则：在保证金属加热过程不产生过热和过烧的前提下，始锻温度尽可能高一些。这样可以减少加热次数，降低材料的烧损，提高生产率。

终锻温度的确定原则：在保证金属停锻前具有足够的塑性，并且在停锻后能获得细小

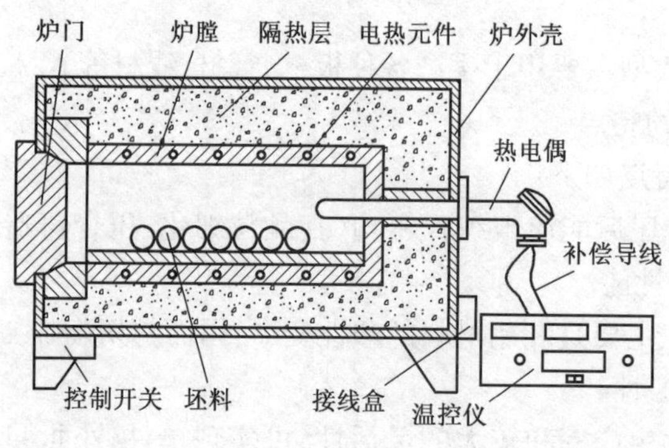

图 3-40　电阻炉

的晶粒组织的前提下，终锻温度应尽量低一些。这样能使锻件在一次加热后可以完成较大变形，减少加热次数，提高锻件质量。常用钢材的锻造温度范围，如表 3-9 所列。

表 3-9　常用钢材的锻造温度范围

材料种类	始锻温度/℃	终锻温度/℃	材料种类	始锻温度/℃	终锻温度/℃
低碳钢	1200~1250	800	碳素工具钢	1050~1150	750~800
中碳钢	1150~1200	800	合金结构钢	1150~1200	800~850

3）坯料加热缺陷

金属在加热过程中，受到加热条件的限制，可能会产生缺陷。其常见的缺陷有氧化、脱碳、过热、过烧和裂纹等。

（1）氧化和脱碳。加热时，钢料表面的铁和炉气中的氧化性气体发生化学反应，生成氧化皮，这种现象称为氧化。氧化造成金属烧损，每加热一次，烧损量约占坯料质量的2%~3%。加热时，钢料表面的碳在高温下与氧或氢产生化学反应而烧损，造成钢料表层含碳量降低，这种现象称为脱碳。钢料表层的脱碳使其硬度、强度和耐磨性下降。为了减少或防止坯料氧化和脱碳，可以在坯料的表面涂保护涂料；控制炉内气体中氧和氢的含量；采用缩短高温阶段的加热时间，加热好的坯料尽快出炉锻造等工艺措施。

（2）过热及过烧。坯料加热温度过高或在高温下停留时间过长，使组织晶粒显著长大变粗的现象称为过热。过热所造成的粗晶粒组织，可用再次锻造或正火等热处理方法消除。当坯料加热温度接近或超过其固相线时，坯料组织的晶界出现氧化及熔化的现象称为过烧。过烧的材料一经锻打即会碎裂，是无法挽救的缺陷。

为防止过热及过烧，要严格控制坯料的加热温度和时间。

（3）裂纹。大型锻件或导热性能较差的金属材料在加热时，若加热速度过快，坯料内外温差较大，则会产生很大的热应力，热应力严重时会造成坯料内部产生裂纹。裂纹是坯料加热、无法挽救的缺陷。

为防止大型锻件或导热性能较差的金属材料产生裂纹，则要防止坯料入炉温度过高和加热速度过快，所以坯料一般应采取预热措施。

4）锻件的冷却

锻件的冷却是保证锻件质量的重要环节。一般来说，锻件中的碳元素及合金元素含量越高、锻件体积越大、形状越复杂,冷却速度越要缓慢,否则会造成硬化、变形甚至裂纹。冷却的方法有以下三种。

(1) 空冷。在无风的空气中,放在干燥的地面上冷却。

(2) 坑冷。在充填石棉灰、沙子或炉灰等绝热材料的坑中冷却。

(3) 炉冷。在500℃~700℃的加热炉中,随炉缓慢冷却。

5) 锻件的热处理

锻件在切削加工前,一般都要进行热处理,以改善其切削加工性能。一般结构钢锻件采用正火或退火处理,工具钢、模具钢锻件采用正火加球化退火处理。

2. 自由锻造

自由锻造是将坯料置于铁砧上或锻压机的上、下砧铁之间进行锻造。前者称为手工自由锻,后者称为机器自由锻。

1) 自由锻造的特点与应用

自由锻造所用工具简单、灵活性大,适合各种大小锻件(1kg的小件至200~300t的大件)的单件和小批量生产,也是特大型锻件(水轮机的主轴、多拐曲轴、大型连杆等)的唯一生产方法。但自由锻造的锻件形状简单、精度低、生产效率低、劳动强度大、生产条件差。

2) 自由锻造的主要设备

自由锻造的设备有锻锤和液压机两大类。

锻锤有空气锤和蒸汽-空气锤。空气锤的吨位较小,其打击力为500~10000N,用于锻造100kg以下的锻件;蒸汽-空气锤的吨位较大,其打击力为10~50kN,可锻造1500kg以下的锻件。

液压机是以液体产生的静压力使坯料变形,设备规格以最大压力来表示。常用的液压机有油压机和水压机。水压机的压力可达5000~15000kN,是锻造大型锻件的主要设备。

实习用的锻锤是空气锤,其外形及工作原理如图3-41所示。空气锤由锤身、压缩缸、工作缸、传动机构、操纵机构、落下部分及砧座等组成。空气锤的落下部分由工作活塞、锤头和上砧铁组成。空气锤的规格用落下部分的质量表示,如65 kg的空气锤是指其落下部分的质量为65kg。空气锤的砧座部分由砧座、砧垫和下砧铁组成,用以支持工件及工具,并承受锤击。

3) 自由锻造的基本工序

自由锻造的基本工序是指在锻造过程中直接改变坯料形状和尺寸的工艺过程,主要包括镦粗、拔长、冲孔、弯曲、扭转、错移等,最常用的工序是镦粗、拔长和冲孔。

(1) 镦粗。镦粗是使坯料的整体或一部分高度减小、截面积增大的工序。镦粗分为完全镦粗、局部镦粗等,如图3-42所示。镦粗常用于锻造齿轮坯、凸轮坯、圆盘形锻件等。

为使镦粗顺利进行,坯料的高径比应小于2.5~3.0,以免镦弯;坯料加热要均匀;坯料要放平,且锻打时要经常绕轴线旋转,以使其变形均匀,若其出现镦弯,则要及时矫正。

(2) 拔长。拔长是使坯料横截面积减小、长度增加的锻造工序。拔长有平砧拔长和芯棒拔长,如图3-43所示。拔长主要用于制造光轴、台阶轴、曲轴、拉杆和连杆等具有长轴线的锻件。

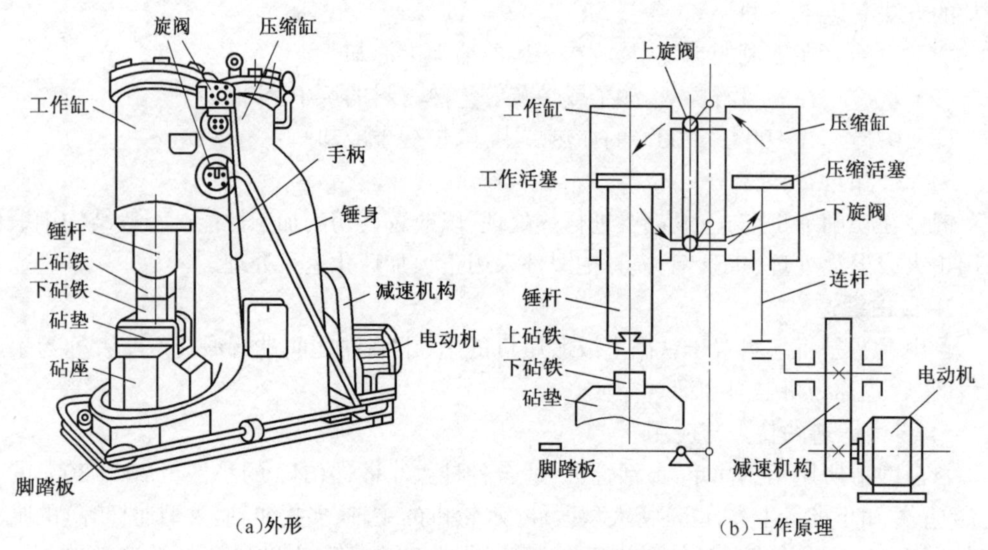

图 3-41　空气锤的外形及工作原理

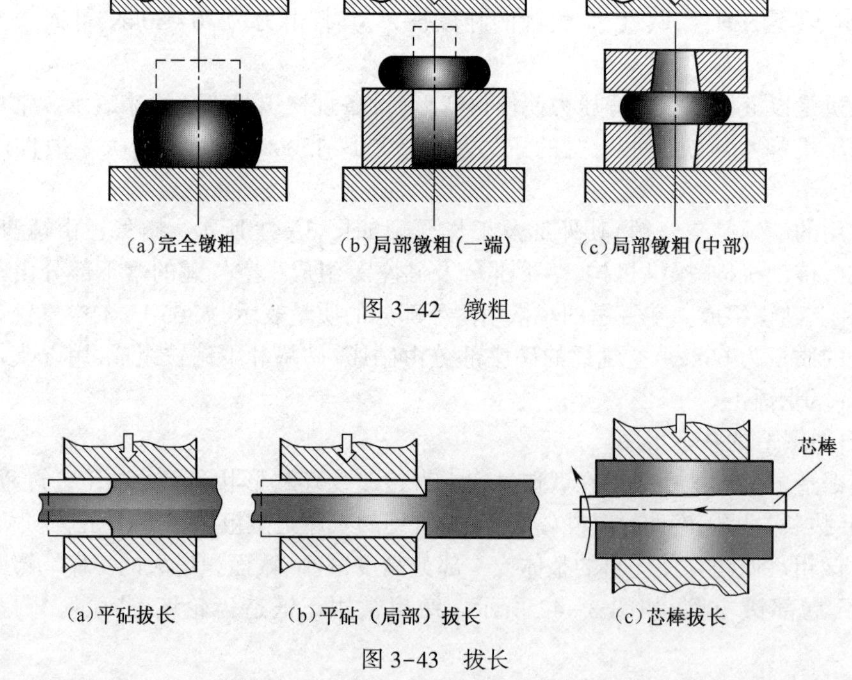

图 3-42　镦粗

图 3-43　拔长

在平砥铁上拔长时，坯料应反复做 90°翻转；圆轴应逐步成型，最后摔圆(图 3-44)。为提高拔长效率，应选用适当的送进量 l，一般取 $l=(0.4\sim0.8)b$（砥铁宽度）。为防止翻转 90°后再锻打时出现弯曲和折叠，拔长的宽高比应小于 2.5。局部拔长时，为使台阶平直、整齐，应在截面分界处压出凹槽(压肩)，其深度为台阶高度的 1/2~2/3。

(3) 冲孔。冲孔是用冲子在坯料上冲出通孔或不通孔的锻造工序。冲孔可分为实心冲头冲孔和空心冲头冲孔,如图 3-45 所示。冲孔主要用于制造带孔的锻件,如齿轮坯、圆环、套筒等。

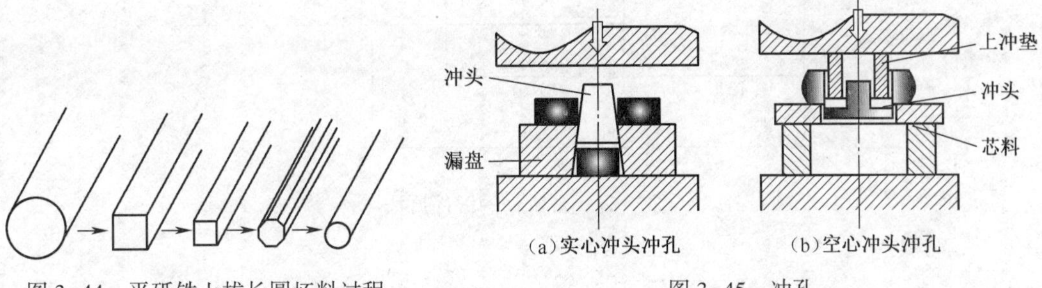

图 3-44 平砥铁上拔长圆坯料过程

图 3-45 冲孔

用于冲孔的坯料应加热到始锻温度,均匀热透,易于冲子冲入。冲孔前将坯料镦粗,减小冲孔深度,并避免冲孔时坯料胀裂。双面冲孔时,第一次冲至坯料厚度 2/3 处,翻转坯料,从坯料另一端冲透。直径小于 25mm 的孔一般不冲出,直径小于 450mm 的孔用实心冲子冲孔,直径大于 450mm 的孔用空心冲子冲孔。

(4) 弯曲及其他工序。弯曲是指改变坯料轴线形状,将其弯成所需外形的锻造工序。弯曲可用弯曲胎模弯曲和大锤打弯,如图 3-46 所示。弯曲主要用于制造吊钩、弯板等轴线弯曲的锻件。另外,自由锻造的其他工序还有锻接(图 3-47)、扭转(图 3-48)、错移(图 3-49)、切割(图 3-50)等。

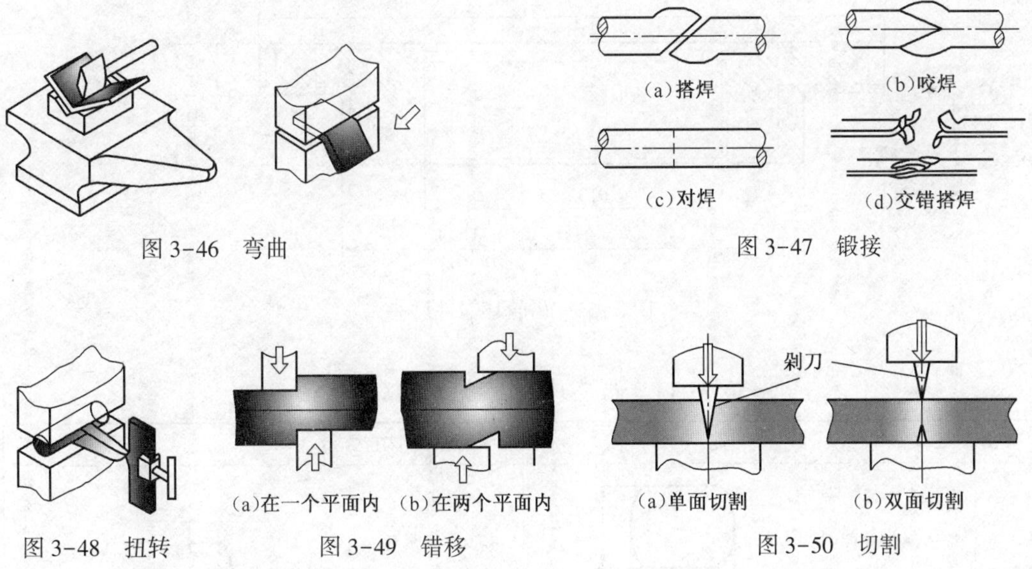

图 3-46 弯曲

图 3-47 锻接

图 3-48 扭转

图 3-49 错移

图 3-50 切割

4) 典型锻件自由锻造工艺过程示例

(1) 台阶轴。图 3-51 所示为台阶轴的锻件尺寸。台阶轴的自由锻造工艺过程,如表 3-10 所列。

(2)齿轮坯。图 3-52 所示为齿轮坯的锻件尺寸。齿轮坯的锻造工艺过程,如表 3-11 所列。

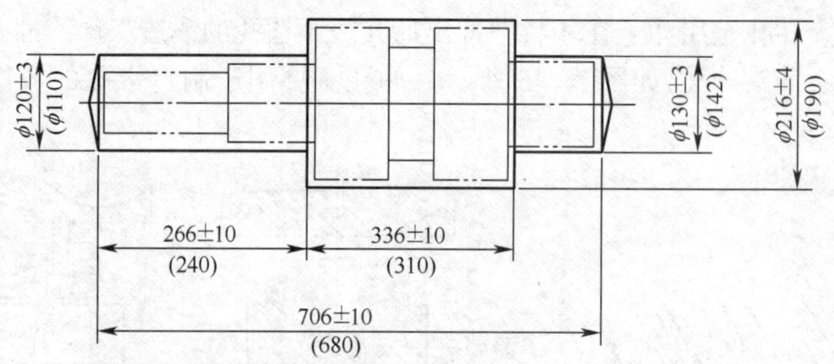

图 3-51　台阶轴的锻件尺寸

表 3-10　台阶轴的自由锻造工艺过程

序号	操作方法	简　　图	序号	操作方法	简　　图
1	整体拔长滚圆		4	调头压肩	
2	压肩		5	拔长一端并切料头	
3	拔长一端并切料头		6	校直	

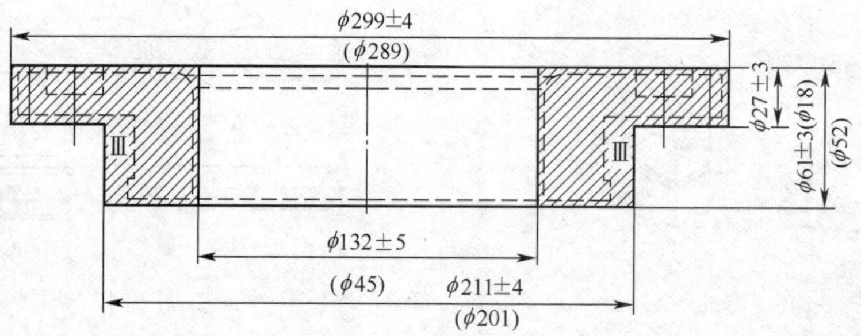

图 3-52　齿轮坯锻件尺寸

表 3-11　齿轮坯的自由锻造工艺过程

序号	操作方法	简　　图	序号	操作方法	简　　图
1	整体镦粗并摔圆	124 φ160	3	加漏盘冲孔	φ80
2	垫环局部镦粗	φ280 40 φ154	4	修整外圆平面	φ130 62 28 φ300

3. 模锻

模锻是利用模具使毛坯变形而获得锻件的锻造方法。自由锻造生产效率低、工人劳动强度大、锻件精度低、消耗金属多,且只能锻造形状的锻件。为了克服这些缺点,自由锻造最初制造一些辅助工具,如摔子等,后来又制造简单模具,如胎模锻、锤模锻,如图3-53所示。

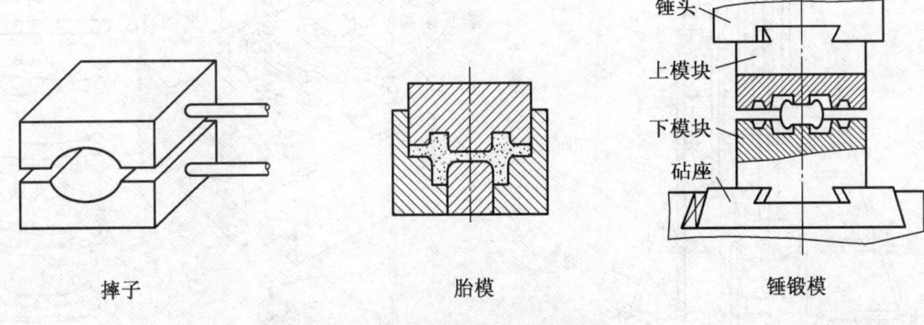

图 3-53 模锻发展的过程

胎模锻是在自由锻造设备上使用可移动的简单模具,生产形状较为复杂锻件的一种锻造方法。其通常先采用自由锻造方法使坯料初步成型,然后在胎模中终锻成型。

锤模锻所用的模具由带有燕尾的上模和下模组成,下模固定在模座上,上模固定在锤头上,并与锤头一起做上下往复的锤击运动,使装在锻模模膛内的金属坯料受压产生塑形变形,充满锻模模膛以成型锻件的方法。

1) 模锻的特点与应用

与自由锻造相比较,模锻有以下优点。

(1) 由于模腔引导和限制金属的塑性流动,因此锻件的形状可以比较复杂。

(2) 锻件内部的锻造流线比较完整,从而提高了零件的力学性能和使用寿命。

(3) 锻件的表面比较光洁,尺寸精度较高,节约材料和切削加工工时,生产效率较高。

(4) 操作简单,易于实现自动化。

(5) 胎模锻具有成本低、使用方便等优点,但胎模锻的生产效率低于锤模锻,胎模的使用寿命短。

锤模锻设备投资金额大、锻模费用高,与之相比较,胎模锻设备不需要投入很大金额,但其生产效率低,适用小件、批量不大的生产,而锤模锻适用于中型、小型锻件的中批量、大批量生产。

2) 模锻的主要设备

在生产中常用的模锻设备有模锻锤、热模锻压力机、摩擦压力机、平锤机等。其中,模锻锤(图 3-54)工艺适用性广,可生产各种类型的模锻件,设备费用相对较低,是我国模锻生产中应用最多的一种模锻设备。

3) 典型模锻件的工艺过程

图 3-55 为连杆在锤上多模腔模锻时的工艺过程。

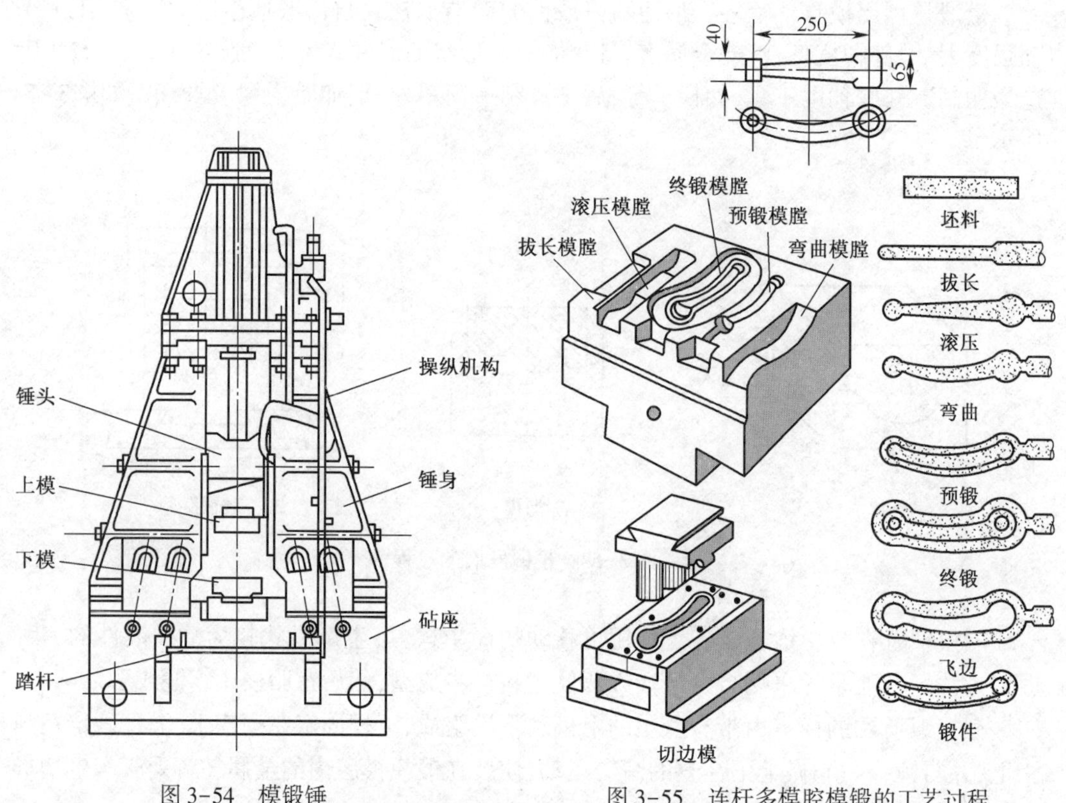

图 3-54　模锻锤

图 3-55　连杆多模腔模锻的工艺过程

4. 特种锻造

随着工业生产的发展和科学技术的进步，锻造的方法有了突破性的进展，涌现许多新工艺、新技术，极大地提高了制品的精度和复杂度，突破了传统锻造只能成型毛坯的局限，可以直接成型各种复杂形状的精密零件，实现了少切削、无切削。

1）精密锻造

精密锻造是在热模锻的工艺基础上，增加精压工序，利用精锻模提高锻件的精度。精密锻造与一般模锻相比较，具有锻件表面质量好、加工余量小、尺寸精度高、材料利用率高等优点。锻造时先用粗锻模锻造，粗锻件留有一定的精锻余量；然后切下粗锻件的飞边并清除氧化皮，重新加热到 700℃～900℃，用精锻模终锻成型。

2）辊锻

用一对装有模具的相反转向的锻辊使坯料产生塑性变形，从而获得所需锻件或锻坯的锻造工艺称为辊锻。辊锻的特点：震动小、噪声小，劳动环境好；变形力小、材料消耗少、生产效率高，易实现自动化生产。辊锻的成型过程，如图 3-56 所示。

3）摆辗

摆辗的上模是与工件上表面型线相一致的圆锥体，安装在摆头上。成型时上模在坯料上不断滚动，局部、顺次地对坯料施加压力，使坯料连续、局部、顺次递增成型。摆辗的特点：变形力小，只有一般锻造的 1/5～1/20；极限变形程度比一般锻造高 10%～15%；振动小、噪声低，劳动环境好；锻件质量好、模具使用寿命长、设备费用低，易实现自动化生产。摆辗的成型过程，如图 3-57 所示。

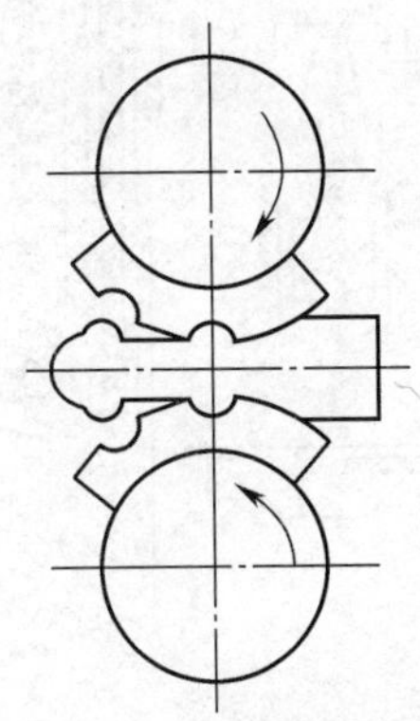
图 3-56 辊锻的成型过程

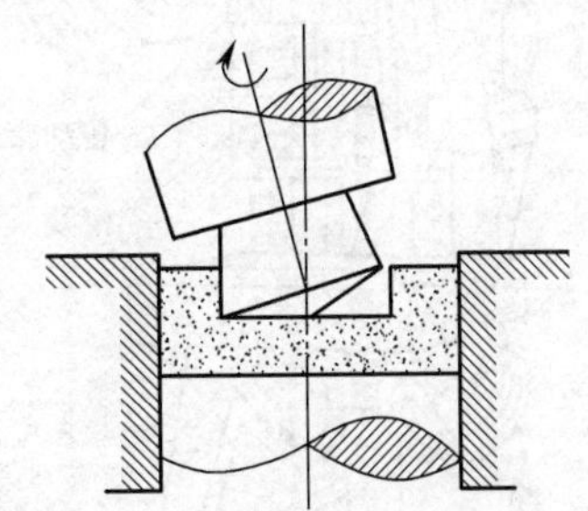
图 3-57 摆辗的成型过程

4）超塑性模锻

超塑性是指当材料具有超细的等轴晶粒（晶粒大小为 0.5～5μm），并在一定的成型温度$[T=(0.5\sim0.7)T_{熔}]$下，以极低的应变速率（$\varepsilon=10^{-2}/s\sim10^{-4}/s$）变形，某些金属或合金呈现超高的塑性和极低变形抗力的现象。超塑性模锻是利用某些金属或合金具有的超塑性，使其在模具中成型的方法。超塑性模锻主要用于小批量生产高温合金和钛合金等难加工、难成型材料的高精度零件。

3.3.3 冲压成型

冲压成型是利用冲压设备和模具，使板料产生分离或塑性变形，获得一定形状、尺寸和性能的制件的加工方法。

1. 冲压成型设备

冲压成型常用的设备有剪床和冲床两类。剪床将板料切成条作为冲压备料，冲床用于各种冲压加工。

常用的小型冲床的结构及原理，如图 3-58 所示。电动机带动传动带减速装置，并经离合器传给曲轴，曲轴和连杆把传来的旋转运动变成直线往复运动，带动固定上模的滑块沿床身导轨做上下运动，完成冲压动作。冲床工作完成后，当未踩踏板时，带轮空转、曲轴不动；当踩下踏板时，离合器把曲轴和带轮连接起来，使曲轴跟着旋转，带动滑块连续上下动作；当抬起脚踏板升起，滑块在制动器的作用下自动停止在最高位置。

2. 冲压成型的基本工序

由于冲压加工的零件形状、尺寸大小、精度要求、批量和原材料性能不同，因此其采用的板料冲压加工方法也多种多样。冲压成型的基本工序分为两类：分离工序和成型工序。

1）分离工序

分离工序是指在冲压过程中使坯料的一部分与坯料整体或另一部分产生分开的工序。分离工序包括落料、冲孔、切断和切边等。分离工序的特点及应用，如表 3-12 所列。

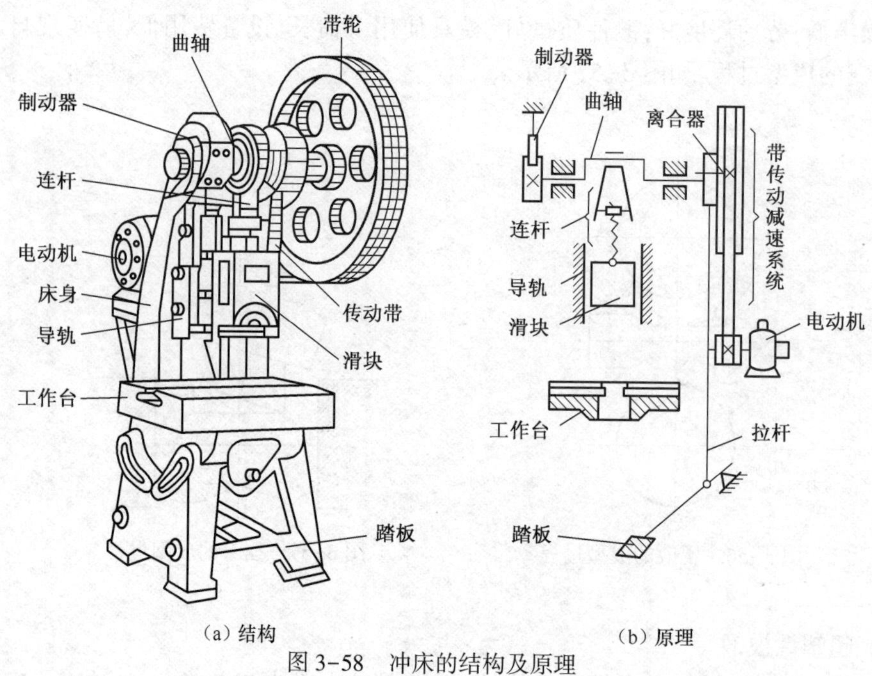

（a）结构　（b）原理

图 3-58　冲床的结构及原理

表 3-12　分离工序的特点及其应用

工序名称	简　图	特点及应用
落料	工件　废料	用冲模沿封闭轮廓曲线分离的工序，冲下部分为制品，余下部分为废料。冲头和凹模的间隙很小，刃口锋利。用于制造各种形状的平板零件，或作为成形工序前的下料工序
冲孔	废料　工件	用冲模沿封闭轮廓曲线分离的工序，冲下部分为废料，冲孔后的部分为制品。冲头和凹模的间隙很小，刃口锋利。用于制造各种带孔形的冲压件
切断		用冲模或剪刀沿不封闭轮廓曲线切断板材。多用于加工形状简单的平板零件，或用于板材的下料
切边		用冲模沿封闭轮廓曲线将制品的边缘部分切掉的工序

2）成型工序

成型工序是指在冲压过程中使坯料的一部分相对于另一部分产生位移而不破坏分离的工序。成型工序包括弯曲、拉深（拉延）、翻边、扩口和缩口等。成型工序的特点及应用，如表 3-13 所列。

表 3-13　成型工序的特点及其应用

工序名称	简　图	特点及应用
弯曲		用冲模或折弯机将平直板料弯成一定角度或圆弧的成型工序。用于制造各种有弯曲形状的冲压件
拉深(拉延)		用冲模将平直板料加工成中空形状零件的成型工序,用于制造各种形状的中空冲压件
翻边		用冲模将平直板料的边缘按曲线或圆弧弯成竖立边缘的成型工序。用于制造各种带边的冲压件
扩口、缩口	扩口　　缩口	扩口是指用冲模将空心制品的口部扩大的成型工序,常用于管子的加工。缩口是指用冲模使空心制品的口部缩小的成形工序

3. 典型零件的冲压工艺过程

图 3-59 是玻璃升降器壳体的冲压工艺过程。

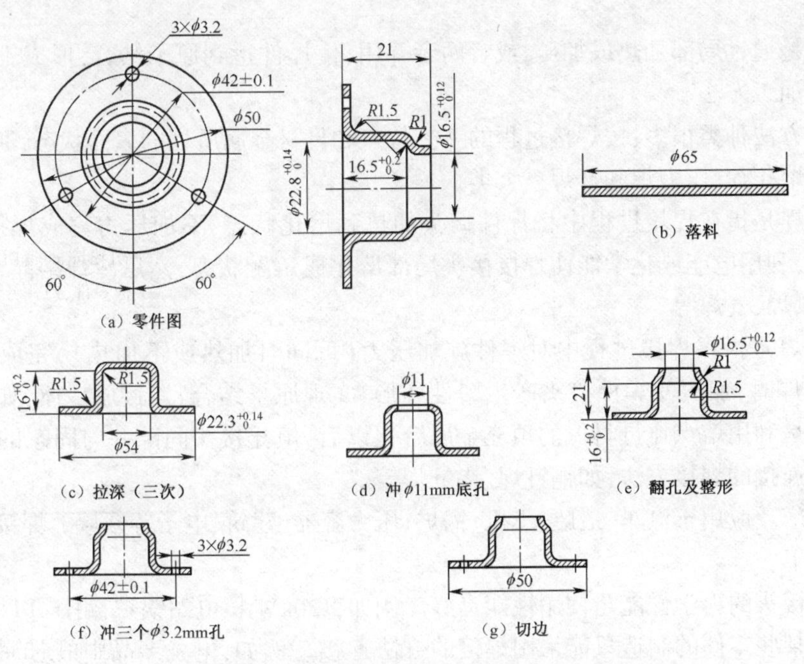

图 3-59　玻璃升降器壳体的冲压工艺过程

4. 特种冲压

1）板料超塑性深冲成型

板料超塑性深冲成型是将已经具备超塑性的板料在拉深模中拉深，能获得高径比很大的薄壁容器，并且制品的壁厚均匀、无凸耳，具有各向同性的力学性能。板料超塑性深冲成型，如图 3-60 所示。

2）旋压成型

旋压主要用于制造回转体形状的空心制品，其成型过程如图 3-61 所示。旋压成型的工具简单，成型批量在 5000 件以下时，通常比拉深成本低。

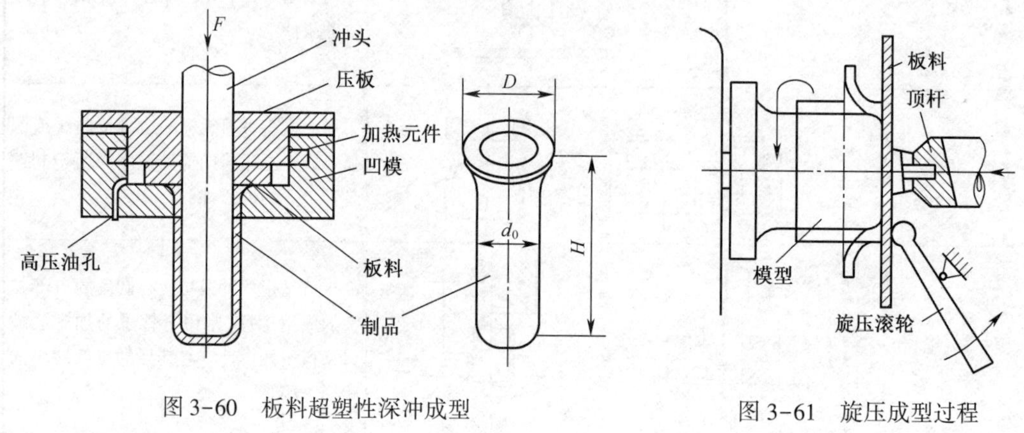

图 3-60　板料超塑性深冲成型

图 3-61　旋压成型过程

3.4　焊　　接

焊接是通过局部加热或加压，或者两者并用，使焊件达到原子结合，形成不可拆卸的连接体的加工方法。

焊接方法种类很多，按焊接过程的工艺特点和母材金属所处的表面状态，通常把焊接方法分为熔化焊、压力焊和钎焊三大类。

熔化焊是指在焊接过程中将焊件接头加热到熔化状态，不加压力完成焊接的方法。熔化焊时，利用电能或化学能使焊接接头局部熔化成熔融状态，然后冷却结晶，连接成一体，如电弧焊、气焊等。

压力焊是指在焊接过程中对焊件施加压力（可同时加热或不加热），完成焊接的方法。压力焊时，加压使焊件接头产生塑性变形，实现原子结合，连接成一体，如电阻焊。

钎焊是利用熔点比母材低的填充金属熔化以后，填充接头间隙并与固态的母材相互扩散实现连接的焊接方法，如铜钎焊、锡钎焊等。

焊接广泛应用于汽车、造船、飞机、锅炉、压力容器、建筑、电子等领域。焊接工艺的优点具体如下：

（1）接头的力学性能与使用性能良好。例如，120kW 核电站锅炉，耐压 17.5MPa。

（2）某些零件的制造只能采用焊接的方法连接。例如，电子产品中的芯片和印制电路板间的焊接。

(3) 与铆接相比较,采用焊接工艺制造的金属结构重量轻、节约原材料、制造周期短、成本低。

焊接存在的问题:焊接后接头组织和性能会发生变化;焊接后会产生残余应力与变形;容易产生焊接裂纹等缺陷。这些问题会影响焊接结构的质量。

3.4.1 手工电弧焊

手工电弧焊是利用手工操纵电焊条进行焊接的电弧焊方法,如图 3-62 所示。

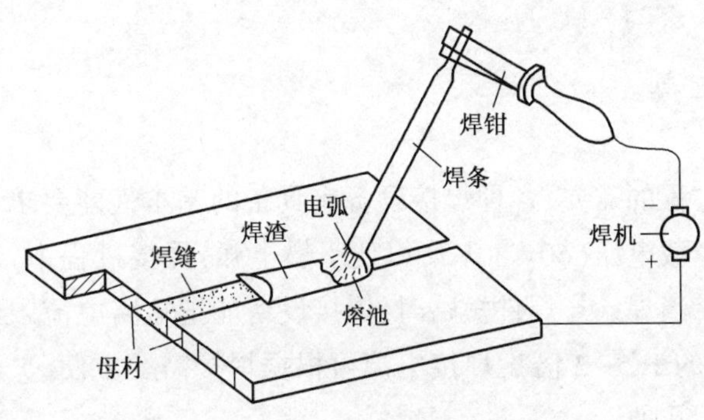

图 3-62 手工电弧焊

1. 焊接电弧及弧焊过程

1) 焊接电弧

焊接电弧是在两电极之间或电极与焊件之间的气体介质中产生强烈而持久的放电现象。电弧焊是利用电弧产生的高温作为焊接热源,使焊条和焊件发生局部熔化而实现焊接。

用直流弧焊机焊接时,焊接电弧由阴极区、弧柱区和阳极区组成,如图 3-63 所示。当两极的材料均为低碳钢时,阴极区的温度约为 2400K,阳极区的温度约为 2600K,阳极区的温度高于阴极区的温度。焊接厚工件时,为保证工件烧透,将工件接焊机正极,焊条接焊机负极,称为正接法;焊接薄工件时,为防止烧穿工件,将工件接焊机负极,焊条接焊机正极,称为反接法。直流焊机的接线法,如图 3-64 所示。

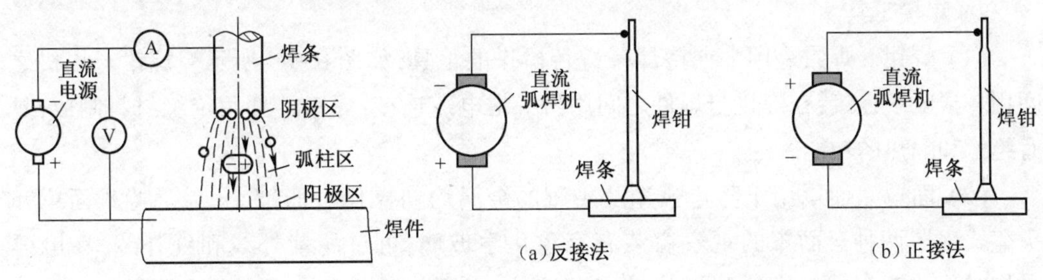

图 3-63 直流电弧构造

图 3-64 直流弧焊机的接线方法

用交流弧焊机焊接时,由于电流的极性是交变的,两极的温度基本相同,故不存在正接和反接的问题。

2）弧焊过程

焊接时,焊条与工件之间具有电压,当两者接触时相当于电弧焊电源短接,由于焊条端部和焊件表面不平整,在某些接触点通过的电流密度很大,因此接触部分的金属迅速熔化,甚至部分蒸发、汽化,引起强烈的电子发射和气体电离。当焊条离开焊件并且保持较小距离时,电弧便在两极之间连续燃烧;电弧热量使工件和焊条发生熔化形成熔池;电弧与焊接区受到焊条药皮分解产生的气体及熔渣的保护,使其与大气相隔离;当电弧连续向前移动时,焊件和焊条不断熔化汇成新的熔池,原来的熔池则不断冷却凝固,形成连续的焊缝。

2. 焊接设备与工具

1）焊接设备

为了满足焊接过程的需要,各种焊接设备应具备的基本性能要求:焊接开始时,焊接设备能提供较高的空载电压(60~80V),以便引燃电弧;焊接过程中,焊接设备能提供稳定的低电压、大电流;当焊条与焊件短路时,焊接设备能把短路电流限制在某一安全数值内(一般为额定电流的1.5~2倍);焊接电流可根据焊接需要方便、灵活地进行调节。常用的焊接设备有以下几种。

(1) 交流弧焊机。交流弧焊机是一种特殊的降压变压器,又称为弧焊变压器。它具有结构简单、价格便宜、使用方便、噪声较小、维护简便等优点。图3-65为BX1-330交流弧焊机,是目前常用的交流弧焊机之一。

(2) 旋转直流弧焊机。旋转直流弧焊机由一台三相感应电动机和一台直流弧焊发电机组成,又称为弧焊发电机。它具有电弧稳定性好、焊缝质量较好等优点。AX1-500是一种常用的旋转直流弧焊机。

(3) 整流弧焊机。整流弧焊机是电弧焊专用的整流器,又称弧焊整流器。它是利用交流电经过变压并整流后获得直流电,具有结构简单、坚固耐用、工作可靠、噪声较小、维修方便和效率高等优点,已经被大量应用。与交流弧焊机相比较,整流弧焊机的电弧稳定性好;与旋转直流弧焊机比较,整流弧焊机的结构较简单,使用时噪声小。ZXG-300是一种常用的整流弧焊机。

2）焊接工具

(1) 焊钳。焊钳是用来夹持焊条进行操作的工具,如图3-66所示。焊钳与焊机之间用一根电缆连接;在焊机与焊件之间用另一根电缆连接;焊钳外部用绝缘材料制成,具有绝缘和隔热的功能。

(2) 面罩。面罩用于防止弧光及飞溅的金属灼伤操作者面部,分为手持式面罩和头盔式面罩两种。面罩的观察窗装有有色化学玻璃,可过滤紫外线和红外线,在电弧燃烧时通过观察窗观察电弧燃烧情况和熔池,以便焊接操作。手持式面罩如图3-67所示。

(3)辅助工具。辅助工具包括焊条箱(筒)、尖头锤和钢丝刷等。焊条箱(筒)用于盛放焊条,尖头锤用于清除焊渣,钢丝刷主要用于除锈。

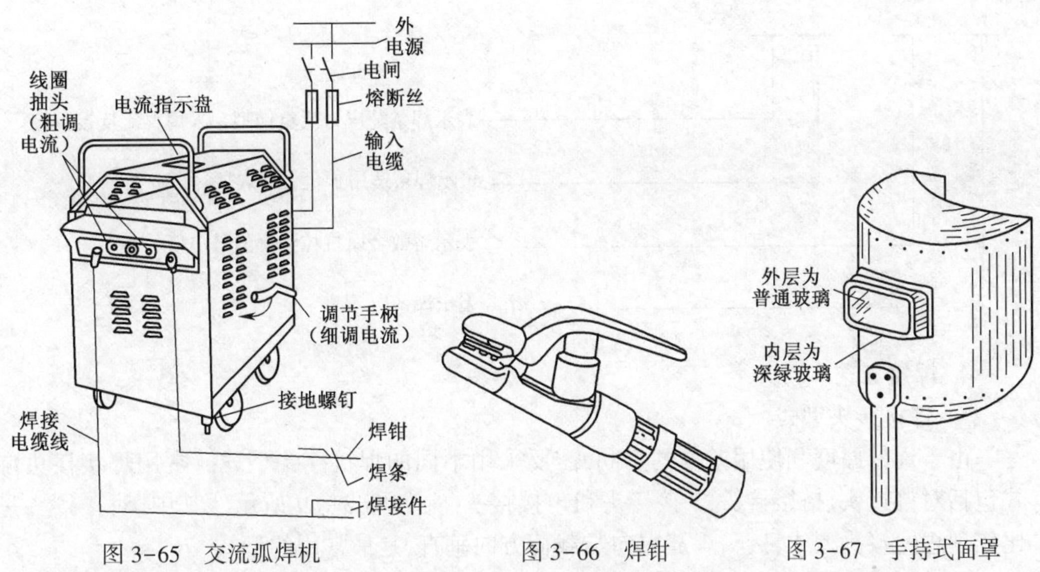

图 3-65 交流弧焊机　　图 3-66 焊钳　　图 3-67 手持式面罩

3. 焊条

1）焊条的组成及作用

焊条是用于手工电弧焊的焊接材料，由焊芯和药皮组成，如图 3-68 所示。

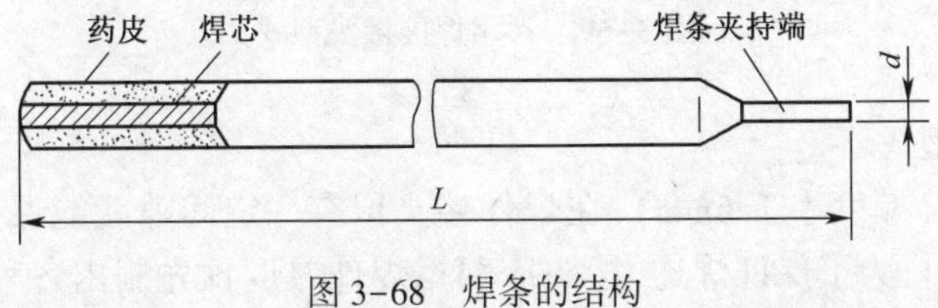

图 3-68 焊条的结构

焊芯是组成焊缝金属的主要材料，为一根金属棒，既作为焊接电极传导电流、产生电弧，又作为填充焊缝的金属，熔化后填充焊缝。

药皮是涂压在焊芯表面的涂料层，由矿物质、有机物、合金粉末和黏结剂等原料按一定比例配制而成。其作用是保证焊接电弧的稳定燃烧，保护熔池内的金属不被氧化，弥补烧损的合金元素，以提高焊缝的力学性能。

2）焊条种类及型号

按药皮熔渣的性质不同，焊条可分为两类：酸性焊条和碱性焊条。酸性焊条适用于交流、直流焊机，焊接工艺性能较好，但焊缝力学性能较差，尤其是冲击韧性差，适用于一般的低碳钢和强度不高的低合金钢结构的焊接。碱性焊条主要适用于直流焊机，引弧困难且电弧不够稳定，但焊缝力学性能和抗裂性能良好，适用于低合金钢、合金钢以及承受动载荷的低碳钢重要结构的焊接。

按被焊金属的不同，焊条可分为碳钢焊条、铸铁焊条、不锈钢焊条、铝及其合金焊条、铜及其合金焊条等。

根据《非合金钢及细晶粒钢焊条》（GB/T 5117—2012）的规定，碳钢焊条型号的编制是以英文字母“E”加四位数字来表示，其符号和数字的含义如下：

E 43 1 5

- E：表示焊条。
- 43：表示熔敷金属抗拉强度的最小值。
- 1：表示焊条适用于全位置焊接。
- 5：表示焊条药皮为低氢钠型，采用直流反接焊接。

4. 焊接工艺

1）焊接接头型式

由于焊件厚度和使用条件的不同,需要采用不同的焊接接头型式。常用焊接接头型式包括对接接头、搭接接头、T 接接头和角接接头等,如图 3-69 所示。其中,对接接头是比较理想的接头型式,接头焊缝方向与载荷方向垂直,是最常用的型式。

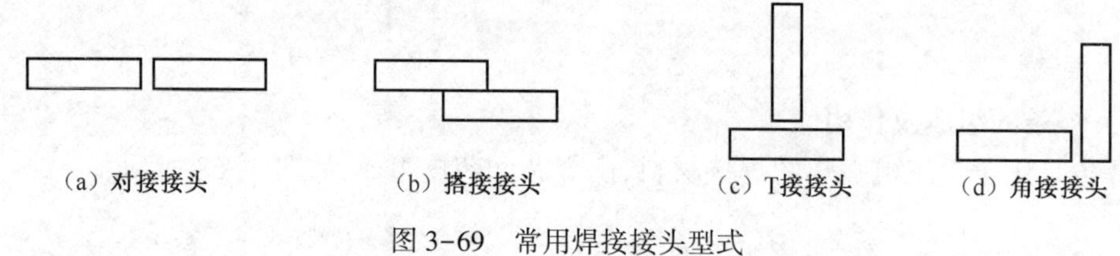

（a）对接接头（b）搭接接头（c）T接接头（d）角接接头

图 3-69 常用焊接接头型式

2）焊接坡口型式

当焊件较薄时(厚度小于 6mm),在焊件接头留有一定间隙就能保证直接焊透;当焊件厚度超过 6mm 时,为了保证焊透,接头应根据焊件厚度预先制出各种型式的坡口。对接接头常见的坡口型式,如图 3-70 所示。

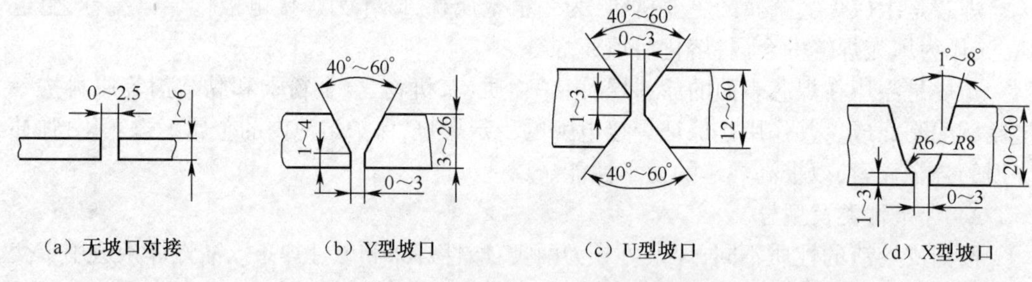

（a）无坡口对接（b）Y型坡口（c）U型坡口（d）X型坡口

图 3-70 对接接头常见的坡口型式

在加工焊接接头的坡口时,通常在焊件厚度方向留有直边,称为钝边。

钝边是为了防止烧穿。在接头组装时,通常留有间隙,是为了保证焊透。焊接较厚的焊件时,为了焊满坡口,应采用多层焊或多道多层焊,如图 3-71 所示。

3）焊接位置

在焊接过程中,焊缝所处的位置,称为焊接位置。焊接位置可分为平焊、立焊、横焊和仰焊。对接接头的各种焊接位置,如图 3-72 所示。在各种焊接位置中,平焊操作方便、

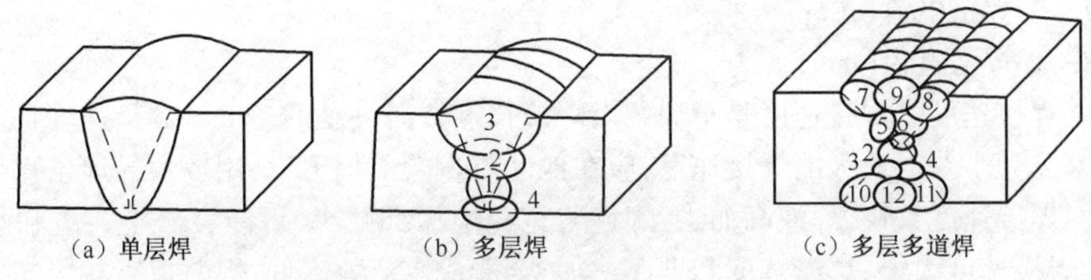

图 3-71 单层焊、多层焊与多层多道焊(1,2,3…表示焊接顺序)

劳动条件好、生产效率高,焊缝质量容易保证,因此应尽量放在平焊位置焊接。立焊、横焊位置次之,仰焊位置最差。

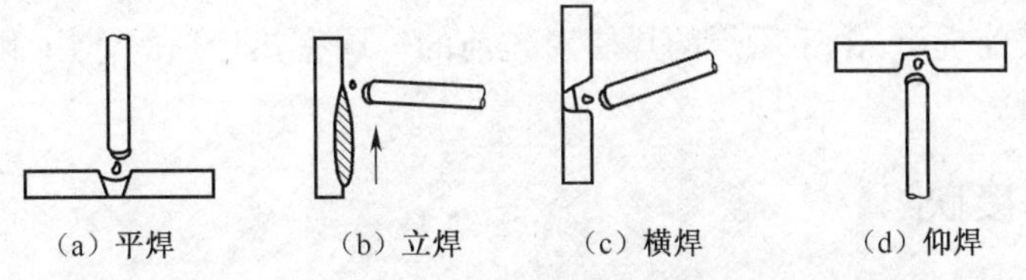

图 3-72 对接接头的焊接位置

4) 焊接参数

焊接参数是指焊接时为保证焊接质量而选定的诸多物理量的总称。其包括焊接电源种类及极性、焊条直径、焊接电流、焊接速度、电弧长度和焊接层数等。

(1) 焊接电源的种类及极性。焊接电源通常根据焊条性质来选择。酸性焊条可选择直流电源,通常优先选择交流电源;碱性焊条一般选用旋转直流弧焊机或整流弧焊机。选用旋转直流弧焊机或整流弧焊机时,还要考虑极性的选择。

(2) 焊条直径。焊条直径应根据焊件厚度、接头型式和焊缝空间位置来确定。不同厚度的焊件可按表 3-14 所列选择焊条直径。厚度大的焊件、角焊缝应选用直径大的焊条,以提高生产效率;立焊和仰焊,为了控制熔池,防止金属液滴落,应选择直径较小的焊条,一般直径应小于 4mm。

表 3-14 焊条直径的选择

焊件厚度/mm	焊条直径/mm
2~3	1.6,2.0
3~4	2.5,3.2
4~8	3.2,4.0
8~12	4.0,5.0
大于 12	4.0~5.8

(3) 焊接电流。焊接电流是指焊接时流经焊接回路的电流。电流过大会造成熔融金属向熔池外飞溅,易产生咬边和烧穿等缺陷;电流过小会造成熔池温度低,熔渣与熔融金属分离困难,易产生未焊透和夹渣,并且生产效率低、焊接过程的稳定性差。选择焊接电流可参考焊条使用说明书,平焊时也可用下列经验公式确定焊接电流:

$$I = (30 \sim 55)d$$

式中　I——焊接电流(A)；

d——焊条直径(mm)。

(4) 焊接速度。焊接速度是指焊条沿焊缝长度方向移动的速度。焊接速度直接影响焊接效率。为了获得最大的焊接速度，应在保证质量的前提下，采用较大的焊条直径和焊接电流。焊接速度太快，焊波高而尖，焊缝熔宽和熔深都减小，可能会产生夹渣和焊不透的缺陷；焊接速度太慢，焊缝宽度和堆高增加，会造成生产效率低，焊薄板时易烧穿。

(5) 电弧长度。电弧长度决定电弧电压。电弧越长，电弧电压越高；反之，电弧越短，电弧电压越低。电弧过长时、燃烧不稳定、熔深减小，易产生焊接缺陷。因此，焊接时要求采用短弧焊接，一般要求电弧长度不超过焊条直径。

(6) 焊接层数。中等厚度的板、较厚的板焊接时必须开坡口，进行多层焊接。在清理干净前层的焊渣前提下，由于后焊的焊层对先前的焊层有热处理的作用，因此多层焊有利于提高焊缝质量。

3.4.2　焊接缺陷

1. 焊接变形

焊接时焊件受到局部不均匀的加热，焊缝及其附近的金属被加热到高温，由于受温度较低的部分母材的拘束，造成焊件不能自由膨胀，因此焊件冷却后会发生收缩，从而引起焊接变形。图3-73为常见的几种焊接变形。

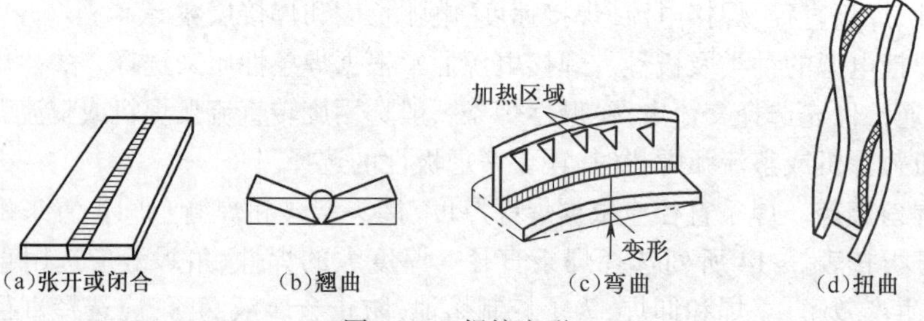

图3-73　焊接变形

2. 焊接接头的缺陷

焊接接头常见的缺陷主要包括咬边、未焊透、未熔合、夹渣、气孔、裂纹和烧穿等，如图3-74所示。

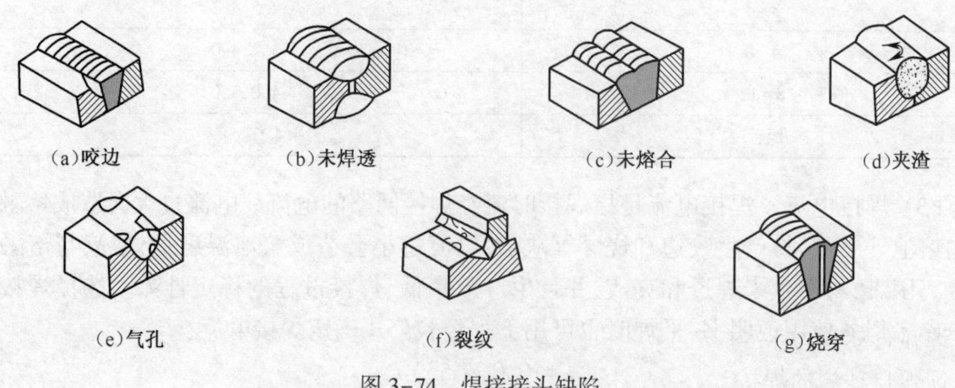

图3-74　焊接接头缺陷

3.4.3 其他焊接方法简介

1. 气焊与气割

1）气焊

气焊是利用气体火焰作为热源的焊接方法，常用氧-乙炔火焰作为热源，如图 3-75 所示。氧气和乙炔在焊炬中混合，点燃后加热焊丝和工件。焊丝一般选用和母材相近的金属丝。焊接不锈钢、铸铁、铝和铜及其合金，常使用焊剂去除焊接过程中的氧化物。气焊在无电源的野外施工中应用较多。

2）气割

气割又称为氧气切割，是广泛应用的下料方法，如图 3-76 所示。气割是利用气体火焰的热能将金属加热到燃烧点，然后喷射切割氧，使割缝处的金属剧烈燃烧并且吹除燃烧后生成的氧化物的一种金属分割方法。

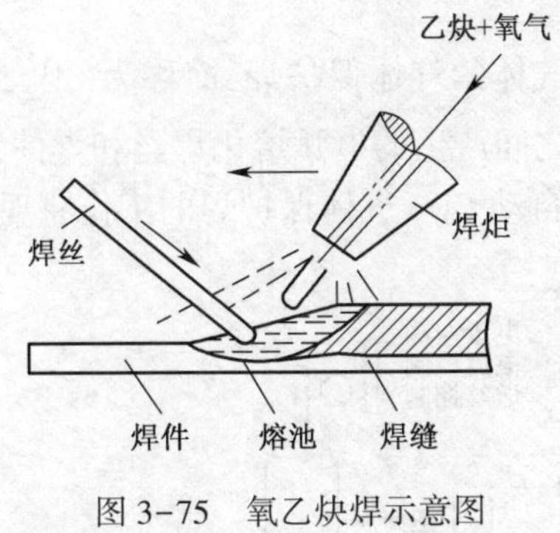

图 3-75 氧乙炔焊示意图

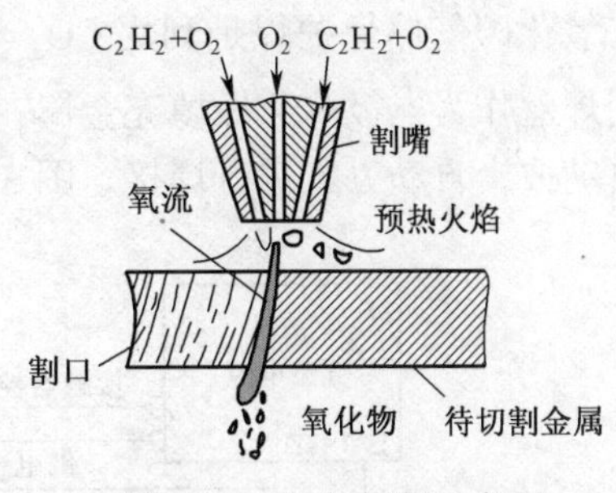

图 3-76 氧气切割示意图

2. 埋弧自动焊

埋弧自动焊是电弧在颗粒状焊剂层下燃烧的一种电弧焊接方法，其引弧、电弧运动和送进焊丝等均由焊机自动完成。图 3-77 所示为埋弧自动焊的焊接过程。

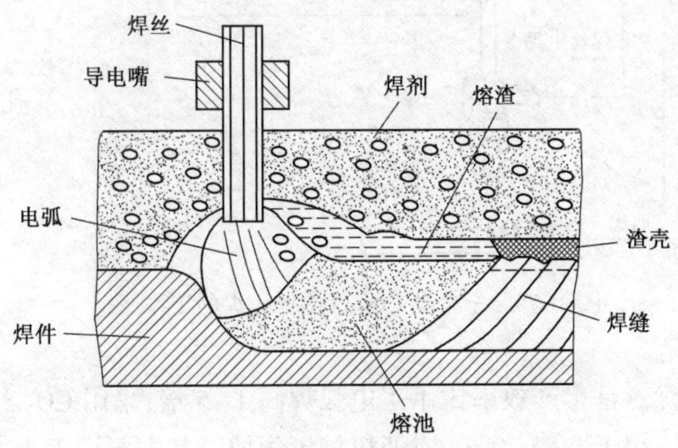

图 3-77 埋弧自动焊的焊接过程

埋弧自动焊与手工电弧焊相比较，具有焊接质量好、生产效率高、劳动条件好等优点。埋弧自动焊的焊接设备如图 3-78 所示，主要由焊接电源、控制箱和焊接小车三部分组成。MZ-1000 型埋弧自动焊机是常用的埋弧自动焊机，其中："M"表示埋弧焊机，"Z"表示自动焊机，"1000"表示额定焊接电流为 1000A。

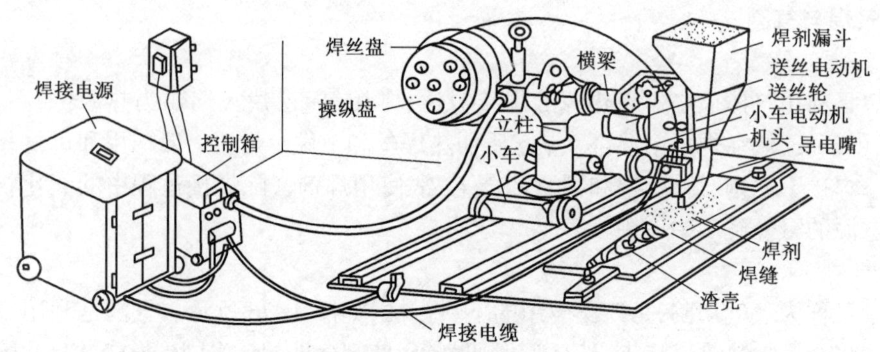

图 3-78　埋弧自动焊机

3. 二氧化碳气体保护焊

二氧化碳气体保护焊是利用 CO_2 气体作为保护气体的气体保护焊，简称为 CO_2 焊。它是用焊丝作为电极并兼做填充金属，靠焊丝和焊件之间产生的电弧熔化焊丝和焊件，并以全自动或半自动方式进行焊接。图 3-79 所示为全自动 CO_2 气体保护焊的工作原理。

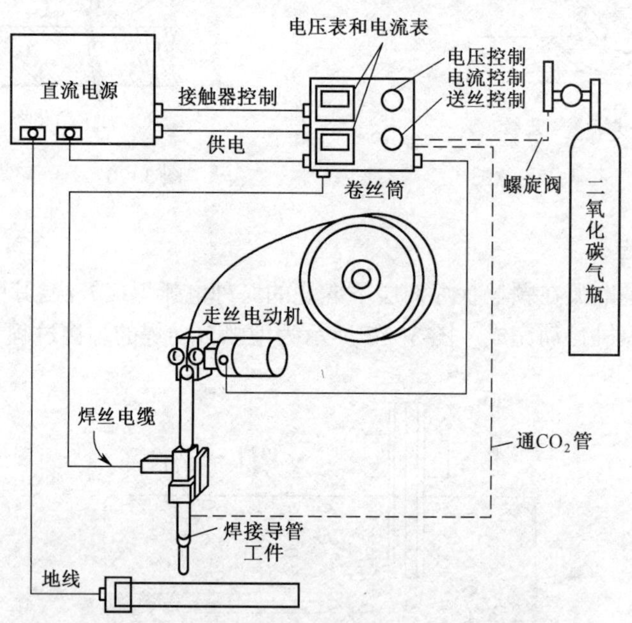

图 3-79　全自动 CO_2 气体保护焊的工作原理

CO_2 焊的主要优点是生产效率比手工电弧焊高 1~5 倍；采用 CO_2 气体保护，成本低。

CO_2 焊已广泛应用于造船、汽车、农业机械等领域。其主要用于焊接 30mm 以下厚度的碳钢和低合金钢，还用于耐磨零件的堆焊、铸钢件的补焊等。

4. 氩弧焊

氩弧焊是利用氩气作为保护气体的气体保护焊。按照电极的不同，氩弧焊分为熔化极氩弧焊和非熔化极氩弧焊两种。手工钨极氩弧焊是应用最多的氩弧焊方法,其焊接过程如图 3-80 所示。

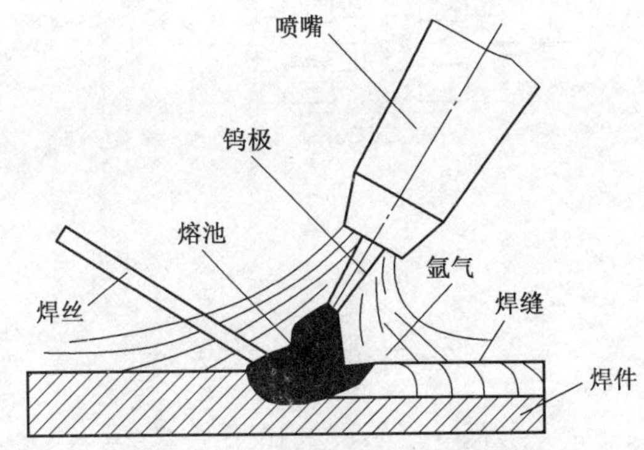

图 3-80 手工钨极氩弧焊焊接过程

氩弧焊具有焊缝质量高、热损失少、电弧稳定、明弧焊接、易于控制,易于实现自动化等优点,但其缺点是焊接成本高。

氩弧焊适合焊接易氧化的有色金属(如镁、铝、钛及其合金)、高强度合金钢及某些特殊性能钢(如耐热钢、不锈钢)等。

图 3-81 所示为 NSA-500 型钨极氩弧焊机的结构。在焊机型号中:“N”表示气体保护焊机(明弧焊机),“S”表示手工弧焊机,“A”表示氩气保护弧焊机,“500”表示额定焊接电流为 500A。该焊机主要由焊接电源、焊枪、焊接控制系统、供气和供水系统等组成。

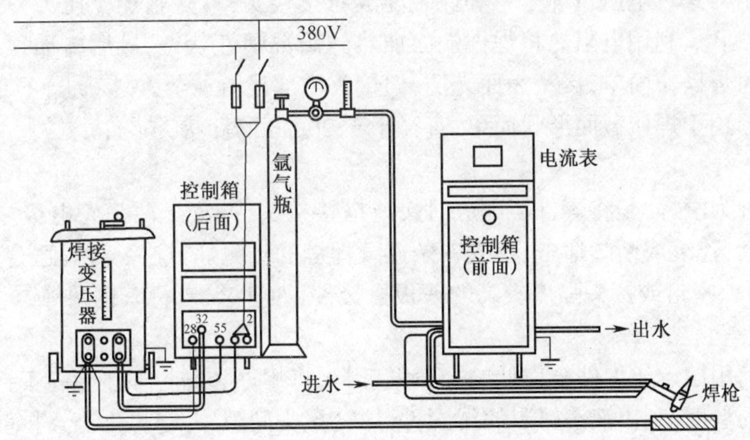

图 3-81 手工钨极氩弧焊机的结构

5. 电阻焊

电阻焊是利用电流通过焊件接头的接触面及邻近区域产生的电阻热,将焊件加热到塑性状态或局部熔化状态,再在压力作用下形成牢固接头的一种焊接方法。电阻焊的方法主要有点焊、对焊和缝焊等,如图 3-82 所示。

1) 点焊

将焊件装配成搭接接头,并压紧在两个电极之间,利用电阻热熔化母材,形成焊点的电阻焊方法称为点焊。

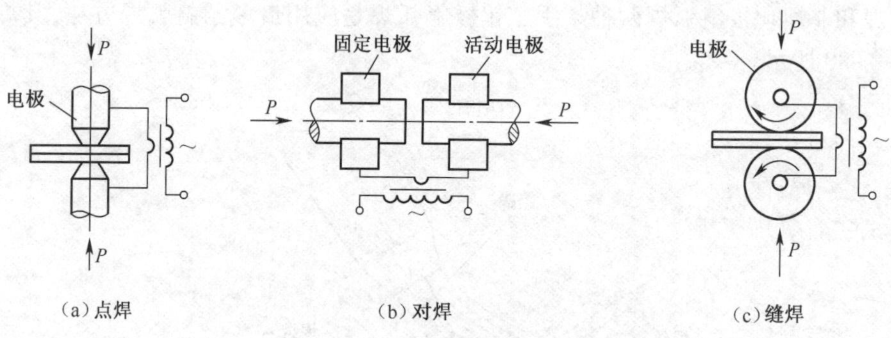

(a)点焊　(b)对焊　(c)缝焊

图 3-82　电阻焊的方法

点焊焊点强度高、变形小，工件表面光洁，适用于无密封要求的薄板冲压件搭接、薄板和型钢构件的焊接。

2）对焊

对焊可分为闪光对焊和电阻对焊。

(1) 闪光对焊。闪光对焊是将焊件装配成对接接头，首先通电，使焊件端面逐渐达到局部接触；然后利用电阻热加热接触部位（产生闪光），使焊件端面金属熔化，直至焊件端部在一定深度范围内达到预定温度；最后迅速断电，并施加较大的顶锻力将熔化的金属挤出，从而将焊件连接起来。闪光对焊焊接的接头质量较高、应用范围较广，但金属消耗较多，接头表面较粗糙。

(2) 电阻对焊。电阻对焊是将焊件装配成对接接头，首先施加预压力使焊件端面紧密接触；然后通电，利用电阻热将焊件端面加热到高温塑性状态；最后施加顶锻力使焊件焊合。电阻对焊操作简单，接头表面光洁，但接头内部残留夹杂，焊接质量不高。

对焊广泛用于焊接截面形状简单、直径小于 20mm 的杆状类零件。

3）缝焊

缝焊又称为滚焊，是将焊件装配成对接或搭接接头，并置于两滚轮电极之间，滚轮加压焊件并滚动，连续或断续通电，形成一条连续焊缝的电阻焊方法。缝焊适合焊接厚度在 3mm 以下，要求密封或接头强度较高的薄板搭接件，如管道、自行车钢圈等。

6. 钎焊

钎焊是利用熔点比焊件金属低的金属做钎料，将焊件和钎料加热到高于钎料熔点、低于焊件熔点的温度，利用液态钎料润湿焊件，填充接头间隙，并与焊件相互扩散，实现连接的焊接方法。钎焊的过程如图 3-83 所示。

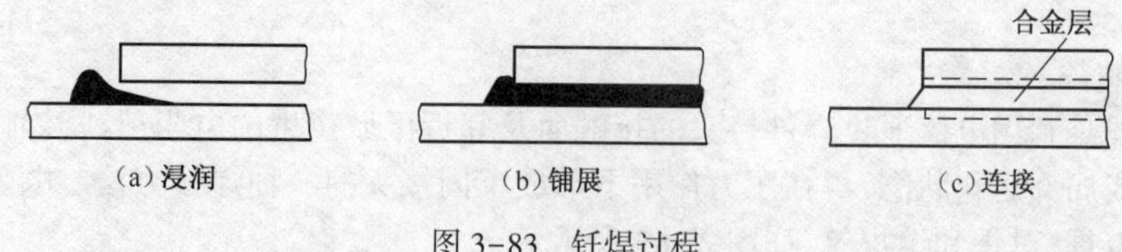

(a)浸润　(b)铺展　(c)连接

图 3-83　钎焊过程

按钎料熔点的温度不同，可将钎焊分为硬钎焊与软钎焊两类。钎料熔点高于 450℃ 的钎焊称为硬钎焊，常用的钎料有铜基钎料和银基钎料，接头强度较高（大于 200MPa），适用于受力较大、工作温度较高的焊件的钎焊。钎料熔点低于450℃的钎焊称为软钎焊,常用的钎料有锡铅钎料,接头强度较低(小于70MPa),适用于受力不大、工作温度较低的焊件的钎焊。

钎焊时常用到钎剂,即钎焊时使用的熔剂。钎剂的作用是清除钎料和焊件表面的氧化物,并保护焊件和液态钎料在钎焊过程中免于氧化;改善液态钎料对焊件的润湿性。在硬钎焊时,常用硼砂、硼砂与硼酸的混合物作为钎剂;在软钎焊时,常用松香、氯化锌溶液等作为钎剂。

钎焊加热方法有烙铁加热、火焰加热、电阻加热、感应加热、盐浴加热等。

钎焊与熔化焊相比较,加热温度低,焊件接头的金属组织和性能变化小,焊接变形较小,焊件尺寸容易保证。钎焊生产效率高,可焊接同种金属,也适合焊接性能差异很大的异种金属和厚薄悬殊的焊件。钎焊主要用于精密仪表、电器零件和异种金属的焊接。

3.5 塑料与成型

塑料工业是一个新兴的快速发展的领域。塑料产品几乎涉及所有的领域,在航空航天、交通运输、邮电通信、仪器仪表、家用电器等领域塑料是不可缺少的材料。

3.5.1 塑料

通常所用的塑料是由许多材料配制而成的,其中高分子聚合物(又称:合成树脂)是塑料的主要成分。为了改进塑料的性能,在合成树脂中根据使用要求还加入某些添加物。

1. 塑料的组成

1) 合成树脂

合成树脂是塑料的主要成分,在塑料中占40%~100%,其性质常决定塑料的性质。常用的合成树脂包括聚乙烯(polyethylene,PE)、聚丙烯(polypropylene,PP)、聚氯乙烯(polyvinyl chloride,PVC)、聚苯乙烯(polystyrene,PS)、酚醛树脂(phenol-formaldehyde resin,PF)、聚碳酸脂(polycarbonate,PC)、聚酰胺(polyamide,PA)和环氧树脂(epoxy resin,EP)等。

2) 塑料添加剂

为了改善合成树脂的成型性能和塑料制品的物理力学性能,提高其使用价值和工作寿命以及降低成本等,有选择地在塑料中加入一些添加剂。塑料添加剂的种类繁多,常用的添加剂包括增塑剂、稳定剂、填充剂、润滑剂、固化剂、阻燃剂、发泡剂、着色剂等。

(1) 增塑剂。增塑剂的作用是降低合成树脂的玻璃化温度、熔融温度、黏度和硬度,增加合成树脂的塑性、流动性和塑料制品的柔软性及耐寒性,从而改善塑料加工性能和使用性能。增塑剂主要用于PVC中,占总耗量的80%以上。增塑剂能与合成树脂混溶,无毒无味。对于光、热稳定的高沸点有机化合物,常用的增塑剂有邻苯二甲酸酯类、磷酸酯类、氧化石蜡等。

(2) 稳定剂。稳定剂是能阻止或延缓塑料树脂在储存、加工及使用过程的老化、降解、破坏和变质的添加剂。引起塑料老化的因素很多,如氧、光、热、微生物、重金属离子、高能辐射和机械疲劳等。因此,稳定剂可分为热稳定剂、光稳定剂、抗氧剂、金属离子钝化剂、防霉剂等。

（3）填充剂。填充剂是为了降低塑料成本，改善塑料的某些性能添加的一些材料。按照填充剂的作用不同，填充剂可分为增量剂和增强剂两类。如果填充剂的作用是增大塑料制品的体积，降低聚合物用量，以致降低制品成本，则这种填充剂称为增量剂；如果填充剂的作用是提高基体聚合物的强度，则这种填充剂称为增强剂。常用的填充剂有碳酸钙、硅酸盐、硫酸盐、金属氧化物、金属粉、炭黑、白炭黑、玻璃球、纤维类和有机粉等。

（4）润滑剂。润滑剂主要用于降低合成树脂加工时的内摩擦作用，防止树脂对加工设备及模具发生黏附，从而降低能耗和提高生产效率，并减少产生热量及其对合成树脂的降解作用，保证塑料制品的表面光滑。按作用机理不同，塑料使用的润滑剂品种可分为内润滑剂和外润滑剂两类。内润滑剂主要作用是降低塑料树脂内部的摩擦和黏度，外润滑剂主要作用是减少塑料树脂对加工设备等其他材料的黏附和摩擦，从而改善塑料制品脱模性和外观质量。塑料常用的润滑剂有硬酯酸、石墨、二硫化钼等。

（5）固化剂。固化剂能使高分子合成树脂由线型结构转变为体型结构，某些合成树脂在成型前加入固化剂之后才能变成坚硬的材料。

（6）阻燃剂。阻燃剂是能阻止或抑制热塑性塑料燃烧的物质。阻燃剂常用的是一些含磷、氯、硼、锑和铝的化合物。

（7）发泡剂。凡不与聚合物发生化学反应，并能在特定条件下产生无害气体的物质都可作为发泡剂。有时为帮助发泡剂分散，或提高发泡剂发气量，或降低发泡剂的分解温度，还要加入助发泡剂。发泡剂分为物理发泡剂和化学发泡剂，物理发泡剂通过自身的气体膨胀或液体挥发而产生气泡，化学发泡剂通过发泡剂自身热分解生成的气体而产生气泡。

（8）着色剂。着色剂能使塑料具有各种不同的颜色。

除上面的塑料添加剂之外，还可根据塑料的使用要求在塑料中添加一些其他成分，如交联剂、偶联剂、抗静电剂、开口剂、防雾剂等。

2. 塑料的特性

与传统的金属材料相比较，塑料具有以下性能特点。

(1)密度小、易着色且色泽鲜艳、透光性好，具有多重防护性能。

(2)耐腐蚀性能好。

(3)优良的电、热、声绝缘性能。

(4)力学性能优良。在较宽的温度范围内，具有较高的抗冲击、耐疲劳、耐磨、自润滑性能，因而可代替金属材料做结构零件用。

(5)原料来源广、易加工成型，与金属制品相比较，可省能耗50%。

塑料在使用和加工中具有的缺点：刚性差、耐热性差、散热性差、易老化、成型收缩率大、尺寸稳定性差、加热后会分解出对人体有害的毒素等。

3. 塑料的分类及应用

塑料品种繁多，常用的品种有几十种，每一种又有多种牌号，为了便于识别和使用，需要对塑料进行分类。

1）按树脂的热性能分类

按树脂的热性能，塑料可分为热塑性塑料和热固性塑料两大类。

（1）热塑性塑料。热塑性塑料是聚合反应得到的，合成树脂分子结构是线型或支链型结构,在一定温度范围内,能反复加热软化甚至熔融流动,冷却后能硬化成一定形状的塑料。在成型过程只有物理变化,无化学变化,因而受热后可多次成型,废料可回收再利用。热塑性塑料,主要品种有聚乙烯、聚丙烯、聚氯乙烯、聚苯乙烯、聚碳酸脂、有机玻璃等。这类塑料强度较高,成型工艺性良好,但耐热性和刚度较低。

(2) 热固性塑料。热固性塑料是缩聚反应得到的,合成树脂固化后分子结构呈体型网状结构,加热温度达到一定程度后能成为不熔化、不溶解,使形状固化并且不再变化的塑料。热固性塑料在成型受热时,发生化学变化使线型分子结构转变为体型结构。热固性塑料主要品种有酚醛塑料、氨基塑料、环氧塑料等。这类塑料具有较高的耐热性和刚度,但脆性大,不能反复成型与再生使用。

常用的塑料及其用途,如表3-15所列。

表3-15 常用的塑料及其用途

塑料分类	树脂名称	英文缩写	主要特性	主要用途
热塑性塑料	聚氯乙烯	PVC	耐药性良好,软硬制品均可	薄膜、电缆、地板、管子
	聚乙烯	PE	质轻柔软、电气绝缘性、耐药性良好	薄膜、瓶子、电气绝缘材料、杂货
	聚丙烯	PP	比PE透明、软化点高	薄膜、塑料绳子、食器
	聚苯乙烯	PS	无色透明、电气绝缘性、耐药性良好	电器、文具、发泡品、玩具
	AS树脂	AS	透明、强度大、耐油性良好	电器、文具、杂货、玩具
	ABS树脂	ABS	强韧、光泽良好、耐药性、耐油性良好	电器、汽车零件
热固性塑料	酚醛塑料	PF	强度高、耐磨、耐蚀、电绝缘好、尺寸稳定、成型性良好	机械结构件、电器、仪表的绝缘机构件
	环氧塑料	EP	力学性能优、电绝缘好、耐蚀、尺寸稳定,对金属、塑料、玻璃、陶瓷等有良好的黏附能力	塑料模具、精密量具、电子仪表的抗震护封整体结构,电工电子元件及线圈的灌封与固定
	有机硅塑料	IS	耐高温和耐热、电绝缘性好	电工电子元件及线圈的灌封与固定

2) 按塑料的用途分类

按塑料的用途分类,塑料可分为通用塑料、工程塑料和特种塑料。

(1) 通用塑料。通用塑料是具有一般用途的塑料。此类塑料具有良好的成型工艺性,不具有突出的综合力学性能和耐热性,不宜用于承载要求较高的结构件和在较高温度下工作的耐热性。通用塑料的制造成本低、应用范围广、产量比较大,占塑料总量的80%左右。常用的通用塑料有聚乙烯、聚苯乙烯、聚氯乙烯、聚丙烯、酚醛塑料等。

(2) 工程塑料。工程塑料是指具有突出的力学性能和耐热性,或在变化的环境条件下可保持良好的介电绝缘性能的塑料。工程塑料可替代金属作为工程材料,可以作为承载结构件。工程塑料可以作为在升温条件下的耐热件和承载件以及在升温条件、潮湿条件、大范围变频条件下的介电制品和绝缘制品。常用的工程塑料有聚碳酸酯、聚酰胺(尼龙）、聚甲醛、ABS、环氧塑料等。

（3）特种塑料。特种塑料用于特种环境，具有某一方面的特殊性能。这类塑料产量小、价格较贵、性能优异。常用的特种塑料有氟塑料、光敏塑料、导磁塑料、高耐热性塑料及高频绝缘性塑料等。

4. 塑料的物理形态

在自然界中物质的聚集状态一般分成三种，即气态、液态和固态。聚合物由于分子结构的连续性以及巨大的分子质量，因此它们的聚集状态不同于一般低分子化合物，而是在不同的热力条件下，以独特的三种形态存在，即玻璃形态、高弹形态和黏流形态。高分子聚合物是不存在气态的，在受热而可能汽化之前，分子结构已受到彻底破坏，称为低分子的汽化物质或碳化物，即高分子的降解。

玻璃形态的塑料，可以被使用或进行机械加工，如切削、钻孔、铣刨等。高弹形态的塑料在较小作用力下可产生较大变形，外力解除后能恢复原状，只在热加工过程中才出现。黏流形态是塑料液体存在的形式，其黏性大，与其他形态的塑料相比较，物理构成不同、力学性能不同，当给予外力时分子之间很易相互滑动，造成塑料体的变形，外力解除后不再恢复原状。

塑料热成型的过程：首先通过热和力的作用，让塑料从室温的玻璃形态，经历高弹形态转变为黏流形态，压注入具有一定形状的封闭模腔；然后在模腔内逐渐冷却，从黏流形态返经高弹形态转回玻璃形态；最后形成与模腔形状一致的塑料制品。

5. 塑料的加工温度

塑料的加工温度除了与塑料的品种有关之外，在对塑料进行热成型时，还应根据制件的大小、复杂程度、厚薄、嵌件情况、配用着色剂对温度耐受性、注塑机压力配备以及制件适用条件等因素选择适当的加工温度。

常用塑料的加工温度范围，如表3-16所列。

表3-16 常用塑料的加工温度范围

单位：℃

塑料	玻璃化转变温度	熔点	加工温度范围	分解温度（空气中）
聚苯乙烯	90	225	180~260	250
ABS	95	225	180~250	
高压聚乙烯	125	110	160~240	280
低压聚乙烯	125	130	200~280	
聚丙烯	20	164	200~300	
尼龙66	50	225	260~290	266
尼龙6	50	265	260~290	
有机玻璃	105	180	180~250	
聚碳酸酯	150	250	280~310	

由于加工温度范围是指塑料在黏流形态区域内可以进行注塑或挤出成型的温度，因此其可以视为注塑机喷嘴处的温度。只有当塑料达到这个温度时才能顺利成型。

3.5.2 塑料的注射成型

塑料的注射成型又称为注塑、注压，是先将松散的物料从注射机的料斗送入高温的机筒，在加热和剪切下熔融塑化；然后在柱塞或螺杆的高压推动下，以很大的流速通过机筒前端的喷嘴注射到温度较低的闭合模具中；最后经保压冷却定型后，开模取出具有一定形状和尺寸的塑料制品的过程。

注射成型主要用于热塑性塑料和流动性较大的热固性塑料，能一次成型外形复杂、尺寸精确、带有各种金属嵌件的三维尺寸模塑制品。注塑成型具有成型周期短、效率高、容易实现自动化、加工适应性强等优点。目前注射成型的塑料制品约占塑料制品总量的30%。塑料的注射成型的制品有电视机外壳、半导体收音机外壳、电器上的接插件、旋纽、线圈骨架、齿轮、汽车灯罩、茶杯、饭碗、皂盒、浴缸、凉鞋等。

近年来，塑料的注射成型新技术，如反应注射、双色注射、发泡注射等发展和应用，为塑料的注射成型提供了更广阔的应用前景。

1. 注塑机

注塑机是塑料注射成型的主要设备，按外形可分为立式注塑机、卧式注塑机、角式注塑机三种。应用较多的是卧式注塑机，如图 3-84 所示。尽管注塑机的外形不同，但其基本由下列三部分组成。

(1) 注射装置。注射装置是注塑机的最主要组成部分，其作用是使塑料均匀塑化，并达到流动状态，在高压下快速注入模腔中。注射装置一般由料斗、加料计量装置、料筒、螺杆及喷嘴等组成。

(2) 合模(锁模)装置。合模(锁模)装置是注塑机的一个重要组成部分，其作用是闭合模具，并能在模腔内注入高压物料时，仍能保持模具的闭合状态；在完成成型后，能克服制品对模具的附着力而打开模具。合模(锁模)装置一般由导柱(拉杆)、固定模板、调模装置、顶出装置和传动装置等组成。

(3) 液压电气控制系统。液压电气控制系统是注塑机的动力来源，可保证注塑机按工艺要求和动作程序，准确有序地工作。

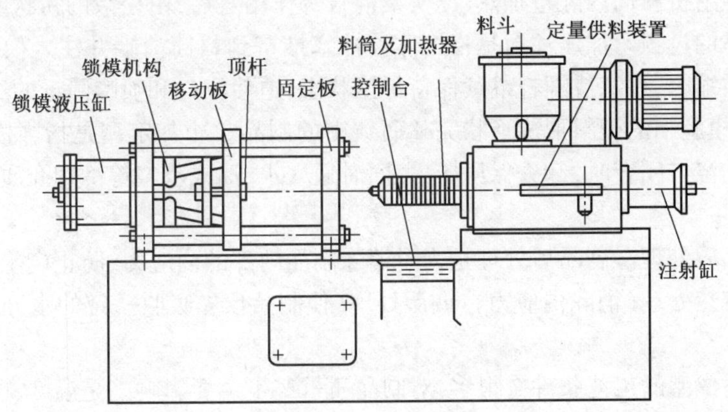

图 3-84 卧式注塑机

2. 塑料的注射成型工艺过程

塑料的注射成型工艺过程包括成型前的准备、注射过程、制品后处理等，如图 3-85

所示。

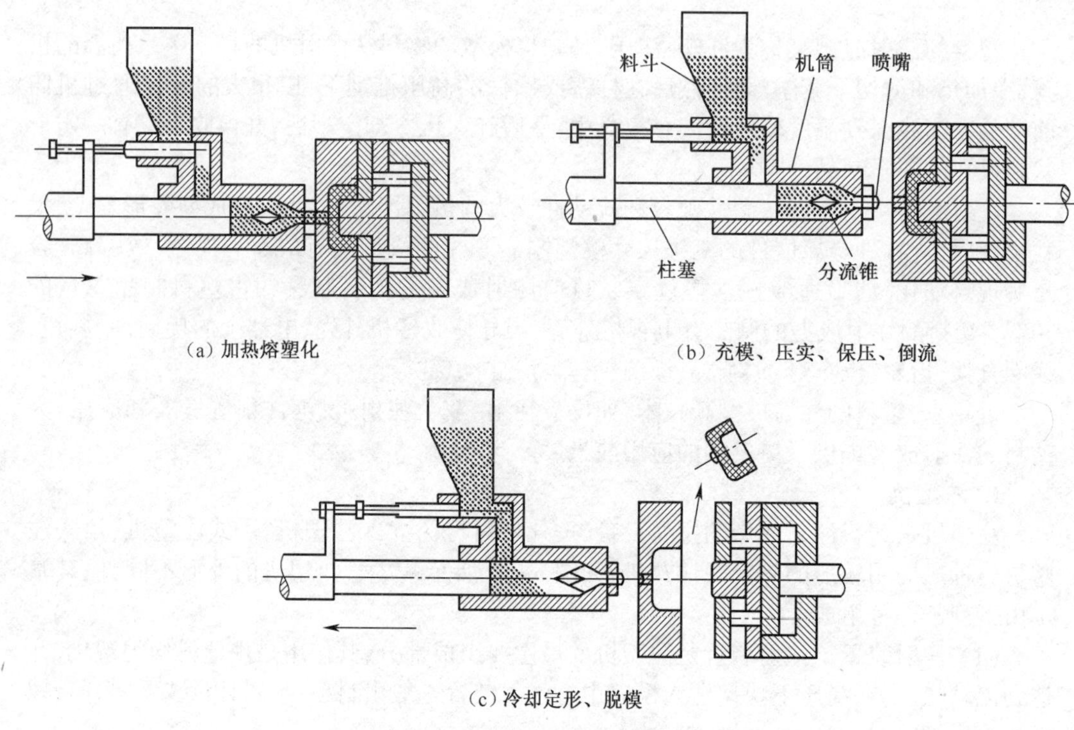

(a) 加热熔塑化

(b) 充模、压实、保压、倒流

(c) 冷却定形、脱模

图 3-85　塑料的注射成型工艺过程

(1) 成型前的准备。成型前的准备包括原料的检验、原料的染色和造粒、原料的预热及干燥、嵌件的预热和安放、试模、清洗料筒和试车等。

(2) 注射过程。注射过程包括加料、加热塑化、闭模、加压注射、保压、冷却定型、开模和制件取出等。其中:加热塑化、加压注射、冷却定型是注射过程的主要步骤。加热塑化是指物料在注射机料筒内经过加热、压实及混合等作用之后,由松散的粉状或粒状固态转变成连续熔体的过程。加压注射是指熔体被柱塞推挤到料筒前端并注入模具,当熔体在模具中冷却收缩时,柱塞或螺杆继续保持加压状态,迫使浇口和喷嘴附近的熔体不断补充进入模具,使模腔中的塑料形成形状完整而致密的制品。冷却定型是指当模具浇注系统内的熔体冻结浇口闭合时,卸去保压压力,同时通入水、油或空气等冷却介质,进一步冷却模具。

(3) 制品后处理。制品后处理是为了消除制品内部的内应力,防止产生变形和裂纹。其主要方法有热处理(消除内应力)、调湿处理(使制品预先吸收一定的水分,使其尺寸稳定)等。

塑料注射成型的工艺条件有很多,对制品质量产生主要影响的是温度、压力和作用时间。在生产过程中,应根据制品的要求选择恰当的工艺参数,才能生产出合格的制品。

3.5.3　注射成型模具

塑料注射成型所用的模具称为注射成型模具或注塑模具,简称为注射模或注塑模。

这种模具是指有一定形状的模型,通过压力将塑料注入模腔而成型。注塑模是所有塑料模具中结构最复杂,设计、制造和加工精度最高,应用最普遍的一种模具。

1. 注塑模具的基本结构

图 3-86 是一种典型的单分型面注塑模。其中:图 3-86(a)所示是模具合模成型的状态,图 3-86(b)所示是模具开模的状态。

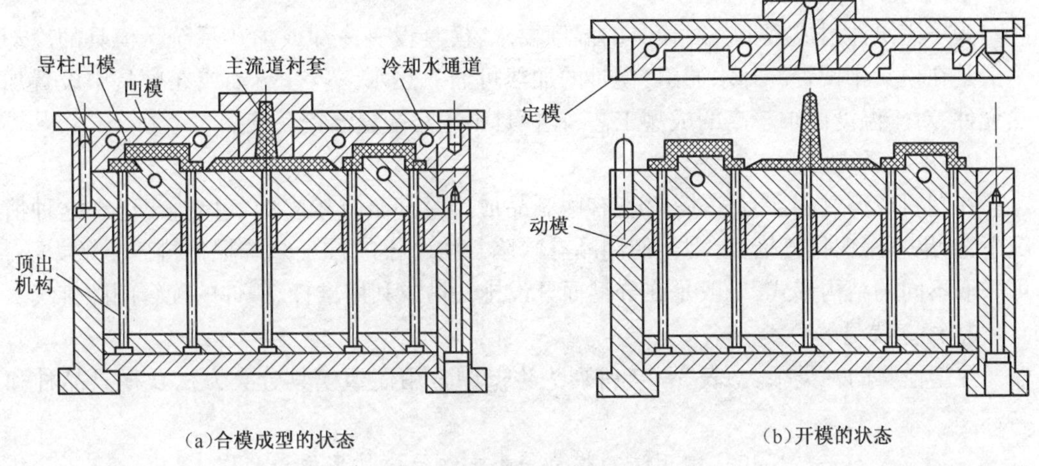

图 3-86 注塑模具典型结构

注塑模主要由动模机构和定模机构两大部分组成。定模安装在注塑机的定模板上,动模安装在注塑机的移动模板上。注射时动模、定模在注塑机驱动下闭合,形成型腔和浇注系统,注塑机将已塑化的塑料熔体通过浇注系统注入型腔,经冷却凝固后,动模、定模打开,脱模机构推出塑件。

根据模具中各个零件的不同功能,注塑模的基本组成包括以下内容。

1) 成型零部件

成型零部件是指构成模具的成型制品型腔,并与塑料熔体直接接触的模具零件或部件。成型零部件一般有型腔、型芯、成型杆、镶件等,在动模、定模闭合后,成型零件便确定了塑件的内外尺寸。在图 3-86(a)中,凸模和凹模合模时,形成与制品表面形状一致的型腔。

2) 浇注系统

注塑模的浇注系统是从模具与注塑机喷嘴连接的入口部分开始,到模具型腔入口为止的一段熔体流动通道。浇注系统由主流道、分流道、浇口和冷料井组成。浇注系统的作用在成型中对保证制品的质量十分关键。

3) 导向与定位机构

导向与定位机构是为确保动模、定模闭合时能准确导向和定位而设置的零件,一般由导柱、导套构成,也可以设计成导柱直接和模具成型零件上的孔配合。

4) 顶出机构

在塑料成型后,对模具的成型零件有很大的黏附力,为了使制品能够顺利从模具上脱出,所以必须在模具中设置顶出装置。在注塑机中,模具的顶出机构包括顶出零件、顶出板、顶出底板等,工作时通过注塑机中的顶杆使模具中的顶出机构与成型零件发生相对运动，从而使制品脱模。

5）侧向分型与抽芯机构

成型带有侧孔或侧凹的塑件，在塑件被脱出模具之前，必须先侧向分型并将侧向型芯抽出。完成上述动作的零部件所构成的机构，称为侧向分型与抽芯机构。在这类模具中，需要先将侧向型芯抽出，才能使制品实现脱模。

6）温度调节系统

为了满足注射成型工艺对模具的温度要求，模具设有冷却或加热系统。模具的冷却一般是在模具中设置冷却水通道；模具的加热可通入热水、蒸汽、热油或在模具中设置加热元件，对于温度要求较高的成型工艺，在模具中还需配置温控系统。

7）排气系统

在塑料成型过程会有气体排出，有些制品成型时甚至有较多的气体排出。在这种情况下，如果不采取排气措施，则会使制品有缺陷。注塑模的排气系统根据排气量的大小，可采取不同的结构形式，一般是在分型面开设排气槽或利用推杆、镶件的配合间隙排气。

2. 注塑模具的分类

注塑模具的种类很多，表3-17所列为生产中常用注塑模具分类方法及模具品种和名称。

表3-17　常用注塑模具分类方法及模具品种和名称

分类方法	模具品种和名称
按模具的安装方向分类	卧式模具、立式模具、角式模具
按模具的操作方式分类	移动式模具、固定式模具、半固定式模具
按模具型腔数目分类	单腔模、多腔模
按模具分型面特征分类	水平分型模具、垂直分型模具
按模具总体结构分类	单分型面模具(或两板式模具)、双分型面模具(用点浇口进料的模具，常称三板式模具)、斜销侧向分型抽芯结构模具、简单推出机构模具、二级推出机构模具、定模板推出机构模具、双推出机构模具、手动卸除活动镶件模具、自动卸螺纹模具
按浇注系统的形式分类	普通浇注系统模具、热流道模具(无流道模具)
按成型塑料的性质分类	热塑性塑料注塑具、热固性塑料注塑模具

通常按照注射模总体结构的某一特征来分类，注射模的类型及典型结构如下：

1）单分型面注射模

只有一个分型面，称为单分型面注射模(又称为两板式注射模)，如图3-87所示。单分型面注射模结构最简单、应用最多。其合模后，动模、定模闭合构成型腔，主流道在定模一侧，分流道及浇口设在分型面上，动模上设有推出机构。

2）双分型面注射模

双分型面注射模又称为三板式注射模，在两板式注射模的动模和定模之间增加了一个可以定距移动的流道板(又称为中间板)，塑件和浇注系统凝料分别从两个分型面取出。卧式双分型面注射模如图3-88所示。开模时，在弹簧的作用下，中间板与定模座板

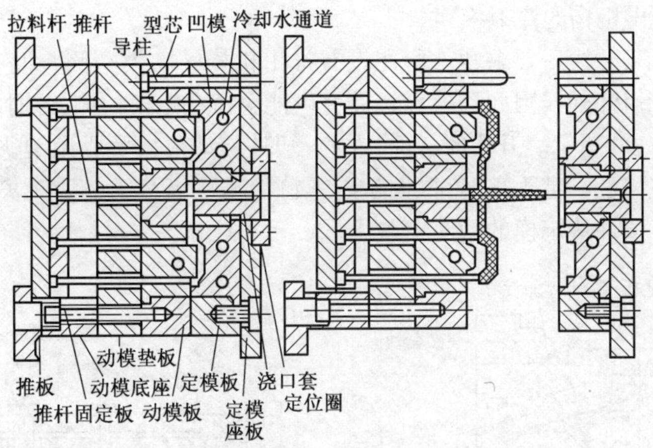

图 3-87　单分型面注射模

首先沿A-A面做定距分型，其分型距离由定距拉板和限位销联合控制，以便取出这两板之间的浇注系统凝料；继续开模，然后模具沿B-B分型面分型，塑件与凝料拉断留在型芯上动模一侧；最后在注射机固定顶出杆的作用下，推动模具的推出机构，将型芯上的塑件推出。

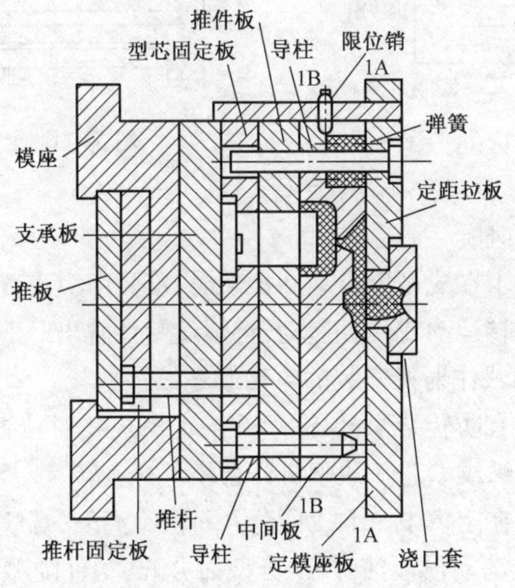

图 3-88　卧式双分型面注射模

双分型面注射模应用于中心进料的点浇口的单(多)型腔注射模。因双分型面注射模结构较复杂、制造成本较高、零件加工困难、模具重量大，所以双分型面注射模一般不用于大型、特大型塑件的成型。

3）斜销侧向分型抽芯结构注射模

当塑件上带有侧孔或侧凹时，模具中要设导柱或斜滑块等组成斜销侧向分型抽芯机构，使侧型芯做横向运动。图 3-89 所示为斜销侧向分型抽芯机构的注射模。开模时，斜导柱先依靠开模力带动侧型芯斜滑块侧向移动完成抽芯；开模后，再由推出机构将塑件从型芯上推出。

4）定模板推出机构的注射模

在通常情况下，开模后要求塑件留在设有推出机构的动模一侧。但有时由于塑件的特殊要求或受其形状限制，因此开模后塑件有可能会留在定模一侧，此时应在定模一侧设推出机构，如图3-90所示。开模时，动模左移，塑件从动模板及成型镶块上脱出，留在定模一侧；当动模左移至一定距离时，拉板紧固螺钉带动拉板移动一段距离后，通过螺钉带动推件板移动，将塑件从定模的型芯上脱出。

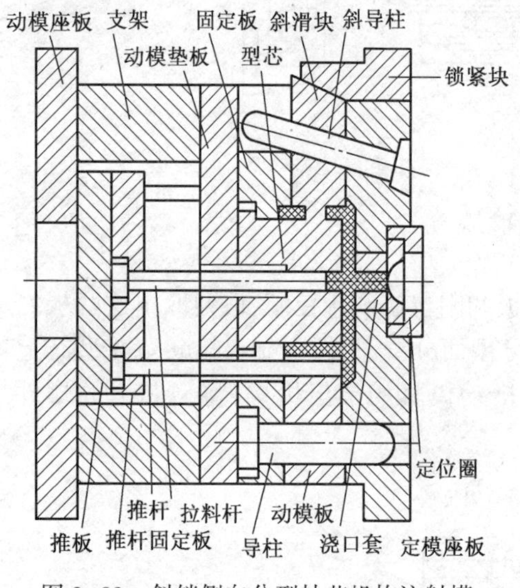

图3-89　斜销侧向分型抽芯机构注射模

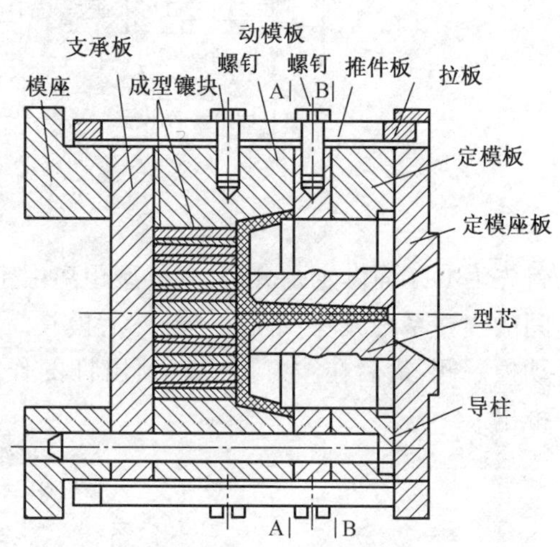

图3-90　定模板推出机构注射模

5）自动卸螺纹的注射模

带有螺纹的塑件，要求在成型后自动卸螺纹时，模具中应设置能转动的螺纹型芯或型环，利用注射机自身的旋转运动或往复运动，将螺纹塑件脱出。

图3-91所示为直角式注射机安装的自动卸螺纹注射模。为防止塑件随螺纹型芯一起转动，要求塑件外形具有防转结构，保证塑件与定模板相对位置防转。开模时，模具沿*A*-*A*分型面先分开，同时螺纹型芯随注塑机开合模丝杆旋转且左移，此时带螺纹的塑件由定模板止动而不动，仍留在定模中。*A*-*A*面分开一段距离后，螺纹型芯在塑件内还剩最后一牙螺纹时，定距螺钉拉动动模板使*B*-*B*分型面分开，塑件随型芯左移，脱出定模，由人工将塑件稍做旋转从型芯上取下。

6）热流道注射模

热流道注射模又称为无流道注射模，如图3-92所示。普通浇注系统注射模，每次开模取件时都有流道凝料。热流道注射模在成型过程用加热或绝热的方法，使浇注系统中的塑料始终保持熔融状态，在每次开模时，只需取出塑件而没有浇注系统凝料。塑料从注射机喷嘴进入模具后，在流道中被加热保温而保持熔融状态，每次注射完成后只有型腔内的塑料冷却成型，取出塑件后继续合模注射。采用热流道注射模可大大节省塑料用量，提高生产效率，保证塑件质量，更容易实现自动化生产。但热流道注射模结构复杂、温度控制要求严格、模具成本高，适用于大批量生产。

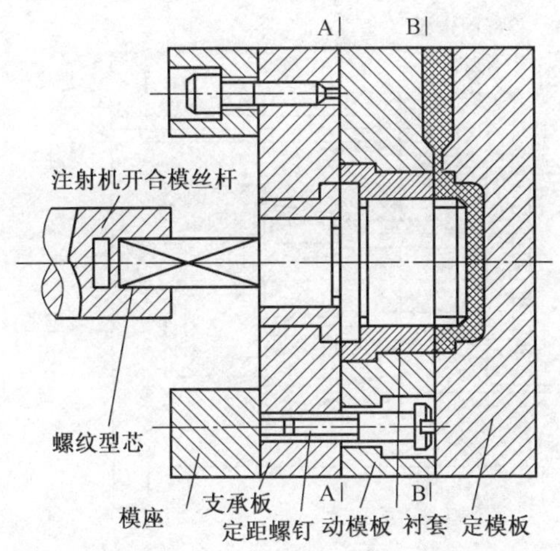

图 3-91 自动卸螺纹注射模

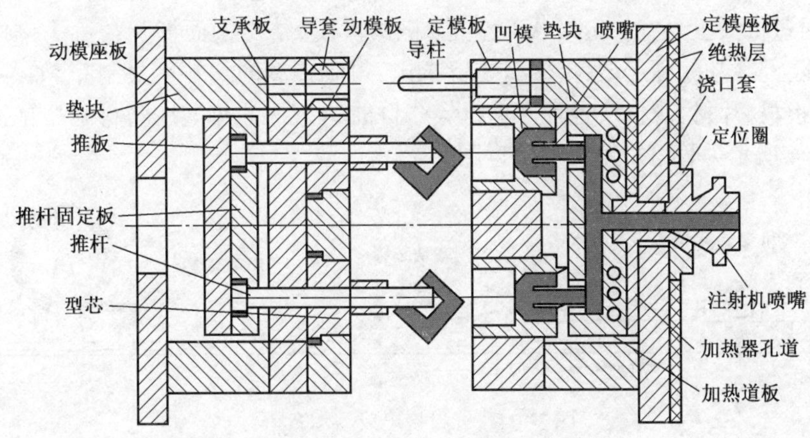

图 3-92 热流道注射模

7）手动卸除活动镶件注射模

带有内侧凸、凹或螺纹孔等塑件时，需设置活动的成型零件（其称为活动镶件），以便取件。活动镶件的动作方向和动模的开模方向垂直，或成一定角度。图 3-93 所示为手动卸除活动镶件注射模，其制件内侧所带凸台，采用活动镶件成型。开模时，塑件首先留在凸模，待分型到一定距离后，推出机构的推杆将活动镶件连同塑件一起推出模外；然后由人工或其他装置将塑件与镶件分离。推杆完成推出动作后，在弹簧的作用下先回程，以便活动镶件在合模前再次放入型芯座的定位孔。

采用活动镶件结构比采用侧向分型与抽芯机构的模具结构简单、外形小、成本低，但其操作安全性差，生产效率低。

3.5.4 其他塑料成型方法

1. 挤出成型

挤出成型又称为挤塑、挤压，是将颗粒状或粉状的原料连续输入到挤出机料筒内，经

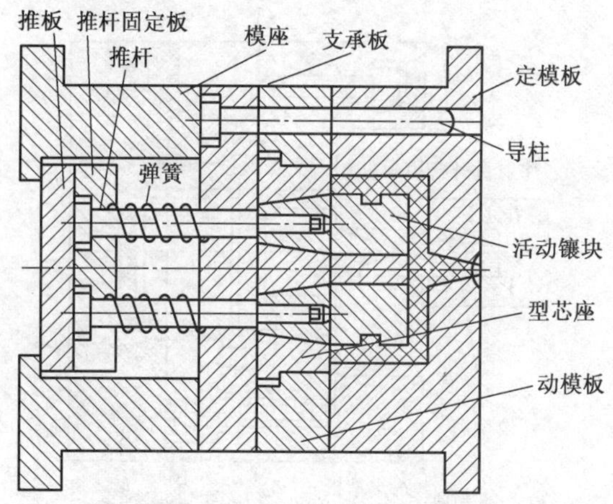

图 3-93　手动卸除活动镶件注射模

外部加热和料筒内螺杆机械作用,逐渐熔融成黏流形状(塑化),并借助转动的螺杆推进力使熔料通过机头里具有一定形状的空道(机头口模)挤出截面形状与机头口模形状相仿的连续体,经冷却凝固定型,借牵引装置拉出,得到连续的塑料型材制品,如各种薄膜、中空制品、板材、片材、管材及各种异形材等。目前约50%的热塑性塑料制品是挤出成型的。图3-94所示为管材挤出成型示意图。

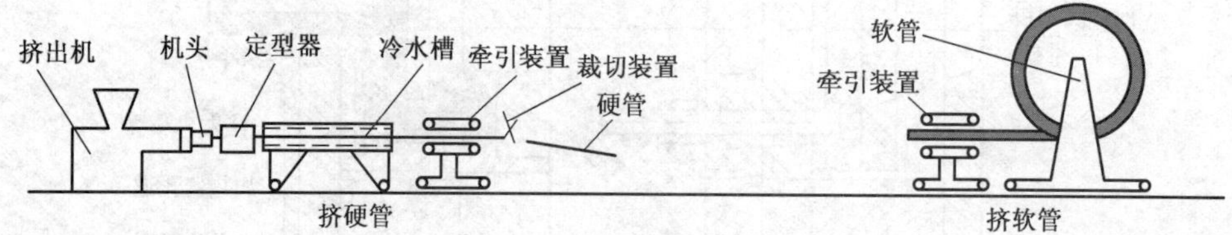

图 3-94　管材挤出成型示意图

2. 吹塑成型

吹塑成型是制造中空制品和管筒形薄膜的方法。可用挤出机(也可用注塑机)先挤出或注出一个外筒状的熔融料坯,然后将此料坯放入吹塑模具,用压缩空气吹入料坯管筒的中心,使料坯均匀膨胀到紧贴模具内壁,冷却定型后得到中空制品,如瓶、桶、球、保温瓶壳、喷壶、水壶、公文箱等。用挤出机配以吹塑模具制造产品的方法称为挤出吹塑法。若先将从挤出机连续不断挤出的熔融管筒趁热通入压缩空气,把管筒胀大撑薄,然后冷却定型,则可得到管筒形薄膜,即吹塑薄膜,如图3-95所示。将管筒形薄膜截断可热封制袋,或将其纵向剖开展为薄膜。

3. 压制成型

压制成型是指主要依靠外压的作用,实现成型物料造型的成型技术。根据成型物料的性状和加工设备及工艺特点的不同,压制成型可分为模压成型和层压成型。

(1) 模压成型。模压成型是将模具装在压机的上下模板之间,熔融的物料受压而充满模具,定型后得到模压产品,如图3-96所示。这种方法用来制造热固性塑料,如电气零件、电话机壳、钮扣及各式仿瓷器皿类等日用品。

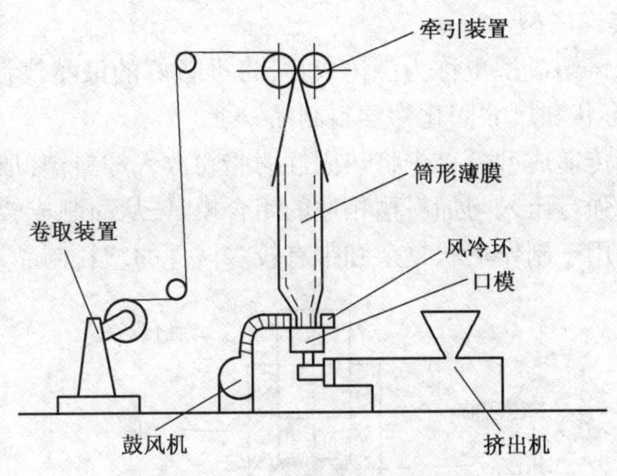

图 3-95　吹塑薄膜示意图

(2) 层压成型。层压成型是将浸有和涂有树脂的基体片材按一定数量叠合在一起，经过加热、加压、冷却成为层压板、层压管或层棒等塑件的加工方法，如图 3-97 所示。可用作层压基体片材的原材料主要有玻璃纤维织物、合成纤维织物、麻纤维织物、纸张、棉布、石棉、碳纤维、硼纤维和陶瓷纤维等。

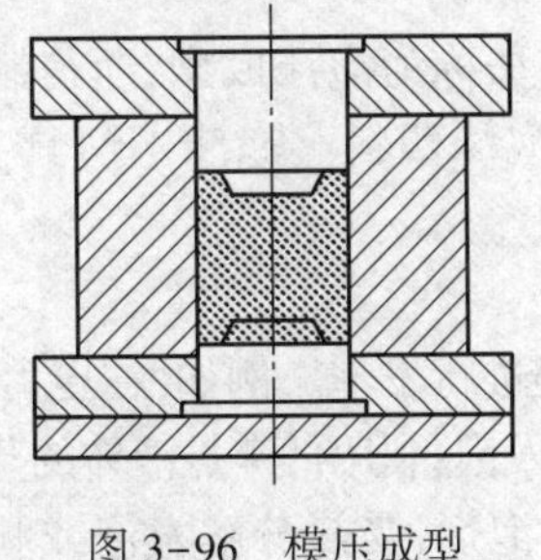

图 3-96　模压成型

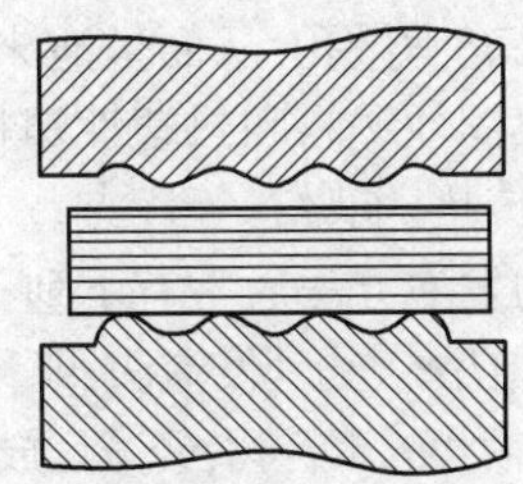

图 3-97　层压成型

4. 压延成型和涂层成型

压延成型是将经塑化后接近黏流温度的热塑性塑料导入压延机旋转的水平辊筒间隙，使物料承受挤压延展作用力，从而获得规定尺寸的连续片状制品的成型方法，如图 3-98 所示。该方法主要用于薄膜和片材的生产。

将塑料涂在棉布、针织布、编织袋等纤维材料上，包括将塑料涂覆在金属表面做防护层的方法，均称为涂层成型。若把布或纸导入压延机的最后两个辊筒间，则布或纸与塑料同时经压延热合在一起而制得涂层布或涂层纸，称为人造革，也称为压延涂层法，如图 3-99 所示。

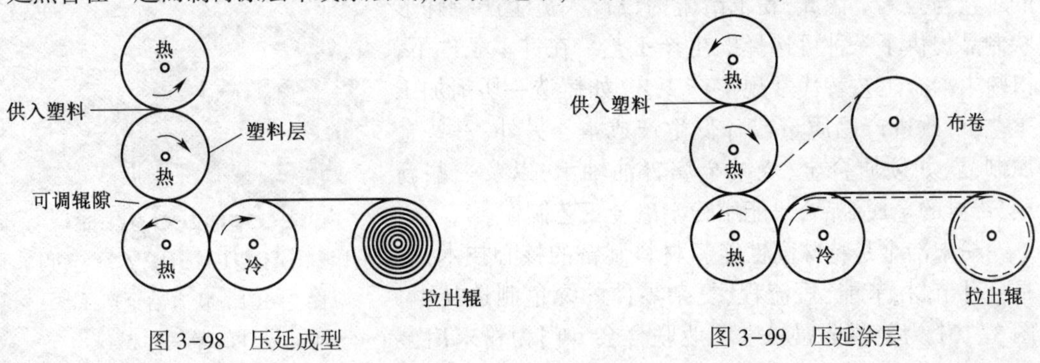

图 3-98　压延成型

图 3-99　压延涂层

5. 铸塑成型和传递成型

（1）铸塑成型。铸塑成型也称为浇铸成型，将准备好的液状浇铸原料注入一定的模具，使其按模具型腔形状和尺寸固化为塑料制品。

（2）传递成型。传递成型是首先将热固性树脂粉放入加料槽，加热熔融，然后用铸压机的柱塞将熔融物料强行压入与加料槽相通的闭合模具，从而制成塑料制品，如图3-100所示。该方法特别适用于制作形状复杂和带有较多嵌件的塑料制品。

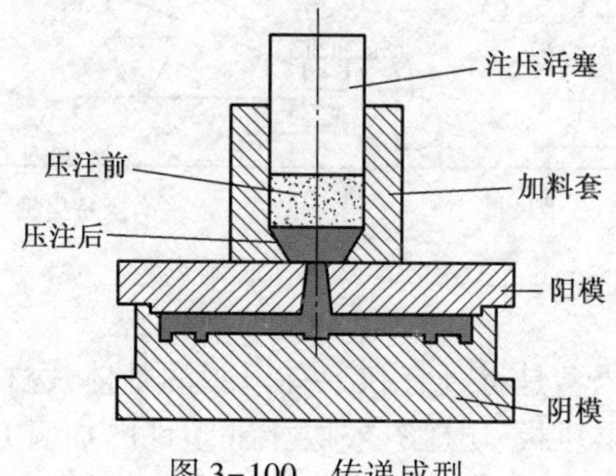

图3-100　传递成型

6. 泡沫成型

使塑料制品充满微孔，从而呈泡沫状的成型方法称为泡沫成型，所得制品称为泡沫塑料。几乎所有热固性塑料和热塑性塑料都能制成泡沫塑料。泡沫塑料具有质轻、可防止空气对流、不易传热、能吸音等优点。

泡沫塑料的发泡方法通常有下列三种。

（1）物理发泡法。物理发泡法，即利用物理原理进行发泡。例如，在压力作用下，将惰性气体溶于熔融或糊状的聚合物，经减压放出溶解气体发泡；利用低沸点液体的蒸气发泡等。

（2）化学发泡法。化学发泡法，即利用化学发泡剂，受热分解发泡或利用原料组分之间相互反应放出的气体发泡。

（3）机械发泡。机械发泡，即利用机械搅拌，混入空气或在塑料中加入中空微球的方法发泡。

3.6　粉末冶金

粉末冶金是指制造金属粉末和利用金属粉末为基本原料，制造金属材料与异形制品的工艺与技术。因此，粉末冶金为设计人员生产特殊形状制品提供了一种可选择的生产工艺。在许多条件下，以粉末冶金工艺替代常规生产工艺，如铸造—切削加工工艺，可改进产品质量或降低生产成本。另外，一些金属制品，如硬质合金、烧结金属含油轴承，以及一些新颖、奇异的金属制品，只能用粉末冶金工艺制作。

图3-101　粉末冶金产品设计的绿色标志

粉末冶金是特殊高性能新材料制备的核心技术，也是一种节材、节能、短流程、复杂零件的绿色制造技术。图3-101为美国金属粉末工业联合会专门为粉末冶金产品设计的绿色标志。

3.6.1 基本工艺流程

粉末冶金生产的基本工艺流程包括粉末制备、粉末混合、压制成型、烧结及后续处理等,如图 3-102 所示。

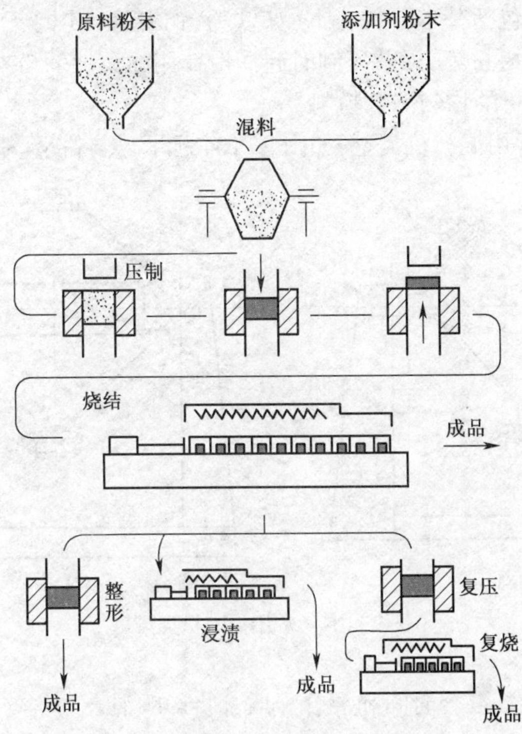

图 3-102 粉末冶金生产工艺流程

1. 粉末制备

粉末是制造烧结零件的基本原料。粉末的制备方法有很多种,归纳起来可分为机械法和物理化学法两大类。

(1) 机械法。机械法有机械破碎法与液态雾化法。在机械破碎法中最常用的是球磨法,如用直径 10~20mm 钢球或硬质合金对金属进行球磨。液态雾化法(图 3-103)是用快速流动的气流或液流将熔融金属粉碎成液滴,然后凝固成金属粉末颗粒。

(2) 物理化学法。常见的物理法有气相沉积法与液相沉积法,如锌、铅的金属气体冷凝而获得低熔点金属粉末,又如金属羰基物 $Fe(CO)_5$、$Ni(CO)_4$等液体经 180℃~250℃加热的热离解法,能够获得纯度高的超细铁与镍粉末,称为羰基铁与羰基镍。

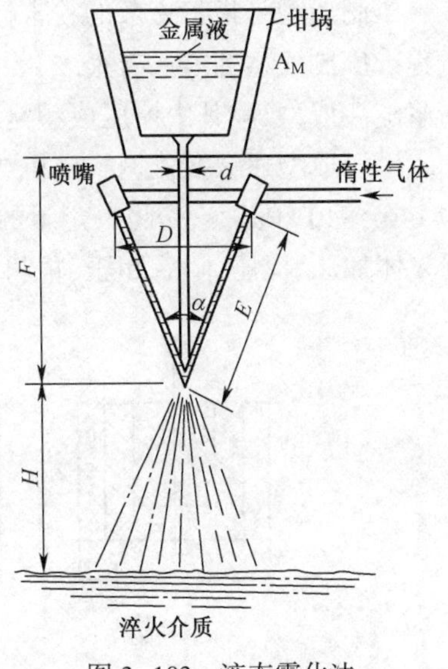

图 3-103 液态雾化法

化学法主要有电解法与还原法。电解法是生产工业铜粉的主要方法，即采用硫酸铜水溶液电解析出高纯的铜。还原法是生产工业铁粉的主要方法，采用固体碳还原铁磷或铁矿石粉。通过还原法还原后得到海绵铁，经过破碎后的铁粉在氢气气氛下退火，筛分制得所需要的铁粉。

2. 粉末混合

将所需各种粉末，包括基本原料粉末（如铁粉、铜粉等）、用于合金化的金属与非金属粉末（如镍粉、钼粉、石墨粉等）以及压制时起润滑作用的添加剂粉末（如硬脂酸锌等），进行机械混合，制成无偏析的均匀混合粉料。

用于粉末混合的常用混料机类型，如图 3-104 所示。装粉量、粉末比例差别、混合制度、混料机的结构及转数、混合时间和混合介质都将影响混合的均匀度。混料应保证特定材料组合的化学成分、工艺性能及混合均匀度等技术要求。

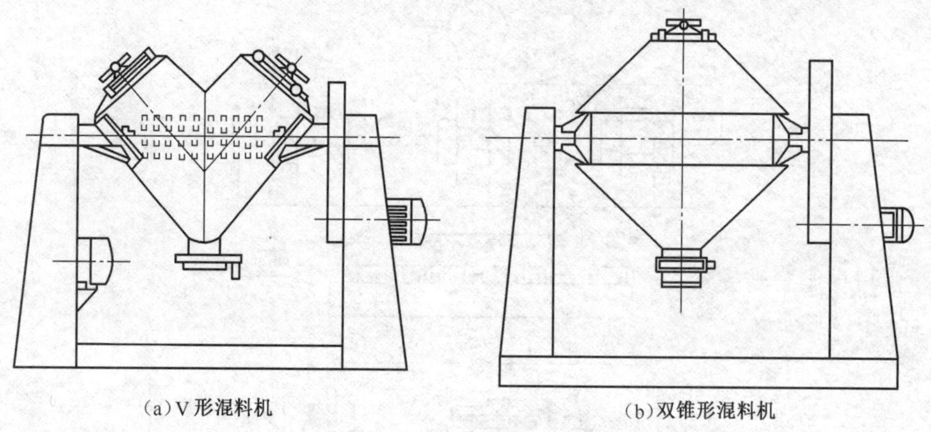
(a) V 形混料机　　(b) 双锥形混料机

图 3-104　常用混料机类型

3. 压制成型

压制成型是指将松散的粉末体密实成具有一定形状、尺寸、密度和强度的压坯的工艺过程。压制成型的方法有很多，如模压成型、等静压成型、粉末连续成型、粉末注射成型和粉浆浇注成型等，其中模压成型是最广泛使用的粉末成型技术。

模压成型通常在机械式压机或油压机上，在室温及一定压力下进行，其压制压力一般为 140~840MPa。它是将一定量的粉末混合物装于精密压模内，在模冲压力的作用下，对粉末体加压、保压，随后卸压，再将压坯从阴模中脱出的工艺过程，如图 3-105 所示。压

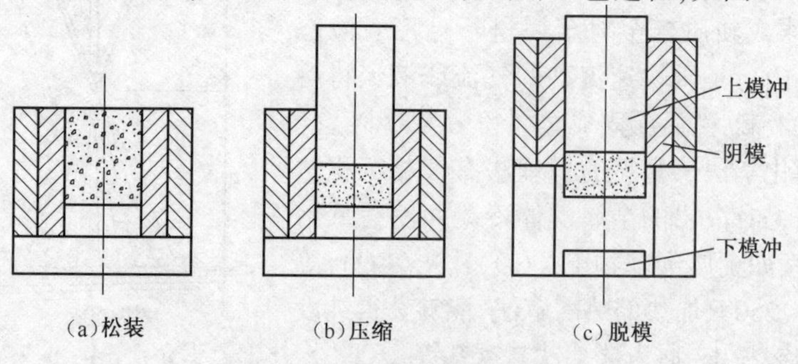

(a) 松装　　(b) 压缩　　(c) 脱模

图 3-105　模压成型工艺过程

制成型的“生坯”虽然易碎,但由于粉末颗粒之间的机械连结,因此其强度足以使生坯从模具中脱出并进行运送。常用的模压压制方式有单向压制、双向压制、浮动压制和拉下模压制四种,如图 3-106 所示。针对不同形状和要求的压坯,选择合适的模压压制方式。

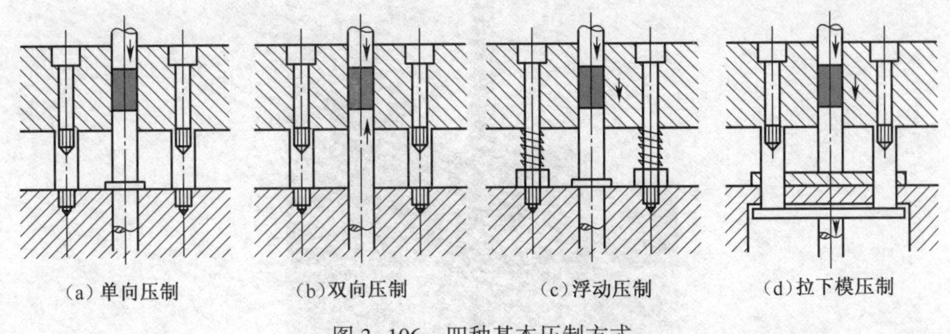

图 3-106　四种基本压制方式

4. 烧结

烧结是将压坯在适当的温度(低于金属熔点)和气氛(或真空)条件下加热,使金属粉末颗粒由机械啮合转变成原子之间的晶体结合,烧结体强度增加,通常密度也提高的工艺过程,如图 3-107 所示。烧结时,必须控制烧结温度、加热速度、烧结时间、冷却速度及烧结气氛。采用特定的气氛可使制件不产生氧化、脱碳现象,并能还原粉末表面的氧化物;也可将粉末冶金的压制与烧结作业合并为一个作业,即“热固结”,如粉末冶金热压、挤压、锻造及轧制等。

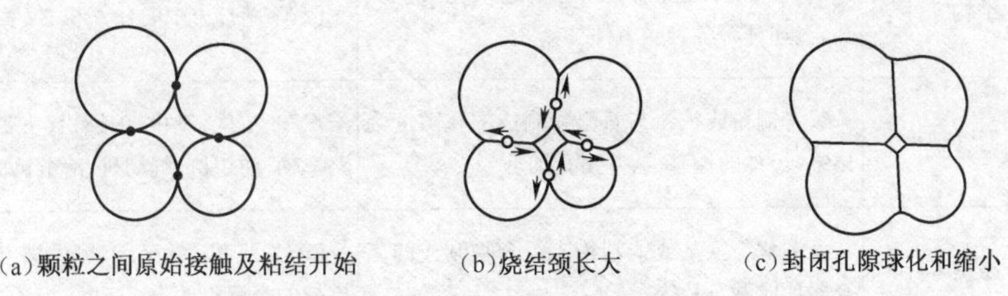

图 3-107　烧结过程接触面和孔隙形状变化模型

5. 后续处理

某些制品烧结后就可以使用了。但是,许多制品需要进行补充加工,以使烧结零件具有规定的形状、尺寸精度及使用性能。其通常的后续处理包括精整(整形、校准、复压)、热处理、蒸汽氧化处理、车、铣、磨、钻、攻丝、滚光、浸油或浸树脂、电镀、渗金属等。

3.6.2 粉末冶金的应用

粉末冶金技术的历史很悠久。早在 2500 多年以前我国春秋末期,已用块炼铁(海绵铁)锻造法制造铁器。约公元 500 年,古印度用块炼铁工艺制成了举世闻名的德里铁柱,如图 3-108 所示。20 世纪,发明并制造了粉末冶金电灯钨丝、硬质合金、多孔含油轴承等形成了电触头合金、磁性材料、多孔性材料和难熔金属及其合金等产业。

图 3-108　德里铁柱

表 3-18 所列为粉末冶金制品在机电行业中的应用，图 3-109 所示为粉末冶金含油轴承，图 3-110所示为烧结结构零件。

表 3-18　在机电行业中的粉末冶金制品

类别	种别	制　品	应用例
机械零件	结构零件	铁、钢、铜合金、铝合金等制造齿轮、链轮、凸轮、连杆等各种受力件	汽车、机床、农机、纺织机、仪表、缝纫机等
	滑动轴承	锡青铜粉或铁粉与石墨粉制成的孔隙度为15%～25%的铜基、铁基多孔轴承	汽车、机床、飞机、内燃机、皮带运输机、铁路车辆、纺织机、缝纫机、冶金机械等
	摩擦零件	由钢背与铁基或铜基粉末组合物制成的离合器片或刹车片等	汽车、飞机、坦克、工程机械、机床等动力机械的摩擦组件
	过滤零件	由球形青铜、镍、铁、不锈钢及其他金属粉末制造的孔隙均匀分布的杯状、圆锥状、圆筒状及棒状的制品	在化工、机床、飞机、汽车等领域用于过滤各种气体与液体，用作射流元件中的多孔金属滤清器
各种工具	硬质合金	WC-Co 基合金 WC-TiC-Co 基合金	金属加工、凿岩工具、量具、耐磨零件 金属加工，用于加工硬度高的钢与其他金属
	合金工具钢	高速钢等	切削工具等
	陶瓷刀片	氧化铝、氮化硅与合金粉制成金属陶瓷刀片	切削工具等
	金刚石-金属工具	WC-Ni-金刚石粉或 Cu 合金-金刚石粉	研磨工具、切割砂轮、凿岩钻头等

（续）

类别	种别	制　品	应用例
特殊用途的材料与元件	磁性零件	纯铁、铁硅、铁镍、铁铝合金等制成的软磁零件；铁镍钴合金制成的硬磁零件	无线电设备、仪器、仪表等
	电器零件	W、Mo 等难熔金属与银、铜制成的电触头，银与石墨或铜与石墨制成的电刷零件	点焊机、滚焊机、各种火花仪器与开关设备、各种发电机、电动机等
	耐热零件	非金属难熔化合物基、难熔金属化合物基、弥散强化合金	高温下工作的各种零件
	核燃料元件屏蔽材料	将 U 及其化合物分散于基体金属的弥散型燃料，在金属、钢或合金基体中弥散中子吸收材料颗粒，如 Eu_2O_3 或 B_4C 等	原子能反应堆的燃料

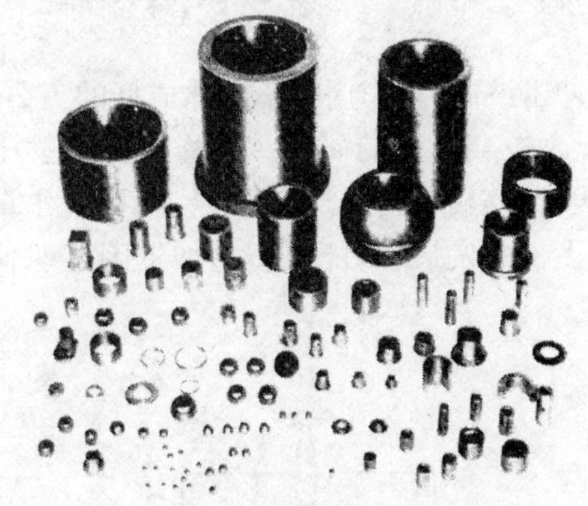

图 3-109　粉末冶金含油轴承

图 3-110　烧结结构零件

3.6.3　粉末冶金成型技术的新发展

为适应科学技术飞速发展对材料性能和成型技术的更高要求，近年来开发了多项粉末冶金新材料和新技术，如热等静压、粉末锻造、温压成型、注射成型等技术已产业化，电火花烧结、喷射成型、高能成型、快速固结等制造技术，特异性能纳米材料与梯度合金等制备技术相继问世。

1. 电火花烧结

电火花烧结是将金属等粉末装入导电材料制成的模具内，利用上下冲模兼通电电极将特定烧结电源和压制压力施加于烧结粉体，经放电活化、热塑变形和冷却，完成制取高性能材料或制品的一种方法。电火花烧结原理如图 3-111 所示。粉末在高温下处于塑性状态，通过冲压及高频电流形成的机械脉冲波联合作用，在数秒内就能完成烧结致密化过程。电火花烧结可用于制作双金属、摩擦片、金刚石工具、钛合金等。

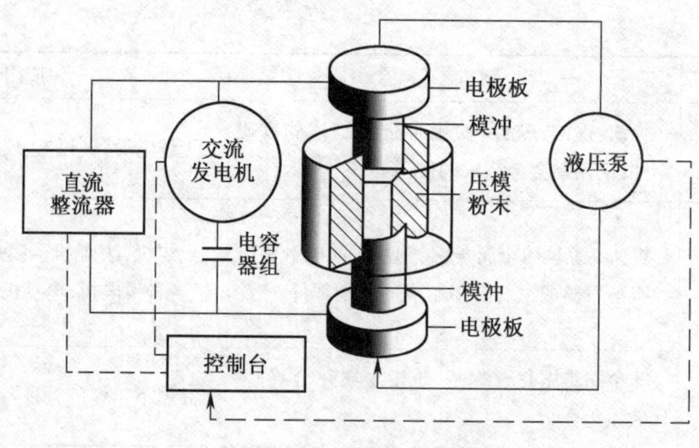

图 3-111　电火花烧结原理

2. 喷射成型

喷射成型是将雾化法制粉、成型和烧结结合在一起的一种成型工艺。图 3-112 所示为制备金属陶瓷的喷射成型工艺原理，即利用高压、高速气体，将金属或合金液雾化，同时与陶瓷粉粒充分混合均匀，直接喷射入成型模具，再经挤压、加热烧结成所需制品。

3. 高能成型

高能成型是利用炸药爆炸时产生的瞬间高冲击波压力，作用于粉末体成型的工艺，其原理如图 3-113 所示。这种工艺已成功地用于人造金刚石的研制。爆炸成型能够压出相对密度极高的压坯。例如，用炸药爆炸形成钛粉，其相对密度达 97%以上，可用作真空电弧熔炼的钛电极。近年来，随着火箭、超声速飞机的发展，高能成型为加工困难的各种金属陶瓷和高温合金材料的成型提供了可行性。

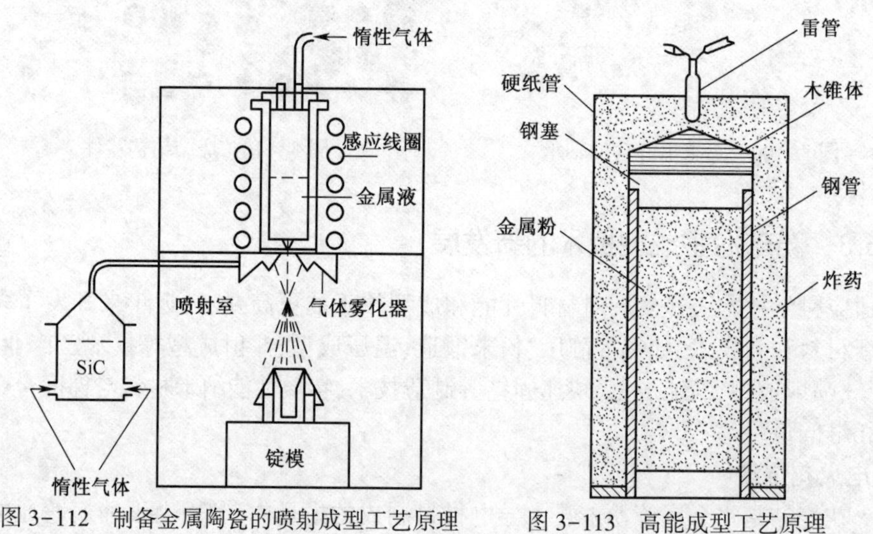

图 3-112　制备金属陶瓷的喷射成型工艺原理

图 3-113　高能成型工艺原理

3.7　毛坯的选择

材料的成型过程是机械制造的重要工艺过程。在机械制造中，大部分零件是先通过铸造、锻压或焊接等成型方法制成毛坯，再通过切削加工制成的。毛坯的选择对机械制造的质量、成本、使用性能有重要影响。

3.7.1 常见零件毛坯的分类与比较

机械零件的常用毛坯包括铸件、锻件、轧制型材、挤压件、冲压件、焊接件、粉末冶金件和注射成型件等。

各类毛坯成型方法及其主要特点和应用，如表 3-19 所列。

表 3-19 各类毛坯成型方法及其主要特点和应用

毛坯类型	成型方法	成型原理	对材料的工艺要求	结构特点	尺寸控制	材料利用率	生产效率	主要应用
铸件	铸造	液态金属填充型腔	流动性好	较复杂	各种	较高	低	箱体、壳体、床身、支座等复杂制件
锻件	自由锻	固态金属塑性变形	变形抗力小，塑性好	简单	各种	较低	低	传动轴、齿轮坯、炮筒等
	模锻			较复杂	中小件	较高	较高	齿轮、阀体、叉杆、曲轴等受力大且复杂，形状较复杂制件
冲压件	冲压			较复杂	各种	较高	较高	重量轻且刚度好的零件以及形状较复杂的壳体，如箱体、罩壳、汽车覆盖件、仪表板、容器等
焊接件	熔焊	结晶	淬硬、裂纹、气孔等倾向小	可特别大	各种	较高	较低	形状复杂或大型构件的连接，异种材料间的连接，零件的修补等
	压焊	塑性变形		较简单	各种	高	较高	汽车制造、薄壁容器、钢筋、车圈、管道、轴等
	钎焊	结晶原子扩散		可很复杂	各种	高	较低	硬质合金刀头及电子工业、电机、航空航天工业等
粉末冶金件	粉末冶金	制粉、配料、成型、烧结	粉料流动性、成型性和压缩性较好	较复杂	中小件	高	高	轴承、齿轮及特殊性能材料制品
	陶瓷成型							刀具、容器、高温轴承、活塞环等耐高温、耐腐蚀、高硬度、绝缘性好的制品
注射成型件	塑料成型	注射、挤出、吹塑等	流动性好、热敏性小，收缩性小等	较复杂	各种	较高	较高	管道、容器、壳罩及一般结构零件等耐磨、耐腐蚀等要求的制品
	复合材料成型	基体和增强材料一同成型	纤维有高强度和刚度，有合理的含量、尺寸和分布；基体有一定的塑性、韧性	较复杂	各种	较高	低或较高	高比强度、比模量、化学稳定性和电性能好，如船、艇、车身、管道、阀门、储罐、高压气瓶等

（续）

毛坯类型	成型方法	成型原理	对材料的工艺要求	结构特点	尺寸控制	材料利用率	生产效率	主要应用
注射成型件	快速成型	通过离散获得堆积的路径和方式，通过堆积材料叠加起来成型三维实体	快速精确地加工原型零件；原形直接使用时，原型的性能性能满足使用要求；当原型间接使用时，其性能有利于后续处理工艺	复杂	各种	高	单件成型速度快	产品设计、方案论证、产品展示、工业造型、模具、家用电器、汽车、航空航天、军事装备、材料、工程、医疗器具、人体器官模型、生物材料组织等

3.7.2 毛坯的选用原则

选择毛坯类型及其成型方法，应在满足使用要求和可成型性的前提下，保证生产成本最低，具体选用原则如下：

1. 工艺性原则

零件的使用要求具体体现在对其形状、尺寸、精度、粗糙度等外部质量和对其成分、组织、性能等内部质量两个方面。对于不同零件的使用要求，考虑零件材料的工艺特性来确定采用何种毛坯成型方法。例如，不能用锻压或焊接的方法来制造灰铸铁零件，不能用铸造方法来生产流动性差的薄壁毛坯，不能用锤上模锻的方法来锻造铜合金等。

2. 适应性原则

毛坯选用的适应性原则，即选用适宜的毛坯成型方法。

对于形状复杂（难以切削加工）、很大批量的中小型零件，可选择粉末冶金的方法来成型；对于形状复杂、壁薄的毛坯零件，可选择压力铸造的方法成型；对于尺寸较大的毛坯，多数采用自由锻造、砂型铸造和焊接的方法来成型。

对于台阶轴类零件，当各台阶直径相差不大时，可用棒料加工；若各台阶直径相差较大，则采用锻造毛坯。

例如，机床的主轴和手柄都是轴类零件。机床的主轴是关键零件，其形状及尺寸要求高，且要有好的综合力学性能，需用45Cr或40Cr经锻、加工、热处理制成；手柄采用低碳钢棒料车成或用普通灰铸铁加工制成。燃汽轮机叶片和风扇叶片，前者要用合金钢，经精密铸造、严格的切削加工和热处理制成，而后者用低碳钢薄板冲压成型。

3. 经济性原则

在满足使用要求的前提下，保证生产成本最低。选择毛坯的种类和成型方法时，应使毛坯的尺寸、形状尽量与成品零件相近，从而减少加工量，提高材料利用率。但是由于毛坯越精确，制造就越困难，费用就越高，因此在单件、小批量生产时可采用手工砂型铸造、自由锻造、手工电弧焊、钣金钳工等成型方法，在大批量生产时可采用机器造型、模锻、埋弧自动焊或其他自动焊、板料冲压、粉末冶金等全自动模压成型方法。

除此以外，毛坯的成型方案还要根据实际生产条件、环保、节能等因素来选择。

3.7.3 常用零件的成型方法

常用零件的成型方法可根据零件形状进行分类选择。

1. 轴杆类零件

轴杆类零件的轴向尺寸远大于径向尺寸,主要有各种实心轴、空心轴、曲轴、杆件等。轴杆类零件主要是用来传递运动和动力的元件。

对于光轴、直径变化小和性能要求不高的轴,用圆钢做毛坯加工而成。对于锻造轴,受力小时用中碳钢制造,承载较大力时用中碳合金调质钢制造,受较大冲击力且承受摩擦时用氮化钢或渗碳钢制造。例如,某些异形截面或弯曲轴线的轴:凸轮轴、曲轴用铸钢或球墨铸铁的制造。对于特殊性能要求或大型构件,可采用锻焊或铸焊相结合的方式制造。图 3-114 所示为汽车排气阀,将锻造的耐热合金钢阀帽与轧制的碳素结构钢阀杆焊成一体,节约了合金钢材料。图 3-115 所示为 120000kN 水压机立柱,长 18m、净重 80t,采用 ZG270-500 中碳铸钢分 6 段铸造,粗加工后采用电渣焊焊成整体毛坯。

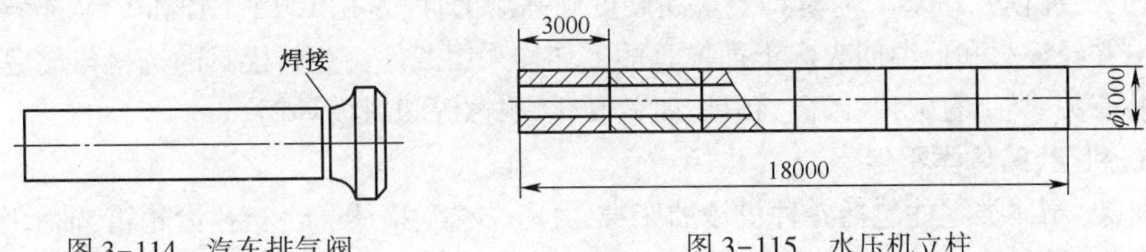

图 3-114 汽车排气阀　　图 3-115 水压机立柱

2. 盘套和饼块类零件

盘套类零件的轴向尺寸远小于径向尺寸,或者两个方向的尺寸相差不大。例如,各种齿轮、带轮、飞轮、套环、轴承环以及螺母、垫圈等。由于盘套类零件的用途和工作条件差异很大,故材料和成型方法也有很大的差别。

1) 齿轮

齿轮作为重要的机械传动零件,由于工作时齿面承受接触压应力和摩擦力,齿根承受弯曲应力,有时还要承受冲击力,故轮齿需有较高的强度和韧性,齿面需有较高的硬度和耐磨性。

不同用途的齿轮,成型方法不同,如图 3-116 所示。在要求精度低和负荷低、批量大时,可用塑料齿轮;在要求中等负荷和中等精度、大批量时,可用粉末冶金齿轮;在要求较高负荷、批量大时,可用热轧齿轮。生产单件或小批量、直径在 100mm 以下的齿轮时可用圆钢自由锻造毛坯;生产直径 500mm 以上的大型齿轮可用铸钢或球铁作毛坯;生产单件大型齿轮时,可用焊接方式制作;生产在低速或粉尘下开始运转的齿轮可用灰铸铁作毛坯;仪表齿轮可用冲压件制作。

2) 带轮、飞轮、手轮、垫块

带轮、飞轮、手轮、垫块受力不大或仅能承受小的压力。生产批量大、尺寸不大时,其可采用粉末冶金方法成型;生产小批量时,其可采用灰铸件、球铁等材料铸造成型;生产单件时,其可采用 Q215 或 Q235 等低碳钢型材焊接成型。

3) 法兰、套环、垫圈

法兰、套环、垫圈可根据受力情况及零件形状,分别采用粉末冶金、铸、锻、冲压等成型方法。

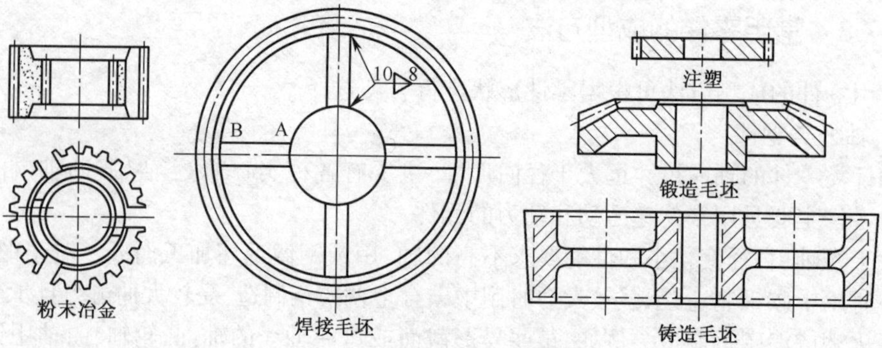

图 3-116　不同类型齿轮的成型方法

4）模具

热锻模要求高强度、高韧性，常用 5CrMnMo、5CrNiMo 等合金工具钢并经淬火和较高温度回火；冲模及粉末冶金模具要求高硬度和高耐磨性，常用 Cr12、C12MoV 等合金工具钢制造并经淬火和低温回火。上面模具的毛坯均采用锻件。塑料模具的选材与成型与塑料特性有关，类别有碳素、渗碳、预硬、时效硬化、耐蚀等塑料模具钢。

3. 机架、箱体类零件

机架、箱体类零件包括各种机械的床身、底座、支架、横梁、工作台、齿轮箱、轴承座、阀体等。该类零件的特点是形状不规则，结构较复杂，质量从几千克到数十吨，工作条件相差很大，而其工作台和导轨均要求有一定的耐磨性。因此，该类零件的毛坯往往以铸铁件为主。

1）一般基础件

有些机械的床身、底座等以承压为主，要求有较好的刚度和减振性；有些机械的工作台、导轨等除要求较好的刚度和减振性之外，还要求有较好的耐磨性，因此常用灰铸件铸造成型。

2）受力复杂件

由于有些机械的床身、支架同时承受压、拉和弯曲力作用或承受冲击载荷，因此其要求有较高的综合力学性能，常用铸钢铸造成型。

3）要求比强度、比模量较高件

要求比强度、比模量较高件，如航空发动机的缸体、缸盖和曲轴，轿车发动机机壳等。要求比强度、比模量较高并且要求有良好的导热和耐蚀性的零件，常采用铝合金或铝镁合金铸造成型。

3.7.4　典型坯件成型设计

1. 承压液压缸毛坯选择与比较

图 3-117 所示为承压液压缸，其工作压力为 1.5MPa，水压试验为 3MPa，两端法兰结合面及内孔要求机加工。其选择材料为 40 号钢，批量为 200 件。

（1）圆钢。选用直径 150mm 的圆钢制作，能全部通过水压试验，但材料利用率不高。

（2）砂型铸造。选用 ZG270－500 铸钢砂型铸造成型，可以水平浇注或垂直浇注

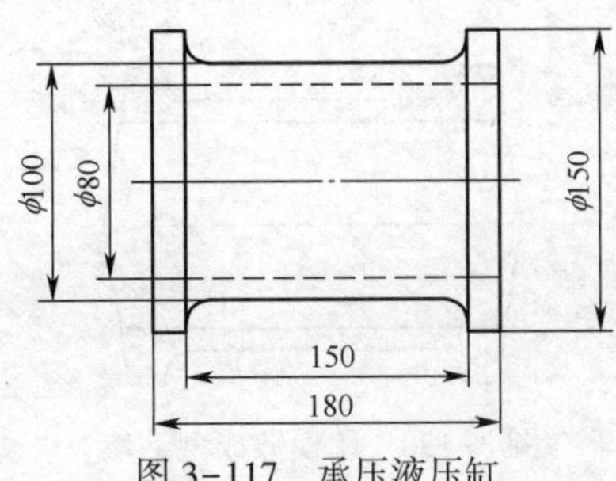

图 3-117 承压液压缸

(图 3-118)。水平浇注,工艺方案简单、节省材料、切削加工量少,但内孔质量较差,铸件水压试验合格率低。垂直浇注,虽然内孔质量得到提高,但工艺复杂,铸件也不能全部通过水压试验。

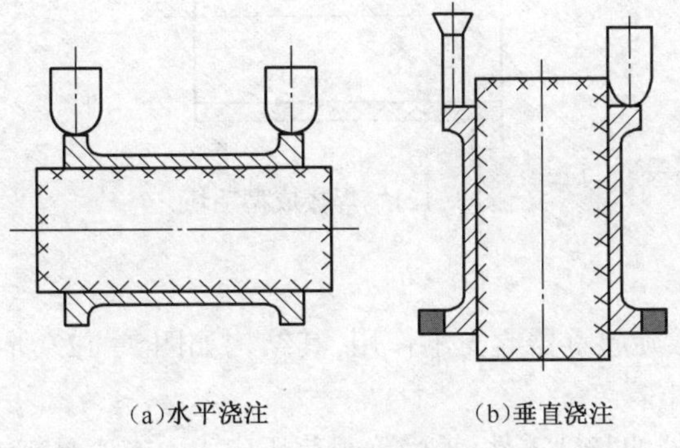
(a)水平浇注 (b)垂直浇注

图 3-118 砂型铸造成型

(3) 模锻。选用 40 号钢模锻成型,可立放、卧放,如图 3-119 所示。立放时,能锻出孔,但不能锻出法兰,外圆切削量大;卧放时,能锻出外形,但不能锻出孔,内孔加工量大。锻件质量好,全部通过水压试验。

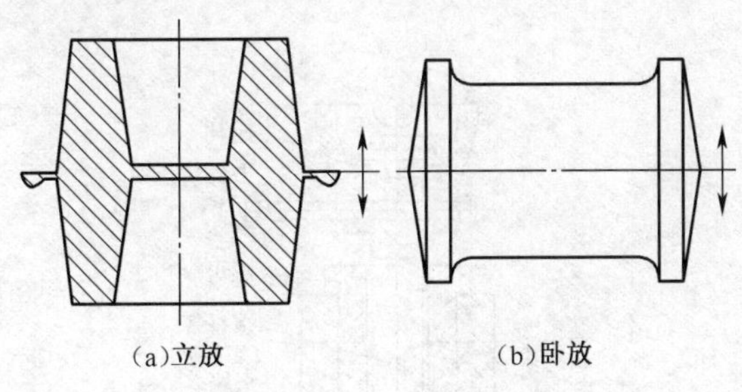
(a)立放 (b)卧放

图 3-119 模锻成型

(4) 胎模锻。首先选用 40 号钢经镦粗、冲孔、带芯棒拔长等自由锻造工序完成初步成型;然后在胎模内带芯棒锻出法兰最终成型,如图 3-120 所示。与模锻相比较,胎模锻的外形和内孔均锻出,但生产效率低、劳动强度大。锻件质量好,全部通过水压试验。

(5) 焊接。选用 40 号钢的无缝钢管,按尺寸在其两段焊上 40 号钢法兰得到焊接毛坯,如图 3-121 所示。焊接成型省材料、工艺简单,但难有合适的钢管。

综上所述,采用胎模锻件成型毛坯比较好,但若有合适的管材,则采用焊接成型毛坯。

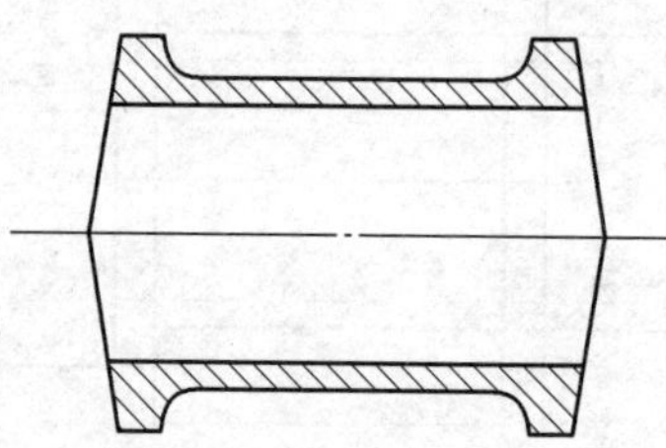

图 3-120　胎模锻成型毛坯

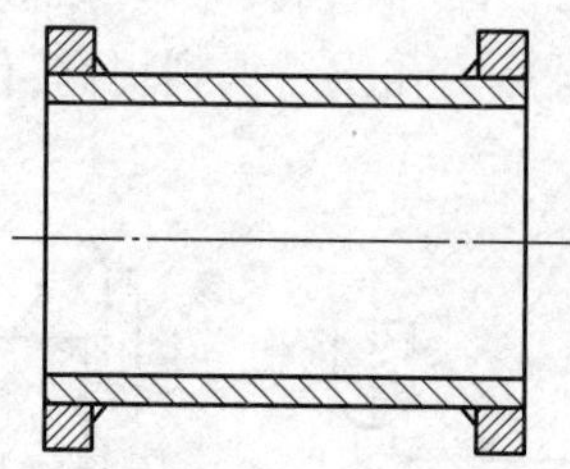

图 3-121　焊接成型毛坯

2. 螺旋起重器

在车辆检修时,螺旋起重器起支承作用,其结构如图 3-122 所示。该螺旋起重器的零件毛坯成型方法如下:

(1) 支座是起重器的基础零件,承受静载荷压应力。支座具有锥度和内腔,结构比较复杂,选用 HT200 铸件。

(2) 在螺杆工作时,沿轴线方向承受弯曲应力及摩擦力,受力比较复杂。但螺杆结构形状比较简单,选用 45 号钢锻件。

(3) 螺母受力与螺杆相似,但为了保护螺杆,选用材质较软的青铜 ZCuSn10Pb1 铸件。

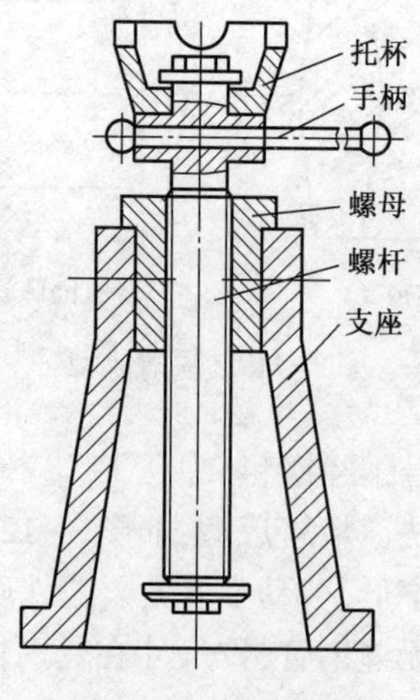

图 3-122　螺旋起重器

(4) 托杯承受压应力,形状较复杂,选用 HT200 铸件。

(5) 手柄承受弯曲应力,受力不大、形状简单,可直接选用 Q235A 圆钢。

思考题

3-1 什么是工程材料？一般分为哪几类？

3-2 什么是金属材料？钢和铁是如何区分的？

3-3 什么是钢的热处理？它在生产中有何重要意义？钢的热处理的基本工艺方法有哪些？

3-4 淬火的作用是什么？淬火后为什么要紧接着进行回火？

3-5 什么是调质？什么样的零件采用调质？中碳钢齿轮要求表面很硬,芯部有足够韧性,应采用什么热处理方法？

3-6 现用 T12 钢制造锉刀,成品硬度要求 60HRC 以上,该零件在加工过程中经历了哪些热处理工艺？

3-7 什么是铸造？简述其成型特点及应用范围。

3-8 简述砂型铸造的分类及常用手工造型方法的特点。

3-9 简述浇注系统的组成及各组成部分的作用。

3-10 什么是分型面？简述分型面的选择原则。

3-11 常见的铸造缺陷有哪些？简单分析其产生的主要原因。

3-12 在锻造生产中,对金属进行加热的目的是什么？钢在加热过程中可能产生哪些缺陷？

3-13 自由锻造是什么？自由锻造的特点及其变形工序有哪些？

3-14 模型锻造是什么？与自由锻造相比较,模型锻造具有哪些特点？

3-15 板料冲压是什么？板料冲压的特点和应用范围是什么？

3-16 手工电弧焊与手工气焊在原理和用途方面的主要差别有哪些？

3-17 焊接是连接方法,可以“以小连大”,也可以“化大为小”,请解释其含义。

3-18 氩弧焊属于电焊还是气焊？请论述其应用范围。

3-19 塑料的主要成分是什么？热塑性塑料与热固性塑料有哪些相同点和不同点？

3-20 注射成型可分为几个阶段？其作用各是什么？

3-21 日常生活中的塑料制品,如可乐瓶、食品袋、冰箱外壳、建筑装饰板、塑料水管等是采用什么成型方法制造的？

3-22 什么是粉末冶金？粉末冶金工艺过程的主要工序包括哪些？粉末冶金有哪些具体应用？

3-23 下面的零件应选用何种成型方法？①齿轮毛坯:材料 ZG200-400 铸钢,200件;②齿轮毛坯:45 号钢,10 万件;③车床床身:材料 HT300 铸铁,100 件;④铝水壶:10 万件;⑤标准螺钉:材料 Q235 钢,1000 万件;⑥大孔径污水管:材料 HT200 铸铁,1 万件。

第 4 章　普通切削加工

教学基本要求：

(1) 了解切削加工、切削运动、切削用量的概念及切削运动的分类方法。

(2) 了解常用工艺装备的作用。

(3) 了解车削、铣削、刨削、磨削加工工艺。

(4) 了解钳工加工工艺。

4.1　切削加工基本知识

切削加工是利用切削工具从毛坯或半成品上切除多余的材料，以获得形状、尺寸以及表面粗糙度等都符合图纸要求的机械零件。切削加工是机械制造过程的重要环节。零件的加工，特别是精度和表面质量要求较高的零件都必须经过切削加工。

切削加工分为机械加工和钳工。机械加工是由工人操作机床对工件进行切削加工，钳工是由工人手持工具对工件进行切削加工。

零件的加工制造一般是在常温状态下进行，不需要加热，故称为冷加工。切削加工是冷加工的主要方式，冲压加工和特种加工也属于冷加工。

4.1.1　切削要素

1. 零件典型表面的种类及形成

零件是由一个表面（如球面）或多个不同性质的典型表面组成。因此，可以将各种各样的零件简化为数量有限的几个不同性质的典型表面的组合。绝大多数的零件由以下两大类表面组成。

1）基本表面

(1) 回转体表面。回转体表面是以直线为母线，以圆为运动轨迹，并且母线与回转轴线在同一平面内（互相平行或相交）做旋转运动所形成的表面，如内、外圆柱面，内、外圆锥面。若母线为折线或曲线，则形成回转体成型表面。这类表面一般用车床、钻床、镗床、磨床等机床加工。

(2) 平面。平面是以直线为母线，以另一直线为轨迹做平移运动时所形成的表面。若母线为折线或曲线，则形成纵向成型表面，如燕尾槽、齿条。这类表面一般用铣床、刨床、插床和磨床等机床完成。

2）型面

型面是以曲线为母线，运动轨迹为曲线或圆，做旋转或平移时所形成的表面，如各种造型模具的型腔、汽轮机叶片。这类表面一般用数控铣床、加工中心、电火花机床等机床完成。

2. 切削运动

切削加工是靠切削运动实现的。切削运动是指刀具与工件之间的相对运动。切削运动按其在切削加工中的作用,可分为主运动和进给运动。

1) 主运动

主运动是由机床或人力提供的主要运动,它促使刀具和工件之间产生相对运动,从而使刀具前面接近工件。在切削加工中主运动必须有,但只能有一个。其特点是速度最高、消耗动力最大。例如,车削时工件的旋转、铣削时铣刀的旋转。

2) 进给运动

进给运动是由机床或人力提供的运动,它使刀具和工件之间产生附加的相对运动,若与主运动相配合,则可不断地或连续地切屑,得到具有所需特性的加工表面。在切削加工中进给运动可以有一个或多个。例如,车削时车刀的移动、铣削时工件的移动。各种机械加工的切削运动,如图 4-1 所示(图中Ⅰ代表主运动,Ⅱ代表进给运动)。

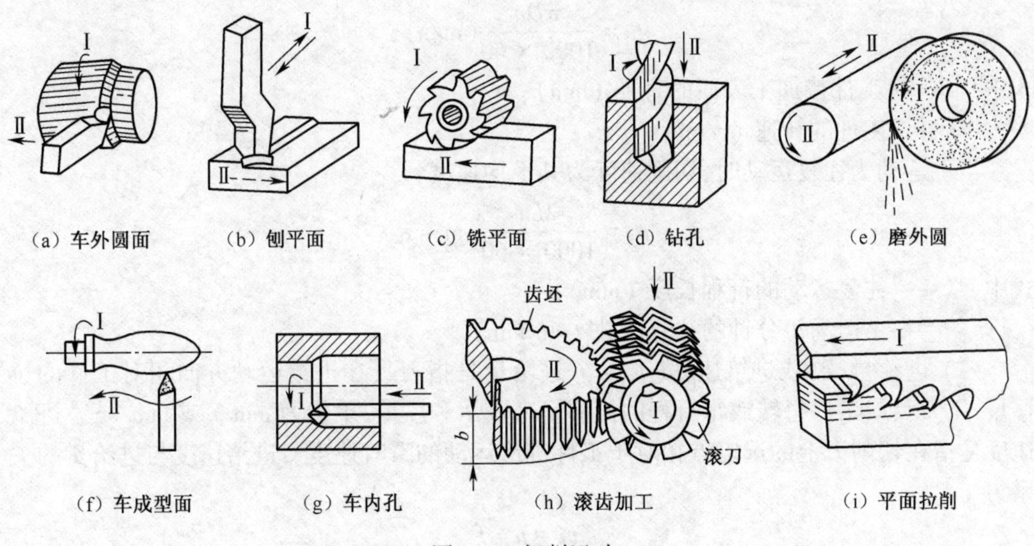

图 4-1 切削运动

3. 在切削过程中工件上的三个表面和切削用量三要素

1) 在切削过程中工件上的三个表面

在切削加工时,在工件上出现三个不断变化的表面(图 4-2),它们是待加工表面、已加工表面、切削表面。

(1) 待加工表面:在工件上即将被切去金属层的表面。

(2) 已加工表面:在工件上经刀具切削后产生的表面。

(3) 切削表面:在工件上由切削刃形成的表面。它在下一切削行程,刀具或工件的下一转里被切除,或者由下一切削刃切除。

2) 切削用量三要素

切削用量三要素是指切削速度、进给量和背吃刀量。这三个要素对切削加工质量、刀具磨损、生产效率和机床动力消耗有重要影响。

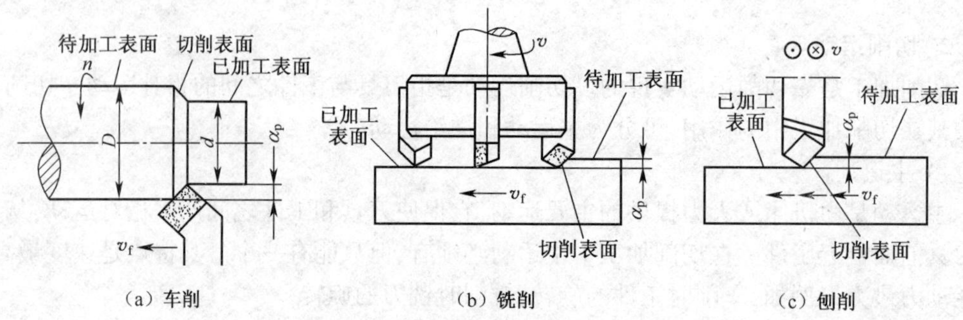

图 4-2　切削过程中工件上的三个表面

（1）切削速度（v_c）。切削速度是指在切削刃上的选定点相对于工件主运动的瞬时速度。其单位为 m/s。

当主运动是工件的旋转运动时，切削速度为其最大线速度：

$$v_c = \frac{\pi D n}{1000 \times 60} (\text{m/s})$$

式中　D——工件待加工表面的直径（mm）；

n——工件的转速（r/min）。

当主运动为往复运动时，切削速度为其平均速度：

$$v_c = \frac{2Ln}{1000 \times 60} (\text{m/s})$$

式中　L——往复运动的行程长度（mm）；

n——主运动每分钟的往复次数（str/min）。

（2）进给量（f）或进给速度（v_f）。进给量是指刀具在进给运动方向相对工件的位移量，用刀具或工件每转或每行程的位移量来表示和度量，单位为 mm/r 或 mm/str。进给速度是指在切削刃上的选定点相对于工件进给运动的瞬时速度。进给速度与进给量的关系为

$$v_f = n \cdot f$$

式中　n——工件或刀具的转速（r/min）。

（3）背吃刀量（α_p）。背吃刀量是指在通过切削刃基点（作用主切削刃上的特定参考点，用以确定如作用切削刃截形和切削层尺寸等基本几何参数，通常把它定在将作用切削刃分成两相等长度的点上）并垂直于工作平面（通过切削刃上的选定点并同时包含主运动方向和进给运动方向的平面）的方向上测量的吃刀量。在车削外圆时，工件上待加工表面和已加工表面的垂直距离，即

$$\alpha_p = \frac{D - d}{2} (\text{mm})$$

式中　D——待加工直径；

d——已加工直径。

4.1.2　工艺装备

零件的机械加工工艺过程是按照一定的顺序，根据零件表面性质及加工技术要求，分

成若干工序在不同的机床上完成。要完成任何一道工序,除了需要机床这一主要设备之外,还必须有一些工具,如卡盘、车刀、卡尺和钻夹头等,这些工具统称为工艺装备。工艺装备是机械加工中不可缺少的生产手段,是生产组织准备阶段的主要工作。工艺装备可分为四类:刀具、夹具、量具和辅具。其中:辅具是用于装夹具、刀具的装置(如铣床刀杆、钻床钻夹头等),量具在后面章节介绍,本小节仅介绍刀具和夹具。

1. 刀具

刀具是在切削加工中影响生产效率、加工质量和成本最主要的工艺装备。刀具的性能取决于刀具切削部分的材料和刀具的几何形状。

1) 刀具切削部分的材料

(1) 刀具的工况。金属材料的切削加工主要依靠刀具直接完成。刀具在切削加工中不但要承受很大的切削力,还要承受摩擦力、压力、冲击和振动。此外,在切屑和工件的强烈摩擦下,使刀具工作温度很高。因此,刀具切削部分的材料必须具备良好的性能。

(2) 刀具切削部分材料必备的性能。① 高硬度:常温下加工一般金属材料的刀具,其硬度应在60HRC以上。② 高耐磨性:通常刀具材料的硬度越高,耐磨性越高,但高耐磨性不仅取决于硬度,还与其他因素有关。③ 高耐热性:刀具的耐热性越好,允许切削的速度越高。④ 足够的强度和韧性:可以承受切削力、振动及冲击,从而减少刀具变形、崩刃和脆性断裂。⑤ 良好的工艺性:便于刀具的制造和刃磨。

(3) 常用刀具材料。常用刀具材料不但要具有良好的性能,而且材料要来源丰富、价格便宜。目前常用金属刀具材料的性能及应用,如表4-1所列。

表4-1 常用金属刀具材料的性能及应用

种类	性能及应用
优质碳素工具钢	用于制造手动工具,如锉刀、锯条等
合金工具钢	用于低速成型刀具,如丝锥、板牙、铰刀等
高速钢	用于中速及形状复杂的刀具,如钻头、铣刀、齿轮刀具、拉刀、铰刀等
硬质合金	用于高速及较硬材料切削的刀具,如车刀、刨刀、铣刀等
陶瓷	用于加工硬的材料,如淬火钢等
立方氮化硼(CBN)	用于加工很硬的材料,如淬火钢等
金刚石(人造金刚石、天然金刚石)	用于非铁金属的精密加工,不宜加工铁类金属

注:涂层刀具是在韧性较好的硬质合金或高速钢基体上,采用气相沉积的方法涂上耐磨的TiC、TiN、HfN等金属薄层。该刀具较好地解决了强度、韧性与硬度、耐磨性之间的矛盾,具有良好的综合性能。

2) 刀具的几何形状

切削刀具虽然种类很多,但它们切削部分的结构要素和几何角度都有共同的特征。各种多齿刀具或复杂刀具,就单个刀齿而言,相当于车刀的刀头。因此,掌握了车刀的使用方法,其他刀具的使用方法就不难掌握和理解。

（1）车刀的组成。车刀由刀体(又称为刀杆)和刀头两部分组成,如图 4-3 所示。刀体为固定夹持部分,刀头为切削部分。

① 夹持部分。夹持部分的横截面积和长度对刀具的强度有很大影响。横截面积越大,长度越短,刀具强度越大,切削越平稳。

② 切削部分。切削部分一般由三面、两刃、一尖组成。前刀面:铁屑沿着它流动的面;主后刀面:与工件上过渡表面相对的面;副后刀面 :与工件上已加工表面相对的面;主切削刃:前刀面与主后刀面的交线,担负主要切削任务;副切削刃:前刀面与副后刀面的交线,担负少量切削任务。刀尖:主切削刃与副切削刃的相交处,通常磨成一小段过渡圆弧或直线,以增强其强度。

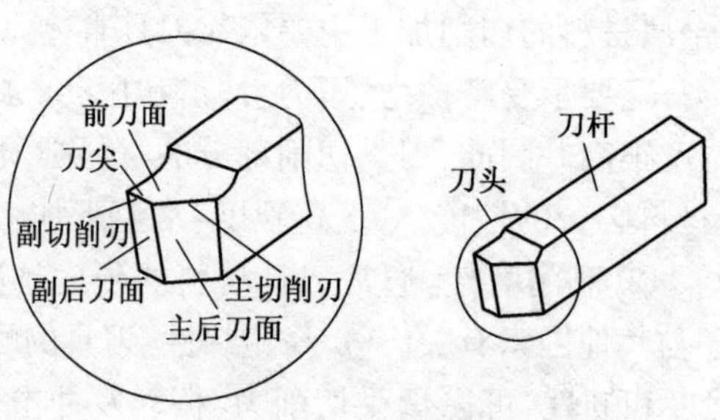

图 4-3 车刀的组成

（2）车刀的标注角度。车刀在磨出三面、两刃、一尖后,就形成了刀具的几何角度。为确定刀具的角度,必须首先建立一个立体坐标系,这个坐标系由三个相互垂直的辅助平面组成(图 4-4)。

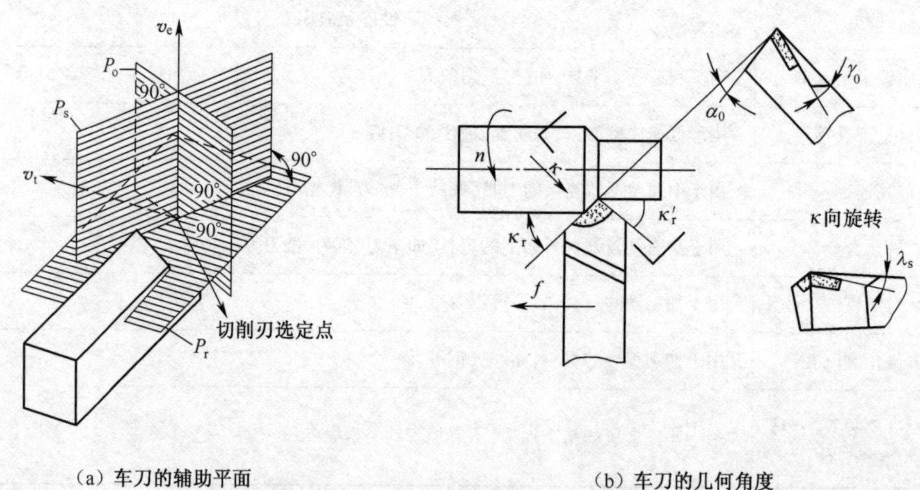

（a）车刀的辅助平面　　（b）车刀的几何角度

图 4-4 车刀的三个辅助平面及其几何角度

① 基面(P_r)。基面是过主切削刃上某一个选定点,并与假定的主运动方向垂直的平面。车刀的基面平行于刀杆底面,即水平面。

② 切削平面(P_s)。切削平面是过主切削刃上某一个选定点,并且与主切削刃相切、与基面垂直的平面。

③ 正交面(P_o)。正交面是又称为主剖面，既垂直于基面，又垂直于切削平面的平面。

刀具的几何角度对加工质量、生产效率有至关重要的影响，如图 4-5 所示。车刀几何角度及其应用与选择，如表 4-2 所列。

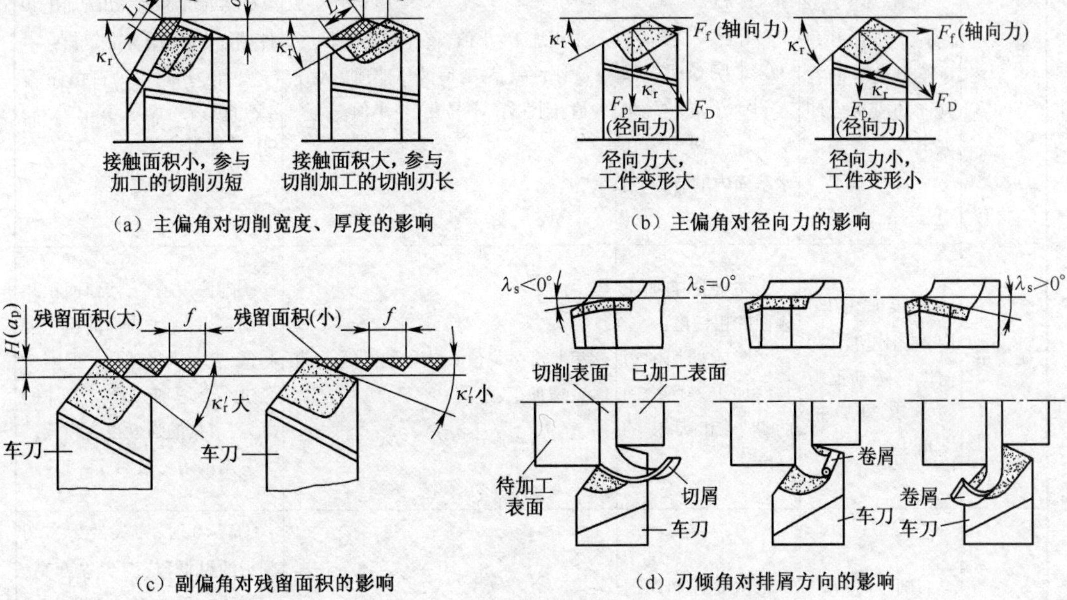

图 4-5 刀具的几何角度对加工质量和生产效率的影响

表 4-2 车刀的几何角度及其作用与选择

角度名称	含义	作用	应用与选择	说明
前角 γ_0	在正交平面(P_o)内，前刀面与基面的之间夹角	①使刀刃锋利，便于切削加工和切屑流动； ②影响刀具的强度	①粗加工：小值，精加工：大值； ②加工塑性材料或强度、硬度较低：大值；加工脆性材料或强度、硬度较高：小值； ③刀具材料韧性好，如高速钢：大值；刀具材料脆性大，如硬质合金：小值	前角越大，刀具越锋利，但强度降低，易磨损和崩刃。前角一般为 5°~20°
后角 α_0	在正交平面(P_o)内，主后刀面与切削平面之间夹角	①影响主后刀面与工件之间的摩擦； ②影响刀具的强度	与前角的选择相同	后角越大，车削时刀具与工件之间的摩擦越小，但强度降低，易磨损和崩刃。后角一般为 6°~12°

（续）

角度名称	含义	作用	应用与选择	说明
主偏角 K_r	在基面（P_r）内，主切削刃与进给运动方向在其上的投影之间夹角	①影响切削加工条件和刀具的寿命；②影响径向力的大小，$F_{p径} = \cos K_r F_{D切水}$（切削力在水平面内的分力）	①粗加工：小值，精加工：大值；②刚性差、易变形，如细长轴（90°）：大值；刚性好、不易变形：小值	①主偏角越小，切削加工条件越好，刀具的寿命越长；②车刀常用的主偏角有45°、60°、75°、90°，其中75°和90°最常用
副偏角 K'_r	在基面（P_r）内，在副切削刃与进给运动反方向上其投影的夹角	①主要影响加工表面的粗糙度；②影响副切削刃与已加工表面之间的摩擦和刀具的强度	粗加工：大值（与主偏角选择相反）；精加工：小值	①副偏角越小，残留面积和振动越小，加工表面的粗糙度越低，表面质量越高。但副偏角过小会增加刀具与工件的摩擦，刀具的强度也会降低；②副偏角一般为5°～15°
刃倾角 λ_s	切削平面（P_s）内，在主切削刃在上的投影与基面的夹角	①主要控制切屑的流动方向；②影响刀尖的强度	粗加工：$\lambda_s<0$；精加工：$\lambda_s \geqslant 0$（防止切屑划伤工件）	①$\lambda_s<0$时，刀尖处于主切削刃的最低点，刀尖强度高，切屑流向已加工表面；$\lambda_s>0$时，刀尖处于主切削刃的最高点，刀尖强度低，切屑流向待加工表面；②λ_s一般为-5°～+5°

注：1. 前角和后角的选择主要依据工件材料的性能、刀具材料的性能及加工性质。

2. 减小主偏角，可使切屑变薄，参与切削加工的主切削刃增长，单位长度上分担的力减小，切削起来轻快；增加了刀尖强度和增大了散热面积，使刀具使用寿命提高。

2. 夹具

夹具是在切削加工中，用以准确地确定工件位置，并将其迅速、牢固地夹紧的工艺装备。

1）夹具的分类

夹具的种类很多，分类方法也不相同。

（1）夹具按通用化程度分类，可分为通用夹具、专用夹具、可调夹具、组合夹具、随行夹具。

① 通用夹具。通用夹具是指已经标准化的，可用于加工同一类型、不同尺寸工件的夹具。例如，三爪卡盘、四爪卡盘、平口钳、回转工作台、电磁吸盘。通用夹具通常作为机床附件，由专门工厂制造，广泛用于单件、小批量生产。

② 专用夹具。专用夹具是指专为某一工件的某道工序而设计制造的夹具。它不仅不适用于其他工件，即使同一工件的其他工序也不能通用。专用夹具适用于产品固定、工艺相对稳定、批量大的工件加工。

③ 可调夹具。可调夹具是指当加工完一种工件后，经过调整或更换个别元件，便可装夹另外一种工件的夹具。例如，滑柱式钻模、带各种钳口的虎钳。可调夹具主要用于装夹形状相似、尺寸相近的工件的中、小批量生产。

④ 组合夹具。组合夹具是根据积木化原理，由一套预先制造好的标准化、通用化并可互换的标准元件组装成的专用夹具。

⑤ 随行夹具。随行夹具是机械加工自动线上用来装夹工件的一种装置，除了具有一般夹具担负的装夹工件的功能之外，还担负沿自动线输送带输送工件的任务。

（2）夹具按工序所在机床分类，可分为车床夹具、铣床夹具、钻床夹具和磨床夹具等。

（3）夹具按夹具夹紧动力源分类，可分为手动夹具、气动夹具、液动夹具、电动夹具、磁力夹具、真空夹具及自夹紧夹具等。

2）夹具的组成

夹具的种类虽然很多，但从夹具的结构和作用分析，夹具由以下几种基本元件组合而成。

（1）定位元件及定位装置。它与工件的定位基准相接触，以确定工件在夹具中的正确位置，如平口钳的固定钳口。

（2）夹紧装置。夹紧装置用于保持工件在夹具中的既定位置，使工件在重力、惯性力及切削力等作用下不产生移位。夹紧装置通常是一种机构，包括夹紧元件（如夹爪、压板）、增力及传动装置（如杠杆、螺纹传动副、斜楔、凸轮）以及动力装置（如气缸、油缸）等。

（3）引导元件。引导元件是确定夹具与机床或刀具的相对位置的元件，如对刀块、钻头导向套。

（4）夹具体。夹具体用于连接夹具各元件及装置，使之成为一个整体的基础件。

（5）其他元件。其他元件包括定位键、操作件以及根据夹具特殊功用所需的装置，如分度装置、顶出装置等。

4.2 车 削

利用车刀在车床上加工工件的过程称为车削加工。一般在机器制造中车床约占金属切削机床总台数的20%~35%。车削最适合加工回转体零件，如内外圆柱面、圆锥面、端面、中心孔、沟槽、螺纹和成型面。一般车削加工零件的尺寸精度为IT11~IT6，表面粗糙度 Ra 为12.5~0.8μm。

4.2.1 车刀及其安装

1. 常见的车刀类型及其加工范围

常见的车刀类型及其加工范围，如图4-6所示。

2. 车刀的安装

车刀必须正确牢固地安装在刀架上，否则不能保证零件的加工质量。安装车刀时要注意以下要。

（1）刀尖。车刀刀尖要与车床主轴轴线等高，一般采用尾架顶尖的高度校对或钢板尺检验。

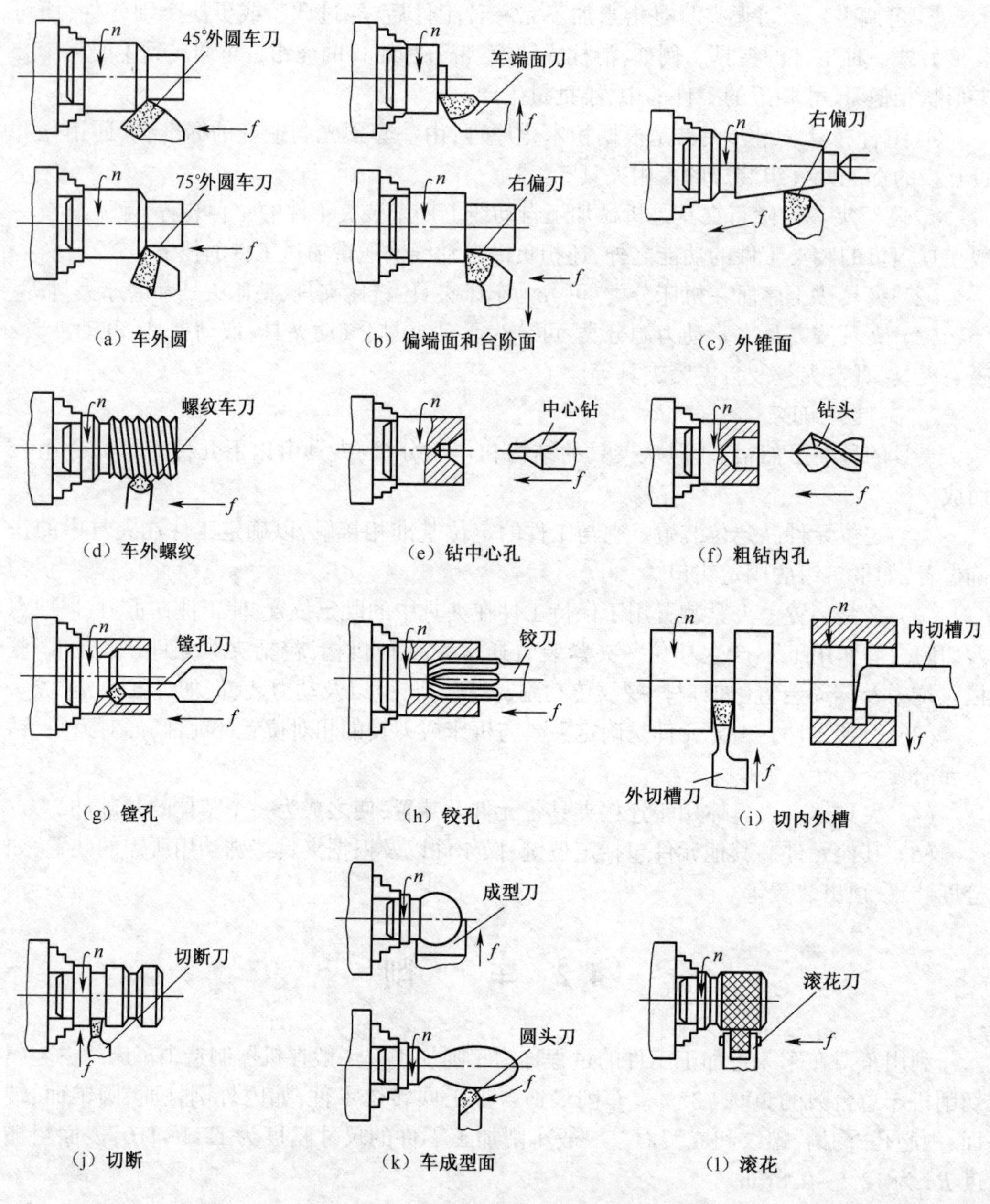

（a）车外圆　（b）偏端面和台阶面　（c）外锥面

（d）车外螺纹　（e）钻中心孔　（f）粗钻内孔

（g）镗孔　（h）铰孔　（i）切内外槽

（j）切断　（k）车成型面　（l）滚花

图 4-6　车刀的类型及其加工范围

（2）车刀刀柄。车刀刀柄中心线要与车床主轴轴线垂直，否则会改变车刀的主偏角与副偏角的大小。

（3）车刀伸出长度。车刀刀体伸出刀架的长度，一般不超过刀体厚度的 2~3 倍。

（4）垫片。刀体下面的垫片要平整并与刀架对齐，数目一般为 2~3 片。

（5）夹紧。车刀位置装正后，应将螺钉交替拧紧（至少压紧两个螺钉），并将刀架锁紧。

（6）检查。检查车刀在工件的加工极限位置时，是否会产生干涉或碰撞以及安装是否正确。

图 4-7 所示为车刀安装示例。

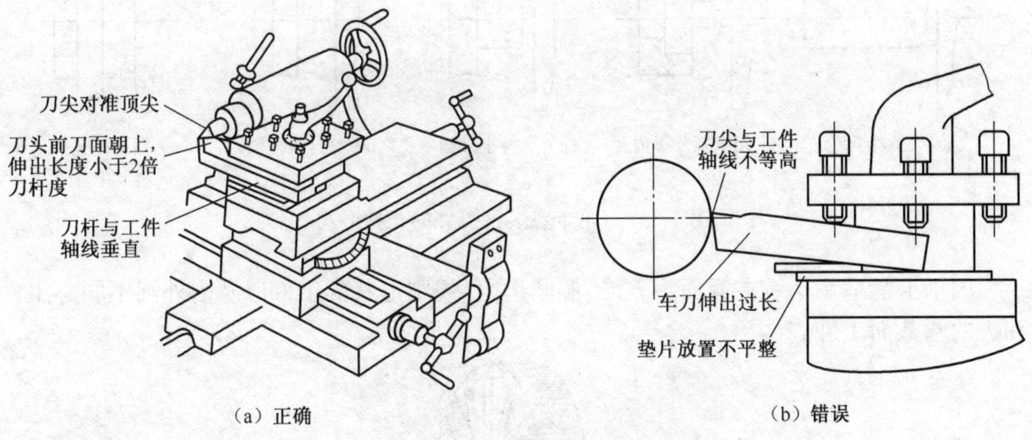

（a）正确　（b）错误

图 4-7　车刀安装示例

4.2.2　车床的夹具

工件在车床上定位的要求是待加工表面的回转中心与车床主轴的中心线重合。在车床上常用的夹具有三爪卡盘、四爪卡盘、花盘、心轴、顶尖、中心架、跟刀架等。

1. 三爪卡盘

三爪卡盘(又称:三爪定心卡盘)是车床上应用最广泛的夹具,其结构如图 4-8 所示。由于三个卡爪同时移动,因此其夹持工件时可以自动定心、方便迅速,但定心的精度不高,只有 0.05~0.15mm。

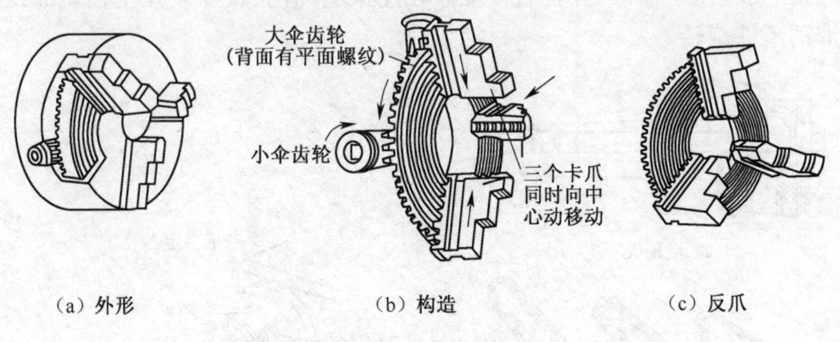

（a）外形　（b）构造　（c）反爪

图 4-8　三爪卡盘的结构

三爪卡盘主要用于装夹截面为圆形、正六边形的中小型轴类、盘套类零件。若零件直径较大,用正爪不便装夹时,可以换为反爪进行装夹。图 4-9 所示为三爪卡盘装夹工件的几种形式。

2. 四爪卡盘

四爪卡盘如图 4-10 所示。四爪卡盘不能自动定心,装夹费时、费力,但是夹紧力比三爪卡盘大。四个卡爪可以灵活调节,若其调整得好,则精度高于三爪卡盘。

（a）夹持棒料　（b）用卡抓反撑内孔　（c）夹持小外圆　（d）夹持大外圆　（e）用反抓夹持大直径工件

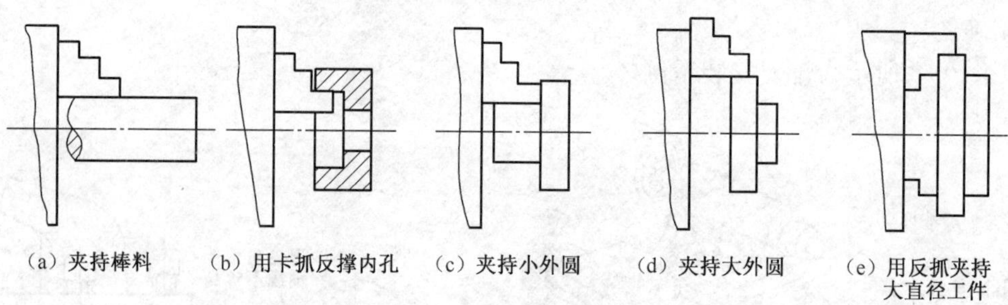

图 4-9　三爪卡盘装夹工件的几种形式

四爪卡盘适用于装夹截面为方形、椭圆形、不规则形状的工件以及内外圆不同心工件和大的圆截面工件。

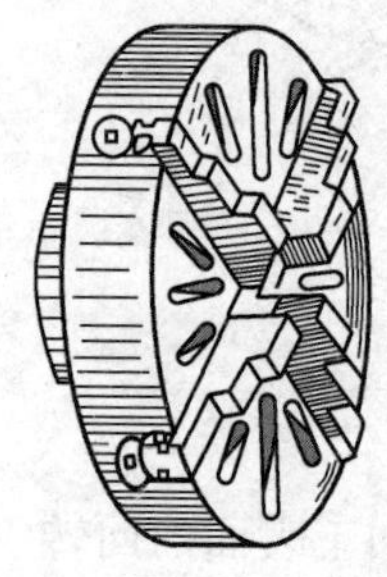

图 4-10　四爪卡盘

3. 顶尖

顶尖的结构如图 4-11 所示。当工件比较长，用三爪卡盘等单边装夹的方式刚性不足时，则常采用双顶尖装夹。如图 4-12 所示，工件装在前后顶尖之间，由卡箍、拨盘带动其旋转。前顶尖装在主轴锥孔内，后顶尖装在尾架套筒内，拨盘装在主轴端部带动卡箍旋转，从而带动工件旋转。

（a）活顶尖

（b）死顶尖

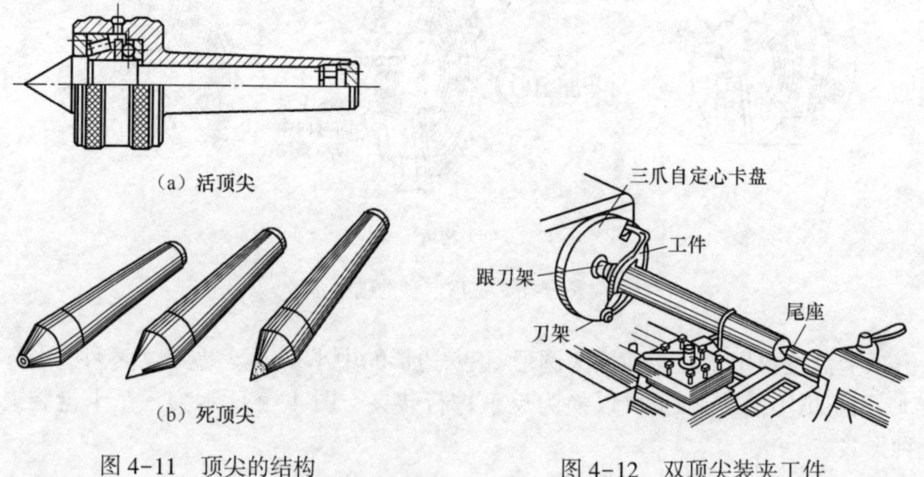

图 4-11　顶尖的结构

图 4-12　双顶尖装夹工件

用顶尖装夹工件，按以下步骤进行。

（1）车平两端面，钻中心孔。中心孔与中心钻如图 4-13 所示。

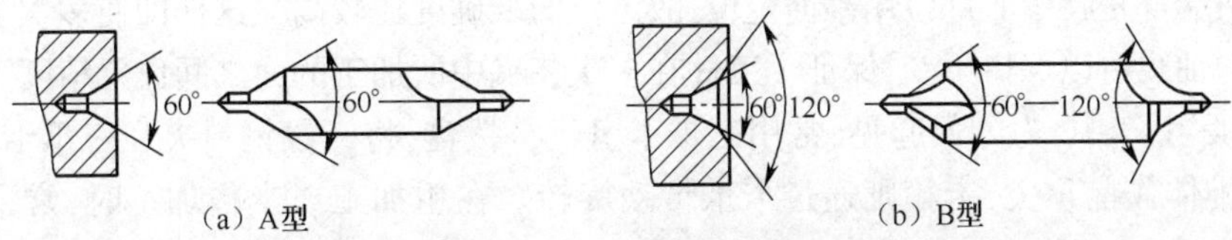

（a）A型　　（b）B型

图 4-13　中心孔与中心钻

（2）选择、装夹顶尖。常用的顶尖有死顶尖和活顶尖两种。死顶尖是一体的，定心精度高；活顶尖心部转动的同时，外部可以不动，避免了顶尖与工件之间的摩擦发热，但定心精度受影响。由于车床上前顶尖和工件一起旋转，与工件无相对运动，因此采用死顶尖；后顶尖装在尾座上固定不动，易因摩擦发热而磨损或烧坏，宜采用活顶尖。轴的精度要求比较高时，后顶尖应该采用死顶尖，但要注意合理选用主轴转速，并在配合的中心孔内涂黄油。由于顶尖是利用其尾部的锥面与主轴或尾架套筒的锥孔配合而顶紧的，因此装夹顶尖时首先必须擦净锥孔和顶尖，然后用力推紧，否则会装不正或装不牢。

（3）装夹工件。首先在轴的一端安装卡箍（图 4-14）。工件与顶尖的配合应松紧适度。当温度升高时，应将后顶尖松开一点。具体装夹过程如图 4-15 所示。

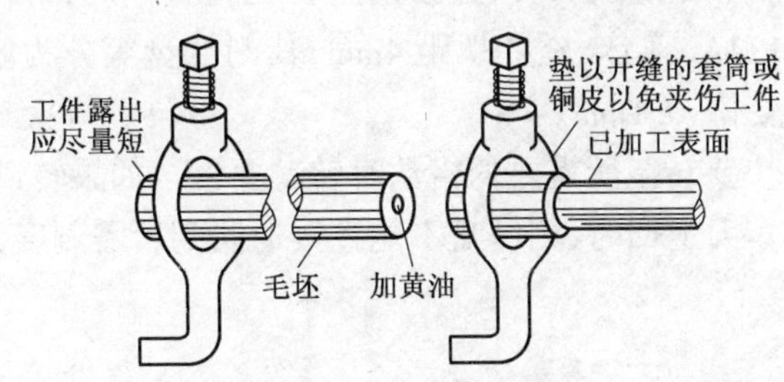

图 4-14　安装卡箍

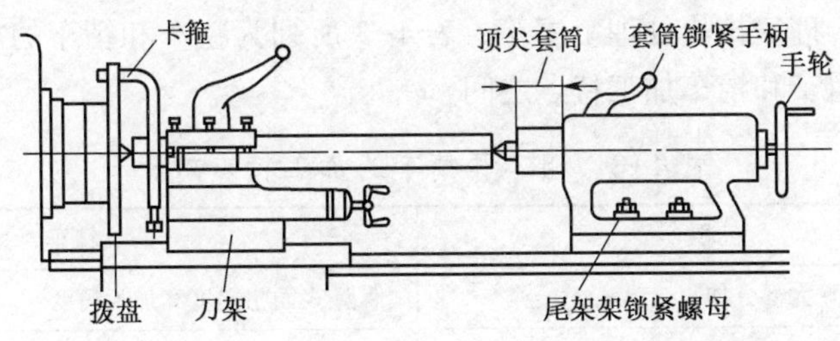

图 4-15　装夹工件

装夹工件的具体步骤如下：

① 拧紧卡箍。

② 调整套筒伸出长度。

③ 锁紧套筒。

④ 调节工件顶尖松紧。

⑤ 将尾架固定。

⑥ 将将刀架移至车削行程左端，用手转动拨盘，检查是否会碰撞；用双顶尖装夹工

件，由于两端都是在中心部位用锥面定位，故定位的准确度比较高。这样即使多次装卸或调头，工件的轴线可以保持不变，保证了工件在多次装夹中所加工的面之间位置精度。

在实际生产中，为方便起见，常用三爪卡盘代替拨盘，将一段钢料夹在三爪卡盘内，车成60°圆锥体作前顶尖，卡箍则通过卡爪带动旋转。在粗加工或半精加工时，常采用一端卡盘、一端顶尖的装夹方法；如果工件较重或一端有孔，则可采用一夹一顶的方法装夹。

除了上述装夹方法之外，根据所装夹工件的特点，还可选择心轴、花盘、中心架与跟刀架等进行装夹。

4.2.3　车削的基本工作

1. 车削操作要点

当根据工件的加工要求，调整主轴转速和进给量、装夹车刀和工件之后，就可以开车加工工件。加工时要注意以下三方面。

1）刻度盘的使用

手柄带动刻度盘转动时，根据转过的格数可以计算出刀架移动的距离。为了迅速、较准确地控制尺寸，必须正确使用车床小刀架和中滑板上的刻度盘。

以中滑板为例，手柄转过一周，与其连接的丝杠也转过一周，螺母则带着横刀架移动了一个螺距。对于 C6132A_1 车床，丝杠螺距 4mm，其刻度盘等分为 80 格，故每转 1 格移动距离：0.05mm，直径变化：0.1mm。

使用刻度盘时，当快要转至所需要的格数时转动要慢。如果转过所需格数，由于丝杠与螺母之间有间隙，将车刀退回时，刻度盘不能直接退回到所需刻度，应反转约一圈后，再转至所需位置。

2）粗车与精车

工件的加工余量往往需要经过多次切削才能去除，根据零件的技术要求，可以将切削分为粗加工、半精加工、精加工和超精加工四个阶段，根据不同阶段的加工，合理选择机床设备、切削参数，合理安排热处理工序等。表 4-3 所列为粗车和精车的加工特点对比，半精加工特点介于粗车和精车加工特点之间。

表 4-3　粗车和精车的加工特点对比

	粗车	精车
目　　的	尽快去除大部分加工余量	保证表面粗糙度和加工精度
加工质量	表面粗糙度 *Ra* 值：12.5～6.3μm，尺寸精度：IT14～IT11	表面粗糙度 *Ra* 值：1.6～0.8μm，尺寸精度：IT8～IT6
背吃刀量	较大：1～3mm	较小：0.15～0.25mm
进给量	较大：0.3～1.5mm/r	较小：0.1～0.3mm/r
切削速度	中等或偏低速度	一般取高速
刀具要求	切削部分有较高的强度	切削刃锋利光洁

3）试切的方法与步骤

因为刻度盘和进给丝杠都存在误差，所以在半精车或精车时，往往不能满足进刀精度的要求。为了准确地确定背吃刀量、保证工件的尺寸精度,需采用试切的方法。车削外圆的试切方法与步骤,如图 4-16 所示。

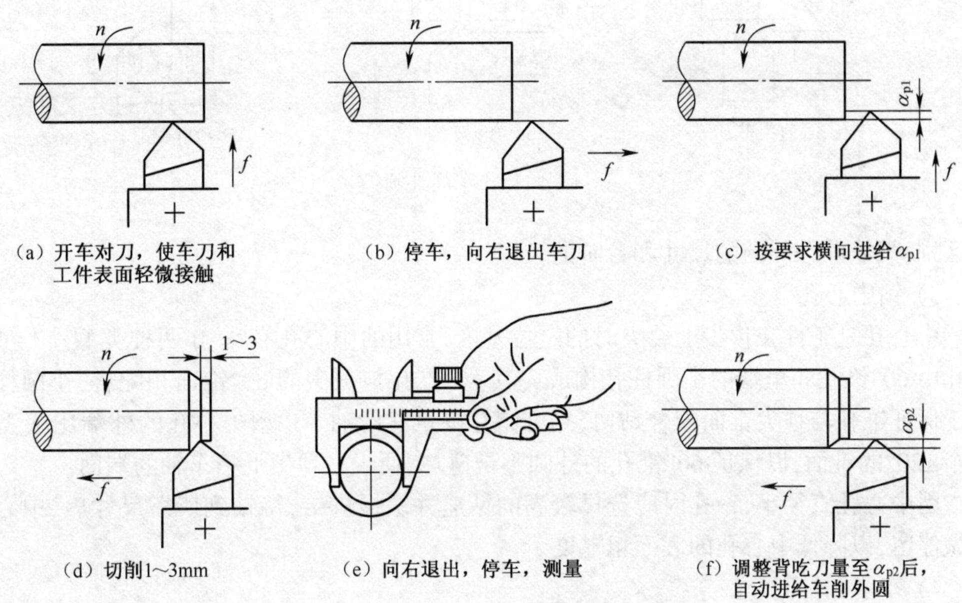

图 4-16 车削外圆的试切方法与步骤

2. 各种表面的车削加工

1) 车削端面

轴类、盘、套类工件的端面经常用来做轴向定位、测量的基准,在车削加工时一般都先将端面车出。

车削端面的方法及所用车刀如图 4-17 所示。精车端面时可用偏刀由中心向外进给,以提高端面的加工质量。

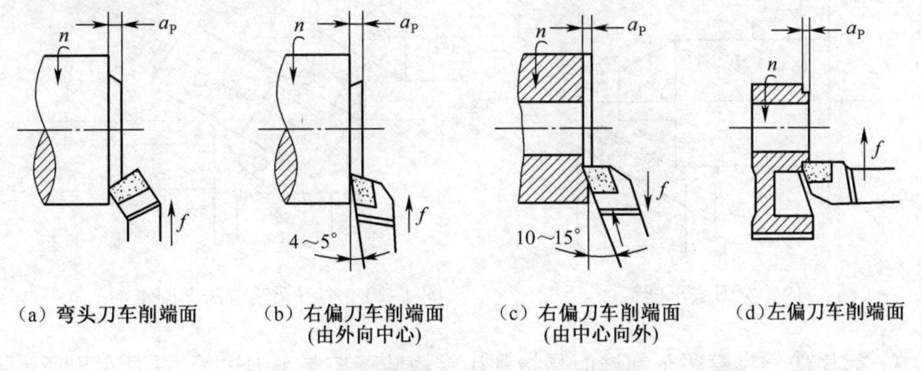

图 4-17 车削端面的方法及所用车刀

2) 车削外圆和车削台阶

车削外圆是车削加工中最基本的操作方法。常见的外圆车刀车削外圆的形式如图 4-18所示。

车削台阶实际上是车削外圆和车削端面的组合,其加工方法和车削外圆没有什么显

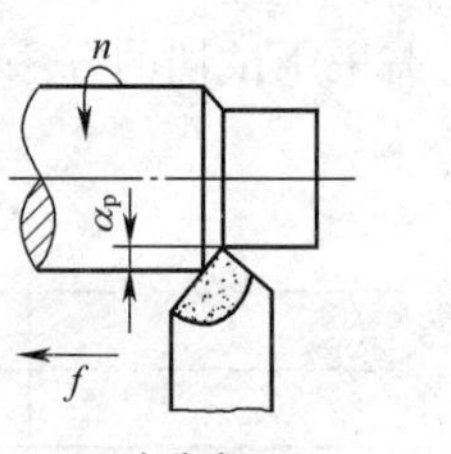

（a）直头车刀

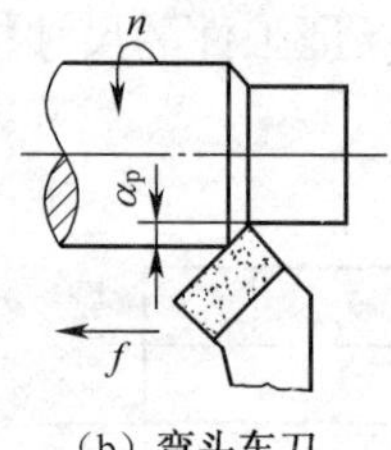

（b）弯头车刀

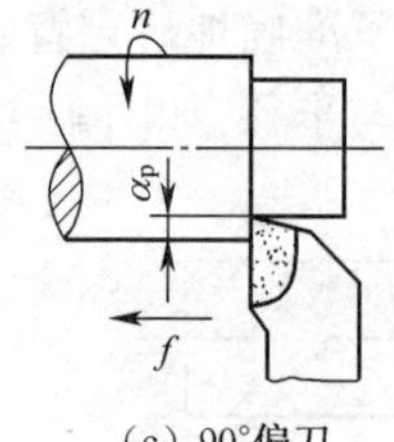

（c）90°偏刀

图 4-18　车削外圆

著区别，只需兼顾外圆的尺寸和台阶的位置。

3）钻中心孔

中心孔是工件在顶尖上装夹时的定位基准，常用的中心孔有 A、B 两种类型。A 型中心孔由 60°锥孔和里端的小圆柱孔构成。其 60°锥孔与顶尖的 60°锥面相配合，小圆柱孔用于保证锥孔与顶尖锥面配合贴切，并可储存少量润滑油。B 型中心孔的外端比 A 型多一个 120°的锥面，以保证 60°锥孔的外圆不被碰坏，便于在顶尖上精车轴的端面。

因中心孔直径小，钻孔时应选择较高的钻速并缓慢进给，待钻到所需尺寸后，中心钻稍做停留，以降低中心孔的表面粗糙度。

4）车削圆锥面

车削圆锥面的方法常用的有四种：宽刀法、小刀架转位法、靠模法和尾架偏移法。

（1）宽刀法。宽刀法车削锥面（图 4-19）是利用切削刃直接车出锥面，如倒角。使用该方法加工锥面要求：切削刃平直，与工件回转中心线成半锥角，长度略长于圆锥母线长度。

（2）小刀架转位法。小刀架转位法车削锥面（图 4-20）是指将小拖板绕转盘旋转半锥角 α，加工时转动小拖板手柄，使车刀沿锥面的母线移动，从而加工所需要的锥面。这种方法调整方便、操作简单，但只能手动进给。

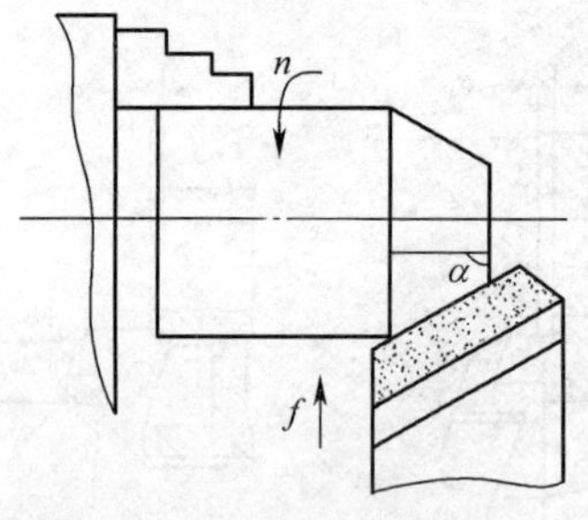

图 4-19　宽刀法车削锥面

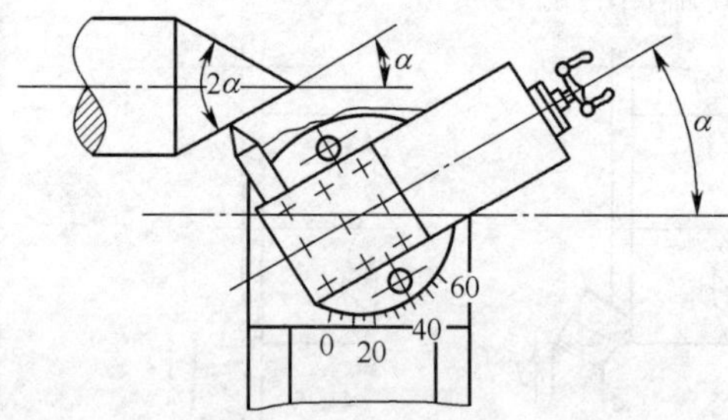

图 4-20　小刀架转位法车削锥面

（3）靠模法。靠模法车削锥面是指利用靠模装置控制车刀进给方向，车出所需锥面。一般靠模板装置的底座固定在机床床身的后面，底板上面装有锥度靠模板，它可以绕中心轴旋转到与工件轴线成半锥角 α 的角度。滑板可以自由地沿靠模板滑动，而滑板用固定螺钉与中拖板连接在一起。为使中拖板自由地滑动，必须将中拖板上的丝杠与螺母脱开。这样，当大拖板做纵向自由进给时，滑板就沿靠模板滑动，从而使车刀的运动平行于靠模板，车出所需的圆锥面（图 4-21）。为便于调整背吃刀量，小拖板必须转过 90°。如果加工精度要求不高、锥面又比较短,则可将靠模做成带尾锥的形式,插入尾架内,加工锥面。

(4) 尾架偏移法。尾架偏移法车锥面(图 4-22)是指将工件装夹在前后顶尖上,将尾架横向移动一个距离 A,使工件轴线与主轴轴线的夹角等于锥角 α 的一半。与前面三种通过改变刀具以获取锥面的加工方法不同,尾架偏移法是通过改变工件的角度来获取锥面的。

尾架的偏移量:

$$A = L \cdot \sin\alpha$$

当 α 很小时,尾架的偏移量:

$$A = L \cdot \tan\alpha = L(D - d)/2L$$

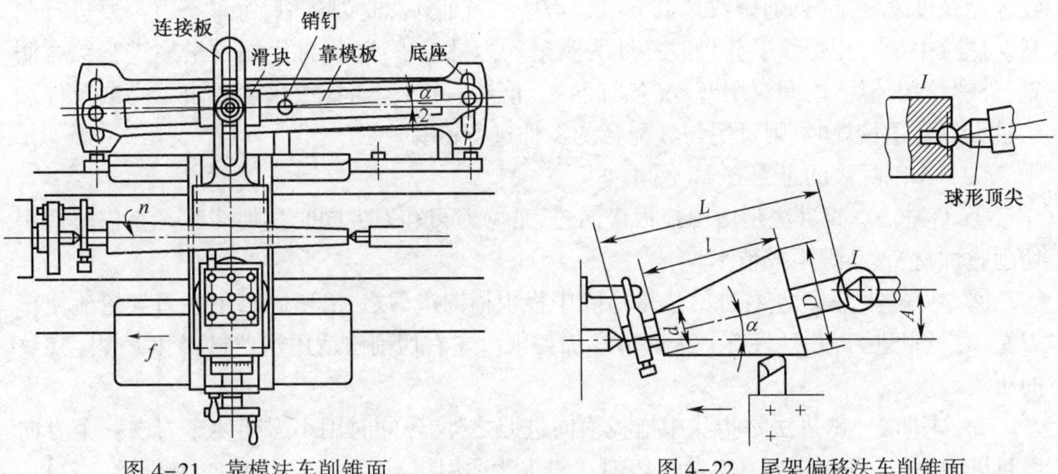

图 4-21 靠模法车削锥面　　图 4-22 尾架偏移法车削锥面

尾架偏移法可以自动进给。由于装夹工件的长度比机床纵向导轨稍短,但尾架横向偏移量有限,因此工件端面中心部位有顶尖遮挡。

为使顶尖在中心孔中接触良好并受力均匀,应采用球形顶尖。

表 4-4 所列为车削圆锥面的四种加工方法的对比。但在实际生产中应综合考虑,选择恰当的加工方法。

表 4-4 车削圆锥面四种方法的对比

—	宽刀法	小刀架转位法	尾架偏移法	靠模法
锥面长度 L	$L \leq 20$	$L \leq 100$	可长	任意
半锥角 α	任意	任意	$\alpha \leq 8°$	任意
能否加工内锥面	能	能	不能	能
表面质量	一般	差	一般	好
批量	小批量	单件	批量	大批量
成本	低	低	低	高

5) 车削螺纹

(1) 螺纹三要素的保证。加工螺纹的过程就是保证螺纹三要素的过程。

① 牙型角的保证。牙型角由车刀来保证。首先,螺纹车刀的刃磨要正确,使刀尖角

等于牙型角；其次，螺纹车刀的装夹要正确，刀尖要与工件旋转中心等高，刀尖角的等分线与工件轴线垂直；最后，为保证螺纹车刀的刃磨和装夹的正确性，要使用对刀样板。

② 螺距的保证。螺距通过调整机床来保证。车螺纹时，工件每转一周，车刀必须准确而均匀地沿进给运动方向移动一个螺距或一个导程（单头螺纹为螺距，多头螺纹为导程）。为了获得上述关系，车螺纹时应先将光杠换成丝杠。因为丝杠自身的精度较高，且传动链比较简单，所以减少了进给传动误差和传动累积误差。然后，通过更换配换齿轮和调整进给箱手柄，使 $f=P$。最后，要调低主轴转速，因为车螺纹时的进给量特别大，进给终了时若没有充分的时间退刀停车，则易出现事故。

③ 中径的保证。螺纹的中径通过多次进刀的总吃刀量来控制，总吃刀量一般根据螺纹牙型高度来确定（普通螺纹牙高 $h=0.54P$）。当车到总吃刀量后，每车一刀都要进行测量。螺纹中径可用螺纹千分尺或三针法测量。为批量生产时，常用螺纹量规进行综合测量，外螺纹用环规，内螺纹用塞规（各有通规、止规一套）。若螺纹精度要求不高或单件加工且没有合适量规时，则可用与其配合的零件进行检验。

（2）车削螺纹的进刀方式（图4-23）。

① 直进法。直进法是用中拖板横向进刀，两刀刃和刀尖同时参加切削。直进法适用切削脆性材料、小螺距或精车。

② 左右进给法。左右进给法是指除中拖板横向进刀之外，还同时用小刀架轮流使车刀左、右微量进刀，并且只有一个刀刃参加切削。左右切削法适用塑性材料和大螺距螺纹的粗车。

③ 斜进法。斜进法是指除中拖板横向进刀之外，还同时用小刀架使车刀向一个方向微量进刀，并且只有一个刀刃参加切削。斜进法适用粗车。

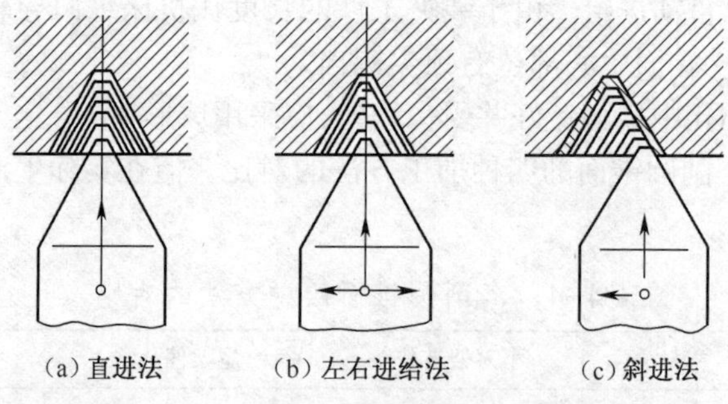

（a）直进法　（b）左右进给法　（c）斜进法

图4-23　车削螺纹的进刀方式

（3）车削螺纹的操作步骤。以单线右旋螺纹为例，介绍用正反车法车削螺纹的步骤，如图4-24所示。

（4）车削螺纹时的注意事项如下：

① 车削螺纹时，每次走刀的背吃刀量要小，通常取0.1mm左右；每次走刀后应牢记刻度，作为下次进刀时的基数，并注意进刀时中拖板手柄不能多摇一圈，否则会造成刀尖崩刃，工件被顶弯等。

② 当工件螺纹的螺距不是丝杠螺距的整数倍时，螺纹车削完毕之前不得随意松开开合螺母，加工时需要重新装刀时，必须将刀头与已有的螺纹槽完全吻合，以避免产生乱扣。

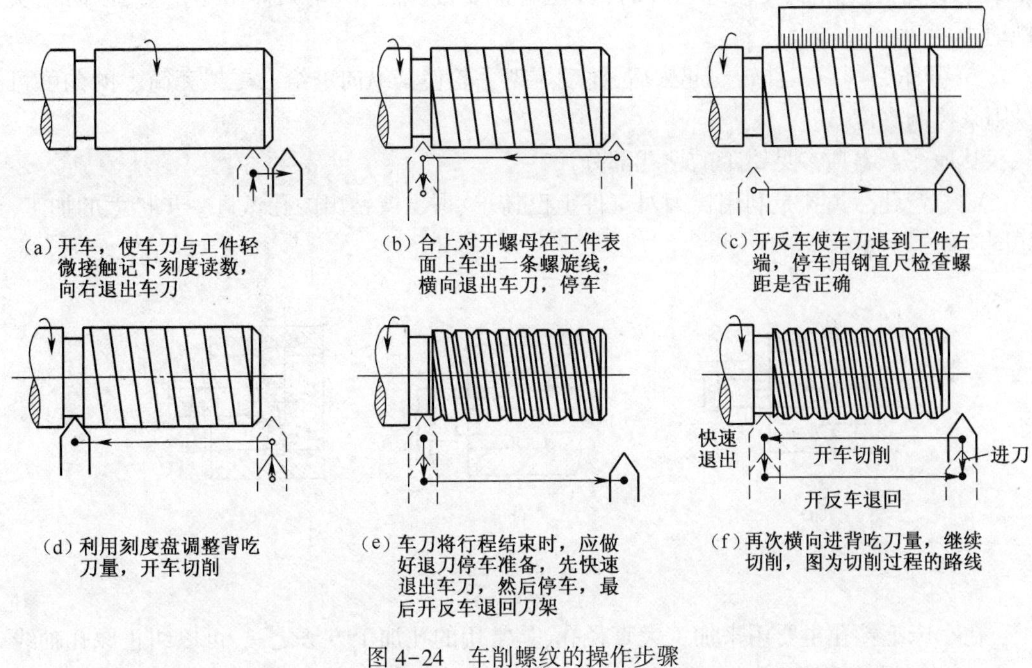

图 4-24 车削螺纹的操作步骤

③ 为了便于退刀,工件上应预先加工出退刀槽,否则应准确按照螺纹长度退刀。

④ 螺纹车削完后,应立即将丝杠传动换成光杠传动。

螺纹除了车削方法之外,还有很多加工方法,如铣削、攻丝与套扣、搓丝与滚丝、磨削及研磨等。

6) 孔加工

(1) 钻孔。在车床上钻孔时,钻头装夹在尾架套筒内,工件转动起来后,摇动尾架手轮使其纵向进给,如图 4-25 所示。

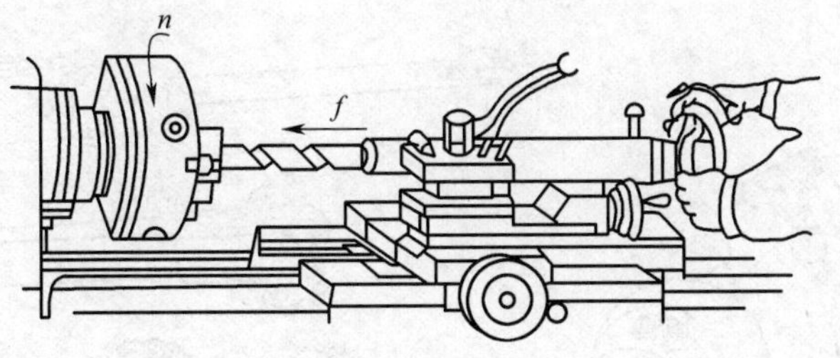

图 4-25 在车床上钻孔

钻孔的具体步骤及方法如下:

① 车削平端面。车削平端面,便于钻头定中心。

② 预钻中心孔。预钻中心孔是用中心钻在端面中心处先钻出麻花钻定心孔。

③ 装夹钻头。装夹钻头包括锥柄钻头和直柄钻头。锥柄钻头直接插入尾架套筒的锥孔内,如钻头太小可加过渡锥套;直柄钻头是用钻头装夹后插入尾架套筒。

④ 调整尾架纵向位置。首先松开尾架锁紧装置,移动尾架直至钻头接近工件,然后

锁紧尾架。注意:钻头要接近工件时,移动尾架要慢;加工时尾架伸出尽量短,以防钻头抖动。

⑤ 开车钻削。工件转动起来后,摇动尾架手轮使其纵向进给。尾架套筒上的刻度可以用来控制深度。

其他注意事项参见钳工的钻孔部分。

（2）镗孔。镗孔是利用镗刀对工件上已铸出、锻出或钻出的孔做进一步扩大的加工,如图 4-26 所示。

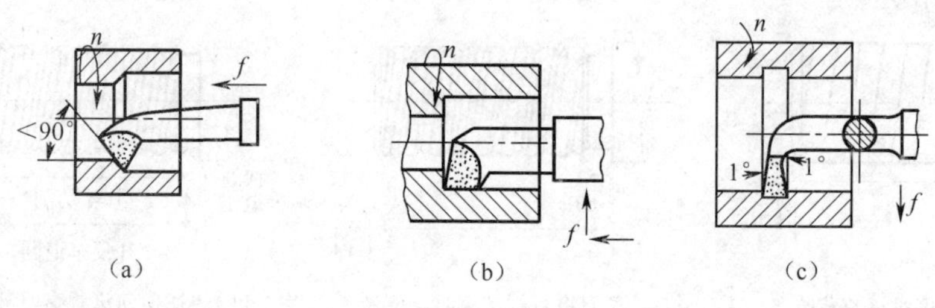

图 4-26　镗孔

在车床上镗孔主要用来加工大直径孔,是常用的孔加工方法之一,可以纠正原孔轴线的偏斜,提高孔的精度和减小表面粗糙度。镗孔是在工件内表面进行加工,尽管切削运动与车外圆类似,但不便观察,排屑及冷却润滑也不方便;更重要的是镗刀杆截面尺寸受孔径限制,镗刀杆伸出长度又要比孔长,造成刚性差,所以镗孔要比车外圆难度大。镗孔时,通过采取一系列措施可以使其精度接近于车外圆的精度。

7）滚花

一些工具或机械零件的手握部分,为了美观或增大摩擦力,常在表面滚压出各种不同的花纹,如百分尺的套管、铰杠扳手等。滚花是在车床上用滚花刀挤压工件表面,使其产生塑性变形而形成花纹的方法(图 4-27)。

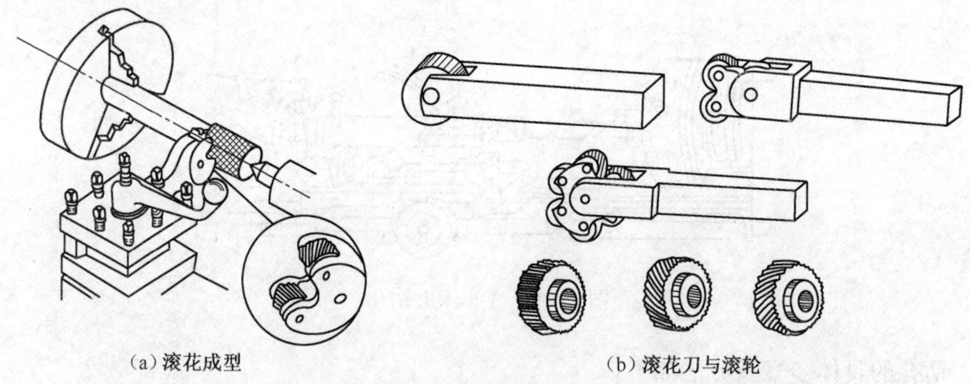

图 4-27　滚花与滚花刀

花纹一般有直纹和网纹两种,并且有粗纹和细纹之分,滚花刀和滚轮的不同配合形成不同的花纹。滚花前,首先将滚花部分的直径车得小于工件所要求尺寸 0.15~0.8mm,然后将滚花刀的表面与工件平行接触,保持两中心线一致。在滚花刀接触工件时,须先施加工件较大的压力,等到达一定深度后,再进行纵向自动进给。这样将表面滚压 1~2 次,直到花纹滚好为止。滚花时,工件的转速要低,并充分加注切削液。

4.2.4 普通卧式车床及其基本操作

车床的种类很多,最常用的车床为普通卧式车床,下面介绍卧式车床其他类型车床及应用。

1. 卧式车床

1) 卧式车床的型号

机床型号按《金属切削机床　型号编制方法》(GB/T 15375—2008)规定,由汉语拼音字母和阿拉伯数字组成。车床的型号很多,下面以卧式车床的型号:C6132A1 为例,介绍型号中字母与数字的含义。

C——类别:车床类;

6——组别:普通落地及卧式车床组;

1——型别:卧式车床型;

32——主参数:最大加工工件直径的 1/10,即最大加工直径为 320mm;

A1——改进次数:第一次重大改进。

2) C6132 型普通卧式车床的组成

C6132 型普通卧式车床由四箱、两杠、两架及一个床身组成(图 4-28)。由机床主轴带动工件旋转,溜板箱上的大拖板及刀架带动刀具做横向直线移动。主运动变速箱(主轴箱)和进给运动变速箱(进给箱)可以改变上述运动的大小。上述各部分都由床身支承。

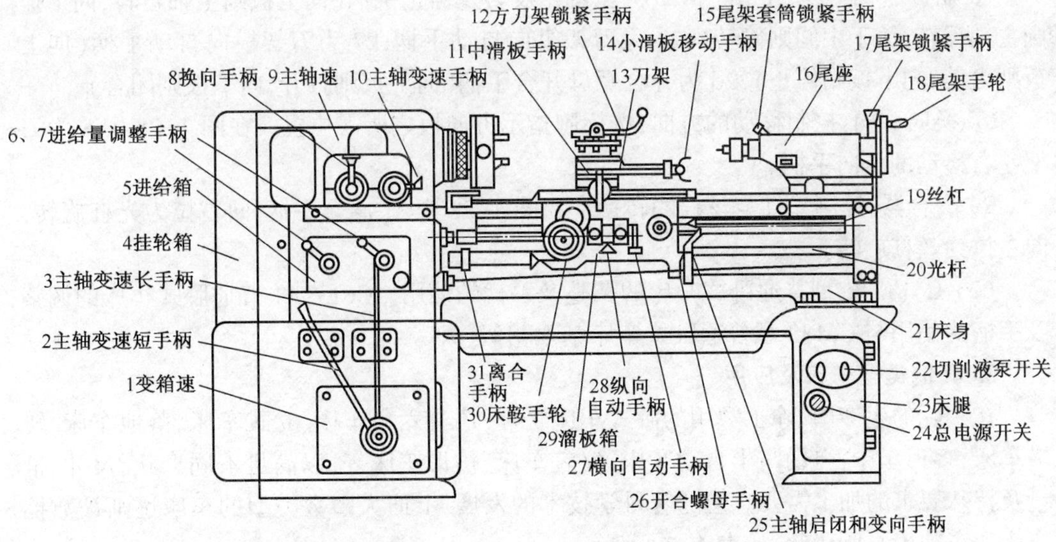

图 4-28　C6132 型普通卧式车床的组成及其各种调整手柄

(1) 主轴箱:安装主轴及主轴变速机构。

(2) 变速箱:安装变速机构,增加主轴变速范围。

（3）进给箱：安装做进给运动的变速机构。

（4）溜板箱：将光杠或丝杠传来的旋转运动，改变为刀架的自动直线进给运动。

（5）光杠与丝杠：将进给箱的运动传给溜板箱。加工螺纹时用丝杠传动，其他表面的自动横向或纵向进给用光杠传动。丝杠的传动精度比光杠高，但二者互锁，不能同时使用。

（6）刀架：用来装夹刀具并带动刀具作纵向、横向、斜向等多方向的进给运动。

（7）尾架：主要用于安装后顶尖以便装夹工件，或安装钻头、中心钻、铰刀等刀具进行孔加工。

（8）床身：主要用来支承和连接各主要部件并保证各部件之间严格、正确的相对位置关系。床身是车床的基础零件，床身上面有内外两组精确的导轨，外侧导轨用于大滑板的移动，内侧用于尾架的移动。

（9）各种操作手柄：用于车床的调整和操作控制。

3）普通卧式车床的调整及手柄的使用

（1）C6132 型普通卧式车床的调整及手柄的使用。C6132 型普通卧式车床的调整主要通过变换各自相应的手柄位置进行的。

① 变速手柄：主要用于变速，按标牌扳至所需位置。在图 4-28 中 2、3、10 为主运动变速手柄，6、7 为进给速度变速手柄。

② 锁紧手柄：主要用于锁紧。在图 4-28 中 12 为方刀架锁紧手柄（顺时针锁紧，逆时针松开），17 尾架锁紧手柄，15 为尾架套筒锁紧手柄。

③ 移动手柄：控制部件的移动。在图 4-28 中 30 为刀架纵向手动手轮，11 为刀架横向手动手柄，14 为小滑板移动手柄，18 为刀架套筒移动手轮。

④ 启停手柄：在图 4-28 中 25 为主轴正反转及停止手柄（向上扳则主轴正转，向下扳则主轴反转，放于中间则停转），28 为刀架纵向自动手柄，27 为刀架横向自动手柄（向上扳则启动，向下扳则停止），26 为开合螺母开合手柄（向上扳则打开，向下扳则闭合）。

⑤ 换向手柄：控制移动的方向，按标牌指示方向扳之所需位置。在图 4-28 中 8 为刀架左右移动的换向手柄。

⑥ 离合器：控制光杠与丝杠的转换。在图 4-28 中 31 离合手柄，向右拉为光杠旋转，向左拉为丝杠旋转。

（2）C6132A1 型普通卧式车床的调整及手柄的使用。C6132A1 普通卧式车床的调整及手柄的使用与 C6132 型普通卧式车床基本相似。

2. 其他类型车床及应用

在实际的生产中，除了常用的卧式车床之外，还有六角车床、立式车床、落地车床、转塔车床、多刀车床、自动与半自动车床、仪表车床、仿形车床等，以满足不同形状、尺寸、批量及特殊要求的加工需要。但随着科学技术的发展，上面大多数类型的车床逐渐被数控车床和车削中心所代替，如表 4-5 所列。

表 4-5　其他类型车床及应用

名称	特点	应用
大型卧式车床	结构简单，有较大动力	用于大中型零件的大批量或成批量生产

（续）

名称	特点	应用
万能卧式车床	有较多级数的主轴转速、进给量及足够的刚度	用于大多数零件（比普通的加工范围广）的单件小批量生产
精密卧式车床	刚度和抗振性好，机床精度高；具有较高的生产效率	用于工具、仪器及各种型面的精密零件的大批量或成批量生产
转塔六角车床	无尾座和丝杠，有旋转刀架，可迅速换刀；因此，可进行多刀多工序加工	常用于加工大批量具有内孔的零件或内外表面均需在一次安装中加工的中型复杂零件
立式车床	主轴垂直地面且有一个直径很大的圆型工作台，并有侧刀架和回转刀架；因此，易装夹笨重工件和保证加工精度	常用于加工径向尺寸大、轴向尺寸较小（二者之比为0.32~0.8O）的大型或重型零件
落地车床	主轴箱落地，没有尾架，而有一个直径很大的花盘；为避免机床重心过高，常安装在地坑中	用于加工直径大、长度短、较轻的圆盘类零件或薄壁筒形零件
多刀车床	有特殊的刀架，可同时安装多把刀具，并进行多刀多工序加工的专用机床	用于加工大批量自身结构允许同时用几把刀具加工的零件
自动与半自动车床	大部分加工操作由机床自身自动完成加工，现在逐渐被数控车床代替	用于形状简单零件（轴、套类）大批量生产的自动加工
数控车床	由计算机控制加工，是自动化程度很高的机床，加工精度高，能进行多工序的复合加工	用于中小型高精度复杂零件的加工

4.3 铣削、刨削与磨削

4.3.1 铣削加工

在铣床上利用铣刀的旋转和工件的移动对工件进行切削加工，称为铣削加工。

铣削加工范围很广，主要用来加工各类平面（水平面、垂直面、斜面）、沟槽（直槽、键槽、角度槽、T形槽、V形槽、圆弧槽、螺旋槽等）和成型面，也可进行钻孔、铰孔和镗孔等。在正常生产条件下，铣削加工的尺寸精度为IT9~IT7，表面粗糙度 $Ra=6.3\sim1.6\mu m$。图4-29所示为铣削加工的部分实例。

铣削加工的主要特点：生产效率较高，刀齿散热条件较好，容易产生振动，加工成本较高。

1. 常用铣床

铣床的种类很多，有卧式铣床、立式铣床、仿形铣床、工具铣床和龙门铣床等。常用的铣床有卧式铣床和立式铣床。

1）卧式铣床

卧式铣床可分为普通卧式铣床和万能卧式铣床，其中万能卧式铣床应用广泛。万能卧式铣床比普通卧式铣床在纵向工作台下面多设置了1个转台。下面以X6132型万能卧式铣床为例介绍铣床的组成及作用。

万能卧式铣床由床身、横梁、主轴、升降台、横向工作台、纵向工作台、转台等组成。如

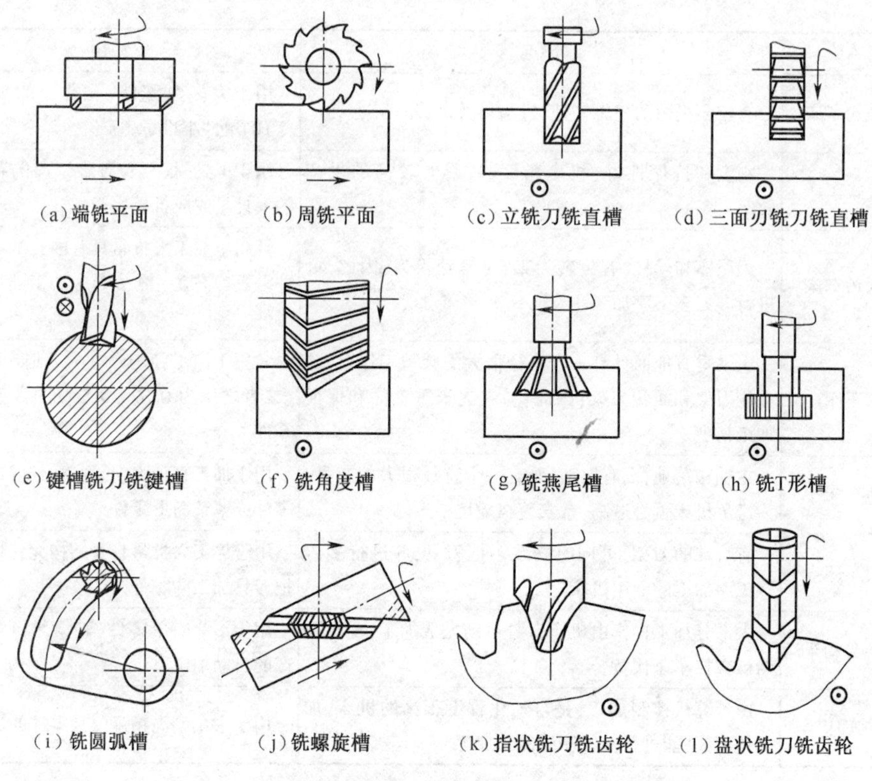

图 4-29　铣削加工的部分实例

图 4-30 所示。

(1) 床身。床身用来固定和支撑铣床各部件，其内部装有主轴、主轴变速箱、电器设备及润滑油泵等。

(2) 横梁。横梁上一端装有吊架，用来支承刀杆，增强刀杆刚性，减少震动；横梁可沿燕尾道轨移动，以调整其伸出的长度。

(3) 主轴。主轴为空心轴，其前端为锥孔，用来安装铣刀或刀轴，并带动铣刀轴旋转。

(4) 升降台。升降台可以带动整个工作台沿床身的垂直导轨上下移动，以调整工件与铣刀的距离和实现垂直进给，其内部装有进给变速机构。

(5) 横向工作台。横向工作台位于升降台上面的水平导轨，可沿升降台上面的导轨做横向移动。

(6) 纵向工作台。纵向工作台用来安装工件和夹具，可沿转台上面的导轨做纵向移动。

(7) 转台。转台可将纵向工作台在水平面扳转一定的角度（正、反均为 0°~45°），以便铣削螺旋槽等。有无转台是万能卧式铣床与普通卧式铣床的主要区别。

(8) 底座。底座用于支承床身和升降台，其内盛切削液。

2) 立式铣床

立式铣床如图 4-31 所示，它与卧式铣床的主要区别是其主轴轴线与工作台台面垂直，有的立式铣床的主轴可以在垂直面左右摆动 45°。立式铣床其他组成部分及其运动与万能卧式铣床基本相同。

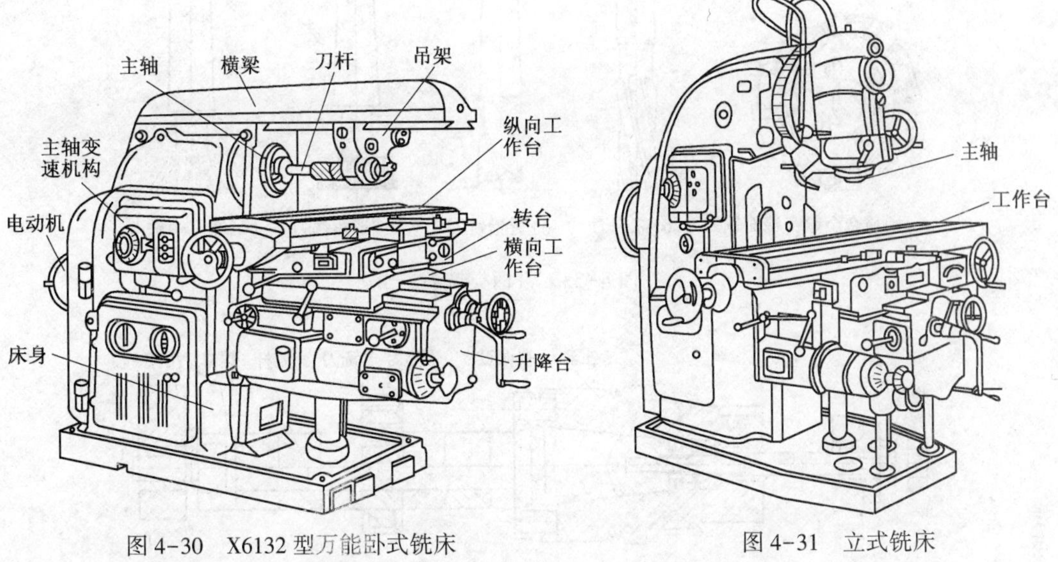

图 4-30 X6132 型万能卧式铣床

图 4-31 立式铣床

2. 铣刀及其装夹

1）铣刀的分类

根据结构类型不同，铣刀分为带孔类铣刀（图 4-32）和带柄类铣刀（图 4-33），带柄类铣刀根据铣刀直径尺寸分为直柄和锥柄。

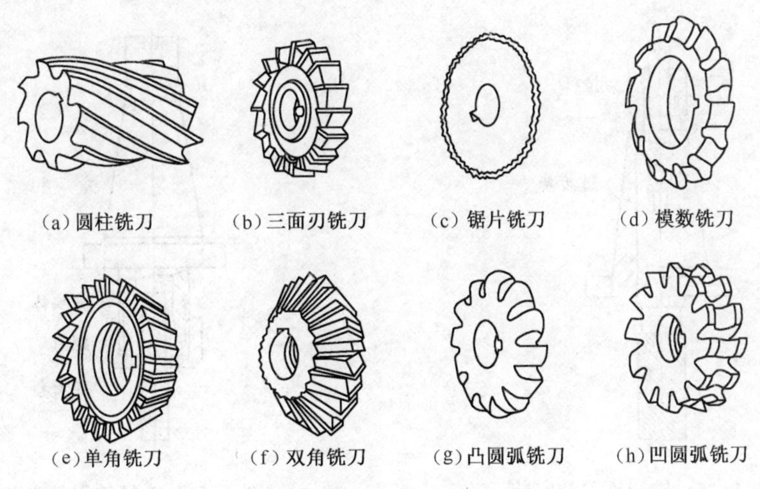

(a) 圆柱铣刀 (b) 三面刃铣刀 (c) 锯片铣刀 (d) 模数铣刀

(e) 单角铣刀 (f) 双角铣刀 (g) 凸圆弧铣刀 (h) 凹圆弧铣刀

图 4-32 带孔类铣刀

2）铣刀的装夹

带孔类铣刀多用于卧式铣床，一般安装在刀杆上。带孔类铣刀中的端铣刀多用短刀杆安装。带孔类铣刀中的圆柱形铣刀、圆盘形铣刀多用长刀杆安装，如图 4-34 所示。

带柄类铣刀多用于立式铣床，锥柄铣刀和直柄铣刀采用不同的安装方法。

锥柄铣刀的安装方法，如图 4-35 所示。安装时，根据铣刀锥柄尺寸，选择合适的过

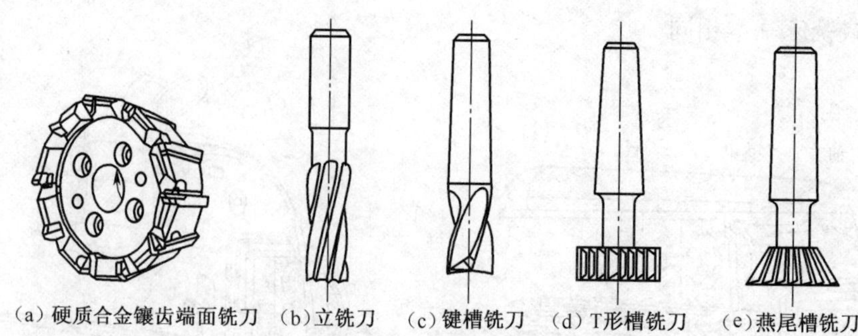

图 4-33　带柄类铣刀

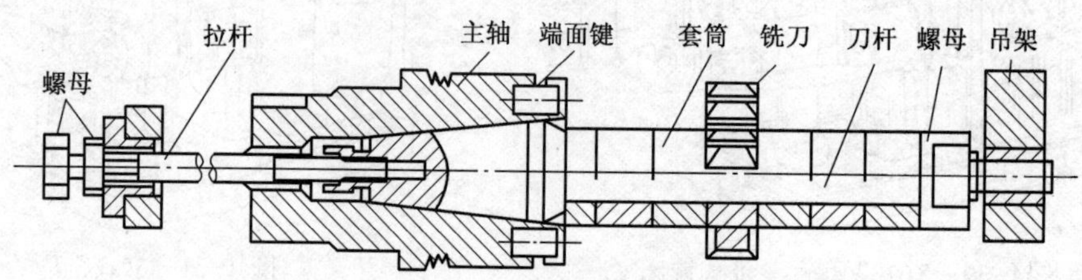

图 4-34　圆柱形、圆盘形铣刀的安装

渡套，将各配合表面擦干净后，用拉杆把铣刀及过渡套一起拉紧在主轴上。

直柄铣刀多为小直径铣刀，这类铣刀的直径一般不大于 20mm。多采用弹簧套进行安装，如图 4-36 所示。

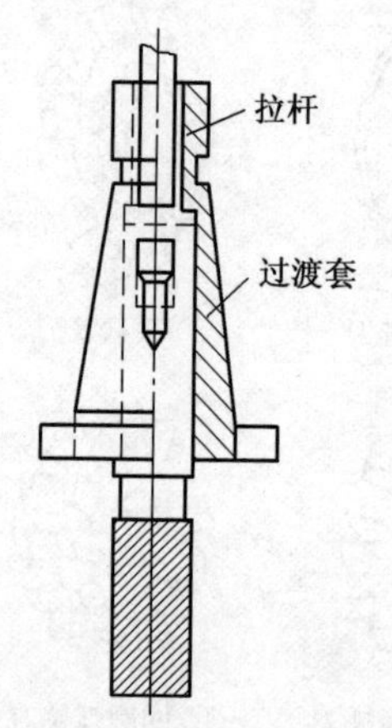

图 4-35　锥柄铣刀的安装

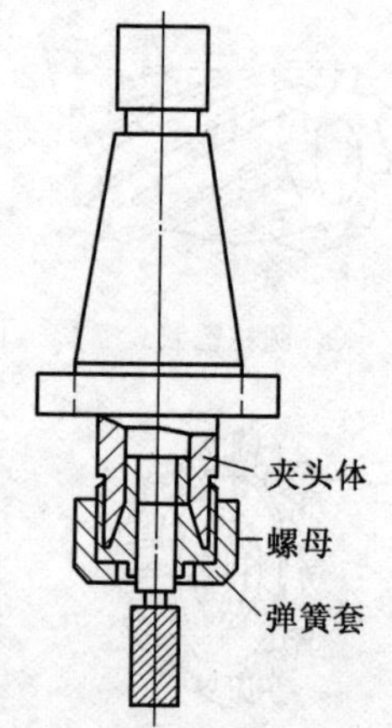

图 4-36　直柄铣刀的安装

3. 工件的装夹

1）工件常用的装夹方式

工件在铣床上的主要安装方法如下：

(1) 通用夹具装夹，如平口钳、分度头、回转工作台、万能立铣头等。

(2) 用压板和螺栓将工件直接压紧在工作台面或其他附件和夹具。

(3) 用专用夹具或组合夹具装夹。

2）铣床的附件

常见的铣床附件有平口钳、回转工作台、分度头和万能立铣头。

(1) 平口钳。平口钳又称为机用虎钳,用于安装尺寸小、形状规则的零件,如图 4-37 所示。

(2) 回转工作台。回转工作台适用于较大工件的分度和非整圆弧槽、圆弧面的加工,如图 4-38 所示。

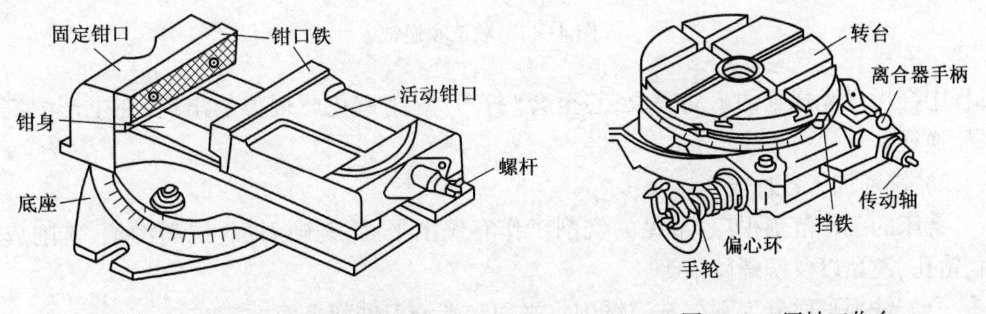

图 4-37 平口钳

图 4-38 回转工作台

(3) 分度头。分度头是用来进行分度的附件。分度头的种类很多,最常见的是万能分度头。分度头常用于将回转体工件在圆周上等分或不等分进行分度,如铣削多边形、齿轮及花键轴等; 把工件安装成所需的角度,如铣斜面等;配合工作台铣螺旋槽等。

(4) 万能立铣头。万能立铣头如图 4-39 所示,铣头主轴可在空间扳转出任意角度。万能立铣头不仅能完成卧式铣床和立式铣床等工作,还能一次装夹对工件进行各种角度的铣削。

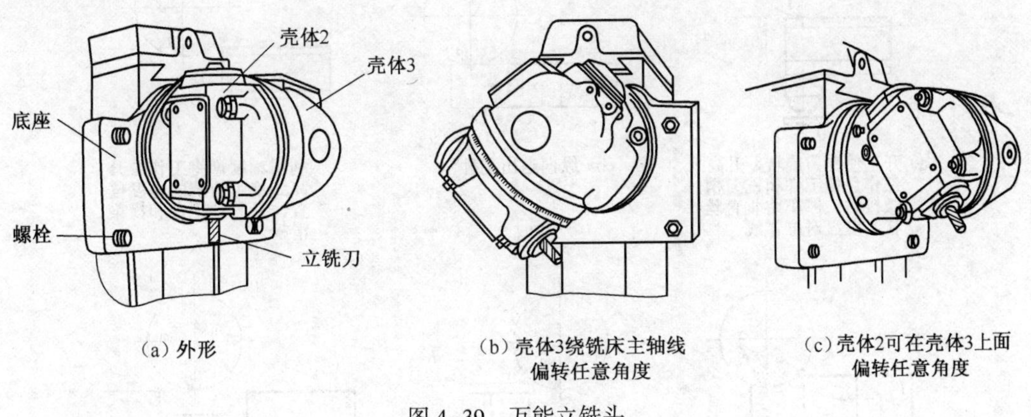

(a) 外形

(b) 壳体3绕铣床主轴线偏转任意角度

(c) 壳体2可在壳体3上面偏转任意角度

图 4-39 万能立铣头

4. 铣削加工的基本操作

1）顺铣和逆铣

用圆柱铣刀进行铣削时,铣削方式可分为顺铣和逆铣。当工件的进给方向与铣削的方向相同时为顺铣,反之,则为逆铣。顺铣和逆铣如图 4-40 所示。

顺铣切削平稳、刀具磨损小、生产效率低,可以获得较低的表面粗糙度值,适于精加工;逆铣与之相反,适于粗加工。顺铣时,由于丝杠和螺母传动存在一定的间隙,因此加工

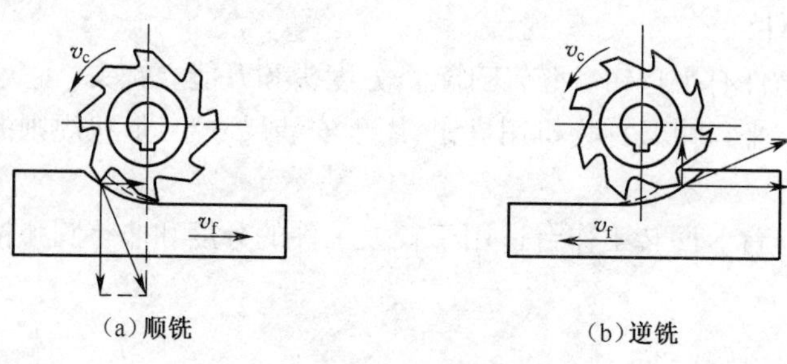

图 4-40　顺铣和逆铣

过程中会出现无规则的窜动现象,甚至会“打刀”。为避免此现象的出现,在生产中广泛采用逆铣。

2）铣削加工各种表面

铣床的工作范围很广,常见的铣削工作有铣削平面、铣削斜面、铣削沟槽、铣削成形面、钻孔、镗孔以及铣螺旋槽等。

（1）铣削平面分为圆柱铣刀铣削水平面和端铣刀铣削平面。

① 圆柱铣刀铣削水平面。在卧式铣床上一般用圆柱铣刀铣削水平面。圆柱铣刀根据齿形的不同可分为直齿和螺旋齿两种。由于在加工过程中直齿圆柱铣刀不如螺旋圆柱铣刀平稳,因此一般多采用螺旋圆柱铣刀加工。在万能卧式铣床上用圆柱铣刀铣削平面的步骤,如图 4-41 所示。

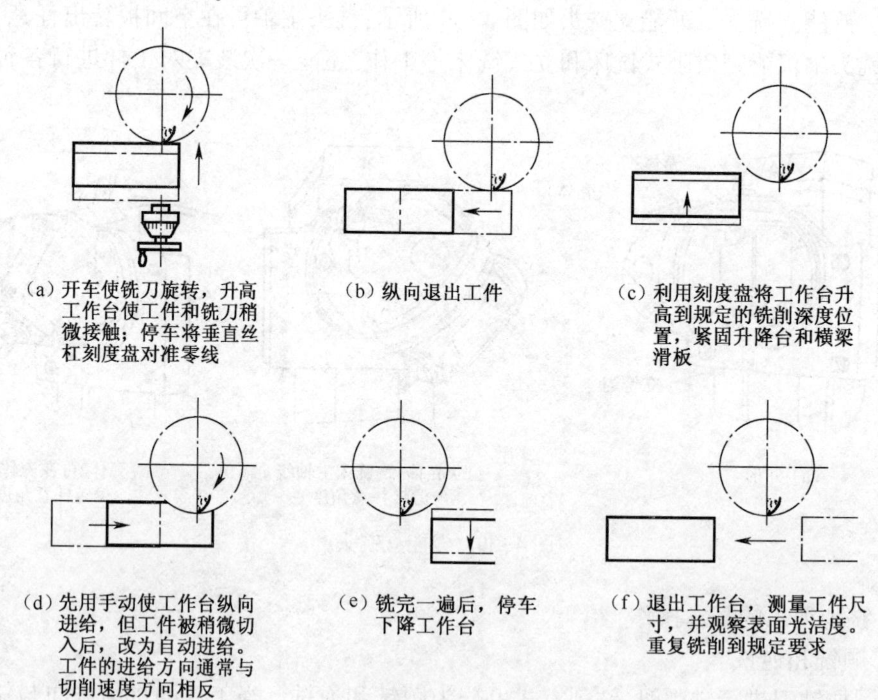

图 4-41　用圆柱铣刀铣削平面的步骤

② 端铣刀铣削平面。在立式铣床或卧式铣床上均可用端铣刀铣削平面。通常采用

镶齿端铁刀镶齿端铣刀进行平面的加工,如图 4-42、图 4-43 所示。与圆柱铣刀相比较,镶齿端铁刀加工特点:由于切削厚度变化小,同时进行切削的齿数多,因此铣削较平稳;端铣刀的周刃承担主要切削工作,端面刃起修光作用,因此表面粗糙度 *Ra* 值小;端铣刀刀杆比圆柱铣刀刀杆短,刚性较好,能减少加工中的振动,提高切削用量。

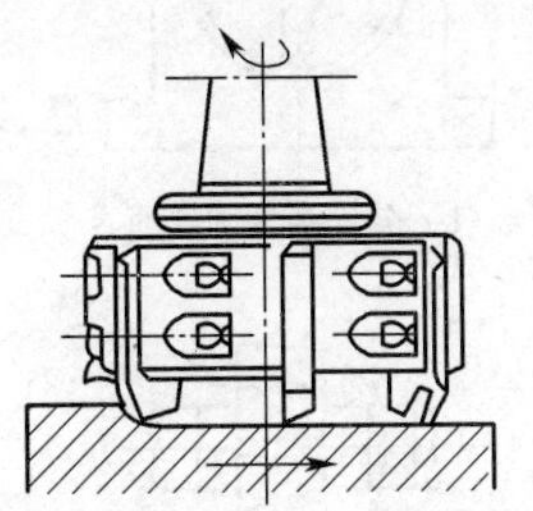

图 4-42 用端铣刀在立式铣床上铣削平面

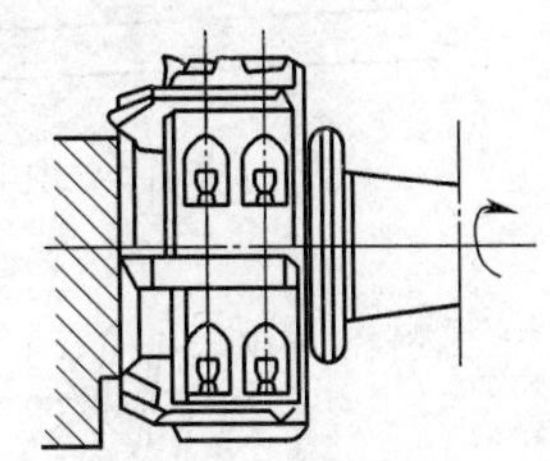

图 4-43 用端铣刀在卧式铣床上铣削平面

③ 立铣刀铁削平面。用立铣刀也可在立式铣床上加工平面。由于立铣刀的直径相对端铣刀的回转直径较小,因此立铣刀加工效率较低,加工较大平面时有接刀纹,表面粗糙度 *Ra* 值较大,但其加工范围广泛。

(2) 铣削台阶面。可以利用三面刃铣刀可以在卧式铣床上进行台阶面的铣削,如图 4-44(a)所示;也可以利用大直径的立铣刀在立式铣床上铣削,如图 4-44(b)所示;在成批量台阶面加工中,可利用组合铣刀同时铣削几个台阶面,从而提高加工效率,如图 4-44(c)所示。

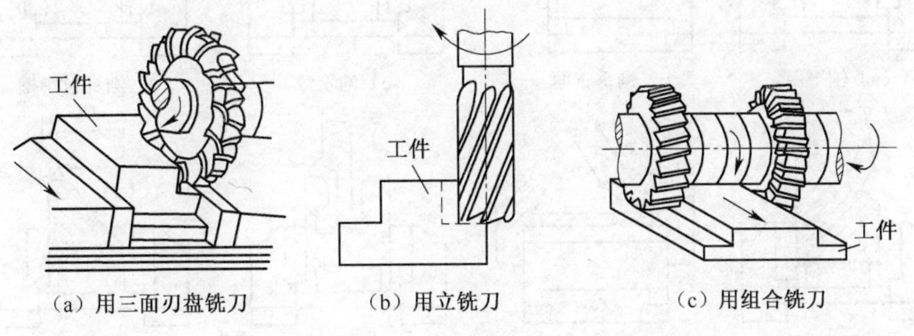

(a) 用三面刃盘铣刀　(b) 用立铣刀　(c) 用组合铣刀

图 4-44 铣削台阶面

(3) 铣削斜面。常用的铣削斜面的方法有四种,分别为垫斜铁铣削斜面、分度头铣削斜面、旋转立铣头铣削斜面、角度铣刀铣削斜面,如图 4-45 所示。

(4) 铣削沟槽。常见的沟槽有键槽、圆弧槽、T 形槽、燕尾槽、螺旋槽等。

(5) 铣削成型面在铣床上一般用成型铣刀加工成型面。

(6) 铣削齿轮。在铣床上利用分度头可以铣削直齿圆柱齿轮、斜齿圆柱齿轮和蜗轮。

4.3.2 刨削加工

在刨床上利用做直线往复运动的刨刀加工工件的过程称为刨削。

刨削加工主要用来加工各种平面、直线形(母线为直线)沟槽和直线形成形面等,如

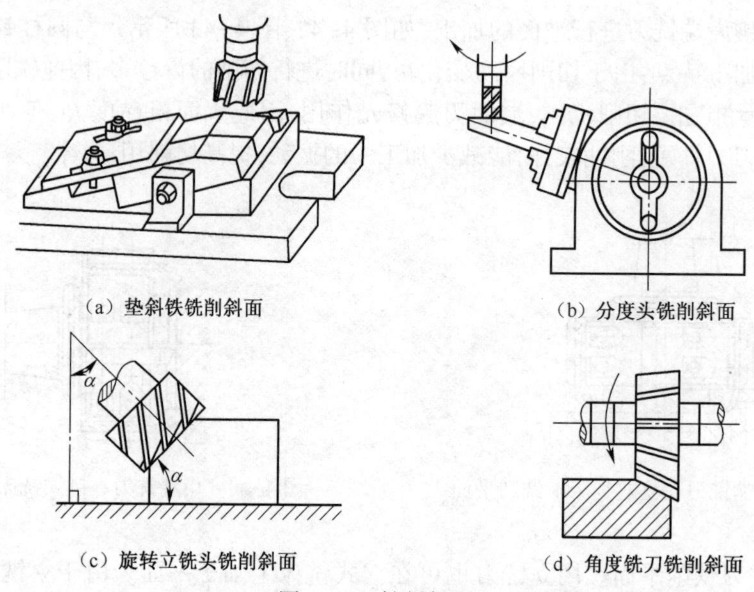

（a）垫斜铁铣削斜面　（b）分度头铣削斜面
（c）旋转立铣头铣削斜面　（d）角度铣刀铣削斜面

图 4-45　铣削斜面

图 4-46 所示。刨削加工工件的尺寸精度一般为 IT9~IT7,表面粗糙度 Ra 值一般为 6.3~1.6μm。在实际生产中,刨削一般用于毛坯加工、单件小批生产、修配等。

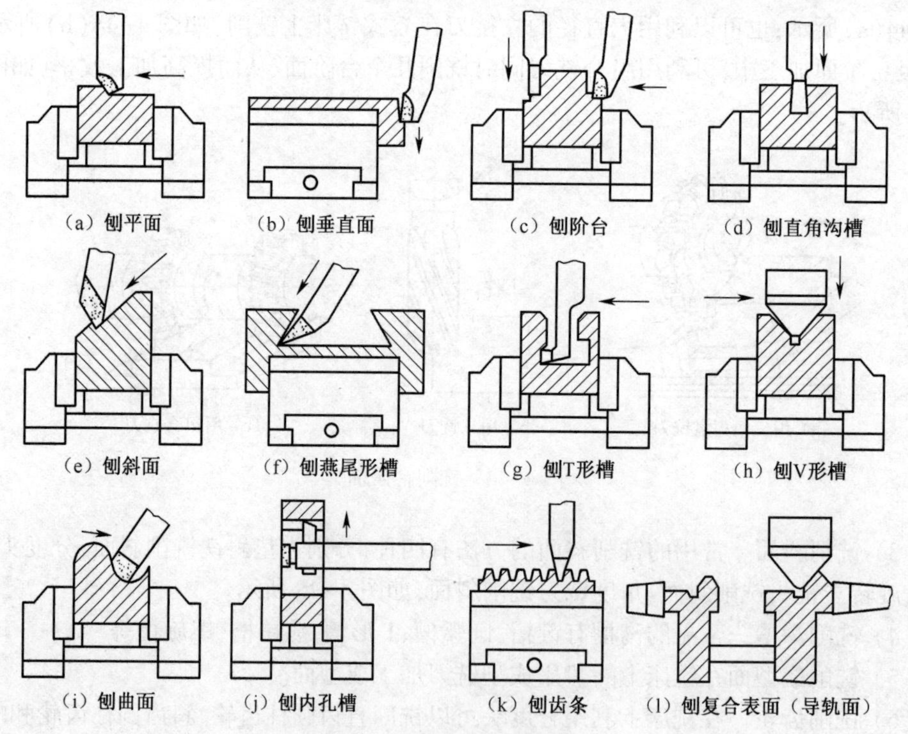
（a）刨平面　（b）刨垂直面　（c）刨阶台　（d）刨直角沟槽
（e）刨斜面　（f）刨燕尾形槽　（g）刨T形槽　（h）刨V形槽
（i）刨曲面　（j）刨内孔槽　（k）刨齿条　（l）刨复合表面（导轨面）

图 4-46　刨削加工的范围

刨削加工的特点:通用性好,生产准备容易;刨床结构简单,操作方便,有时一人可开几台刨床;刨刀制造和刃磨简单;刨削的生产成本较低,尤其对窄而长的工件或大型工件的毛坯或半成品有较高的经济效益;生产效率低。

1. 牛头刨床

常用的刨床为牛头刨床,主要用于加工不超过1m的中型、小型零件。下面以B6065型牛头刨床为例,介绍牛头刨床的组成及其传动系统(图4-47)。

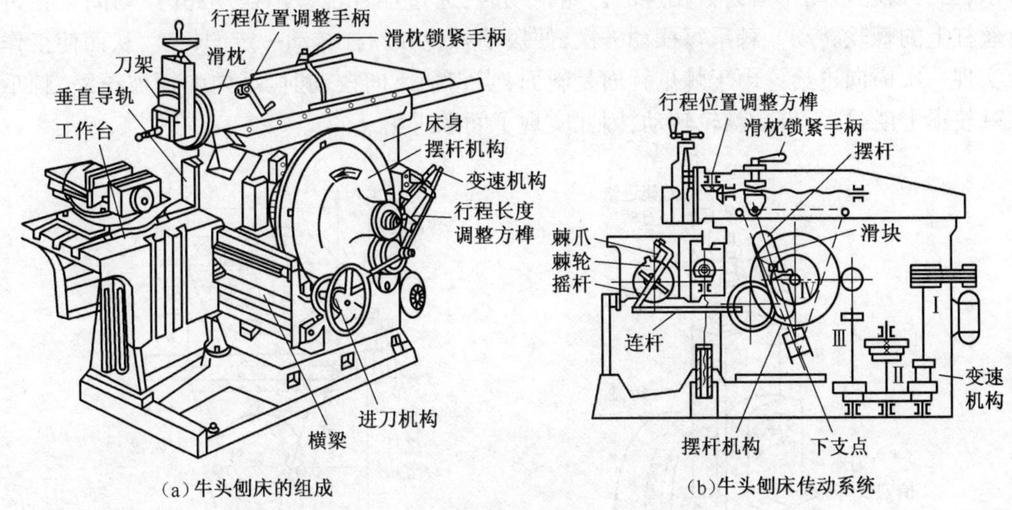

图4-47 B6065型牛头刨床及其传动系统

1）牛头刨床的组成

牛头刨床由底座、床身、滑枕、横梁、工作台、刀架等组成。

(1) 底座。底座用于吊装和安装(支撑和平衡)刨床。

(2) 床身。床身安装在底座上,主要用来支撑和连接各零部件。床身顶面的水平导轨供滑枕做水平直线往复运动,侧面导轨供带动工作台的横梁升降运动。另外,床身内部装有控制滑枕速度和行程长度的变速机构和摇臂机构。

(3) 滑枕。滑枕主要用来带动刀架(或刨刀)沿水平方向做直线往复运动,其运动快慢、行程长度、起始位置均可调整。

(4) 横梁。横梁主要用来带动工作台做上下和左右进给运动,其内部有丝杠螺母副。

(5) 工作台。工作台主要用来直接安装工件或装夹工件的夹具,台面有T形槽供安装螺栓压板和夹具使用。

(6) 刀架。刀架主要用来夹持刀具,转动刀架进给手柄,刀架可上下移动,以调整刨削深度或加工垂直面时作进给运动(图4-48)。松开转盘上的螺母,将转盘扳转一定角度后,可使刀架做斜向进给,以加工斜面。滑板上装有可偏转的刀座,刀座上的抬刀板可使刨刀抬起,使刨刀在回程时充分抬起,防止划伤加工的表面和减少摩擦阻力。

2）牛头刨床的传动系统

(1) 变速机构。变速机构主要用于加工速度的变换,可获得六种不同的加工速度,它由两组滑动齿轮组成。

(2) 摇臂机构(或摆杆机构)。摇臂机构主要把由电动机传递的旋转运动转换为滑枕的直线往复运动。电机的旋转运动由皮带经小齿轮传递给摇臂齿轮,使摇臂齿轮上的偏心滑块在摇臂上的滑槽内来回滑动,迫使摇臂绕支架左右摆动,从而带动滑枕做直线往复运动。滑枕向前和向后运动时,滑块的转角分别为 α 和 $\beta(\alpha>\beta)$,如图 4-49 所示。因此,滑枕向前的工作运动速度慢,向后回程运动速度快,而两端速度为零,中间速度最快。

(3) 棘轮进给机构。棘轮进给机构主要是实现工作台的横向间歇进给。如图 4-50 所示,当大齿轮带动一对齿数相等的齿轮转动时,通过连杆使棘爪摆动,并拨动固定在进给丝杠上的棘轮转动。棘爪每摆动一次,便拨动棘轮和丝杠转动一定的角度,从而使工作台实现一次横向进给。由于棘爪背面是斜面,当它朝反向摆动时,爪内弹簧被压缩,棘爪从棘轮顶上滑过,不带动棘轮转动,因此实现了间歇进给。

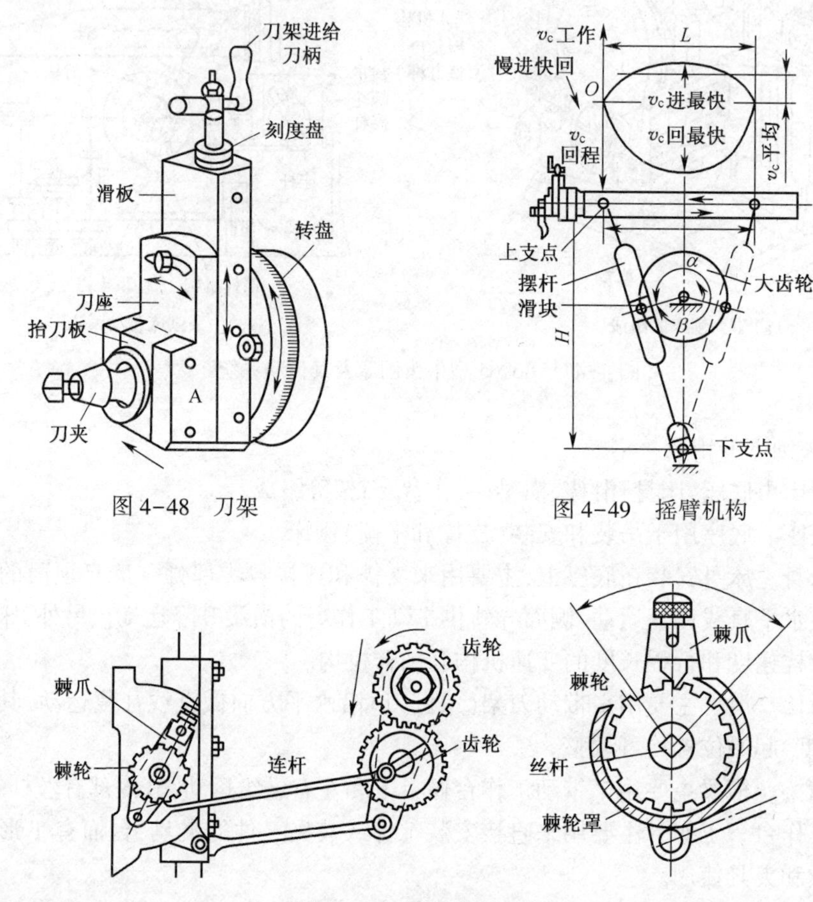

图 4-48　刀架

图 4-49　摇臂机构

图 4-50　棘轮进给机构

2. 刨刀及其装夹

1) 刨刀的结构特点

刨刀的几何形状和结构与车刀相似,但由于刨削为断续切削,刨刀在切入时受到较大的冲击力,因此要求刨刀具有较高的强度。刨刀刀体的横截面一般比车刀大 1.25~1.5 倍;刨刀的前角 γ 比车刀稍小,刃倾角 λ 一般取较大的负值;刨刀的刀杆(或刀体)常作成弯形,如图 4-51(a)所示。因为当刀杆(或刀体)受力产生弹性弯曲变形后可绕 O 点转动而使刀刃抬起,从而避免损坏刀头或啃入工件。特别是加工较硬材料如铸铁时,刀杆通常作成弓形(图 4-51)。

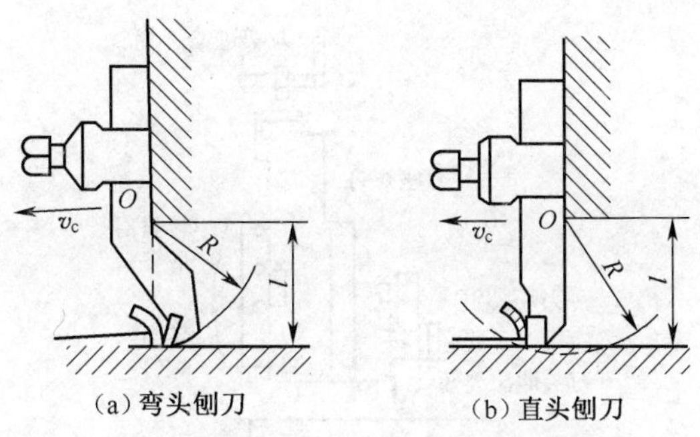

图 4-51 刨刀受力后的变形情况

2) 刨刀的种类和应用

按用途和加工方式不同,刨刀的种类及应用如表 4-6 所列。

表 4-6 刨刀的种类及应用

刨刀名称	应用及示例	刨刀名称	应用及示例	刨刀名称	应用及示例	刨刀名称	应用及示例
左平面刨刀	刨削平面	右平面刨刀	刨削平面	圆头刨刀	来回刨削	宽刃精刨刀	精刨削平面
左右偏刀	刨削垂直面	偏刀	刨削斜面	角度偏刀	刨削燕尾槽面	弯切刀	刨削 T 形槽
切刀	刨削直槽	切刀	刨削斜槽	成型刨刀	刨削成型面		

3) 刨刀的正确装夹

刨削水平面时,刨刀的正确装夹如图 4-52 所示。首先,松开刀架上的转盘螺钉,调整转盘刻度对准零线;然后,转动刀架进给手柄,使刀架下端与转盘底侧基本相同;最后,将刨刀插入刀夹内,刀头伸出量不要太长,拧紧固定螺钉。刨削斜面时,先松开刀座螺钉,将刀座旋转到所需角度。

3. 刨削各种表面

1) 刨床夹具及工件的装夹

在刨床上常用的夹具及工件的装夹方法一般有以下几种。

(1) 平口钳及其装夹。平口钳一般用于装夹形状简单、规则的小型零件,如图 4-53 所示。

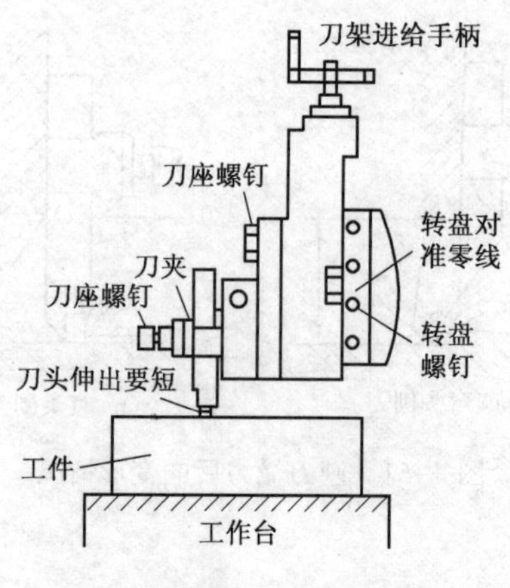

图 4-52 刨刀的正确装夹

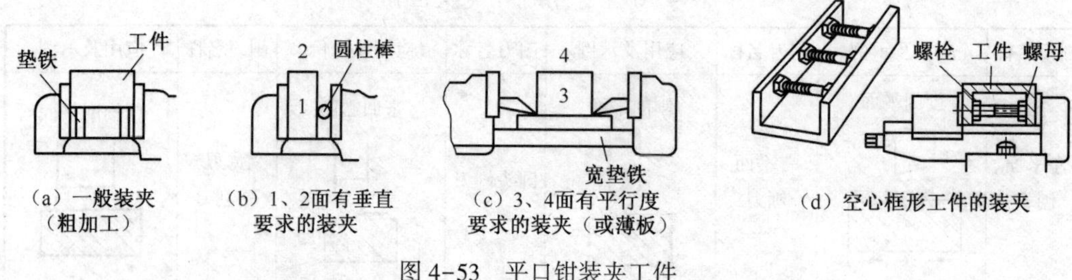

图 4-53 平口钳装夹工件

2）工作台、压板、螺栓及其装夹。当加工较大尺寸或形状特殊的工件时，平口钳不能满足装夹要求，可采用不同的工具直接将工件装夹在工作台上。常用的装夹工具有压板、螺栓、垫铁等，其装夹方法如图 4-54 所示。

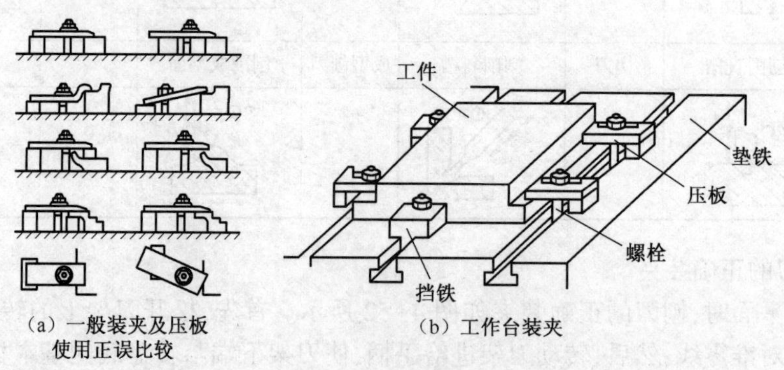

图 4-54 工作台、压板、螺栓及辅具装夹

2）刨削平面

(1) 刨削水平面。刨削平面的具体操作步骤如下：

① 刀具的选择与装夹。根据工件的材料、加工表面的精度及表面粗糙度选择刨刀。粗刨时选用普通直头或弯头平面刨刀，精刨时选用较窄的圆头精刨刀（圆弧半径为 3～5mm），刀具选好后正确装夹。

② 工件的装夹。工件采用平口钳装夹。

③ 机床的调整。调整刨刀的行程长度、起始位置、行程速度、工作台的高度。

④ 进给量的选择及调整。

⑤ 加工。开车加工成型。

(2) 刨削垂直面与斜面。刨削垂直面与斜面具体操作如下:

① 刨削垂直面,如图 4-55 所示。选用偏刀,装夹刀具时,刨刀伸出长度应大于整个刨削面的高度,刀座必须偏转一定的角度(一般为 10°~15°),使其偏离工件。刨刀沿垂直方向进给,主要加工台阶面或长工件的端面。

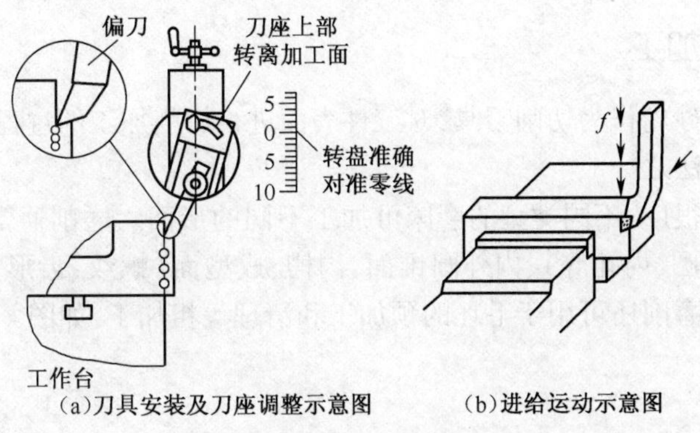

(a)刀具安装及刀座调整示意图　(b)进给运动示意图

图 4-55　刨削垂直面

② 刨削斜面。刨削斜面与刨削垂直面的操作大致相似。采用倾斜刀架法,即将刀架偏转一定的角度(应等于工件的斜面与铅垂直面的夹角),同时刀座也偏转,其角度和方向与刨削垂直面相同。刨削的斜面可分为内斜面和外斜面,其刨削如图 4-56 所示。

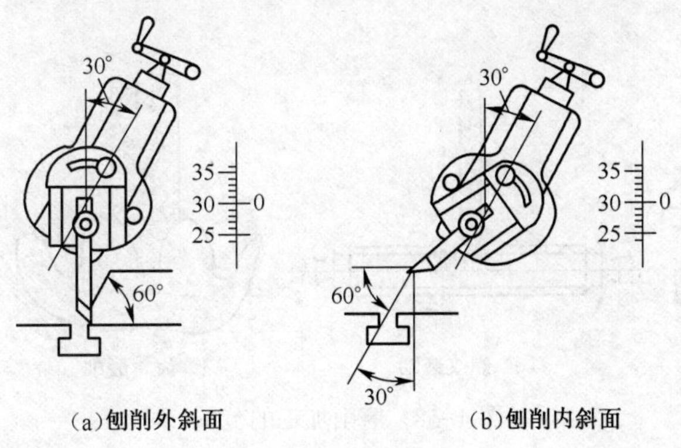

(a)刨削外斜面　(b)刨削内斜面

图 4-56　刨削斜面

3) 刨削沟槽

在各类机床的工作台以及部分夹具的工作支承面上都有 T 形槽,它用来装夹固定工件或夹具。图 4-57 所示为刨削 T 形槽。

4) 刨削直线形成型面

直线形成型面的刨削一般采用划线法、成型刀法、靠模法加工。

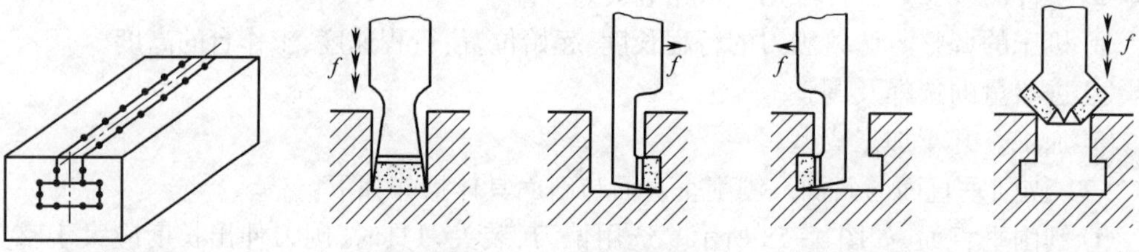

（a）T形槽划线　（b）刨削直槽　（c）刨削右侧凹槽　（d）刨削左侧凹槽　（e）槽口倒角

图 4-57　刨削 T 型槽

4.3.3　磨削加工

在磨床上利用砂轮作为切削刀具，对工件表面进行切削加工的过程称为磨削，它是工件精加工的常用方法之一。

磨削加工范围很广，不同类型的磨床可加工不同的形面。磨削通常可精加工各种平面、内外圆柱面（外圆、内孔等）、内外圆锥面、沟槽、成型面（螺纹、齿形等）以及刃磨各种刀具和工具；此外，磨削还可用于毛坯的预加工和清理等粗加工，如图 4-58 所示。

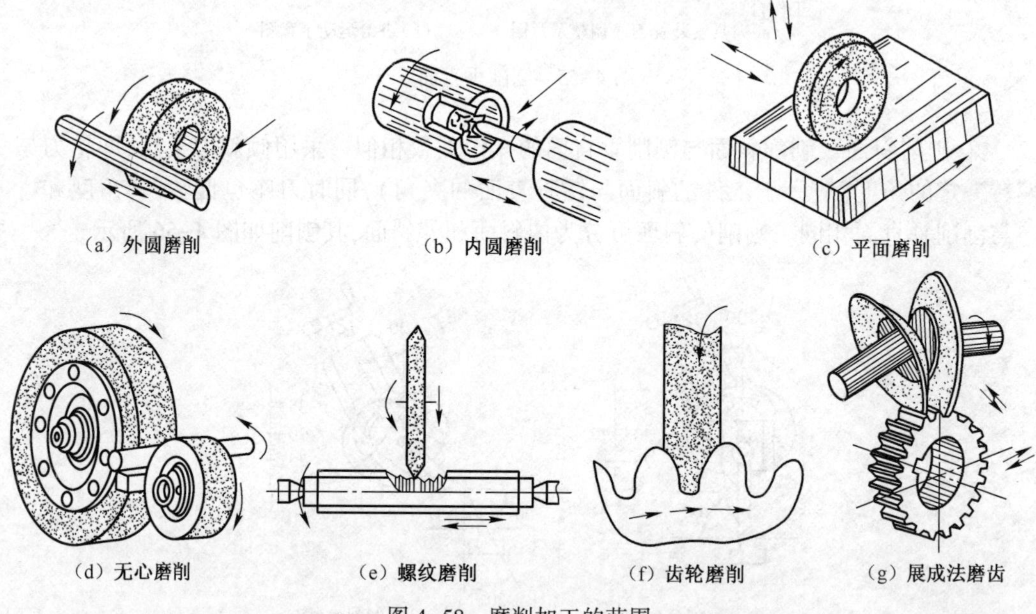

（a）外圆磨削　（b）内圆磨削　（c）平面磨削　（d）无心磨削　（e）螺纹磨削　（f）齿轮磨削　（g）展成法磨齿

图 4-58　磨削加工的范围

磨削加工的特点：加工质量高 磨削加工的尺寸精度一般为 IT6～IT5，表面粗糙度值 Ra 为 0.8～0.2μm；可加工高硬度材料，如淬火钢、硬质合金、陶瓷、玻璃及高硬度的复合材料等；应用范围广；加工温度高，磨削时必须使用大量的切削液来冷却；需要预加工；径向分力大，易使加工工艺系统变形，影响工件精度。

1. 磨床

常用的磨床有万能外圆磨床、普通外圆磨床、内圆磨床、平面磨床、无心磨床、工具磨床、齿轮磨床、螺纹磨床等类型。下面以 M1432A 型万能外圆磨床为例，简单介绍其组成及传动方式等。

1）万能外圆磨床的组成

万能外圆磨床由床身、砂轮架、头架、尾架、工作台、内圆磨头等组成，如图 4-59 所示。

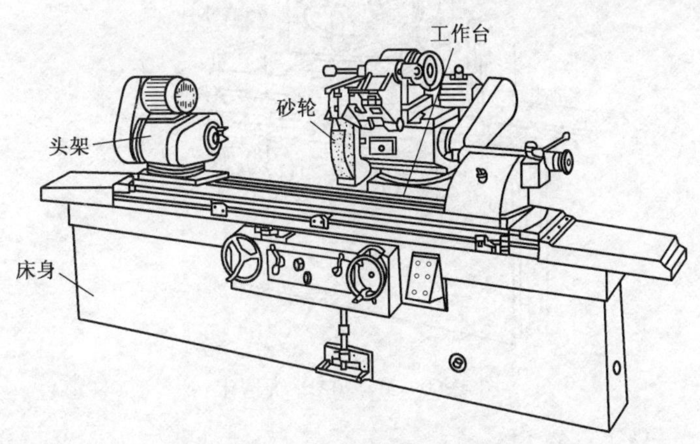

图 4-59 M1432A 型万能外圆磨床

(1) 床身。床身安装在底座上，主要用来支撑和连接各零部件。床身上部装有工作台和砂轮架，内部装有液压传动系统(工作平稳，无冲击振动)。床身的纵向导轨供工作台移动用，横向导轨供砂轮架移动用。

(2) 砂轮架。砂轮架主要用来安装砂轮，并有单独电动机通过皮带传动使其高速旋转。砂轮架可在床身后部的的导轨上做横向移动(移动方式有自动间歇进给、手动进给、快速趋向工件和退出)并能绕垂直轴旋转一定的角度。

(3) 头架。头架主要在其主轴上安装顶尖、拨盘或卡盘等，以便装夹工件。头架上的主轴由单独电动机通过皮带和变速机构传动，使与其相连的工件获得不同的转动速度，且头架可在水平面内偏转一定的角度。

(4) 尾架。尾架主要用来支承工件的另一端，其内部有顶尖。尾架在工作台上可做纵向移动，其位置可根据所要加工工件的长度进行调整。扳动尾架上的杠杆，顶尖套筒可以伸出或缩进，以便装夹工件。

(5) 工作台。工作台主要用来直接安装尾架、换向挡块(操纵工作台自动换向，也可手动)、砂轮修整工具等，台面上有 T 形槽供安装使用。工作台分为上下两层，上层可在水平面内偏转一个不大的角度(±8°)，以便磨削锥度较小的圆锥面。

(6) 内圆磨头。内圆磨头主要安装磨削内圆表面用的砂轮。它的主轴由另外一个电动机带动并可绕支架旋转，使用时翻下，不用时翻向砂轮架上方。

2）万能外圆磨床液压传动

万能外圆磨床的工作台直线往复运动以及砂轮的自动径向进给与快速自动后退和趋近等都采用液压传动。与机械传动相比较，液压传动具有工作平稳、无冲击、无振动、调速和换向方便、易实现自动化等特点。

3）其他常见磨床

其他常见磨床有平面磨床(图 4-60)、内圆磨床和无心磨床等。

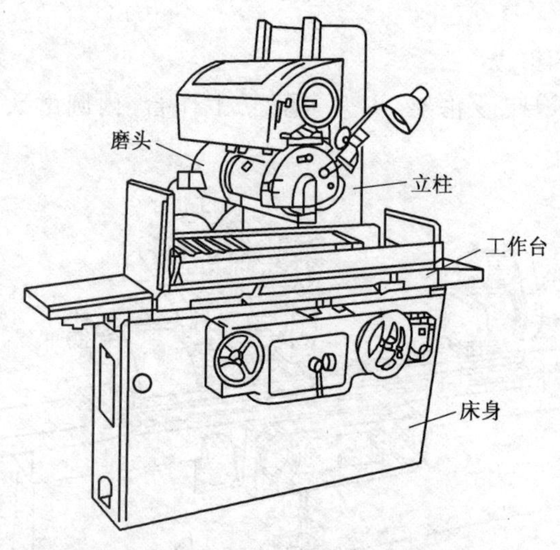

图 4-60 M7120A 平面磨床

2. 砂轮及其装夹

1）砂轮的结构及特性

砂轮是磨削的主要工具，它主要由磨粒和结合剂按一定比例黏结在一起，即由磨粒、结合剂、空隙三要素组成，经压缩后焙烧而成的疏松多孔体，如图 4-61 所示。磨粒形成切削刃口，起切削作用；结合剂固定各磨粒；空隙有助于排屑和冷却。砂轮的特性由磨料、粒度、结合剂、硬度、组织、形状和尺寸等因素决定。

（1）磨料。磨料是制造砂轮的主要原料，具有很高的硬度、耐热性、一定的韧性等。

（2）粒度。粒度是磨料颗粒的大小。

（3）结合剂。结合剂是将磨粒黏结成具有一定强度、形状和尺寸的砂轮。

（4）硬度。硬度是指砂轮工作表面上的磨粒，在切削力的作用下自行脱落的难易程度。

（5）组织。组织是指磨料、结合剂、空隙之间的比例关系，也指砂轮的疏密程度。

（6）形状和尺寸。形状和尺寸是保证磨削各种形状和尺寸工件的必要条件。

2）砂轮的安装

砂轮的安装如图 4-62 所示。

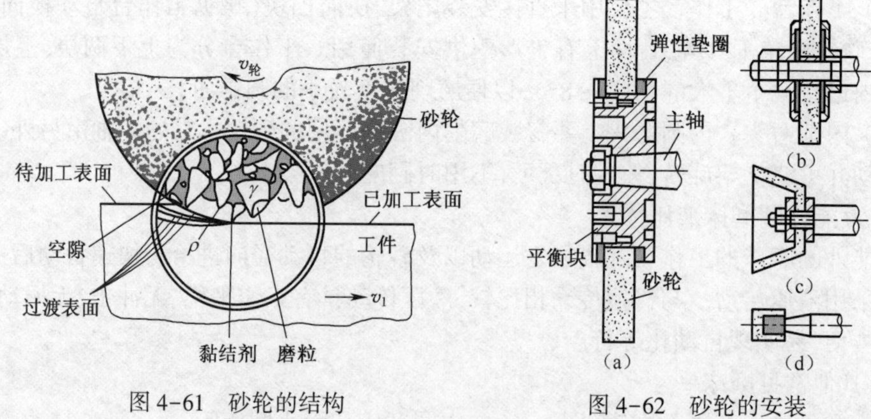

图 4-61 砂轮的结构

图 4-62 砂轮的安装

3. 磨削各种表面

1）磨削外圆

磨削外圆一般在普通外圆磨床、万能外圆磨床及无心磨床上进行。万能外圆磨床上工件的装夹与卧式车床的装夹基本相同，一般采用前后顶尖装夹、三爪卡盘、四爪卡盘、花盘、心轴等。其不同之处在于用前后顶尖装夹时，磨削顶尖不随工件一起转动且中心孔在装夹前需要修研，以提高加工精度。

磨削外圆一般采用以下几种基本方法，常用的方法有纵磨法和横磨法，如图 4-63 所示。

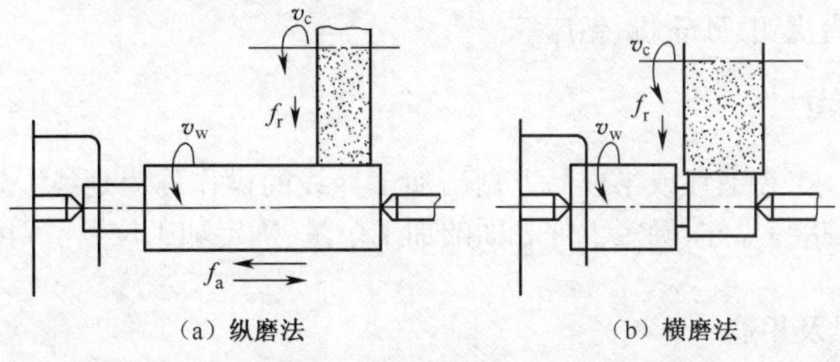

（a）纵磨法　（b）横磨法

图 4-63　磨削外圆的方法

（1）纵磨法。在磨削时，砂轮高速旋转为主运动，工件低速旋转并随工作台做纵向直线往复地进给运动。在工件往复行程的终点，砂轮再做周期性的径向间歇进给，如图 4-63(a)所示。纵磨法加工质量高，但加工效率较低。其一般用于单件、小批量生产中磨削长度与直径之比较大的工件（细长件）及精磨，在目前的实际生产中应用最广。

（2）横磨法。在磨削时，工件无往复直线进给运动，砂轮以很慢的速度做连续或断续地径向进给，直至加工余量全部磨去，如图 4-63 (b)所示。横磨法生产效率高，但加工质量差。其一般用于成批或大批量生产中刚性好且磨削长度较短的工件、台阶轴、轴颈和工件的粗磨等。

2）磨削平面

磨削平面一般在平面磨床上进行。导磁性工件常用电磁吸盘装夹，非导磁性工件及其他不方便吸附在平面上的工件使用夹具装夹，有较高加工精度要求且需圆弧分度磨削斜面的可使用永磁吸盘装夹。

根据磨削时砂轮工作表面的不同，磨削平面的方法有两种，即周磨法、端磨法，如图4-64所示。

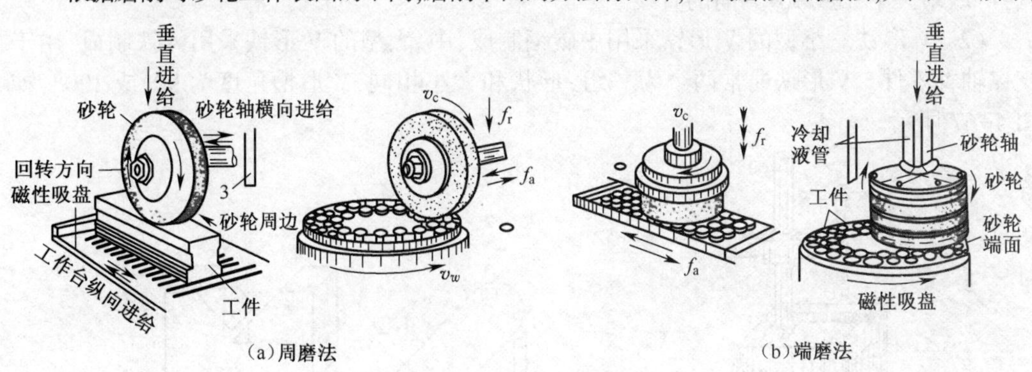

（a）周磨法　（b）端磨法

图 4-64　磨削平面的方法

（1）周磨法。周磨法是用砂轮的圆周面磨削工件上的平面，一般用于精磨及磨削易翘变形的工件。

(2) 端磨法。端磨法是用砂轮的端面磨削工件上的平面,一般用于粗磨及磨削形状简单的工件。

4.4 钳工与装配

钳工是手持工具改变工件的形状、尺寸或确定工件之间相互位置的加工。其基本操作包括划线、锉削、錾削、锯削、钻孔、扩孔、锪孔、攻丝、套扣、刮削、研磨、装配等。其主要用于生产前的准备、单件和小批量生产的加工、部件装配和设备维修工作。钳工常用设备有钳工工作台、台虎钳、砂轮机、钻床等。

4.4.1 划线

根据图纸要求,在毛坯或半成品上划出加工界线的操作称为划线。划线的作用是为了检查毛坯的形状与尺寸,确定工件表面的加工余量,确定加工位置。划线的种类有平面划线和立体划线。

1. 划线工具及用途

1) 基准工具

划线的基准工具是划线平板(图 4-65)。其上面的平面是划线的基准平面,要求平整、光洁。

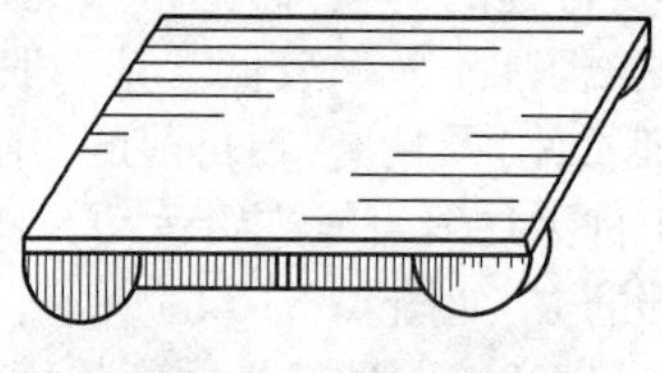

图 4-65 划线平板

2) 支撑工具

(1) 方箱。方箱是由铸铁制成的空心立方体,如图 4-66 所示。其各面都经过精加工,相邻平面相互垂直,相对平面相互平行,其上面有 V 形槽和压紧装置。V 形槽用来安装轴、套、圆盘等圆形工件。方箱用于夹持尺寸较小而加工面较多的工件。通过翻转方箱,可以划三个互成 90°方向的直线。

(2) V 形铁。小型的 V 形铁采用中碳钢制成,中、大型的 V 形铁采用铸铁制成,用于支撑轴类零件。V 形铁通常两个为一组,形状和大小相同,V 形槽角度为 90°或 120°,如图 4-67 所示。

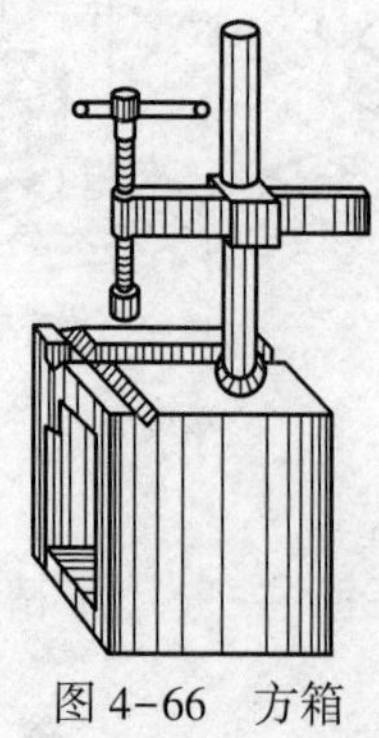

图 4-66 方箱

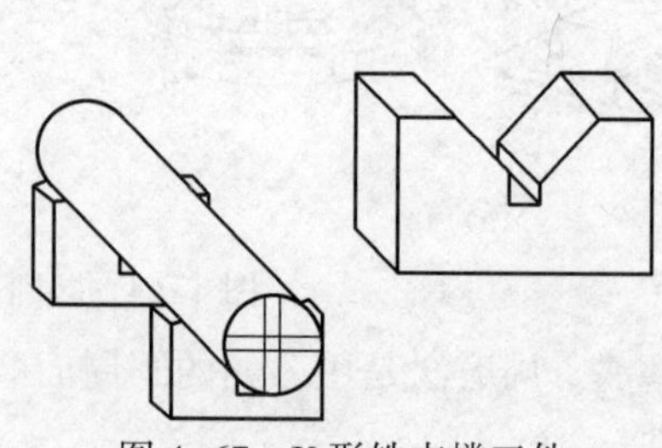

图 4-67 V 形铁支撑工件

(3) 千斤顶。千斤顶的螺杆材料为中碳钢,底座材料为铸铁或中碳钢,适合支撑较大工件。用三个千斤顶支承工件,调节螺母,使工件水平(图 4-68),为确保支承平稳安全,千斤顶的支承点间距要尽可能大。

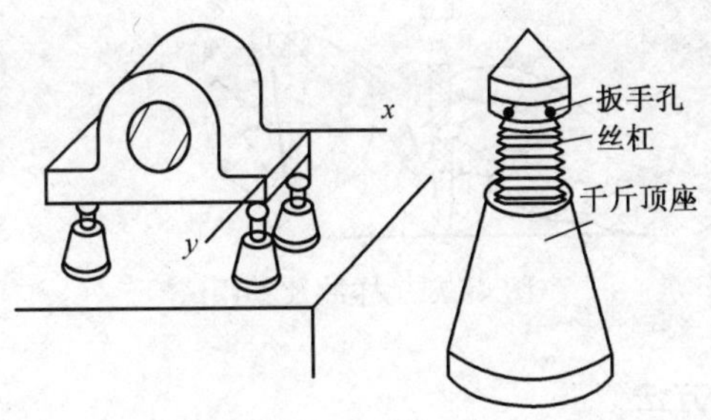

图 4-68 千斤顶支撑工件

3) 划线工具

(1) 划针。划针是划线的基本工具,用碳素工具钢制成,其用法如图 4-69 所示。

(2) 划针盘。划针盘是带有划针的可调划线工具(图 4-70)。

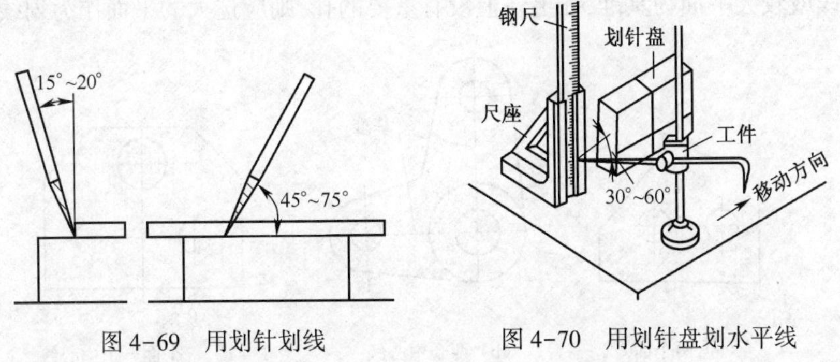

图 4-69 用划针划线　　图 4-70 用划针盘划水平线

(3) 划规及划卡。划规的形状如绘图用的圆规,可用于划圆、量取尺寸和等分线段(图 4-71);划卡又称:单脚规,可用以确定轴及孔的中心位置,也可用来划平行线(图 4-72)。

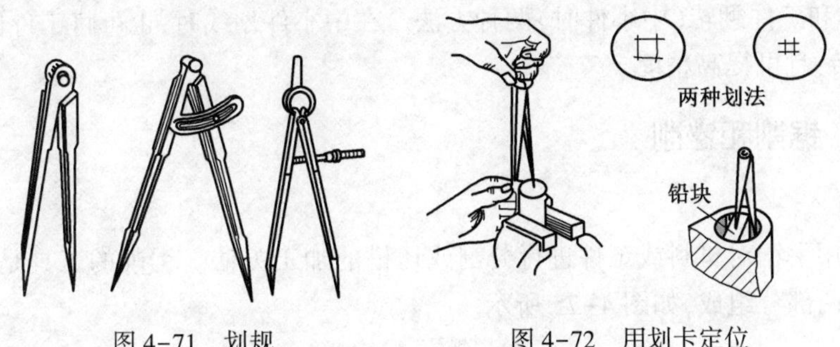

图 4-71 划规　　图 4-72 用划卡定位

(4) 高度尺。高度尺是由钢尺和尺座组成,其与划针盘配合使用,以确定划针高度,如图 4-70 所示。

(5) 样冲。样冲是在工件上打样冲眼的工具。划好的线段和钻孔前的圆形都需打样冲眼，以避免擦去所划线段和便于钻头定位。样冲的使用方法，如图 4-73 所示。

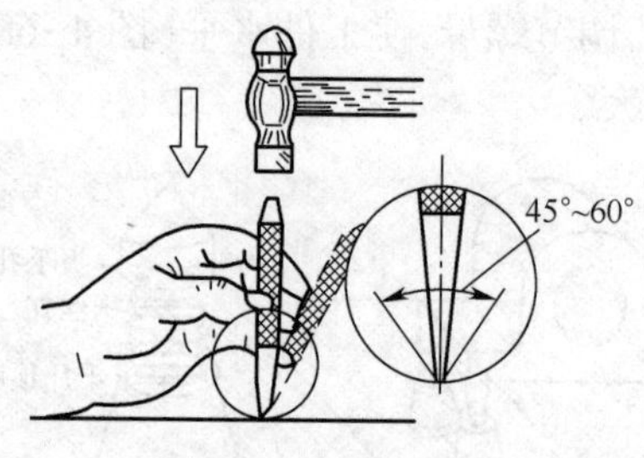

图 4-73　样冲及其用法

2. 划线基准及划线方法

基准是零件上用来确定点、线、面位置的依据。作为划线依据的基准称为划线基准。选择划线基准的基本出发点是应与设计基准相一致。

（1）平面划线的基准选定。凡工件表面已划好的各种线，如中心线、水平线、垂直线等都可作为基准。工件上已加工的边也可作为基准，如图 4-74 所示。

（2）立体划线基准选定。尽量选用工件上已加工过的表面；工件为毛坯时，应选用重要孔的中心线或较大平面为基准，如毛坯上没有重要的孔，则应选大的平面作为划线基准。

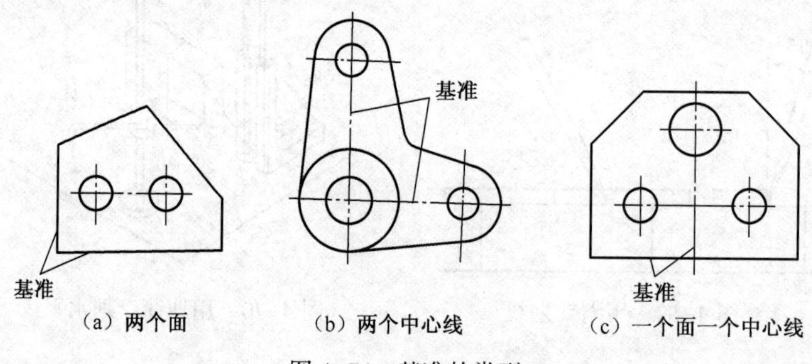

图 4-74　基准的类型

（3）划线方法。平面划线的方法，与平面作图方法类似；立体划线的方法，有高度不动（大件时）和工件翻转（中小件时）两种方法。在中小件划线时，也可将工件固定在方箱上，利于翻转，且可提高精度。

4.4.2　锯削和锉削

1. 锯削

锯削是用手锯对材料或工件进行分割或切槽的加工方法。锯削的工具是手锯，是由锯弓和锯条两部分组成，如图 4-75 所示。

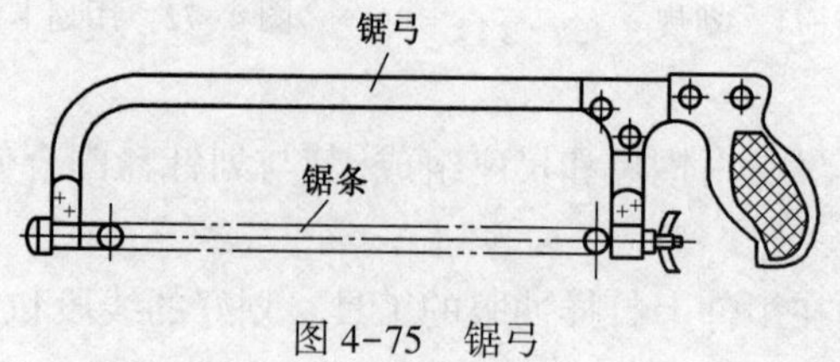

图 4-75　锯弓

锯条的锯齿有粗细之分,在锯削时,在锯条上同时工作的齿数不应少于2~4个,否则容易产生崩齿。为了提高生产效率,尽量选用大值齿距。当锯切软材料或厚件时用粗齿(齿数有14~18个)。当锯切硬材料或薄件时,选用细齿(齿数有24~32个)。

锯削操作分起锯、锯削和结束三个阶段,具体如下:

(1) 起锯。用左手拇指指甲靠紧锯条,控制锯缝位置,右手稳推手柄。起锯角度约为10°~15°,如图4-76所示。锯弓往复行程要短,压力要轻,速度要慢。锯出锯口后,逐渐将锯弓改成水平方向。

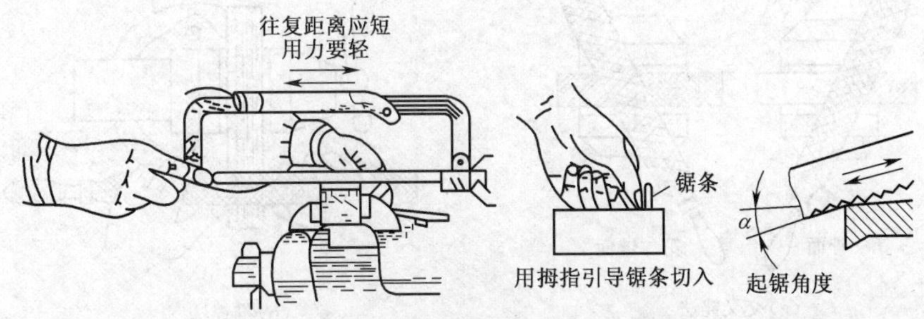

图4-76 起锯方法

(2) 锯削。在正常锯削时,锯条做往复直线运动,速度为每分钟20~40次,但硬材料应适当慢些。锯削时不能左右晃动,用力要均匀。

(3) 结束。在快锯断时,速度要慢,用力要轻,行程要短。

2. 锉削

锉削是用锉刀对工件进行加工的操作。加工范围包括平面、曲面、内孔、台阶面及沟槽等。锉削精度可达IT8~IT7,表面粗糙度 Ra 值可达0.8μm。

1) 锉刀

锉刀是用碳素工具钢制成并经淬火处理的一种锉削工具。它是由锉面、锉边和锉柄等部分组成,其结构如图4-77所示。锉刀的齿纹大多数制成双纹,这样锉削省力,且铁屑不易堵塞锉面。

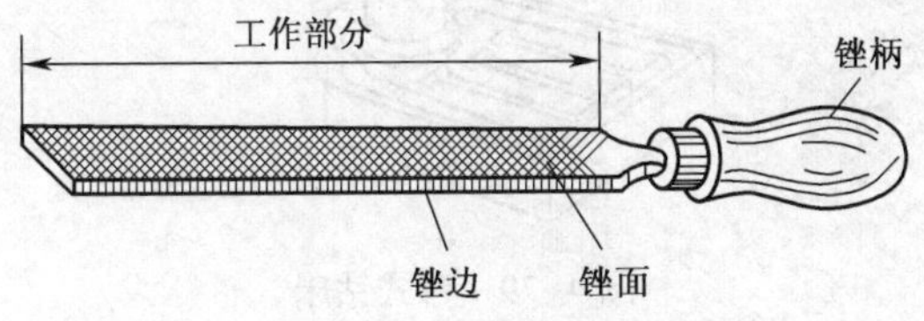

图4-77 锉刀结构

按用途不同分类,锉刀可分为普通锉、特种锉和整形锉(什锦锉)三类。

普通锉刀按其截面形状不同,可分为平锉、方锉、圆锉、半圆锉和三角锉五种;按其长度不同,可分为100mm、150mm、200mm、250mm、300mm、350mm及400mm七种;按其齿纹单向或是双向分类,可分为单齿纹和双齿纹两种;按其齿纹粗细不同可分为粗齿、中齿、细齿、粗油光(双细齿)、细油光五种。

锉刀的长度根据工件加工面和加工余量的大小来选择。锉刀的截面形状根据工件加工面的形状来选择。锉刀的齿纹粗细根据工件材料的硬度、加工余量的大小、加工精度和表面粗糙度来选择。

2）锉削方法

粗锉时，常用直锉和交叉锉（图 4-78（a）），交叉锉法效率高且能判断加工部分是否锉平。当平面基本锉削平滑，可用细锉或油光锉以推锉法修光（图 4-78（b））。

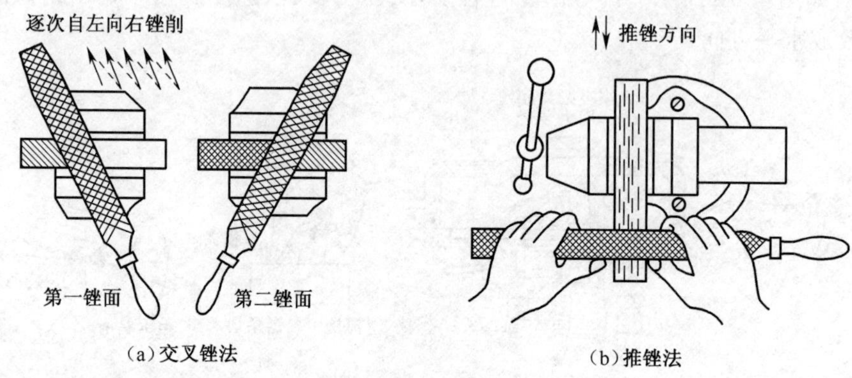

图 4-78　锉削方法

4.4.3　钻削

钻削加工在切削加工领域应用很广，主要有钻孔、扩孔、铰孔和锪孔等。钻削加工一般可在钻床（图 4-79）和车床上进行。

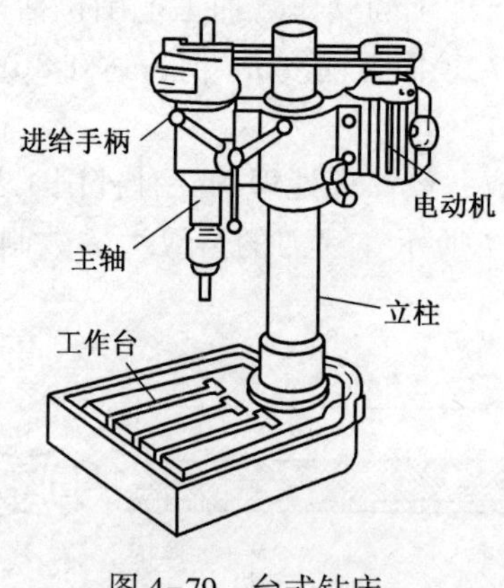

图 4-79　台式钻床

1. 钻孔

钻头做回转运动和轴向进给运动，从工件实体上切去切屑，加工出孔的工序称为钻孔。钻孔精度一般为 IT12 级，表面粗糙度 *Ra* 为 12.5～50μm。

1）钻孔用夹具

（1）钻夹头（图 4-80）。钻夹头用于装夹直柄钻头。其柄部为圆锥面，可以与钻床主轴内锥孔配合安装；头部有三个自动定心夹爪，通过扳手可使三个夹爪同时合拢或张开，起到夹紧或松开钻头的作用。

(2) 钻套(图 4-81)。钻套又称为过渡套,有 1~5 号五种规格,用于装夹小锥柄钻头。钻套根据钻头锥柄及钻床主轴内锥孔的锥度来选择。

(3) 工件夹具。工件夹具有手虎钳、平口钳、V 形铁和压板等,如图 4-82 所示。薄壁小件用手虎钳夹持;轴类和套筒类零件用 V 形铁夹持;中小型平整工件用平口钳夹持;大件用压板和螺栓直接固定在工作台上;在成批量和大批量生产中,广泛应用钻模(专用夹具)装夹。

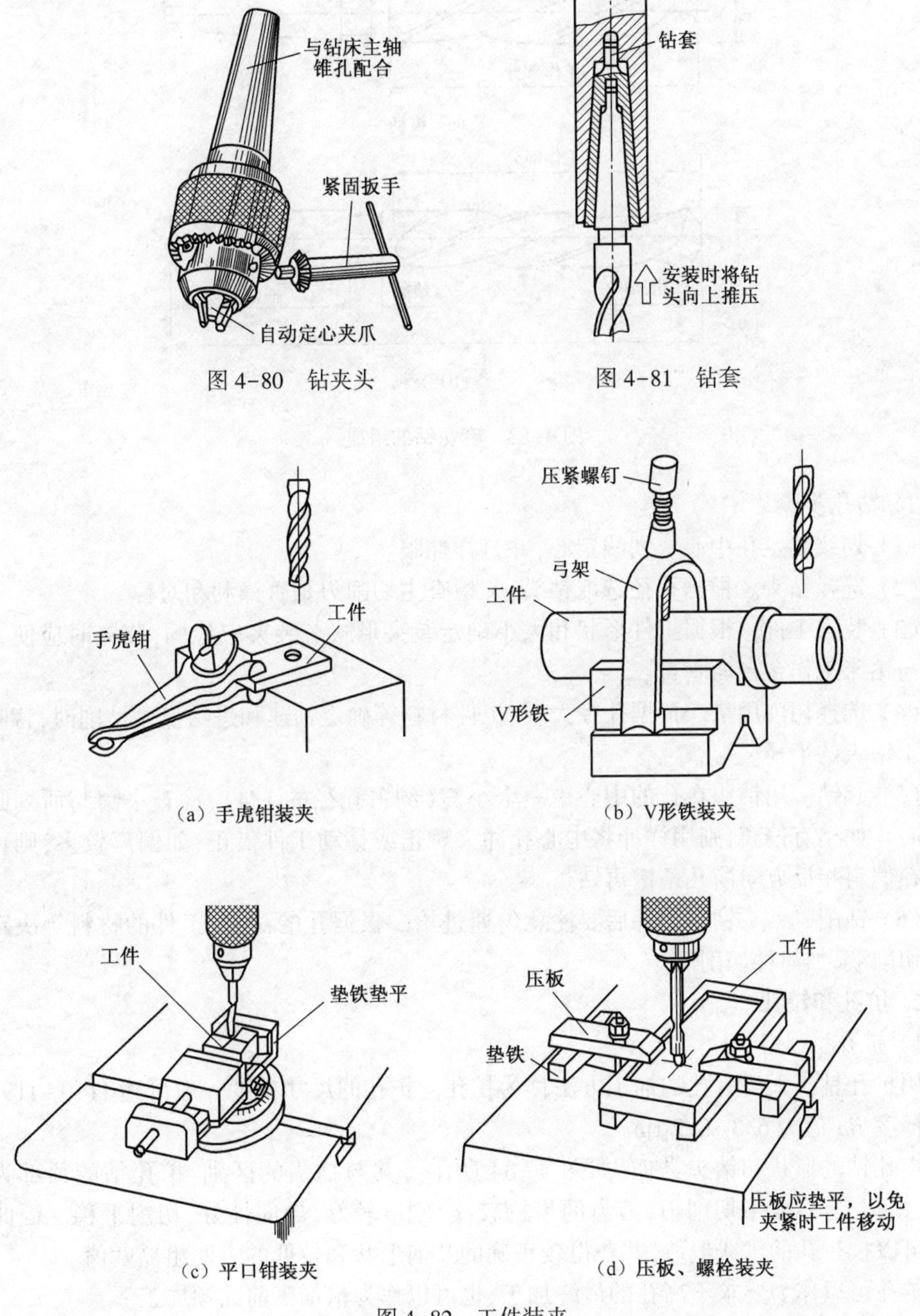

图 4-80　钻夹头

图 4-81　钻套

(a) 手虎钳装夹

(b) V形铁装夹

(c) 平口钳装夹

(d) 压板、螺栓装夹

图 4-82　工件装夹

2）钻头

用于钻削加工的一类刀具称为钻头。其主要有麻花钻、中心钻、扁钻及深孔钻等，应用最广泛的钻头是麻花钻，如图 4-83 所示。

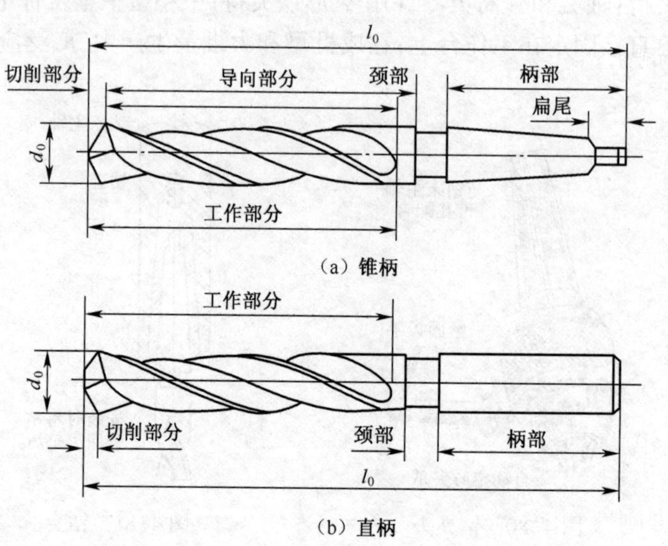

图 4-83　麻花钻的组成

3）钻孔步骤

（1）划线确定孔中心。划线定心，并打样冲眼。

（2）选择钻头。根据孔径选取钻头，并检查主切削刃是否锋利和对称。

（3）装夹工件。根据工件形状和大小确定装夹形式。装夹应稳固，装夹时应使孔中心线与钻床工作台台面垂直。

（4）选择切削用量。根据孔径大小、工件材料等确定钻速和进给量。钻削时，背吃刀量等于钻头的半径。

（5）起钻。用钻头在孔的中心锪一个小窝（约占孔径的 1/4），检查小窝与所划圆是否同心。如稍有偏离，则用样冲将中心孔冲大矫正或移动工件借正；如偏离较多，则可用窄錾在偏斜相反方向凿几条槽再钻。

（6）钻削。钻头钻入工件后要注意匀速进给。根据孔的深度、工件的材料等决定是否加切削液、加何种切削液。

2. 扩孔和铰孔

1）扩孔

用扩孔钻扩大已有孔的加工方法称为扩孔。扩孔的尺寸精度一般可达 IT10~IT9，表面粗糙度 Ra 值为 6.3~3.2μm。

扩孔钻的形状和钻头类似，如图 4-84 所示。其与拈头的区别：扩孔钻的顶部为平面，无横刃，有3~4 条切削刃，刀齿的齿槽较浅、刚度较好、导向性好、切削平稳。因此扩孔钻可以校正孔的轴线偏差，并获得较正确的几何形状和较低的表面粗糙度值。

扩孔可以作为要求不高孔的最终加工，也可以作为精加工前的预加工。

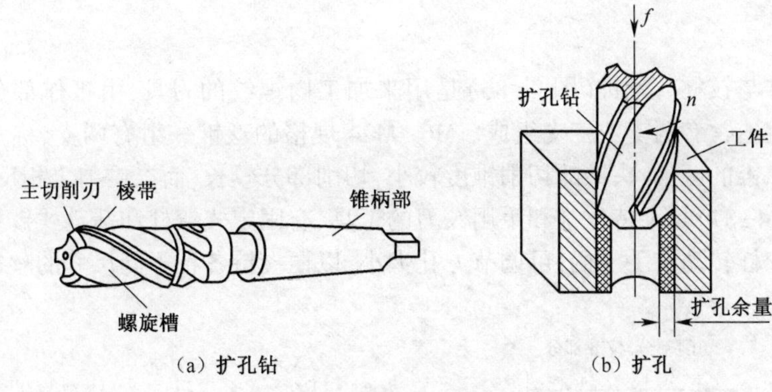

图 4-84　扩孔钻及扩孔

2）铰孔

铰孔是用铰刀对孔进行精加工的方法。铰孔的尺寸精度一般可达 IT7~IT6，表面粗糙度 Ra 值为 0.8μm。

铰刀有 6~12 条切削刃，铰孔时导向性好（图 4-85）。由于刀齿的齿槽很浅，铰刀的横截面积大，因此刚性好。加之，切削刃前角为零度，并有较长的修光部分，因此加工精度高，表面粗糙度值低。铰刀按使用形式的不同，可分为手用铰刀和机用铰刀；按可加工孔的形状不同，可分为直铰刀和锥铰刀；按加工范围不同，可分为固定铰刀和可调铰刀。铰刀多为偶数刀刃，并成对地位于通过直径的平面内，便于测量直径的尺寸。

手工铰孔时，将铰刀沿原孔放正，两手顺时针转动铰刀，用力要均匀，当发现铰削费力时，放慢旋转速度，同时向上提出铰刀，不可强行转动或倒转；排除切屑或硬质点后再继续铰削，铰削完成后，顺时针方向旋转，退出铰刀。

机动铰孔时，待铰刀退出后方可停止铰削，以避免拉伤孔壁。

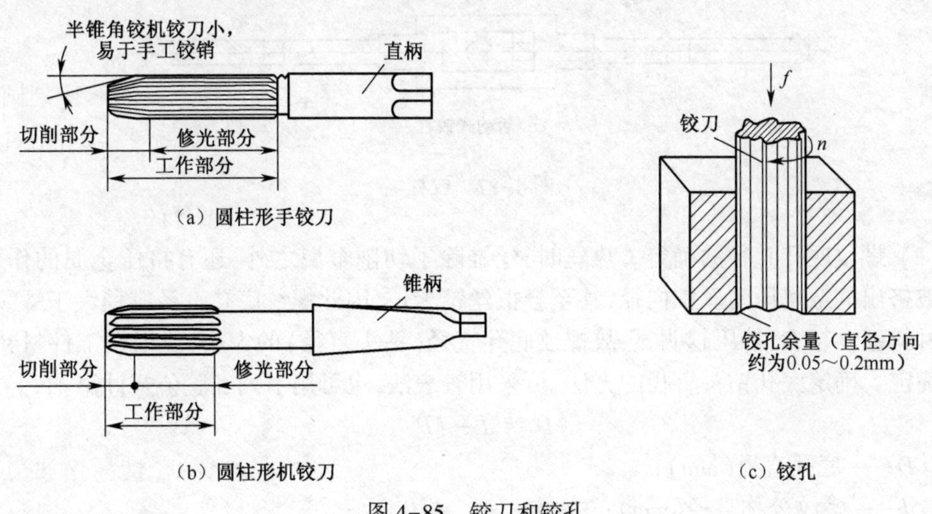

图 4-85　铰刀和铰孔

3. 攻丝与套扣

攻丝是利用丝锥加工出内螺纹的操作。套扣是用板牙在圆杆上加工出外螺纹的操作。

1）攻丝

（1）丝锥与铰杠。丝锥（图 4-86）是用来加工内螺纹的刀具，由工作部分和柄部组成。丝锥一组通常有两支或三支组成。M6~M24 规格的丝锥一组有两支，称为头锥和二锥。头锥和二锥的区别：头锥的切削锥度较小，切削部分较长，而二锥与之相反。

铰杠（图 4-87）是夹持丝锥和手用铰刀的工具，有固定式铰杠和活动式铰杠两种。常用的活动式铰杠转动右手手柄，可调节方孔大小，以便夹持各种不同尺寸的丝锥。

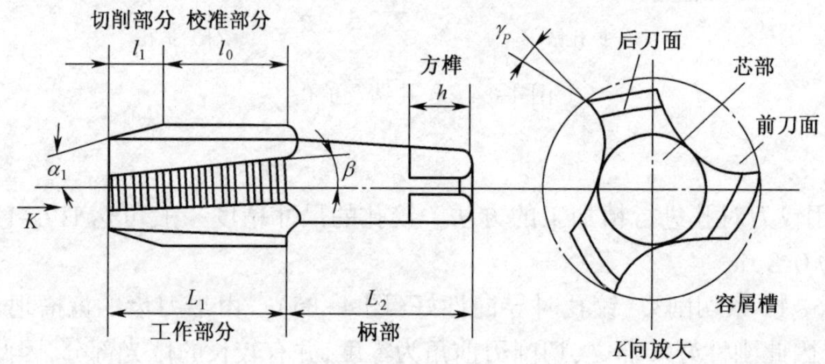

图 4-86　丝锥的结构

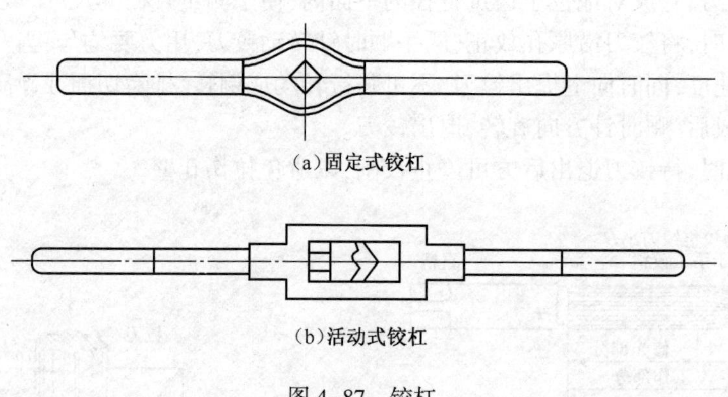

图 4-87　铰杠

（2）螺纹底孔直径的确定。攻丝时，丝锥除了切削金属之外，还有挤压金属的作用。由于被挤出的金属压向丝锥内径，甚至会把丝锥卡住，因此螺纹底孔直径应稍大于螺纹小径。材料塑性越大，挤压越明显，故螺纹底孔直径（钻头直径）的大小，要根据工件材料的性质确定。确定底孔钻头直径的方法，可采用查表法，也可用下列经验公式计算：

$$D \approx d - kP$$

式中　D——底孔直径（mm）；

d——螺纹公称直径（mm）；

P——螺距（mm）；

k——系数，对钢件及其他塑性金属 $k=1$；对铸铁及其他脆性材料 $k=1.05\sim1.1$。

(3) 攻丝步骤(图 4-88),具体如下:

① 钻螺纹底孔,将底孔孔口倒角,以便丝锥切入工件。

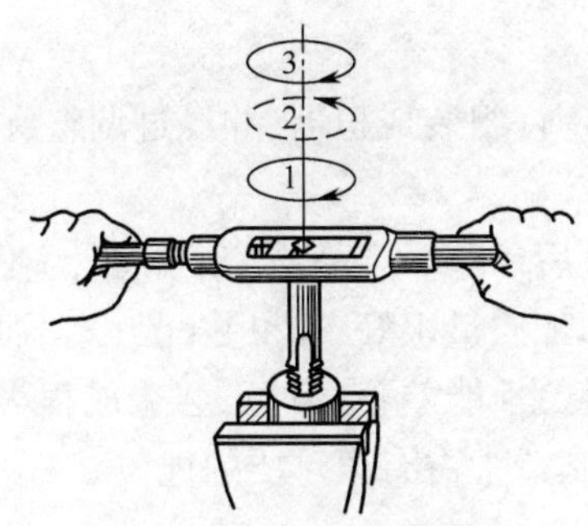

图 4-88 攻螺纹操作

② 选择丝锥。将头锥垂直放入工件孔内,轻压铰杠旋入 1~2 圈,目测获 90°并用角尺校正后,继续轻压旋入。当丝锥切削部分已经切入工件后,只转动不加压。丝锥每转过 1 圈应反转 1/4 圈,以便断屑。

③ 头锥攻丝完成退出后,将二锥放入孔内,旋入几扣后,再用铰杠转动。转动时不需加压。

注意:攻螺纹时,应加切削液:钢件等塑性材料使用机油润滑,铸铁等脆性材料使用煤油润滑。

2) 套扣

(1) 板牙及板牙架。板牙(图 4-89)是用来加工外螺纹的刀具,有固定式板牙和开缝式板牙两种。板牙由切削部分、校准部分和排屑孔组成。板牙的外圈有一条深槽和四个锥坑,深槽可微量调节螺纹直径大小,锥坑用来定位和紧固板牙。板牙架(图 4-90)是用来装夹板牙、传递力矩的工具。

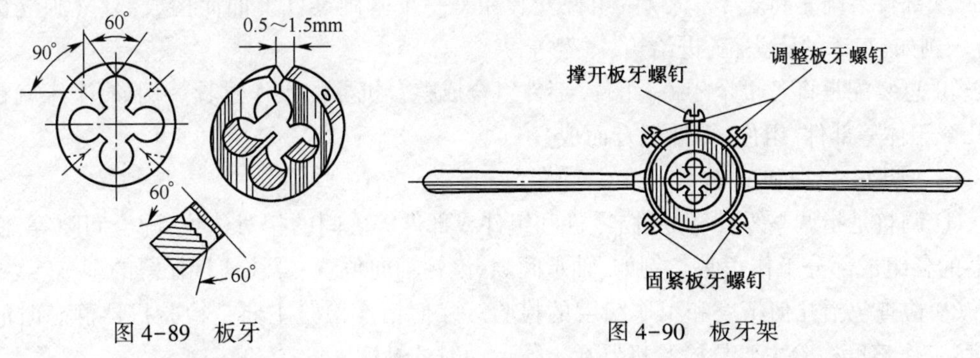

图 4-89 板牙　　图 4-90 板牙架

(2) 套螺纹前圆杆直径的确定。圆杆直径可用经验公式计算:圆杆直径≈螺纹外径-0.13P。

(3) 套螺纹操作方法。圆杆端部应倒角;工件伸出钳口的长度在不影响螺纹要求长度的前提下,应尽量短一些;套螺纹过程与攻螺纹相似。

4.4.4 装配与拆卸

1. 装配

1）装配的基本概念

按照规定的技术要求，将零件组装成机器，并经过调整、试验，成为合格产品的工艺过程称为装配。

装配是产品制造过程的最后环节。产品质量的好坏，不但取决零件的加工质量，而且取决装配质量。即使零件的加工质量很好，如果装配工艺不正确，也不能获得高质量的产品。装配质量差的机器，精度低、性能差、寿命短，会造成很大的浪费。因此，装配是一项重要而且细致的工作，在机械制造中占有很重要的地位。

2）装配的工艺过程

装配工艺过程一般由以下四个工作步骤组成。

(1) 装配前的准备。

① 读图。熟悉和研究产品装配图和技术要求，了解产品的用途，零件的结构、作用及零件之间的装配关系。

② 确定装配方法、顺序，制定装配单元系统图。装配单元系统图中的零件名称、件数、件号、图号必须与设计图一一对应。准备装配所需要的工具及量具。

③ 准备工具。根据技术要求，准备好装配使用的工具。

④ 对装配的零件进行清洗，去除零件上的毛刺、锈迹和油污等。

⑤ 检查零件加工质量。对高速旋转的零件进行静平衡和动平衡测试，有密封要求的零部件，还需进行密封性试验。

(2) 装配工作。装配可分为组件装配、部件装配和总装配，整个装配过程要按顺序进行。

① 组件装配是将若干零件安装在一个基础零件上面而构成组件。例如，在减速器中一根传动轴，就是由轴、齿轮、键等零件装配而成的组件。

② 部件装配是将若干个零件、组件安装在另一个基础零件上面而构成部件（独立机构）。例如，车床的床头箱、进给箱、尾架等。

③ 总装配是将若干个零件、组件、部件组合成整台机器的操作过程。例如，车床就是把几个箱体等部件、组件、零件组合而成。

(3) 调整、检查和试车。

① 调整是指调整零件和零件、零件和组件或部件等之间的相对位置、配合间隙等，使机器的各组成部分工作正常。例如，轴承间隙、齿轮轴向位置、螺纹连接松紧的调整等。

② 检查包括几何精度和工作精度的检验。几何精度检验主要是检验机器静态时的精度；工作精度检验主要是检验机器在工作运动时的精度。

③ 试车主要是试验机器运转的灵活性、震动、工作升温、密封性、转速、功率等性能是否符合要求。

(4) 喷漆、装箱。机器经调整、检验合格后，为了使其美观、防锈和便于运输，需要做好涂装、涂油和装箱工作。对于大型机器还要进行拆卸和分装。

3）常用装配方法

常用的装配方法有互换法、选择法、修配法和调整法。

（1）完全互换装配法。完全互换装配法是指在装配时各配合零件不经修配、选择和调整，即可达到装配精度。其特点及适用范围：①装配操作简便，对工人的技术要求不高；②装配质量好，生产效率高；③装配时间容易确定，便于组织流水线装配；④零件磨损后，更换方便；⑤对零件精度要求高、费用大。

（2）选择装配法。选择装配法是指首先将零件按公差范围分成若干组，然后分组进行装配，以达到规定配合要求。在零件配合公差相同的情况下，通过分组选配可提高装配精度。选择装配法适用于批量生产零件之间的装配。

（3）修配装配法。修配装配法是指在装配时根据装配的实际需要，在某一个零件上面去除少量的预留修配量，以达到装配精度要求的装配方法。其优点：装配用的零件的加工精度要求低、费用少。其缺点：增加了装配难度、延长了装配时间。修配装配法用于单件或小批量生产。

（4）调整装配法。调整装配法是指在装配时根据装配的实际需要，改变部件中可调整零件的相对位置或选用合适的调整件，以达到装配技术要求的装配方法。

4）典型零件的装配

（1）螺钉、螺母的装配。螺纹连接是一种可拆的紧固连接。它具有结构简单、连接可靠、装拆方便等优点，因此在机械中应用广泛。其装配要求如下：

① 内外螺纹的配合应做到能用手自由旋入，既不能过紧，也不能过松。

② 螺钉、螺母端面应与螺纹轴线垂直，零件与螺钉、螺母的贴合面应平整光洁。为提高贴合质量，同时在一定程度上防松螺钉、螺母，一般应加垫圈。

③ 装配一组螺钉、螺母时，为了保持零件贴合面受力均匀，应按一定顺序拧紧，但不要一次完全拧紧，而要按顺序分两次或三次逐步拧紧，如图4-91所示。

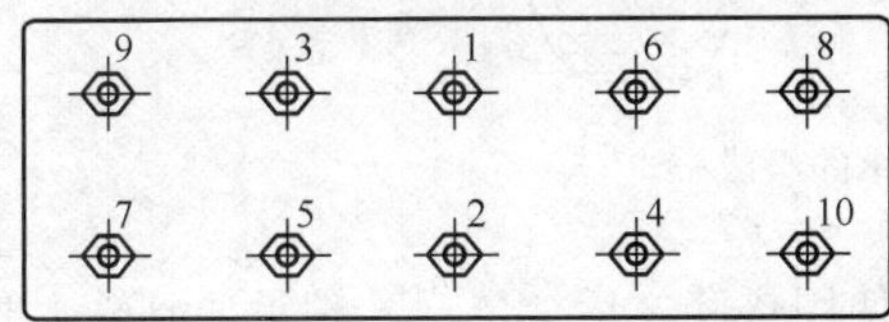

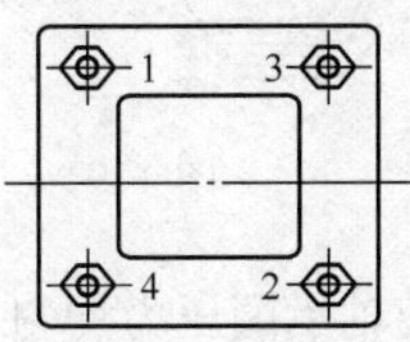

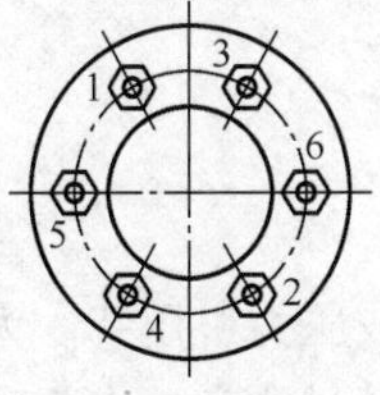

图4-91　成组螺母拧紧顺序

④ 螺纹连接在很多情况下要有防松措施，以免在机器的使用过程中螺母回转松动。常用的螺纹连接防松措施有双螺母、弹簧垫圈、开口销、止动垫圈、锁片、串联钢丝等，如图4-92所示。

（2）轴、键、传动轮的装配。传动轮（如齿轮、皮带轮、涡轮等）与轴一般采用键连接来传递运动及扭矩，其中普通平键连接最为常见，如图4-93所示。键与轴槽、轴与轮孔大多数采用过渡配合，键与轮槽常采用间隙配合。

（3）滚动轴承的装配。滚动轴承一般由外圈、内圈、滚动体和保持架组成，如图4-94所示。在一般情况下，滚动轴承内圈随轴转动，外圈固定不动，因此内圈与轴的配合比外圈与轴承座支承孔的配合要紧一些。滚动轴承的装配大多数为较小的过盈配合，常用手

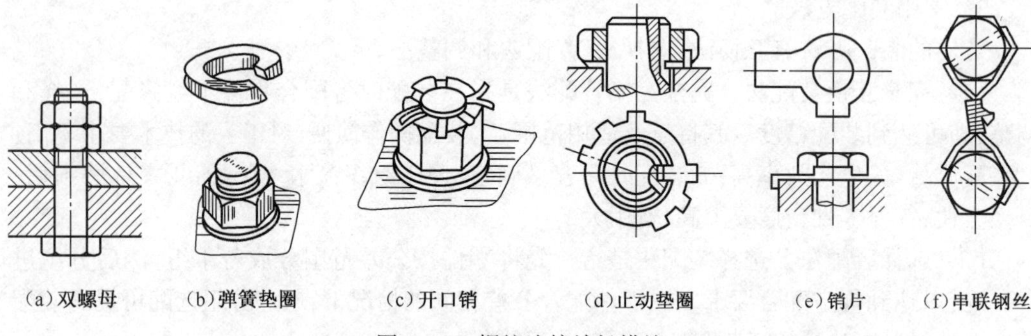

图 4-92　螺纹连接放松措施

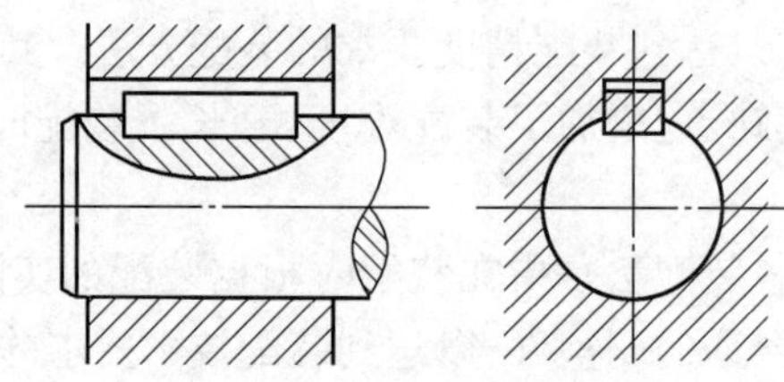

图 4-93　普通平键连接

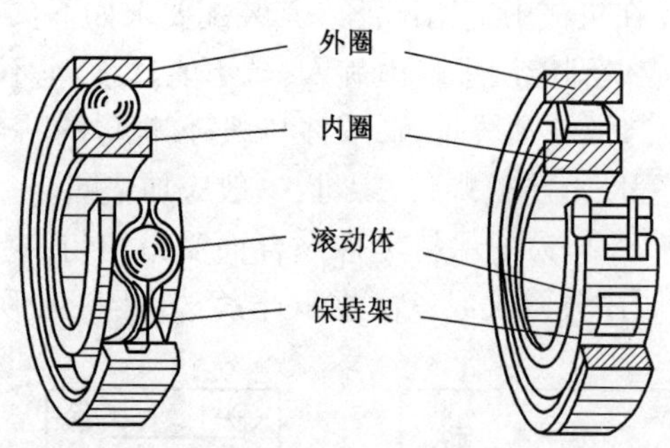

图 4-94　滚动轴承的组成

锤或压力机压装。为了使轴承圈压力均匀，需在使用垫套之后加压。若轴承压到轴上时，则通过垫套施力于内圈端面，如图 4-95(a)所示；若轴承压到支承孔时，则通过垫套施力于外圈端面，如图 4-95(b)所示；若同时压到轴上和支承孔时，则通过垫套同时施力于内外圈端面，如图 4-95(c)所示。

如果没有专用的垫套，则可用锤子和铜棒，沿轴承外圈或内圈端面四周对称均匀地敲入。当轴承与轴为较大的过盈配合时，可先将轴承放入 80℃～90℃的机油中加热，然后趁热装入轴上。

(4) 销钉的装配。圆锥销一般依靠过盈配合固定在孔中，因此其对销孔尺寸、形状和表面粗糙度 Ra 值要求较高。被连接件的两孔应一起配钻、配铰（钻、铰时按圆锥销小头直径选用钻头），孔径以圆锥销能自由插入 80%～85%为宜，且表面粗糙度值 Ra 不大于 1.6μm。销钉装配时，其表面可涂机油，用铜棒轻轻敲入，销钉的大头可稍露出或与被连接件表面齐平。圆柱销不宜多次装拆，否则会降低定位精度和连接的可靠性。

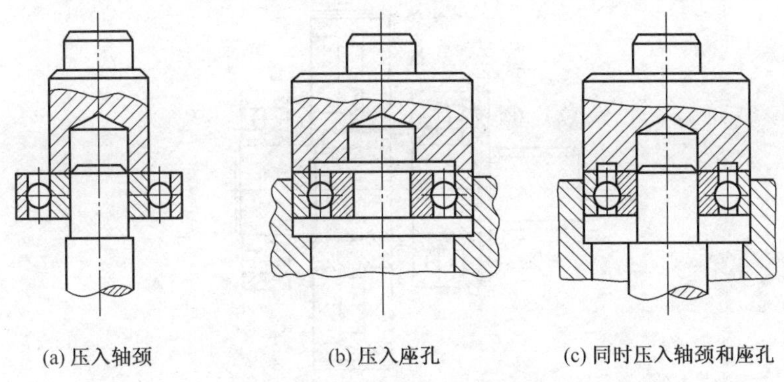

图 4-95 压入法装配轴颈和座孔

常用的销钉有圆柱销和圆锥销,销钉在机器中多用于定位和连接,如图 4-96 所示。

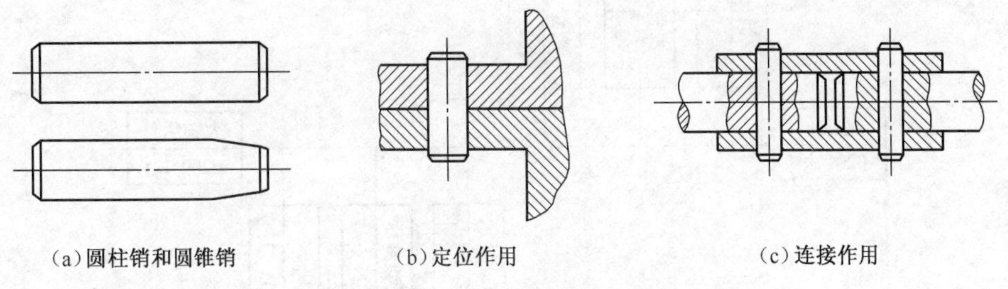

图 4-96 销钉及其作用

(5) 组件装配示例。

① 装配单元系统图。装配单元系统图能直接反映产品的装配顺序,清楚地看出成品装配过程。其绘制过程:第一,画出一条横线;第二,横线的左端画出代表基准件的长方格,在格中注明装配单元编号、名称和数量;第三,在横线的右端画出代表装配成品的长方格;第四,按装配顺序,将直接装到成品上的零件画在横线上面,组件画在横线下面。图 4-97所示为减速箱的大轴组件,其装配单元系统图如图 4-98 所示。

从图 4-98 可以看出,成品的装配过程,装配时所有零件、组件的名称、编号和数量,并可以以此为依据编写装配工序。

② 大轴组件装配方法。根据装配单元系统图,减速箱大轴组件的装配方法:清洗各零件,并在轴承上加黄油;将键配合好,轻打装在轴上;压装齿轮;放上垫套,压装右轴承;压装左轴承;在透盖槽中放入毡圈,并套在轴上。

2. 机器的拆卸

机器经过长期使用后,需要进行检查和修理,这时要对机器进行拆卸。拆卸是修理工作中的重要环节,如拆卸不当,则会造成设备损坏或机器精度下降。为保证修理质量和提高工效,必须做好拆卸工作。

1) 机器拆卸工作的基本要求

(1) 机器拆卸前,要熟悉图纸,了解清楚机器零部件的结构原理,拟订操作程序,确定

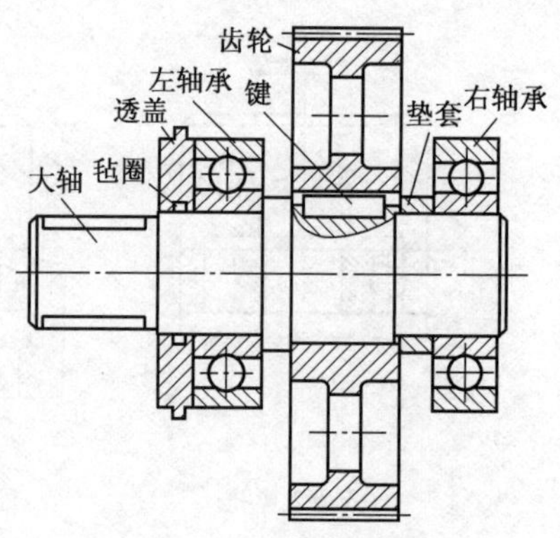

图 4-97　大轴组件

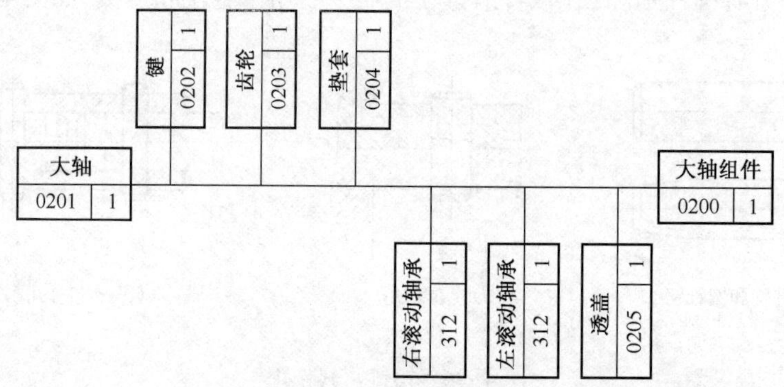

图 4-98　装配单元系统图

拆卸方法。防止盲目拆卸，猛敲乱拆，造成零件的损伤或变形。

（2）机器拆卸的顺序，应与装配的顺序相反，即先装的零件后拆，后装的零件先拆。可以按照先上后下、先外后内的顺序依次进行拆卸。

（3）机器拆卸时要记住每个零部件原来的位置。拆下的零部件，要摆放整齐有序，并按原结构套在一起；有些零部件拆卸时要做好标记（如配合件、不能互换的零件等），以防止以后装错；对细小件（如销子、止动螺钉、键，等）拆卸后，要立即拧上或插入孔内；拆卸丝杆、长细零件等，要用布包好，并用绳索将其吊直，以防止弯曲变形或碰伤。

（4）拆卸配合紧密的零部件时，要用专用工具（如各种拉出器、固定扳手、弹性卡环钳、铜锤、铜棒、销子冲头等），严禁用硬锤子直接在零件的工作表面敲击，以避免损伤零部件。

（5）拆卸采用螺纹连接或锥度配合的零件，拆卸时必须辨清方向。

（6）紧固件的防松装置，在拆卸后一般要更换，避免这些零件在装上后，使用时折断而造成事故。

2）常用的拆卸工具

常用的拆卸工具有拔销器、专用扳手、弹性卡环钳、拔出器、销子冲头、木锤和铜棒等，如图 4-99 所示。

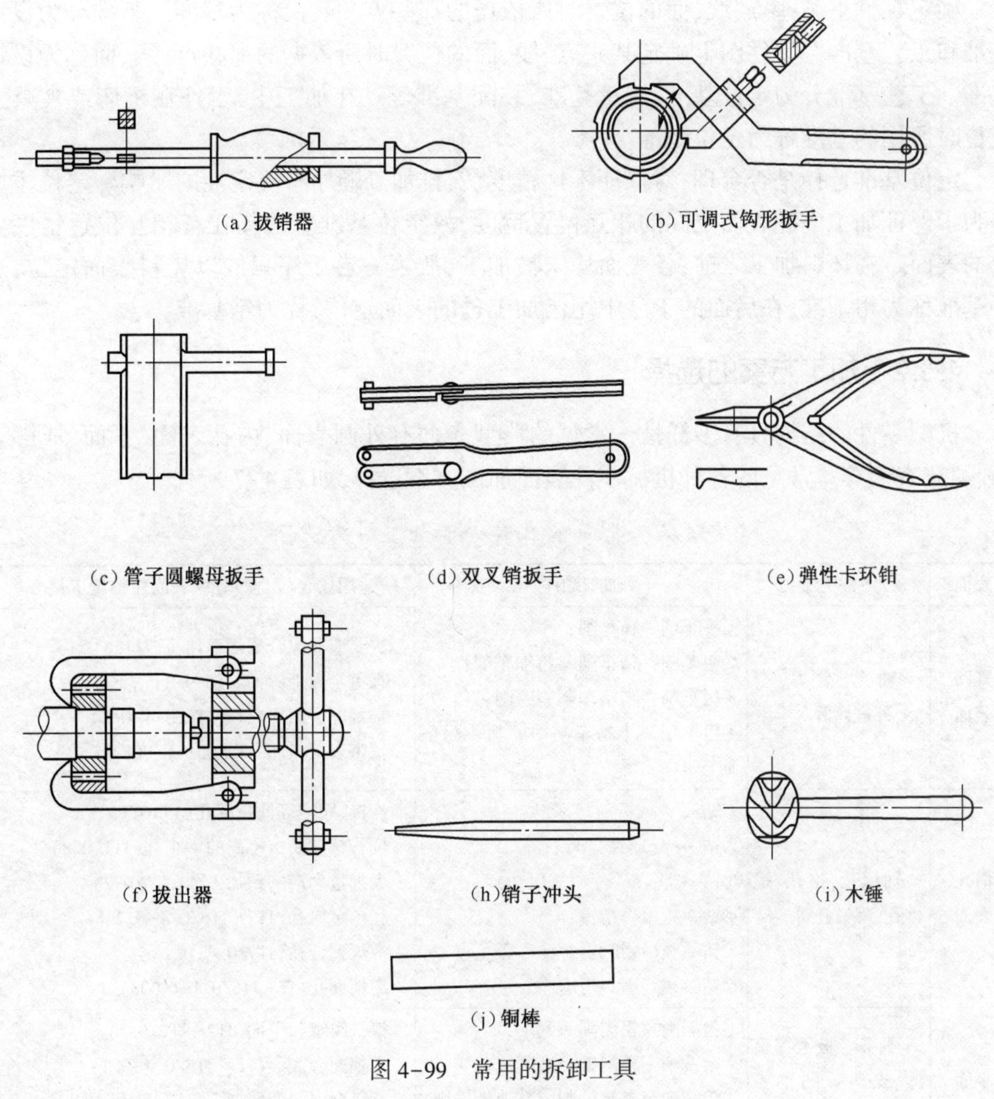
(a)拔销器 (b)可调式钩形扳手
(c)管子圆螺母扳手 (d)双叉销扳手 (e)弹性卡环钳
(f)拔出器 (h)销子冲头 (i)木锤
(j)铜棒

图4-99 常用的拆卸工具

4.5 典型零件的加工工艺

4.5.1 加工余量和定位基准

1. 加工余量

在毛坯加工成零件的过程中,在某毛坯加工的表面上切除金属层的总厚度,称为该表面的加工总余量;各道工序中切除的那层金属,称为该工序的工序余量。

毛坯的余量不能过大,否则成本将提高;毛坯的余量也不能过小,否则不能保证切除工件表面的缺陷层,不能纠正上一道工序的加工误差。在保证金属切削加工质量的前提下,尽可能减小毛坯余量。

2. 定位基准

确定零件上某些点、线、面的位置时所依据的那些点、线、面称为基准。基准分为设计基准和工艺基准。零件图上确定某些点、线、面的位置时所依据的那些点、线、面称为设计基准。工艺基准分为定位基准、测量基准、装配基准等。在加工中，工件在机床或夹具上定位时所用的基准称为定位基准。

定位基准选择是否合理，对保证零件精度、安排加工顺序有决定性的影响。定位主要是为了保证加工毛坯表面之间的相互位置精度，故定位基准应选择在有相互位置精度要求的表面。在坯料加工之前，各表面均未被加工，故第一道工序只能以坯料表面定位，这种基准称为粗基准；在后面的工序中用已加工过的表面定位，称为精基准。

4.5.2 加工方案的选择

机械零件的结构具有多样性。常见的典型表面有外圆表面、内孔表面、平面、成形表面、螺纹表面等。常见的各种机械零件表面加工方案选择，如表 4-7 所列。

表 4-7 常见的各种表面加工方案选择

表面	零件类型	加工顺序	适用场合(尺寸精度/表面粗糙度 Ra/μm
外圆表面	轴类、盘类、套类、外螺纹等	①粗车削→精车削； ②粗车削→精车削→精细车削； ③粗车削→半精车削→磨削； ④粗车削→半精车削→磨削→超精加工	次要或非配合表面(IT8-IT7/1.6) 有色金属外圆面(IT6/0.8) 常规配合表面(IT7-IT6/0.4-0.2) 精密表面(IT6-IT5/0.1-0.008)
内孔表面	轴承孔、锥孔、螺栓孔、螺钉孔等	①钻； ②钻→扩(或镗)→铰； ③钻→扩； ④钻→粗镗→精镗； ⑤钻→镗(或扩)→磨； ⑥钻→镗→磨→珩磨	连接、固定等低精度孔(1T10/12.5) 位置精度要求不高的中小孔(IT7/0.8) 大批量生产的精加工孔(IT6/0.2) 有色金属孔(IT7- IT6/0.4-0.2) 常规配合孔(IT7/0.8-0.4) 高精度孔(fT- IT6/0.1-0 008)
平面	盘形、板形、箱体、支架等的主要表面	①粗刨削→粗刨削→刮削； ②粗铣削→精削铣→磨削； ③粗铣削→半精铣削→高速精铣削； ④粗铣削→精铣削→磨削→研磨	铸铁类窄长平面(IT7- IT6/0.8) 常规配合表面(IT7-JT5/0.4-0.1) 有色金属平面精加工(IT7-IT6/0.8) 精密配台表面(IT5-IT3/0.1-0.008)

在外圆表面加工中，还可根据零件的结构、尺寸、技术要求的不同特点，选用相应的加工方案。例如，对于坯料质量较高的精密铸件、精密锻件，可免去粗车工序；对于不便磨削的大直径外圆坯料表面，需采用精车达到高精度要求；对于零件尺寸精度要求不高而表面要求光洁的表面，可采用抛光加工。有色金属不能采用磨削加工。

在内孔表面加工中，由于扩孔钻直径大于 10mm，当孔径小于 10mm 时，一般采用钻—铰加工零件；当孔径小于 12mm 时，由于砂轮的直径不能太小，精加工一盘不采用磨削零件的方法，而采用铰孔零件的方法。当加工孔径小于 30mm 的未淬火钢材时，一般采用钻—扩—铰加工零件；当孔径大于 30mm 时，一般采用钻-镗-磨的方法加工零件。对于已铸出(或锻出)底孔的零件内孔表面，可直接扩孔或镗孔；孔径在 80mm 以上时，无标准麻花钻、扩孔钻和铰刀时,应以镗为宜。箱体零件或孔系的位置精度要求较高,应采用在镗床上镗孔的方案。大批量生产带孔的零件,可考虑采用钻-拉的方案,可大幅提高生产率率。

平面加工时,对要求不高的平面,采用粗铣削、粗刨削或粗车削;对要求表面光滑的平面,粗加工后可进行精加工和光整加工。板形零件的平面常采用铣削(刨)-磨削方案。无论零件淬火与否,精加工一般都采用磨削。盘类零件和轴类零件端面的加工,应与零件的外圆表面和内孔加工结合进行,常采用粗车削-半精车削-磨削的方案。箱体和支架类零件的固定连接平面,当有中等精度和表面粗糙度要求时,常采用粗铣削(刨削)-精铣削(刨削)的方案:窄长零件的平面宜用刨削,宽度大零件的平面宜用铣削,这样有利于提高生产效率。精度要求较高的平面,还需进行磨削或刮研。对于各种导向平面,常采用粗刨削-精刨削-宽刃精刨削(或刮研)的方案。有色金属表面宜采用粗铣削-精铣削-高速精铣削的方案,有较高的生产效率。

4.5.3 零件切削加工步骤安排

切削加工步骤安排是否合理,对零件加工质量、生产效率及加工成本影响很大。但是,因零件的材料、批量、形状、尺寸大小、加工精度及表面质量等要求不同,切削加工工作步骤的安排也不一定相同。在单件、小批量生产小型零件的切削加工中,通常按以下步骤进行。

1. 阅读零件图

零件图是技术文件,是制造零件的依据。切削加工人员只有在完全读懂图样要求的情况下,才可能切削加工出合格的零件。

通过阅读零件图,可以了解加工工件是什么材料,工件的哪些表面需要切削加工,加工表面的尺寸、形状、位置精度及表面粗糙度要求。据此进行工艺分析,确定加工方案,为加工出合格零件做好技术准备。

2. 工件的预加工

切削加工前,要对毛坯进行检查,有些工件还需进行预加工,常见的预加工有划线和钻中心孔。

(1) 很多毛坯是由铸造、锻压和焊接方法制成,由于毛坯有制造误差,且制造过程中加热和冷却不均匀,会产生很大的内应力,因此会产生变形。为便于切削加工,切削加工前要对这些毛坯划线。通过在毛坯上划线确定加工余量、加工位置界线,合理分配各切削加工表面的加工余量,从而使切削加工余量不均匀的毛坯免于报废。但在大批量生产中,由于工件使用专用夹具装夹,因此不用划线。

(2) 在切削加工较长轴类零件时对棒料钻中心孔。较长轴类零件大多数采用锻压棒料做毛坯,并在车床上加工。由于轴类零件加工过程,需多次掉头装夹,为保证各外圆表面之间的相同轴度的要求,必须建立同一定位基准。同一基准的建立是在棒料两端用中心钻钻出中心孔,工件通过双顶尖装夹加工。

3. 选择加工机床及刀具

根据工件的切削加工部位的形状和尺寸,选择合适类型的机床,这既是保证切削加工精度和表面质量,又是提高生产效率的必要条件之一。一般工件的切削加工表面为回转面、回转体端面和螺旋面时,大多数选用车床切削加工,根据工序的要求选择刀具。

4. 安装工件

工件在切削加工之前,必须牢固地安装在机床上,并使其相对机床和刀具有一个正确位置。工件安装是否正确,对保证工件加工质量及提高生产效率都有很大影响。工件安装在机床上的方法主要有以下两种。

(1) 直接安装。工件直接安装在机床工作台或通用夹具(如三爪自定心卡盘、四爪单动卡盘,等)上。这种安装方法简单、方便,通常用于单件、小批量生产。

(2) 专用夹具安装。工件安装在专门设计和制造并能正确迅速安装工件的装置中。用这种方法安装工件时,定位精度高、夹紧迅速可靠,通常用于大批量生产。

5. 工件的切削加工

一个零件往往有多个表面需要切削加工,而各表面的切削加工质量要求又不相同。为了高效率、高质量、低成本地完成各表面的切削加工,需要根据工件的具体情况,合理地安排切削加工顺序和划分切削加工阶段。

1) 切削加工阶段的划分

零件在切削加工时往往要经过由粗到精若干个工序才能达到图样的要求,通常将整个切削加工的工艺过程划分为以下四个阶段。

(1) 粗切削加工阶段。粗切削加工阶段的主要作用是切除大部分加工余量,获得较高的生产效率,为半精加工提供定位基准和均匀、适当的余量,为后续工序创造有利的条件。

(2) 半精切削加工阶段。半精切削加工阶段是为零件主要表面的精切削加工做好准备,即达到一定的精度、表面粗糙度和精加工余量,并完成一些次要表面的切削加工。该切削加工阶段一般在淬火以前进行。

(3) 精切削加工阶段。精切削加工阶段主要为保证工件各表面的精度和减少表面粗糙度值,切除的金属较少,使零件主要表面的切削加工达到图纸的要求。切削加工质量是精切削加工阶段的主要问题。

(4) 光整加工阶段。光整加工阶段对于精度很高、表面粗糙度值很小的表面(IT6及以上,Ra 为 0 2μm 以下),要安排专门的光整加工,以提高切削加工表面的尺寸精度和表面质量。光整加工一般不能纠正相对位置误差。

划分切削加工阶段除有利于保证切削加工质量外,还能合理地使用设备,即粗切削加工可在功率大、精度低的机床上进行,以充分发挥设备的潜力;精切削加工在高精度机床上进行,以利于长期保持设备的精度。但是,当毛坯质量高、切削加工余量小、刚性好、切削加工精度要求不很高时,可不用划分切削加工阶段,而在一道工序中完成粗、精切削加工。

2) 切削加工工艺顺序的安排

影响切削加工工艺顺序安排的因素很多,通常考虑以下原则。

(1) 基准先行原则。应首先加工精基准面,然后以精基准面为基准加工其他表面。一般在工件上较大的平面多作为精基准面。

(2) 先粗后精原则。先进行粗加工,后进行精加工,有利于保证切削加工精度和提高生产效率。

(3) 先主后次原则。主要表面是指零件上的工作表面、装配基面等。由于主要表面的技术要求较高,切削加工工作量较大,故应先安排切削加工。次要表面(如非工作面、键槽、螺栓孔,等)因切削加工工作量较小,对工件变形影响小,且多与主要表面有相互位置要求,所以应在主要表面加工之后或穿插其间安排切削加工。

(4) 先面后孔原则。先面后孔切削加工有利于保证孔和平面间的位置精度。

(5)"一刀活"原则。在单件、小批量生产中,有位置精度要求的相关表面,应尽可能在一次装夹中完成精加工(俗称:"一刀活")。对轴类零件采用两端面上的中心孔定位,即使多次装夹或调头加工其他表面,因其旋转中心线始终是两中心孔的连线,能保证有关表面之间的位置精度。

(6) 热处理工序。热处理工序是主要解决预备热处理、最终热处理的安排。预备热处理的作用是改善金属组织和切削性能,如退火、正火等,通常安排在切削加工之前进行。调质也可作为预备热处理,但若以提高力学性能为目的,则应放在粗、精切削加工之间进行。最终热处理是为了提高零件表层硬度或强度进行的热处理,如淬火、渗氮等,安排在切削加工工艺过程后期,磨削加工之前进行。

6. 工件检测

经过切削加工后的零件是否符合零件图要求,须要通过测量工具测量的结果来判断。

4.5.4 典型零件加工工艺

1. 阶梯轴的加工工艺

图 4-100 所示为阶梯轴。材料为 45 号钢,规格为 $\phi30\times800$,件数为 10 件。要求 $\phi18$ 与 $\phi26$ 同轴,调质 30HRC。

阶梯轴是轴类零件,大量工时用在车工。轴上有封闭键槽,需要铣削,大外圆精度高、表面粗糙度低,精加工要用到磨床。$\phi18$ 与 $\phi26$ 要求同轴,半精加工和精加工应用双顶尖装夹。此零件需调质,因此需热处理,应安排在半精加工之前进行。工艺过程:下料→车削→铣削→热处理→车削→磨削→检。其具体加工工艺内容,如表 4-8 所列。

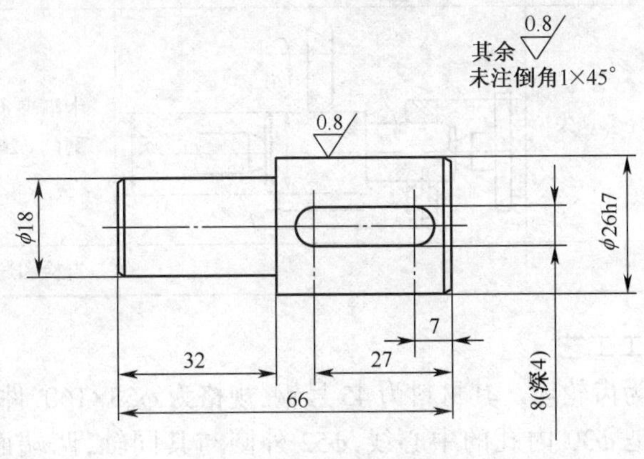

图 4-100 阶梯轴零件图

表 4-8 阶梯轴的加工工艺卡

工序	工种	设备	装夹方法	加工简图	加工说明
1	下料	砂轮、切割机			原材料规格为 $\phi30\times800$，数量为 10 只，一次下料完成
2	车削	车床	三爪装夹	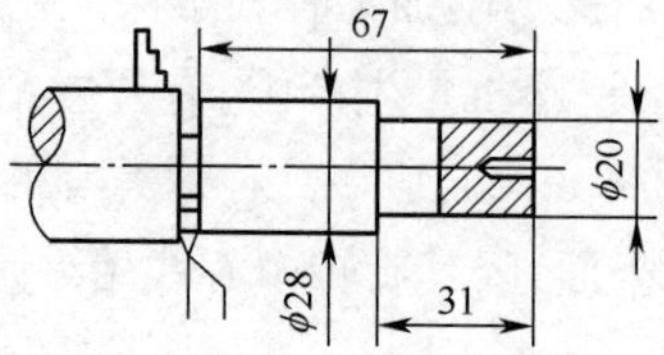	夹毛坯外圆，伸出 74mm： ① 车削端面（光出即可），打中心孔； ② 粗车削外圆至 $\phi28\times68$、$\phi20\times31$； ③ 倒角 2×45°； ④ 在长度为 67mm 处切断工件（重复此工序，连做 10 只）
3	车削	车床	三爪装夹	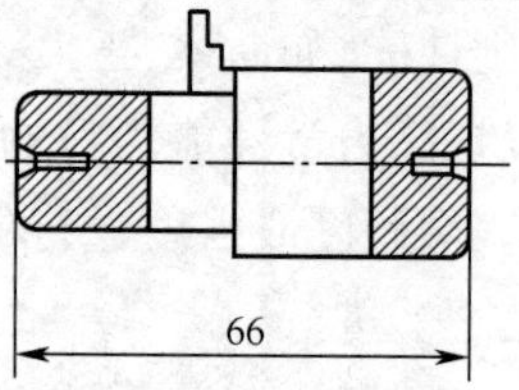	夹 $\phi20\times31$ 外圆： ① 车削端面，保证总长 66mm； ② 打中心孔； ③ 倒角 2×45°
4	铣削	立铣	平口钳	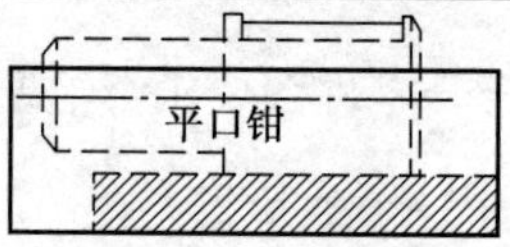	工件水平放置，夹 $\phi28$ 外圆； 铣键槽至尺寸
5	热处理				调质处理至 28~3αHRC
6	车削	车床	双顶尖	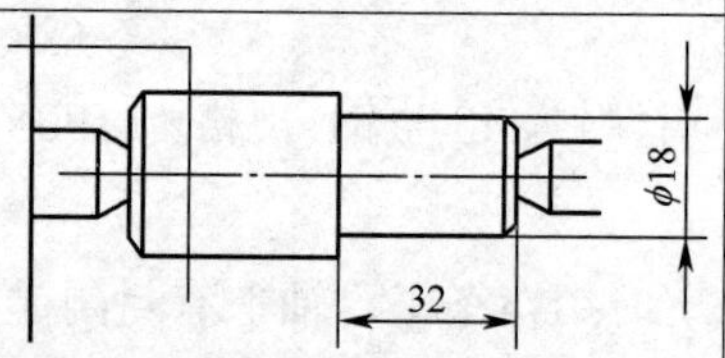 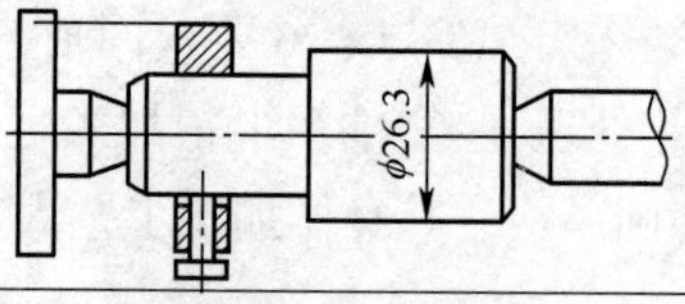	① 修复两端中心孔； ② 卡箍夹 $\phi28$ 外圆：精车削 $\phi18\times32$ 至尺寸 ③ 卡箍夹 $\phi18$（垫铜皮）：半精车削 $\phi26$ 外圆至 $\phi26.3$
7	磨削	外圆磨床	双顶尖	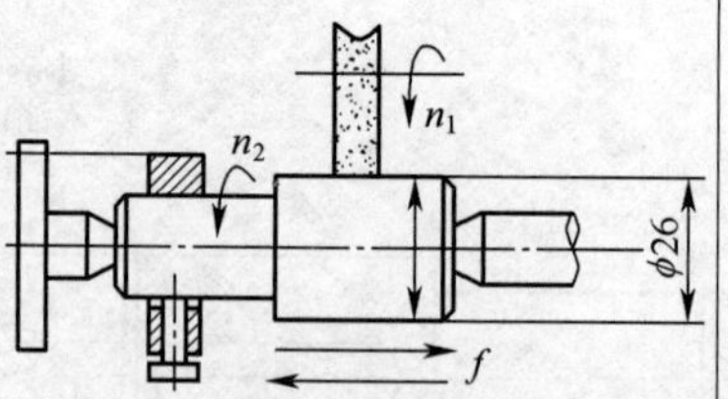	卡箍夹 $\phi18$ 外圆（垫铜皮）； 磨削 $\phi26$ 外圆至尺寸
8	检验				自检和送检

2. 齿轮坯的加工工艺

图 4-101 所示为齿轮坯。其材料为 45 号钢，规格为 $\phi55\times160$，件数为 4。

齿轮坯的基准是 $\phi30$ 内孔的中心线，$\phi52$ 外圆与其同轴，两端面与其垂直，可利用“一刀活”原则，精车削内孔、外圆和一个端面。为保证另一端面与精车削完成的端面平行，可用弹簧套装夹精车削端面（也可用平磨加工端面）。其加工工艺过程：下料→车削→磨削→终检；具体加工工艺内容，如表 4-9 所列。

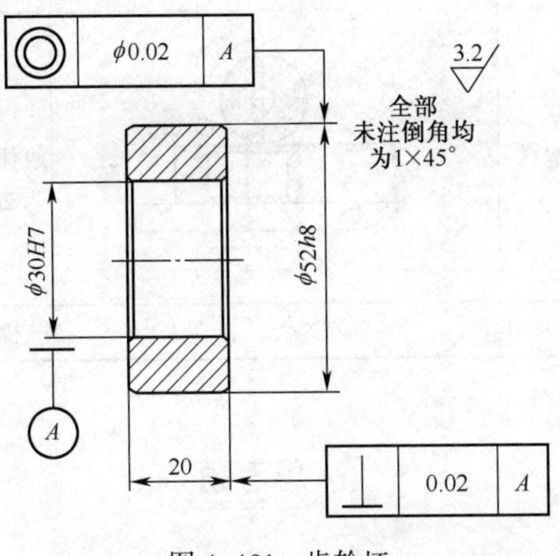

图 4-101　齿轮坯

表 4-9　齿轮坯的加工工艺卡

工序	工种	设备	装夹方法	加工简图	加工说明
1	下料	锯床			按要求下 φ55×160 一段料
2	车削	车床	三爪卡盘		夹 φ55 外圆，伸出 60： ① 粗车削端面（光出即可）； ② 用 φ25 钻头钻孔至通； ③ 内孔倒角 3×45°
3	车削	车床	三爪卡盘		夹 φ55×20，另一端用活动顶尖顶住内孔倒角处； 粗车削外圆至 φ53×135
4	车削	车床	三爪卡盘	21 n φ30 φ52 f	调头夹 φ53 外圆，伸出 30mm： ① 粗、精车削端面； ② 粗、精车削内孔 φ30×21 至尺寸；倒角 1×45°； ③ 粗、精车削外圆 φ52×21 至尺寸；倒角 1°×45°； ④ 在 21mm 处切断（松开三爪，拉出材料，伸出 30mm，夹紧，重复 4 道工序，完成另三个零件的加工）
5	车削	车床	三爪卡盘 弹簧套	工件 弹簧套	以精车削端面为基准，用弹簧套夹紧工件： ① 粗车削端面，长度为 20. 3mm； ② 内、外倒角 1×45°

（续）

工序	工种	设备	装夹方法	加工简图	加工说明
6	磨削	平面磨床	电磁吸盘	n f_1 20 f_2	以精车削端面为基准,用电磁吸盘吸住工件;磨削另一端面,使总长为20mm
7	检验				检验

思考题

4-1　什么是切削运动？其作用是什么？用什么来衡量？

4-2　车工师傅在用砂轮将刀具刃磨好之后,为什么还常要使用油石碚刀？

4-3　以你熟悉的某一种夹具(如平口钳)为例,说明夹具的组成。

4-4　车削的加工范围是什么？

4-5　C6132 型车床的基本组成部分有哪些？

4-6　常用的车刀材料有几种？试比较它们的切削性能。

4-7　用中拖板手柄进刀时,如果刻度盘的刻度多转了 3 格,能否直接退回 3 格？为什么？应如何处理？

4-8　试切的目的是什么？试切的步骤有哪些？

4-9　为什么车削时一般要先车削端面？

4-10　车削时工件和车刀都要运动,哪些运动属于主运动？哪些运动为进给运动？

4-11　铣床能加工哪些表面？能达到的尺寸公差等级和表面粗糙度 Ra 值各为多少？

4-12　常用的铣刀有哪几种？如何安装？分别用于加工什么表面？

4-13　铣床的主要附件有哪几种？各起什么作用？

4-14　铣削斜面的方法有哪些？

4-15　何谓顺铣和逆铣？各有何特点？在什么情况下使用？

4-16　刨削的加工质量怎样？它的加工范围是什么？

4-17　牛头刨床主要有哪几部分组成？其主要作用是什么？

4-18　刨刀有何结构特点？为什么刨刀的刀杆要做成弯曲状？

4-19　磨削的加工质量怎样？它的加工范围是什么？磨削加工有何特点？

4-20　砂轮有何特性？如何选择？砂粒的硬度与砂轮的硬度有何区别？

4-21　磨削外圆的方法有几种？它们各有何特点？

4-22　在平面磨床上磨削平面时,哪类工件可直接安装在工作台上？为什么？

4-23　能否依靠划线直接确定加工的最后尺寸？

4-24　为什么划线能使某些加工余量不均匀的毛坯免于报废？

4-25 什么叫锯路？它有什么作用？
4-26 锉平工件的操作要领是什么？
4-27 锉削平面的方法有几种？试比较这几种方法的优缺点及应用。
4-28 对脆性和塑性材料，攻丝前孔的直径大小各如何计算？为什么？
4-29 何谓装配？其作用如何？
4-30 切削加工工序的安排一般应遵循哪些原则？

第 5 章　数 控 加 工

教学基本要求：

(1) 了解数控加工基本原理和数控机床的组成及分类。

(2) 了解数控编程的基础知识，掌握数控编程的方法和步骤。

(3) 了解计算机辅助制造基本概念和应用。

(4) 掌握数控车削加工的特点及典型应用。

(5) 掌握数控铣削加工的特点及应用范围。

5.1　数控加工基础知识

数控技术是用数字信息对机械运动和工作过程进行控制的柔性制造自动化技术，综合了计算机、微电子、自动化、电力电子、现代机械制造等技术，是现代工业化生产的一种发展迅速的高新技术。数控加工是将数控技术应用于加工设备的控制而产生的新兴加工技术。

5.1.1　数控加工原理及加工特点

1. 数控加工原理

数控加工是指在数控机床上进行零件加工的一种工艺方法。采用数控机床加工零件时，只需要首先将加工工件图形的几何信息、工艺参数、加工步骤等信息数字化，用规定的代码程序格式编写加工程序；然后用相应的输入装置将所编的程序指令输入机床控制系统，由机床控制系统将程序（代码）进行译码、运算后，向机床各坐标的伺服系统和辅助控制装置发出信号，以驱动机床的各部运动部件，并控制所需要的辅助动作；最后加工出合格的产品，如图 5-1 所示。

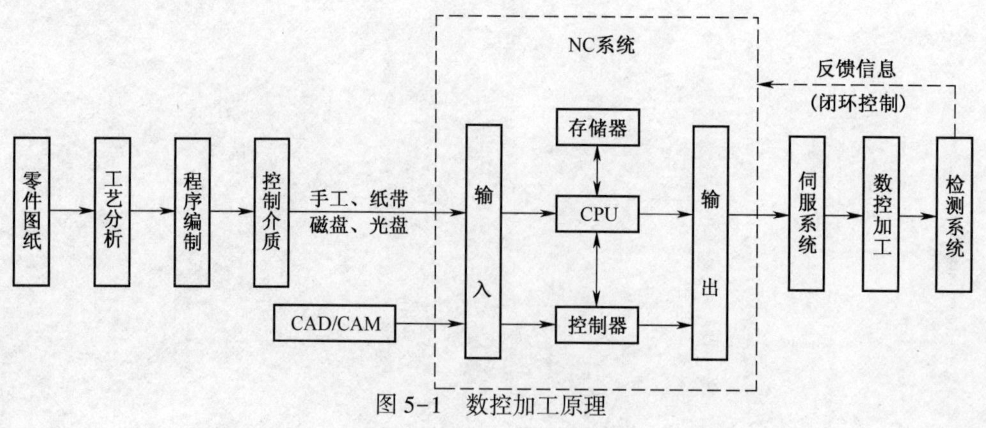

图 5-1　数控加工原理

数控加工是用数字信息控制零件和刀具位移,这种控制通过计算机数字控制系统的插补(根据加工轨迹的类型、起点和终点、走刀方向,由数控系统确定若干中间点的过程)完成;数控系统每完成一次插补,输出一个中间点坐标值,伺服执行机构根据此坐标值控制各坐标轴协调运动,最终走出理想轨迹。例如,如果要求刀具中心沿二维轮廓曲线(虚线)进行铣削加工,如图 5-2 所示。插补过程一般采用软件来完成,目前采用的软件插补方法有逐点比较法(图 5-3)、数字积分法等。插补的精度与数控系统的脉冲当量(数控系统发出一个脉冲,刀具相对工件移动的基本长度单位)有关,精密数控机床其脉冲当量一般小于 0.001mm/脉冲。由于直线和圆弧作为构成轮廓曲线最基本的几何元素,因此一般 CNC 系统都具有直线和圆弧这两种最基本的插补功能。

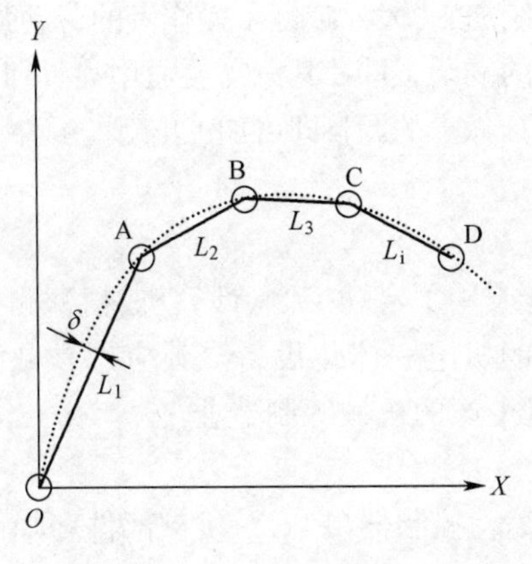

图 5-2 插补原理

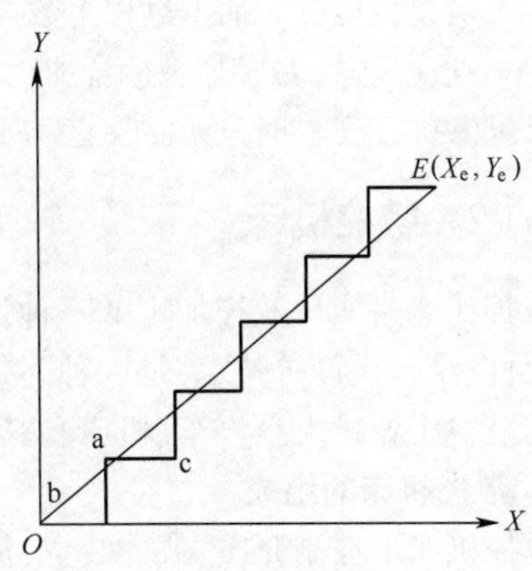

图 5-3 逐点比较法

2. 数控加工基本过程

数控加工主要分为程序编制和加工过程两个步骤,如图 5-4 所示,即对零件图样首先进行工艺分析,确定加工方案,然后用规定代码编写零件加工程序,把加工程序输入数控系统,经数控系统处理,发出指令,自动控制机床完成加工,最后得到符合要求的零件。

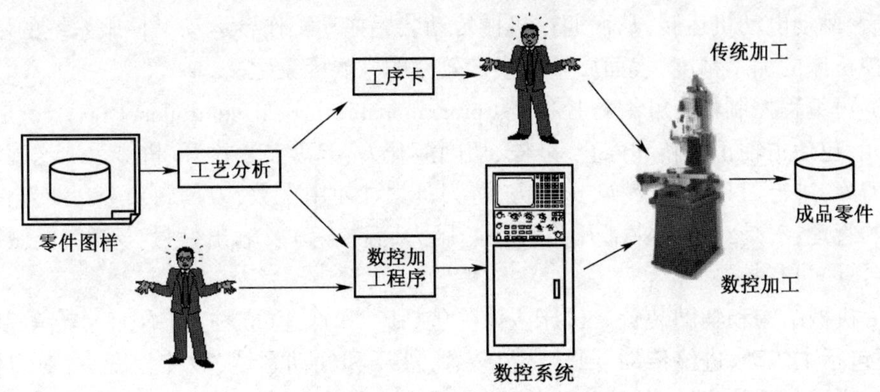

图 5-4 数控加工与传统加工的过程

3. 数控加工特点

由于数控加工是采用数字信号实现机床运动部件的精确控制，因此其和传统的加工方式相比较，数控加工具有更大的优势。

(1) 加工精度高。机床传动系统和机床结构都具有很高的刚度和稳定性，进给系统的反向间隙和螺距误差等可以通过数控系统实现补偿并消除，并且目前数控系统的脉冲当量普遍可以达到0.001mm/脉冲，加工精度一般可达0.01mm。

(2) 加工效率高。数控加工大大减少了加工过程的辅助时间，同时加工过程自动化程度大大提高，参与生产的人比传统加工方式少。

(3) 一致性好。数控加工是自动加工，避免了人为操作产生的误差，使得同一批产品的尺寸一致性较好而且加工质量稳定。

(4) 劳动强度低。加工过程由数控系统自动控制加工，大大减轻了操作者的劳动强度。

(5) 适应性强。数控加工适合加工单件、小批量的复杂工件。其只需要通用夹具即可满足要求；改变加工工件时只需要改变程序，不需要对机床做大的调整即可加工出新的零件。

5.1.2 数控机床

数控机床是实现数控加工的一种设备。它综合应用了自动控制、计算机、精密测量和传动元件、结构设计等技术，是一种高效、柔性加工的机电一体化设备。其应用领域已从早期的航空工业扩大至汽车、机床和其他中、小批量生产的机械等制造业。

1. 数控机床的组成

数控机床由控制介质、数控装置、伺服系统、可编程控制器(PLC)、机械部件和辅助装置等组成，如图5-5所示。

(1) 控制介质。控制介质又称为信息载体，它载有加工的全部信息，是将人的操作意图转达给数控机床的中间媒介。控制介质常采用穿孔纸带、磁带、软盘、光盘、硬盘以及内外部存储器等。

(2) 数控装置。数控装置是数控机床的中枢，一般由输入装置、控制器、运算器和输出装置组成。数控装置接受控制介质送来的信息，并加以变换和处理后控制机床的动作。

(3) 伺服系统。伺服系统是数控系统与机床主体之间的电传动联系环节，主要由执行元件、驱动控制系统及反馈装置等组成。数控系统发出的移动指令经驱动控制系统功率放大后，驱动电动机运转，从而通过机械传动装置拖动工作台运动。伺服系统的性能是决定数控机床的加工精度、表面质量和生产效率的主要因素之一。

(4) 可编程控制器。可编程控制器(programmable logical controller, PLC)，一是控制主轴单元，包括主轴正反转和停止、准停、切削液开关、卡盘夹紧松开、机械手取送刀等；二是管理刀库，进行刀具自动交换、选刀方式、刀具累计使用次数、刀具剩余寿命及刀具刃磨次数等的管理；三是对机床外部开关(行程、压力、温控等)及输出信号(刀库、机械手、回转工作台等)进行控制。

(5) 机械结构和辅助装置。机床主体除包括床身、底座、立柱、横梁、工作台等基础件之外，还包括主传动、进给传动、回转定位装置、液压和气动系统、数控分度头、对刀仪、润滑、冷却、排屑、照明、防护、各种监控装置、加工中心等，其中加工中心还应包括自动换刀装置(automatic tool changer, ATC)。

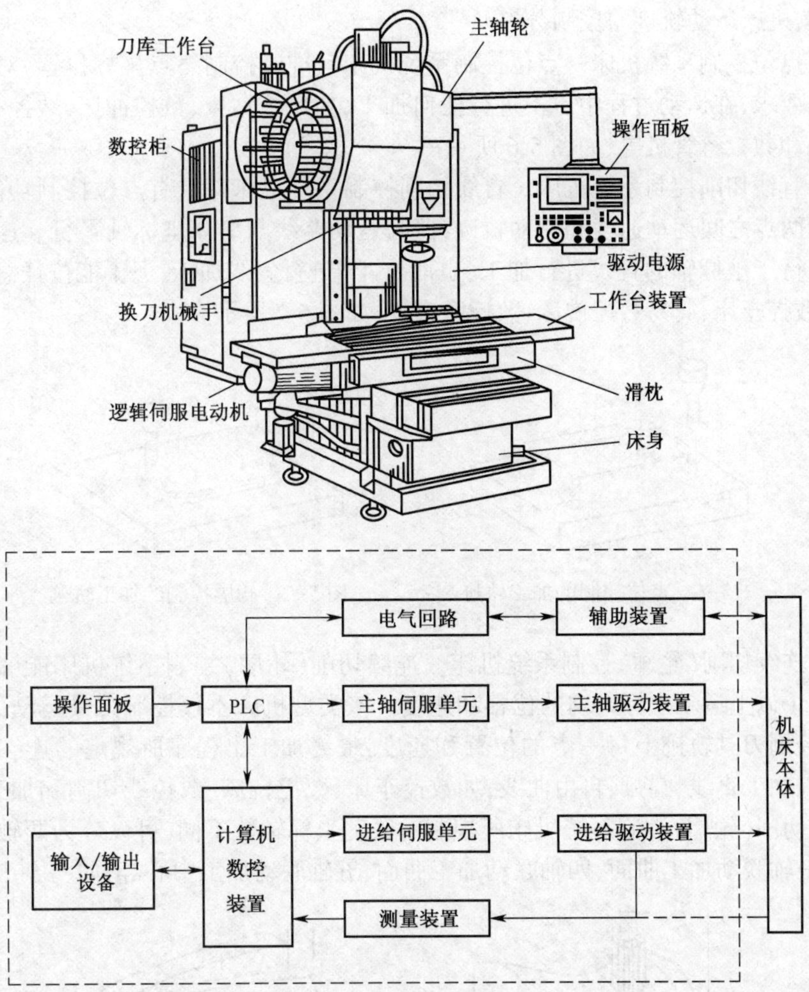

图 5-5 数控机床(加工中心)的组成及其框图

2. 数控机床的分类

1) 按数控系统的功能水平分类

数控机床按数控系统的功能水平分类,通常分为高档型数控机床、普及型数控机床和经济型数控机床三种,或者分为精密型数控机床、全功能型数控机床和经济型数控机床三种,如表 5-1 所列。

表 5-1 数控机床的分类

类型	主控机	进给	联动轴数	进给分辨力	进给速度/(m/min)	自动化程度
高档型	32 位微处理器	交流伺服驱动	5 轴以上	0.1μm	≥24	具有信、联网、监控管理等
普及型	16 位或 32 位微处理器	交流或直流伺服驱动	4 轴及以下	1μm	≤24	具有人机对话接口
经济型	单板机、单片机	步进电动机	3 轴及以下	10μm	6~8	功能较简单

2）按机床运动轨迹的控制分类

（1）点位控制系统机床。点位控制系统机床只准确控制终点坐标位置，对运动轨迹没有严格要求，在运动过程中也不进行任何加工，如数控钻床、数控冲床，数控坐标镗床、数控焊机和数控弯管机等，如图5-6所示。

（2）直线切削控制系统机床。直线切削控制系统机床除具有点位控制功能之外，还可以控制两点之间运动速度和移动轨迹，但其运动路线与机床坐标轴平行。这类数控机床能沿平行于坐标轴的直线进行加工，也能按45°进行斜线加工，但不能按任意斜率进行加工，如数控车床、简易数控铣床、数控磨床等，如图5-7所示。

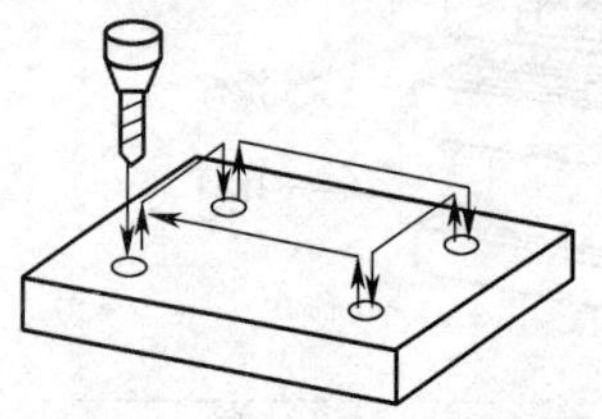

图5-6　点位控制的加工轨迹

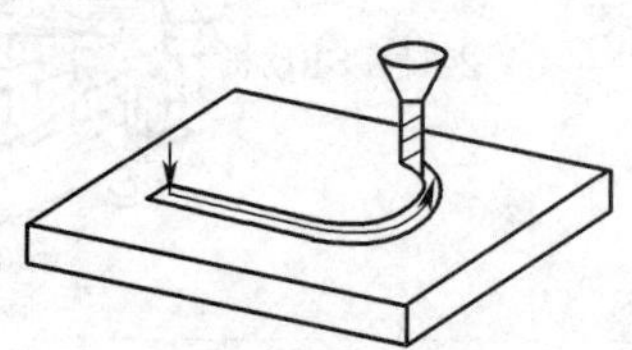

图5-7　轮廓控制的加工轨迹

（3）连续切削（轮廓）控制系统机床。连续切削（轮廓）控制系统机床能够同时控制两个或两个以上运动坐标方向的位移和速度。该类型机床不仅控制刀具运动的起点、终点，而且控制刀具轨迹上每一点的位置和速度，最终加工出程序所规定的连续轨迹。因此，其可以加工直线、圆弧、自由曲线，如数控车床、数控铣床、数控线切割和加工中心等。根据连续切削（轮廓）控制系统机床所控制的联动坐标轴数不同，可以分为两轴半联动加工曲面、三轴联动加工曲面、四轴联动加工曲面、五轴联动加工中心等，如图5-8所示。

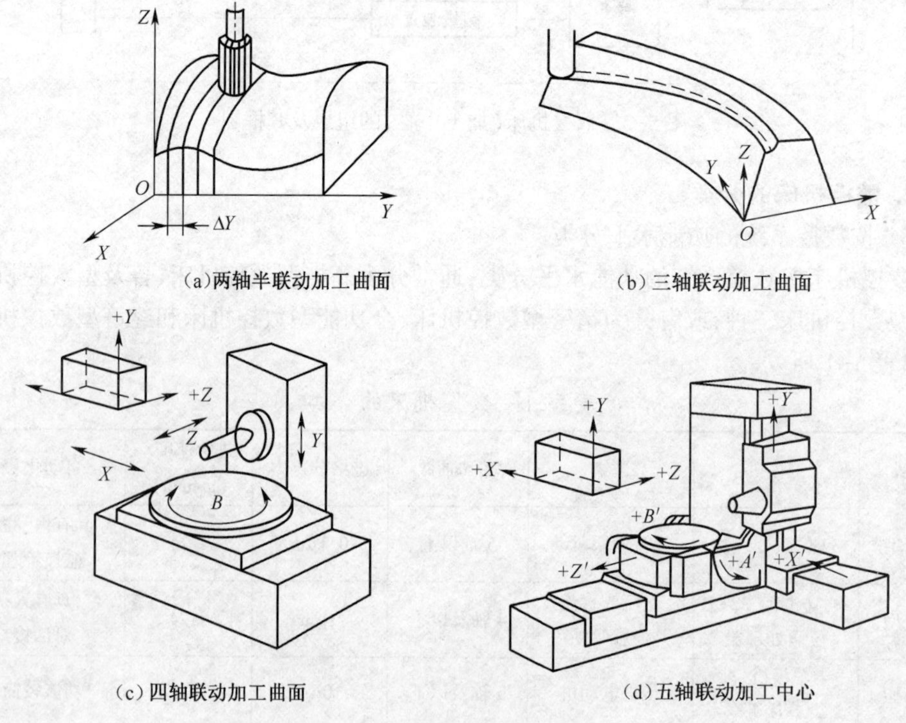

图5-8　坐标轴联动控制机床

3）按机床加工工艺用途分类

数控机床按机床加工工艺用途分类如表 5-2 所列。

表 5-2 数控机床的加工工艺用途分类

类型	常用的机床
金属切削类	数控车床、数控钻床、数控铣床、数控磨床、数控镗床及加工中心等
金属成型类	数控折弯机、数控组合冲床、数控弯管机、数控回转头压力机等
特种加工类	数控线(电极)切割机床、数控电火花加工机床、数控火焰切割机、数控激光切割机床、专用组合机床等
其他类型	非加工设备采用数控技术,如自动装配机、多坐标测量机、自动绘图机和工业机器人等

4）按检测反馈分类

（1）开环控制系统。开环控制系统无检测反馈装置,数控系统发出的指令信号是单向的,多采用步进电动机作为执行元件。这类控制系统虽然结构简单、工作稳定、调试方便、价格低廉,但精度不高、驱动力矩不大,如图 5-9 所示。

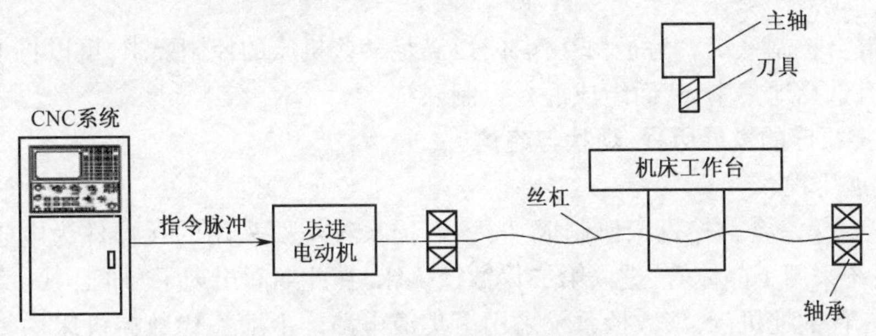

图 5-9 开环控制系统

（2）闭环控制系统。闭环控制系统利用位置检测元件直接测量移动部件的实际位置,位置反馈环节将检测到的实际位移量转化成数字信号并与 CNC 系统的指令信号比较,用差值进行后续控制,直到位置误差消失。该系统精度很高,但设计和调试相当困难,而且机械传动环节(摩擦、刚性、间隙)的非线性很容易造成系统的不稳定,如图 5-10 所示。

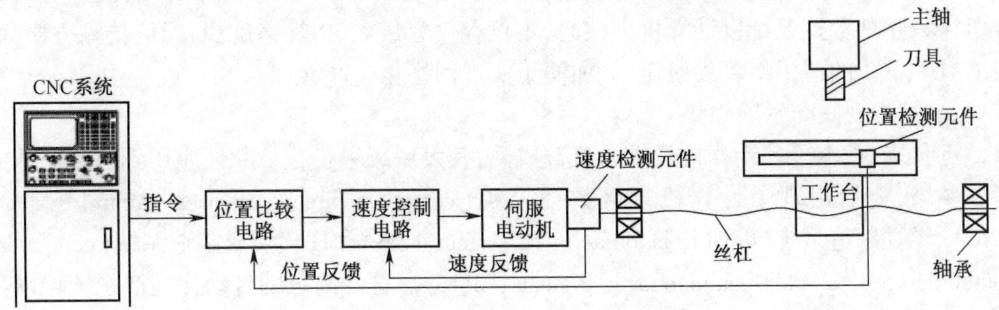

图 5-10 闭环控制系统

（3）半闭环控制系统。半闭环控制系统采用装在丝杠上或伺服电动机上的角位移测量元件来测量丝杠或电动机轴的转动量，从而间接地测量工作台的移动量。该系统的数控机床在设计、安装、调试、维护等都较容易操作，结构相对简单。其在提高系统稳定性的同时，可以由数控系统对进给传动机构的反向间隙和螺距误差进行补偿，获得满意的加工精度，如图 5-11 所示。

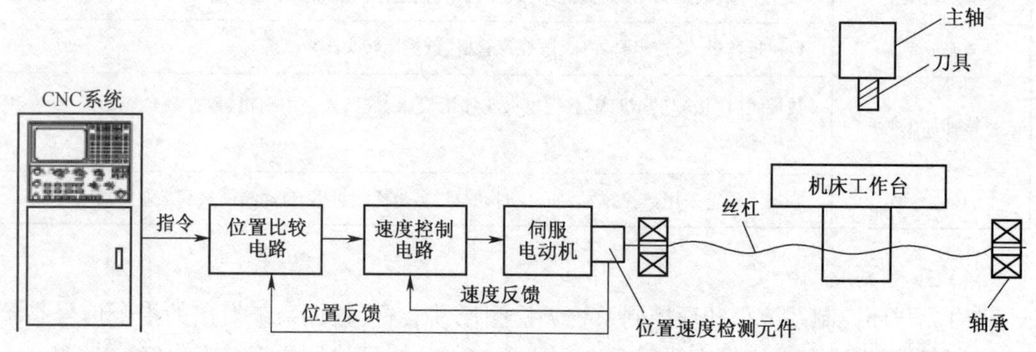

图 5-11　半闭环控制系统

（4）混合控制系统。为了相互弥补，以满足某些机床的控制要求，可以将上面控制系统的特点有选择地集中，从而组成混合控制系统。

3. 数控机床的发展历程、现状与趋势

1）发展历程

1952 年，第一台数控机床研制成功，该数控系统主要采用的元器件为电子管。1959 年，数控系统采用了晶体管，进入第二代数控机床，在此期间出现了“加工中心”。1965 年发展到第三代数控机床，该数控系统采用了集成电路。上面三代数控机床均为硬件逻辑控制系统，装载上面三代数控系统的机床称为普通数控机床。1970 年，出现第四代数控机床，该数控系统采用了大规模集成电路或小型计算机。1974 年，出现第五代数控机床，该数控系统采用了微处理器或专用计算机，这类系统在近 40 多年得到广泛应用和飞速发展。目前数控机床采用多个微处理器（32 位、64 位 CPU）已成为主流，其运算速度不断提高，功能越来越强大并且系统稳定可靠。第四代、第五代、第六代数控机床称为计算机数控机床。

为了适应现代化生产的需要，数控机床正朝着功能更加强大的第六代发展。这类数控机床采用的数控系统以计算机为核心，不仅存储容量大、运算速度快、通信传输方便，而且 CAD/CAM 的运用将更为便捷，更加便于实现网络化生产管理。

2）技术现状与发展趋势

近年来，微电子和计算机技术的日益成熟，其发展成果正在不断地应用到机械制造的各个领域，先后出现了计算机直接数控系统（computer direct numerical control system，DNC）、柔性制造系统（flexible manufacturing system，FMS）和现代集成制造系统（computer/contemporary integrated manufacturing systems，CIMS）。这些高级的自动化生产系统均以数控机床为基础，代表数控机床的发展趋势。

数控机床以数字化为特征，是柔性化制造系统和敏捷化制造系统的基础装备。数控技术的应用不但给传统制造业带来了革命性变化，而且随着数控技术的不断发展和应用领域的扩大，其对国计民生的一些重要行业（IT、汽车、轻工、医疗等）的发展也起着越来越重要的作用，这些行业的产品制造和应用所需装备的数字化已是发展的大趋势。数控技术正朝着高速、高精密、高可靠性、数控机床设计 CAD 化、智能化、网络化、柔性化、集成化、开放性、复合化方向发展。

5.1.3 数控编程

数控加工的程序编制（简称为编程）是数控加工准备阶段的主要内容之一，它是将几何数据（刀具与工件轮廓的相对位置）、工艺参数、辅助过程转化成规定的代码和格式的过程。

1. 数控加工工艺基础

由于数控加工过程是由程序控制自动完成的，因此在数控编程之前，要制定合理的加工工艺，才能编制正确合理的加工程序，保证零件的加工质量并提高加工效率。

1）数控加工工艺流程

与传统加工工艺相比较，数控加工工艺流程有以下不同，如图 5-12 所示。

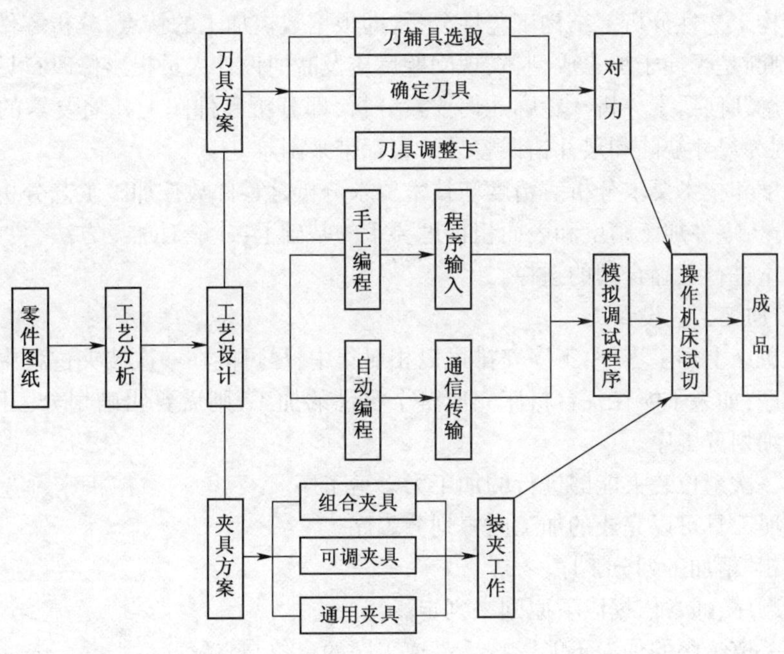

图 5-12　数控工艺流程

（1）选择并确定进行数控加工零件的表面及内容。

（2）对零件数控加工的部分进行工艺分析。

（3）数控加工的工艺设计。

（4）数控加工零件图纸的数学处理。

（5）编写数控加工程序单。

（6）按数控加工程序单制作控制介质。

(7) 数控加工程序的校验与修改。

(8) 首件试数控加工与现场问题处理。

(9) 数控加工工艺文件的定型与归档。

2) 明确零件的被加工面及加工内容

选择零件数控加工的表面应从实际需要和经济性两个方面考虑,在普通机床能够完成的尽量在普通机床加工。在通常情况下,选择下面零件加工部位作为数控加工内容。

(1) 零件上面的曲线轮廓,特别是由数学表达式描绘的非圆曲线和列表等。

(2) 已给出零件上面数学模型的空间曲面线。

(3) 零件上面形状复杂、尺寸繁多,划线和检测很困难的部位。

(4) 难以观察、测量和控制进给的零件内外凹槽。

(5) 零件上面以尺寸协调的高精度孔或面。

(6) 能在一次安装中完成加工零件的简单表面。

3) 数控加工的工艺分析

分析零件图是加工工艺制定的首要内容,其需要审查:尺寸标注应符合数控加工的特点,几何要素的条件应完整、准确,定位基准可靠,统一几何类型或尺寸等。

数控加工工艺主要分析以下内容。

(1) 结构工艺性分析。结构工艺性分析,即根据数控加工的特点,分析零件结构设计的合理性,判断是否便于加工成型,发现问题后应及时向设计人员提出修改意见。

(2) 轮廓几何要素分析。轮廓几何要素分析,即分析零件图上几何要素的给定条件是否充分,因为尺寸缺陷和尺寸错误容易给编程带来困难。

(3) 精度和技术要求分析。精度和技术要求分析是零件数控加工工艺分析的重要内容,只有在分析零件加工精度和表面粗糙度要求的基础上,才能对加工方法、装夹方式、刀具及切削用量进行正确合理的选择。

4) 数控加工工艺设计

在数控机床上加工零件,工序安排可以相对集中,尽可能在一次装夹过程中完成大部分或全部工序;如果不能在一台机床完成整个零件的加工,则需要明确划分工序,一般按以下原则详细划分工序。

(1) 以一次定位装夹能够进行的加工为一道工序。

(2) 按照刀具可以完成的加工内容划分工序。

(3) 按粗、精加工划分工序。

加工的顺序,通常依据以下原则来判定。

(1) 前一道工序的加工不能影响后一道工序的定位与夹紧。

(2) 对既有内腔表面,又有外表面需加工的零件,安排加工顺序时,应先进行内外表面粗加工,后进行内外表面精加工。

(3) 以相同定位、夹紧方式或用同一把刀具加工的工序,最好连续进行,以减少重复定位、换刀次数和挪动压紧元件的次数。

(4) 在同一次安装中,应该优先安排对零件的刚性破坏小的工序。

数控加工工艺设计的主要任务是拟定工序的具体加工内容、切削用量、定位夹紧方式及刀具运动轨迹,选择刀具、夹具、量具等工艺装备,为制定加工工艺做准备。工序的设计应特别注意以下几个方面。

(1) 确定走刀路线并安排工步顺序。进给路线泛指刀具从换刀点开始运动,至返回该点并结束加工程序所经过的路径,包括切削加工的路径及刀具切入、切出等非切削空行程。进给路线的确定一般要遵循的原则:在保证零件加工精度和表面粗糙度的前提下,尽量缩短切削加工路线,并减少空行程。

(2) 定位基准与夹紧方案的确定。① 力求设计、工艺与编程的基准统一;② 尽量减少装夹次数,尽可能做到一次定位、装夹后,加工出全部的待加工零件表面;③ 在数控机床上避免采用人工调整定位基准与夹紧的方式。

(3) 夹具的选择。① 加工小批量零件时,尽量采用组合夹具、可调式夹具或其他通用夹具;② 成批量生产时,尽量选择专用夹具,力求夹具结构简单;③ 夹具尽量开敞,其定位夹紧零件不能影响走刀;④ 装卸零件方便可靠,以缩短加工辅助时间,对于较大批量的零件尽量采用气动或液压、多工位夹具等。

(4) 刀具的选择。数控加工对刀具强度及耐用度的要求,要比普通加工高。选择刀具通常要考虑数控机床的加工能力、工序内容、工件材料等因素。

(5) 确定对刀点与换刀点。① 刀具的起点应尽量选在零件的设计基准或工艺基准上;② 对刀点应选在观察、检测与对刀方便的位置;③ 对于建立绝对坐标系统的数控机床,对刀最好选用该坐标系的原点,或者选已知坐标值的点,以便计算相应的坐标值。换刀点是便于机床加工过程自动换刀设置的,为防止换刀时碰伤零件或夹具,换刀点应设置在离被加工工件一定距离的地方。

(6) 确定切削用量。数控切削用量主要是指背切刀量、主轴转速及进给速度等。数控切削用量的选择原则与普通机床加工相同,具体数值应根据数控机床使用说明书和金属切削原理规定的方法及原则,结合实际情况来确定。

2. 数控编程基础

1) 数控机床坐标系和运动方向的确定

(1) 数控机床坐标系。为了确定机床的运动方向和移动距离,需要在机床上建立一个坐标系,这个坐标系称为机床坐标系。数控机床的机床坐标系规定已有国际标准,具体如下:

在确定编程坐标时,一律看作工件是相对静止,刀具产生运动。

在数控机床上的标准坐标系采用右手笛卡儿坐标系,如图 5-13 所示。大拇指的方向为 X 轴的正方向,食指的方向为 Y 轴的正方向,中指的方向为 Z 轴的正方向。图 5-14 所示为数控车床坐标系,图 5-15 所示为数控立式铣床坐标系。

数控机床的机床坐标系规定平行于机床主轴的刀具运动坐标轴为 Z 轴,取刀具远离工件的方向为正方向($+Z$);X 轴为水平方向且垂直于 Z 轴并平行于工件的装卡面;在确定了 X 轴、Z 轴的正方向后,可按右手笛卡儿坐标系确定 Y 轴的正方向。

(2) 工件坐标系。工件坐标系是用于确定工件几何图形上各几何要素(点、直线和圆弧)的位置而建立的坐标系。在编程时,以工件图纸上的某一点为原点,称为工件原点,而编程尺寸按工件坐标系中的尺寸确定。在加工时,工件随夹具安装在机床上,工件原点与机床原点间之的距离称为工件原点偏置,如图 5-16 所示。该偏置值需预存到数控系统;在加工时,数控系统将工件原点偏置自动加到工件坐标系上。

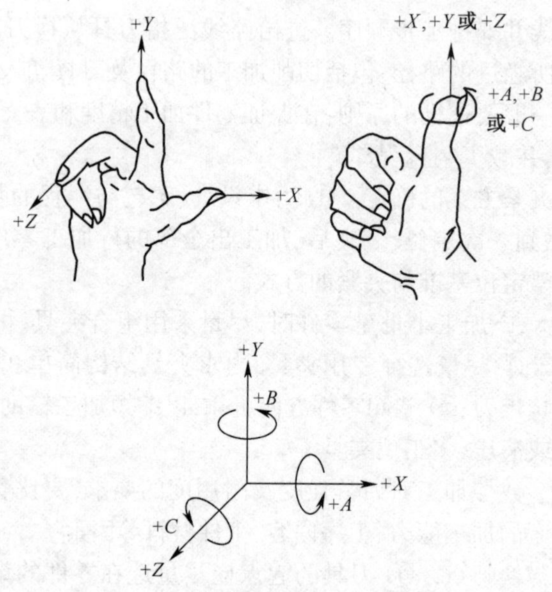

图 5-13　右手笛卡儿坐标系

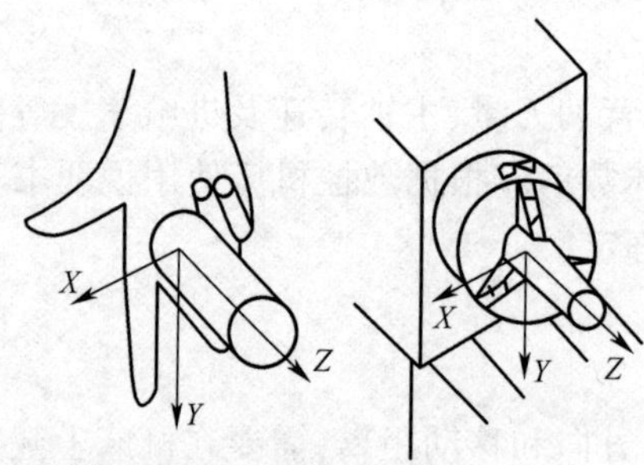

图 5-14　数控车床坐标系

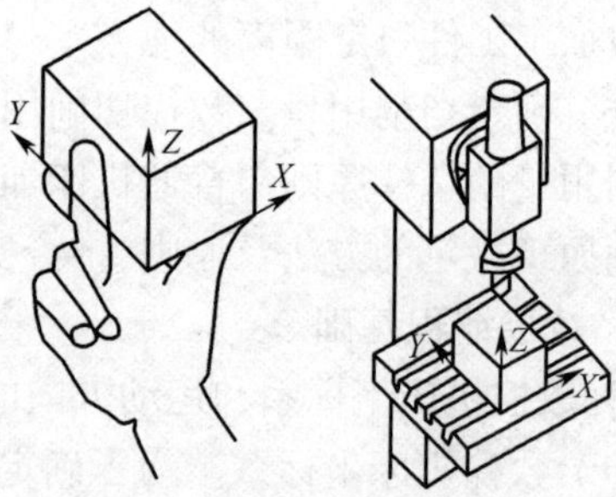

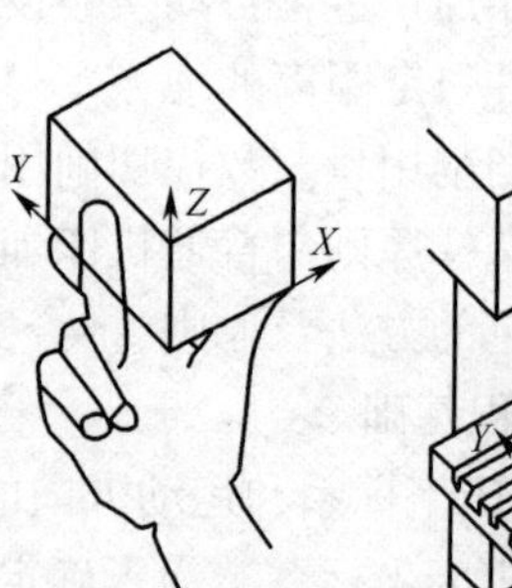

图 5-15　数控立式铣床坐标系

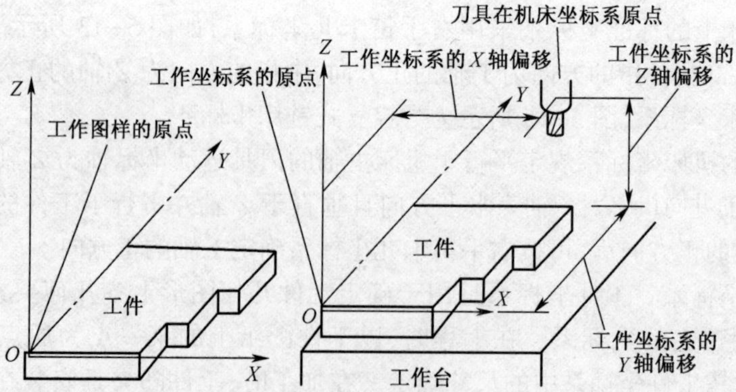

刀具在机床坐标系原点
Z
工作坐标系的X轴偏移
工件坐标系的
Z轴偏移
工作坐标系的原点
Y
Z
工作图样的原点
Y
工件
工件
X
O
O
X
工件坐标系的
Y轴偏移
工作台

图 5-16　工件坐标系

数控机床工件零点的一般选用原则如下：

① 工件零点选在工件图纸的尺寸基准上。这样可以直接用图纸标注的尺寸作为编程点的坐标值，减少计算工作量。

② 工件零点的选用要能使工件方便地装夹、测量和检验。

③ 工件零点尽量选在尺寸精度较高、表面粗糙程度较高的工件表面上。这样可以提高工件的加工精度和同一批零件的一致性。

④ 对于有对称形状的几何零件，工件零点最好选在对称中心上。

数控车床工件零点一般设在主轴中心线上，并设在工件的右端面或左端面。数控铣床工件零点一般设在工件外轮廓的某个角上，进刀深度方向的零点大多在工件表面。

(3) 绝对坐标系与增量坐标系。若运动轨迹的坐标点以该点在坐标系各轴方向的坐标值表示，则称为绝对坐标。例如，图 5-17(a)中，A、B 点的坐标均以坐标原点计量，其坐标值：$X_A=30$，$Y_A=40$，$X_B=90$，$Y_B=95$。若运动轨迹的终点坐标值是以其起点为原点计量的坐标，则称为增量坐标(或相对坐标)。增量坐标常用代码表中的第二坐标系 U、V、W 表示。增量坐标 U、V、W 分别与绝对坐标 X、Y、Z 平行且同向。在图 5-17(b)中 B 点是以起点 A 为原点建立的 U、V 坐标系来计量的，则终点 B 的增量坐标：$U_B=70$，$V_B=55$。

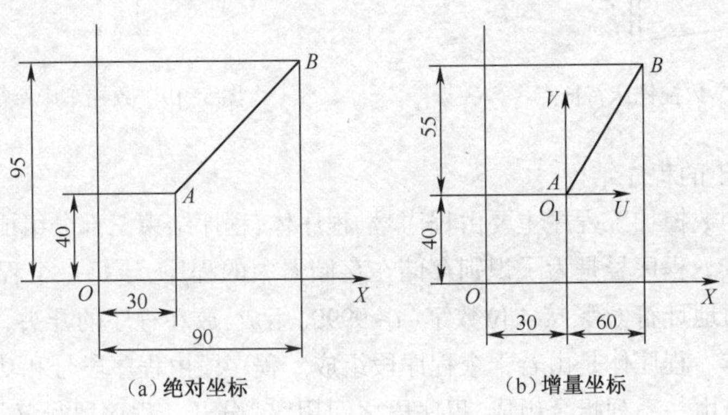

图 5-17　绝对坐标与增量坐标

2) 数控机床特征点

(1) 数控机床原点。数控机床原点是指数控机床坐标系的原点，即 $X=0$，$Y=0$，$Z=0$ 的点。数控机床原点是在数控机床上设置的一个固定点，是其他坐标系和数控机床内的参考点(或基准点)的出发点，符号：O_R，如图5-18和图 5-19 所示。数控机床原点一般取数控机床运动方向的最远点。数控车床的机床零点多在主轴法兰盘接触面的中心上，即主轴前端面的中心上。数控铣床的机床零点因机床生产厂家而异，可由用户手册查得。

(2) 数控机床的参考点(零点)。数控机床的每一个轴都有各自的一个参考点，用来对相应轴的测量系统定位。它的位置是在每个轴上用挡块和限位开关精确地预先确定好。数控机床的参考点对数控机床原点的坐标是一个已知数，多位于加工区域的边缘。数控机床的参考点图形符号 O_M，如图 5-18 和图 5-19 所示。

（3）工件零点。工件坐标系的原点，即工件零点，图形符号 O_W，如图 5-18 和图 5-19 所示。

（4）对刀点。对刀点是指在数控加工时，刀具相对于工件运动的起点。其程序是从这一点开始的，图形符号 O_P，如图 5-18 和图 5-19 所示。对刀点设在加工的零件或夹具上，必须与零件的定位基准有一定的坐标尺寸联系，才能确定数控机床坐标系与零件坐标系的相互关系。

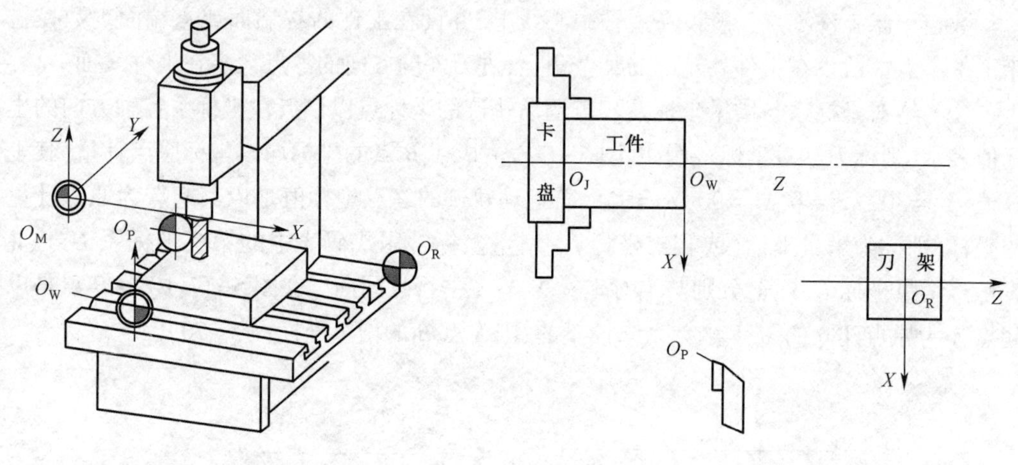

图 5-18　数控铣床特征点　　　　图 5-19　数控车床特征点

3）数控加工的程序结构

一个完整的数控加工程序主要由程序号、程序体、程序结束三部分组成。

（1）程序号。程序号是为了识别存储在存储器中的程序，给每一个程序分配一个程序号。程序号由地址符 O 紧接 4 位数字（1~9999）组成，放在程序的开头。

（2）程序体。程序体是由若干个程序段组成。程序段由程序段号和功能字组成。

数控程序是由一系列指令组成，程序段之间用"；"分开。程序段号又称为顺序号，放在每个程序段的开头，由地址 N 和后面的数字（1~99999）组成。通常按加工步骤的顺序，即指定顺序号。

程序段是由功能字组成。功能字是由地址符和数字组成。程序段的组成，具体如下：

N__	G__	X__ Z__	F__	S__	T__	M__；
顺序号	准备功能	尺寸字	进给功能	主轴转速功能	刀具功能	辅助功能

主要功能和常用地址符，如表 5-3 所列。

在程序段的开头输入"/"字符，并且在数控机床操作面板上选择"段跳"功能，即可在执行程序时跳过该程序段。

表 5-3 主要功能和常用地址表

功能	地址	意义
程序号	O	程序号
顺序号	N	顺序号
准备功能	G	指定移动方式(直线、圆弧等)
尺寸字	X, Z, U, W, C	坐标轴移动指令
	I, K	圆弧中心的坐标
	R	圆弧半径
进给功能	F	每分钟进给速度或每转进给量
主轴转速功能	S	主轴转速
刀具功能	T	刀具号和刀具偏置量的组别号
辅助功能	M	控制机床的顺序逻辑动作
暂停时间	X	设定暂停时间
程序号和重复次数指定	P	子程序号和子程序重复调用次数

(3) 程序结束。程序结束指令放在程序结束处,主程序结束用 M02 或 M30,子程序结束用 M99。

4) 数控编程常用指令

在数控系统中,进行运动控制的指令包括准备功能代码(G 代码)和进给速度功能代码(F 代码);进行逻辑控制的指令包括辅助功能代码(M 代码)、主轴速度功能代码(S 代码)以及刀具功能代码(T 代码)。

(1) 准备功能代码(G 代码)。准备功能用地址 G 及其后所接数值表示,如 G00、G01、G02、G90 等。G 代码分为以下两种。

① 非模态 G 代码。该类代码只在指令它的程序段中有效,又称为一次有效 G 代码。在 G 代码表中编为 00 组。除 G10 和 G11 外,00 组的 G 代码都是非模态 G 代码,如 G04 等。

② 模态 G 代码。该类代码一旦被指令,则一直有效,直到被同组的其他 G 代码取代为止。模态 G 代码按其功能进行分组。在编程时,若在同一程序段中指令了两个以上同组的 G 代码,则最后被指令的 G 代码有效。

数控加工程序使用标准化的代码和格式,常用的有 EIA 和 ISO 两种标准。我国颁布的《数控机床程序段准备功能 G 代码和辅助功能 M 代码》(JB—3208—83)标准,与 ISO—1056—1975E 等效,如表 5-4、表 5-5 所列。对于不同系统的数控机床,其指令和格式不尽相同,须根据具体机床而定。

表 5-4　JB—3208—83 G 代码表

代码	组别	类型	功能说明	代码	组别	类型	功能说明
G00	01	1	快速移动	G49	08	1	刀具长度补偿取消
G01	01	1	直线插补	G50	11	1	缩放关
G02	01	1	顺时针圆弧插补	G51	11	1	缩放开
G03	01	1	逆时针圆弧插补	G52	11	1	镜像关
G02+Z	01	1	右螺旋线插补	G53	11	1	镜像开
G03+Z	01	1	左螺旋线插补	G54	14	1	工件坐标系 1
G04	02	2	暂停	G55	14	1	工件坐标系 2
G17	02	1	*XY* 平面选择	G56	14	1	工件坐标系 3
G18	02	1	*ZX* 平面选择	G57	14	1	工件坐标系 4
G19	02	1	*YZ* 平面选择	G58	14	1	工件坐标系 5
G33	01	2	螺纹切削	G59	12	1	工件坐标系 6
G40	07	1	刀具半径补偿取消	G68	12	1	坐标系旋转
G41	07	1	刀具半径左补偿	G69	03	1	坐标系旋转取消
G42	07	1	刀具半径右补偿	G90	00	1	绝对值编程
G43	08	1	刀具长度正向补偿	G91	00	1	增量值编程
G44	08	1	刀具长度负向补偿	G92	05	1	坐标系设定

表 5-5　JB—3208—83 M 代码表

代码	功能说明	代码	功能说明
M00	程序停止	M10	夹紧
M01	程序计划停	M11	松开
M02	程序结束	M19	主轴定向停止
M03	主轴顺时针方向	M21	*X* 轴镜像
M04	主轴逆时针方向	M22	*Y* 轴镜像
M05	主轴停止	M23	镜像取消
M06	换刀	M30	程序结束
M07	2 号冷却液开	M60	更换工件
M08	1 号冷却液开	M98	调用子程序
M09	冷却液关	M99	子程序结束

(2) 进给速度功能代码(F 代码)。进给速度功能代码(F 代码)后面的数值表示刀具的进给速度或进给量,单位为 mm/min 或 mm/r,如 F0.2、F0.05、F2 等。

(3) 辅助功能代码(M 代码)。辅助功能代码由 M 及其后面的两位数值表示,从 M00~M99,它一般控制数控机床的顺序逻辑动作,如主轴的转动、停止,冷却液的打开、关闭,卡盘的夹紧、松开等。

JB—3208—83 M 代码如表 5-5 所列。

(4) 主轴速度功能代码(S 代码)。主轴速度功能代码由地址 S 和其后面的数值表示,用于控制主轴转速。其一个程序段只能包含一个 S 代码,一般用于主轴电动机为调速电动机,主传动为无级变速的数控机床,如 S1000,表示主轴转速为 1000r/min。

(5) 刀具功能代码(T 代码)。刀具功能代码是指用地址 T 与后面数字表示的 T 代码,可以选择机床刀架上的刀具,使其到达切削位置。其代码格式:T_ _ _ _;T 后面的前二位数为刀具号,后二位数为刀具补偿量的组别号,如 T0303。

3. 数控编程步骤和方法

1) 数控编程的步骤

一般来说,数控机床编制程序的过程主要包括分析零件图纸、工艺处理、数学处理、编写程序清单、程序输入、程序校验、首件零件数控机床试切。

数学处理:根据零件的几何尺寸、加工路线和设定的坐标系计算刀具运动轨迹的坐标位置,以获得刀位的数据。

编写程序清单:按照数控系统规定的指令代码及程序段格式,根据刀具运行轨迹、工艺参数、辅助动作逐段编写加工程序。

程序输入:零件加工程序可以通过 CRT/MDI 方式和磁盘或存储卡直接输入,也可以通过计算机通信或网络远程传输。

程序校验和首件试切:加工程序必须经过验证才可正式使用。程序校验的方法是空运行该程序,在图形显示功能模块观察刀具模拟切削过程进行校验。由于该方法只能检验程序的运动轨迹是否正确,无法检查加工精度,因此零件批量生产前,必须进行零件加工前的首件试切。试切时,随时监视加工状况,调整工艺参数,发现加工误差,应分析原因,加以修正。

2) 数控机床编程方法

数控加工程序编制方法分为手工编程和自动编程,如表 5-6 所列。手工编程是程序的全部内容由人工按数控系统所规定的指令格式编写。自动编程又称为计算机辅助编程,是编程人员根据零件图及其工艺要求,用规定的语言编写一个源程序或者将图形信息输入计算机,由计算机自动地进行处理,计算出刀具中心的轨迹,编写出加工程序清单,并自动制成所需控制介质或通过计算机通信接口,将加工程序直接输送给 CNC 存储器予以调用的过程。自动编程分为语言、图形交互和语音三种编程方式,APT 数控编程语言曾为自动编程提供了有力的支持,目前广泛使用的图形交互编程系统是在 CAD/CAM 基础上发展起来的,如图 5-20 所示。

表 5-6　编程步骤及手工与自动编程对比

<table>
<tr><th colspan="2">项目</th><th>手工编程</th><th>自动编程</th></tr>
<tr><td rowspan="7">编程步骤</td><td>审查</td><td colspan="2">① 检查零件图样的尺寸、公差和技术要求等是否完整；
② 审查零件的结构工艺性，分析结构刚度是否够用</td></tr>
<tr><td>确定加工任务</td><td colspan="2">① 确认零件的几何形状、尺寸和技术要求；
② 明确加工范围和加工质量要求，确定加工工序</td></tr>
<tr><td>工艺分析</td><td colspan="2">① 确定被加工表面的加工范围和加工方法；
② 选择装夹定位面和夹持点；
③ 确定每一切削过程的走刀路线；
④ 选择切削刀具，确定加工参数</td></tr>
<tr><td rowspan="2">加工程序的编写和生成</td><td>选择编程原点，进行数值计算</td><td>打开三维软件，建立制造模型</td></tr>
<tr><td>打开数控系统，首先按下程序编辑键，在输入栏中输入一个新的程序名；然后点击插入键，依据走刀路线、工艺参数、刀具及刀补和本数控系统的代码和格式编辑新程序；最后检查核对程序</td><td>① 选择加工机床，设定加工毛坯；
② 安排刀具路径，设定加工参数（选择刀具设定切削用量、设定加工方式和其他参数；
③ 仿真验证刀具轨迹；
④ 后置处理，生成加工程序；
⑤ 修改程序，符合当前数控机床</td></tr>
<tr><td>程序传输调用</td><td>内部程序调用：数控系统直接调用；首先在输入栏中输入要打开的程序名称，然后点击检索软件就可以打开程序</td><td>外部程序调用：加工程序通过存储卡、计算机通信、远程网络等传输给数控机床的数控系统</td></tr>
<tr><td>程序校验</td><td>通过空运行和试切加工，检验程序是否有误和是否与数控系统兼容，加工进度是否满足加工要求</td><td>除在数控机床上通过空运行和试切加工检验外，也可以通过仿真机校验</td></tr>
<tr><td colspan="2">特点</td><td>适用于计算量小，程序段数有限，编程直观，易于实现的情况。简单灵活，适应性较大；但占用数控机床工作时间，生产效率低</td><td>刀具轨迹数据计算相当繁琐，工作量大，极易出错，且很难校对，有些计算甚至人工根本无法完成，但可以脱开数控系统，不占用数控机床工作时间。因此，该方式生产效率高，易于数字化管理和实现在线加工或远程加工，但流程复杂，对编程人员要求高</td></tr>
<tr><td colspan="2">编程人员要求</td><td>综合素质要求较低，数控机床操作人员必须要掌握的技能</td><td>综合素质要求高，要具有有深厚的工艺知识和丰富的实践经验</td></tr>
<tr><td colspan="2">应用</td><td>适用于中等复杂程度程序、计算量不大的零件编程，如点位加工（如钻、铰孔）或几何形状简单（如平面、方形槽）零件，主要用于二维和简单三维形状加工</td><td>适用于工艺复杂、计算量大的零件编程，如具有空间自由曲面、复杂型腔的零件，主要用于复杂二维和三维加工</td></tr>
</table>

注：程序必须校验正确后才能进行实际加工。

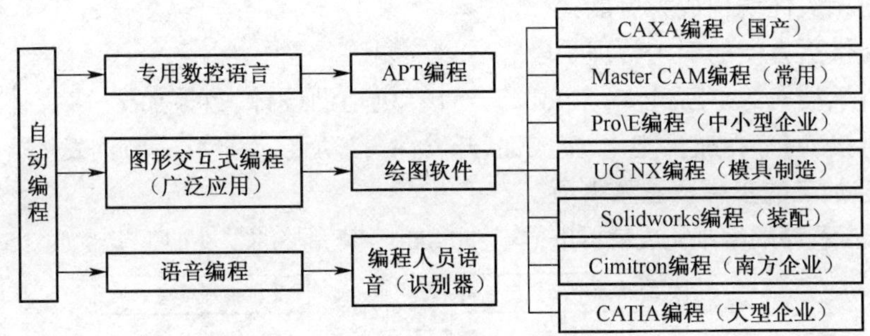

图 5-20 自动编程三种方式

4. 计算机辅助制造

1）CAM 基本概念

数控加工是计算机辅助制造（CAM）的核心。计算机辅助制造是利用计算机进行生产设备管理控制和操作的过程。它输入的信息是零件的工艺路线和工序内容，输出的信息是刀具加工时的运动轨迹（刀位文件）和数控程序。

狭义的计算机辅助制造概念是指从产品设计到加工制造之间的一切生产准备活动，包括 CAPP、NC 编程、工时定额的计算、生产计划的制定、资源需求计划的制定等。广义的计算机辅助制造概念除包括狭义的计算机辅助制造所有内容之外，还包括在制造活动中与物流有关的所有过程（加工、装配、检验、存储、输送）的监视、控制和管理。

计算机辅助制造系统的组成可以分为硬件和软件两方面。硬件方面包括数控机床、加工中心、输送装置、装卸装置、存储装置、检测装置、计算机等，软件方面包括数据库、计算机辅助工艺过程设计、计算机辅助数控程序编制、计算机辅助工装设计、计算机辅助作业计划编制与调度、计算机辅助质量控制等。

2）CAM 应用

CAM 系统一般具有数据转换和过程自动化两方面的功能。CAM 系统通过计算机分级结构控制和管理制造过程的多方面工作。其目标是开发一个集成的信息网络来监测一个广阔的相互关联的制造作业范围，并根据一个总体的管理策略控制每项作业。

CAM 作为应用性、实践性极强的专业技术，直接面向数控生产实际。CAM 技术为制造业提供了极大的便利，不仅可以缩短产品生产周期，还可以提高产品质量和效率，大大降低产品生产成本。

3）CAM 发展趋势

新一代的 CAM 系统在网络下与 CAD 系统集成，既充分利用了 CAD 几何信息，又能按专业化分工，合理地安排系统在空间的分布。该系统降低操作人员的综合性要求，提高了专业化要求，使操作人员的构成发生相应的变化；同时也导致了机侧编程（shop programming）方式的兴起，改变了 CAM 编程与加工人员及现场分离的现象。其具体表现如下：

（1）面向对象、面向工艺特征的 CAM 系统；

（2）基于知识的智能化的 CAM 系统；

（3）能够独立运行的 CAM 系统；

（4）使相关性编程成为可能；

（5）提供更方便的工艺管理手段。

随着科学技术的不断进步，CAM 将与计算机辅助设计、数控加工、多媒体、网络化等技术无缝对接，朝着更加智能化、集成性、开发性、自动化、专业化等方向发展。

5. 数控加工的步骤及注意事项

数控加工程序的编制完成就可进行零件的加工，其完整的零件加工步骤如图 5-21 所示。

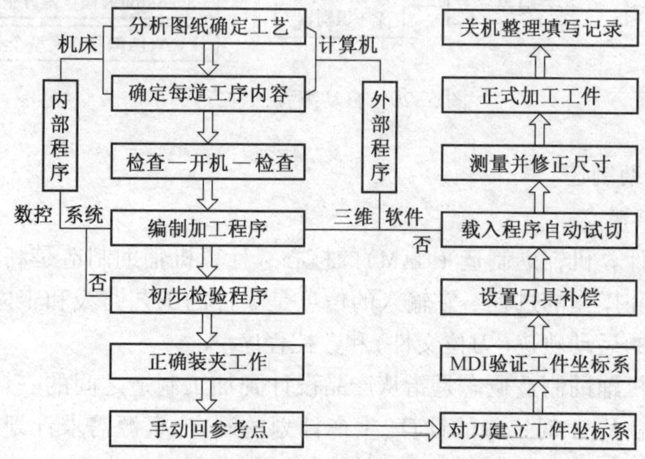

图 5-21　数控加工零件完整的流程

操作数控机床时注意事项如下：

1）文明生产

操作数控机床时应做到以下几点文明生产。

（1）严格遵守数控机床的安全操作规程，未经专业培训不得擅自操作数控机床。

（2）严格遵守上下班、交接班制度。

（3）做到用好、管好数控机床，具有较强的工作责任心。

（4）保持数控机床周围的环境整洁。

（5）数控机床操作人员应穿戴好工作服、工作鞋，不得穿戴有危险性的服饰品。

2）安全操作规程

为了正确合理地使用数控机床，减少其故障的发生率。经数控机床管理人员同意方可操作机床。

（1）开关数控机床前的注意事项如下：

① 操作人员必须熟悉该数控机床的性能和操作方法，经数控机床管理人员同意方可操作数控机床。

② 数控机床通电前，先检查电压、气压、油压是否符合工作要求。

③ 检查数控机床可动部分是否处于正常工作状态。

④ 检查数控机床的工作台是否有越位，超极限状态。

⑤ 检查数控机床的电气元件是否牢固，是否有接线脱落。

⑥ 检查数控机床接地线是否和车间地线可靠连接（数控机床初次开机特别重要）。

⑦ 已完成数控机床开机前的准备工作后，方可合上电源总开关。

(2) 数控加工程序调试过程的注意事项如下:

① 编辑、修改、调试好程序。若是首件试切,则必须进行空运行,以确保数控加工程序正确无误。

② 按数控加工工艺要求安装、调试好夹具,并清除各定位面的铁屑和杂物。

③ 按定位要求装夹好工件,确保定位正确夹紧可靠。

④ 安装好刀具,若是加工中心,则使刀具在刀库上的刀位号与程序中的刀号严格一致。

⑤ 按工件的编程原点进行对刀,建立工件坐标系。若用多把刀具,则其余各把刀具分别进行长度补偿或刀尖位置补偿。

(3) 数控机床开机过程的注意事项如下:

① 严格按数控机床说明书要求的开机顺序进行操作。

② 一般情况下,开机过程必须先进行回数控机床参考点操作,建立数控机床坐标系。

③ 开机后,让数控机床空运转 15min 以上,使数控机床达到平衡状态。

④ 关机后,必须等待 5min 以上才可以进行再次开机,没有特殊情况不得随意频繁进行开机或关机操作。

5.2 数控车削

数控车床是计算机数字控制车床的简称,又称为 CNC 车床,是目前使用较为广泛的数控机床之一。它是在普通车床的基础上增加了数字控制功能,采用数字化的符号和信息对机床的运动和加工过程进行自动控制,因此加工过程的自动化程度高。与普通车床相比较,数控车床具有更强的通用性和灵活性、更高的加工效率和加工精度。

数控车削加工的特点如下:

(1) 加工精度高,产品质量稳定。

(2) 加工能力强,生产效率高。

(3) 具有较高的生产效率和较低的加工成本。

(4) 有较强的通信功能。

数控车削加工的加工范围如下:

(1) 精度要求高的回转体零件。

(2) 表面粗糙度要求高的回转体零件。

(3) 具有复杂轮廓形状的回转体零件。

(4) 具有特殊螺纹的回转体零件。

此外,数控车床还可用来加工那些能够在普通车床上加工,但在普通车床上操作劳动强度大、加工效率低的零件。

对于一些占机调整时间长、加工部位分散、需要多次装夹的零件,不适合在数控车床上进行批量加工。

5.2.1 常用数控车床及工艺装备

1. 常用数控车床

数控车床的整体布局和结构形式与普通车床类似,如图 5-22 所示。在普通车床上能够完成的加工内容都可以在数控车床上完成。另外，由于具备数控装置和伺服装置，因此数控车床还能加工各种回转成型面。

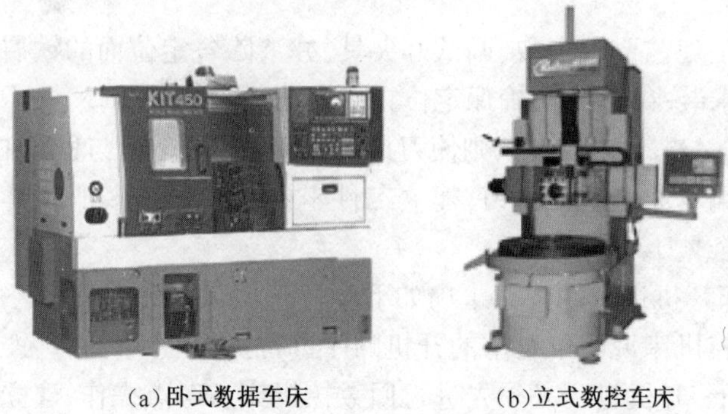

(a)卧式数据车床　(b)立式数控车床

图 5-22　数控车床

2. 常用数控车刀

数控车床通常采用机夹式刀具，常用数控车刀刀片的材料主要有高速钢、硬质合金、涂层硬质合金、陶瓷、立方氮化硼和金刚石等。其中，应用最多的车刀刀片材料是硬质合金刀片和涂层硬质合金刀片。图 5-23 所示为常见硬质合金数控车刀刀片的类型。

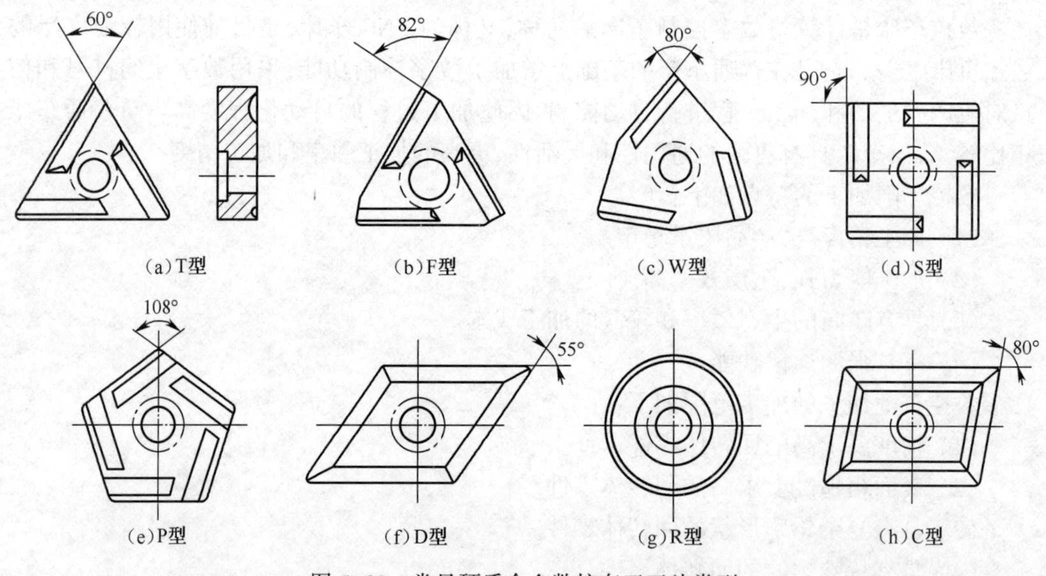

(a)T型　(b)F型　(c)W型　(d)S型

(e)P型　(f)D型　(g)R型　(h)C型

图 5-23　常见硬质合金数控车刀刀片类型

3. 常用数控车床夹具

与普通车床相似，数控车床的夹具分为通用夹具和专用夹具。其通用夹具如三爪卡盘、四爪卡盘、弹簧夹套、通用心轴等；专用夹具是专门为加工某一指定工件的某一工序而设计的夹具。

5.2.2　数控车削的编程

数控车削加工的零件，其内、外轮廓大部分由直线和圆弧构成。快速定位指令 G00，直线插补指令 G01,以及圆弧插补指令 G02、G03,是构成数控加工基本动作单元的编程指令。在数控车床上加工零件时,加工工件的毛坯常用冷轧型材或铸、锻件等,加工余量大,一般需要多次循环加工才能去除全部余量。为了简化编程,数控系统提供不同形式的循环功能,以缩短程序长度,减少程序所占内存。循环指令分为单一形状固定循环指令(如 G90、G92 等)和复合形状固定循环指令(如 G71、G73 等)。

1. 快速定位指令 G00

快速定位指令 G00 主要用于实现刀具的快速定位。

格式:G00 X(U)____ Z(W)____;

式中:X、Z 为目标点的绝对坐标值;U、W 为目标点相对于前一点的增量坐标值。

说明:使用该指令编程时,在程序段中不指定进给量,刀具按系统预先设置的速度运动。

例如,X 方向 6m/min,Z 方向 12m/min,并且可以通过机床面板的"快速倍率"按钮进行调节。由于速度较快,因此该指令仅适合用于刀具的空行程,如在加工前将刀具从换刀点移动到工件附近或者加工完毕快速退刀。

例如,车削零件 ϕ20mm 外圆前,刀具从换刀点 A 快速运动到 B 点,如图 5-24 所示。

编程:G00 X20 Z2;

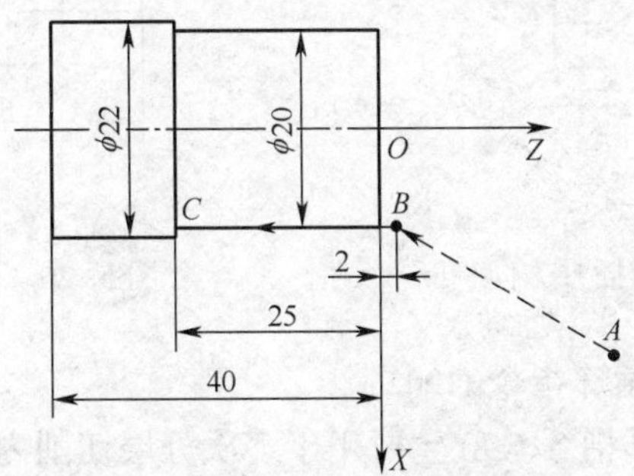

图 5-24　G00、G01 指令实例

2. 直线插补指令 G01

直线插补指令 G01 主要用于使刀具以某一进给量,从一点直线运动到另一点。

格式:G01 X(U)_ Z(W)_ F _;

式中:X、Z 为目标点的绝对坐标值;U、W 为目标点相对于前一点的增量坐标值;F 为进给速度或进给量。

例如,粗车零件 ϕ20mm 外圆,刀具从 B 点移动到 C 点,如图 5-24 所示。

编程:绝对方式 G01 X20 Z-25 F0.2 ;

增量方式 G01 U0 W-27 F0.2 ;

混和方式 G01 U0 Z-25 F0.2 ;或　G01 X20 W-27 F0.2 ;

3. 圆弧插补指令 G02、G03

圆弧插补指令 G02、G03 主要用于使刀具在指定平面内,按某一进给量做圆弧运动。其中:G02 为顺时针圆弧插补指令,G03 为逆时针圆弧插补指令。

格式:G02/G03 X(U)____ Z(W)____ R ____ F ____;(圆弧半径方式)

G02/G03 X(U)____ Z(W)____ I ____ K ____ F ____;(圆心坐标方式)

式中:X、Z 为圆弧终点的绝对坐标值;U、W 为圆弧终点相对于圆弧起点的增量坐标值;R 为圆弧半径;I 为圆心相对于圆弧起点在 X 方向的增量坐标值;K 为圆心相对于圆弧起点在 Z 方向的增量坐标值;F 为进给速度或进给量。

说明:在判断圆弧的插补方向时,需要保持正确的视角。遵循"从第三轴正向往负向观察"的原则,可以判断出轨迹(1)为逆时针圆弧插补,轨迹(2)为顺时针圆弧插补,如图5-25 所示。

例如,精车圆弧,刀具从圆弧起点 A 移动到终点 B,如图 5-26 所示。

编程:绝对方式 G02 X28 Z-15 R30 F0.05;

增量方式 G02 U8 W-15 R30 F0.05;

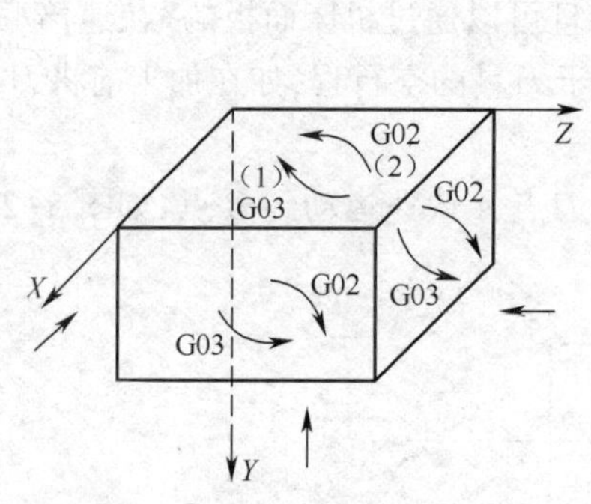

图 5-25 圆弧插补方向判断

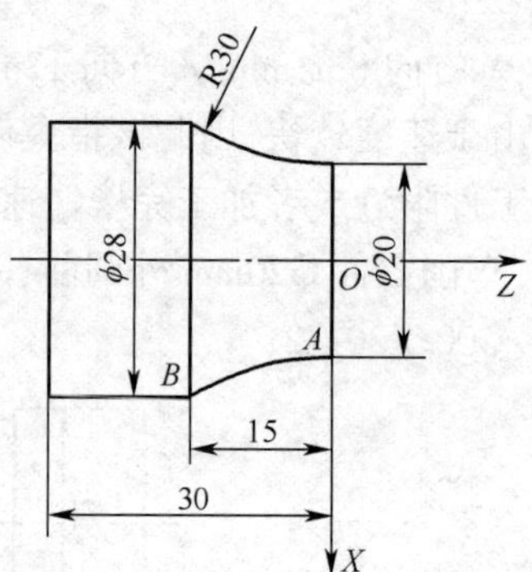

图 5-26 圆弧插补指令实例

4. 内/外圆柱面固定循环指令 G90

内/外圆柱面固定循环指令 G90 主要用于多次分层切削内/外圆柱面的简化编程。

格式:G90 X(U)____ Z(W)____ F ____;

式中:X、Z 为切削圆柱面时每一次的切削终点坐标值;U、W 为切削终点相对于循环起点的增量坐标值;F 为进给速度或进给量。

循环路径:如图 5-27 所示,刀具从循环起点 A 开始,按照 $A \to B \to C \to D \to A$ 的矩形路径,回到循环起点。图中虚线表示刀具按快速移动速度运动,实线表示刀具按 F 代码指定的进给速度或进给量运动。

说明:在第一个 G90 程序段之前需要设定循环起点的位置。

例如,在 $\phi26$ 的毛坯上粗车 $\phi22$ 外圆,进给量为 0.2mm/r,如图 5-28 所示。

编程:

参考程序:	程序解释:
G00 X26 Z2;	快速定位到循环起点
G90 X24 Z-22 F0.2;	切削外圆至 $\phi24$,循环路径为 $A \to B \to C \to D \to A$
X22;	切削外圆至 $\phi22$,循环路径为 $A \to E \to F \to D \to A$

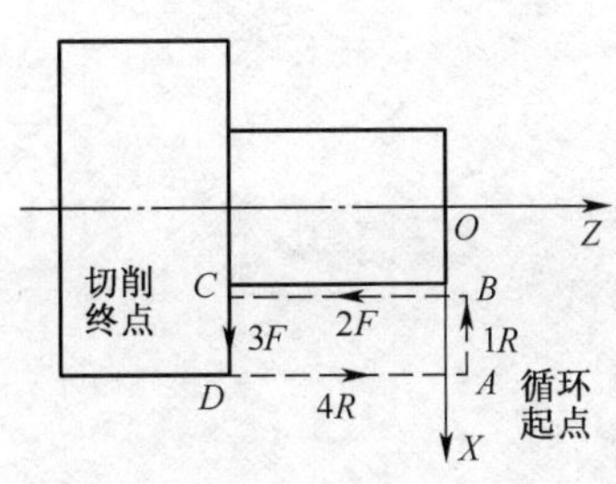

图 5-27 外圆切削循环

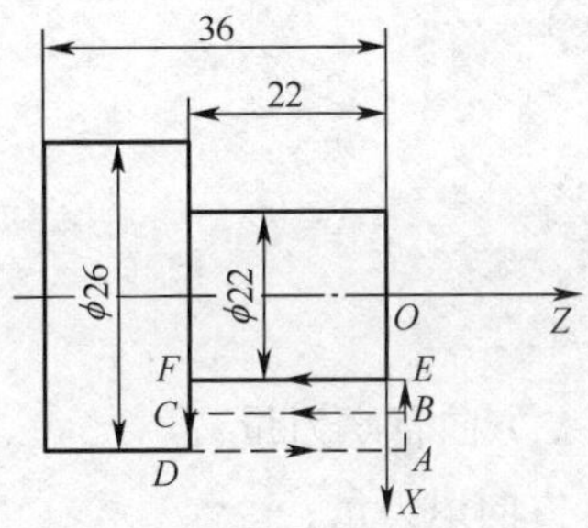

图 5-28 外圆切削循环实例

5. 内/外锥面固定循环指令 G90

格式：G90 X(U) ____ Z(W) ____ R ____ F ____；

式中：*X*、*Z* 为切削圆锥面时每一次的切削终点坐标值；*U*、*W* 为切削终点相对于循环起点的增量坐标值；*R* 为圆锥面的切削起点与切削终点的半径差；*F* 为进给速度或进给量。

循环路径：如图 5-29 所示，刀具从循环起点 *A* 开始，按照 $A \to B \to C \to D \to A$ 的路径，回到循环起点。图中虚线表示刀具按快速移动速度运动，实线表示刀具按 F 代码指定的进给速度或进给量运动。

例如，在 $\phi30$ 的毛坯上粗车锥面，如图 5-30 所示。

编程：

参考程序：	程序解释：
G00 X32 Z2；	快速定位到循环起点
G90 X39 Z-20 R-5.5 F0.2；	切削锥面至点(X39, Z-20)
X37；	切削锥面至点(X37, Z-20)
X35；	切削锥面至点(X35, Z-20)
X33；	切削锥面至点(X33, Z-20)
X31；	切削锥面至点(X31, Z-20)
X30；	切削锥面至点(X30, Z-20)

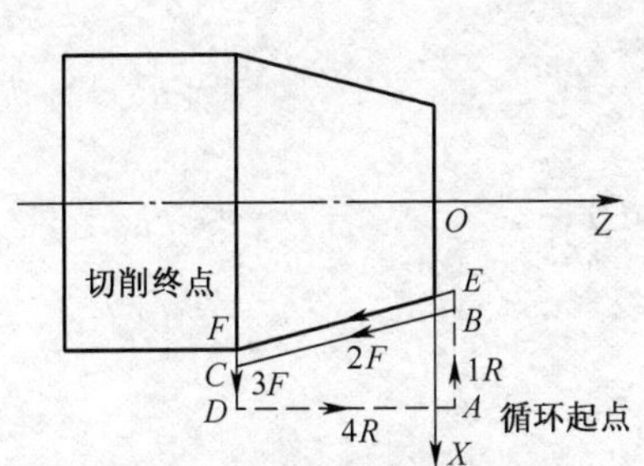

图 5-29 锥面切削循环

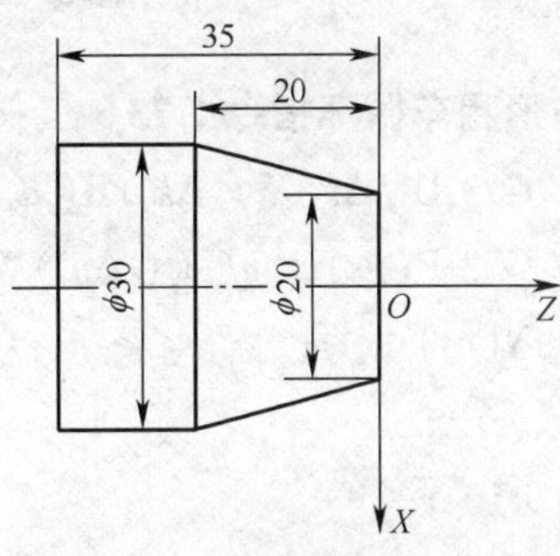

图 5-30 锥面切削循环实例

6. 单调轮廓粗车复合循环指令 G71

格式：G71 U(Δ*d*) R(*e*)；

G71 P(*ns*) Q(*nf*) U(Δ*u*) W(Δ*w*) F(*f*)；

N(ns)……;

……;

……;

……;

N(nf)……;

式中　Δd——X 方向背吃刀量;

e——X 方向退刀量;

ns——精车加工程序起始程序段的顺序号;

nf——精车加工程序结束程序段的顺序号;

Δu——X 方向的精车余量;

Δw——Z 方向的精车余量;

f——粗车进给速度或进给量。

G71 指令循环路径如图 5-31 所示。说明:G71 指令只适合加工单调轮廓;N(ns)到 N(nf)程序段中的 F 代码对 G71 程序段无效,只有 G71 程序段之前或 G71 程序段中的 F 功能才对 G71 程序段有效;N(ns)程序段中不能指定 Z 轴的运动指令。

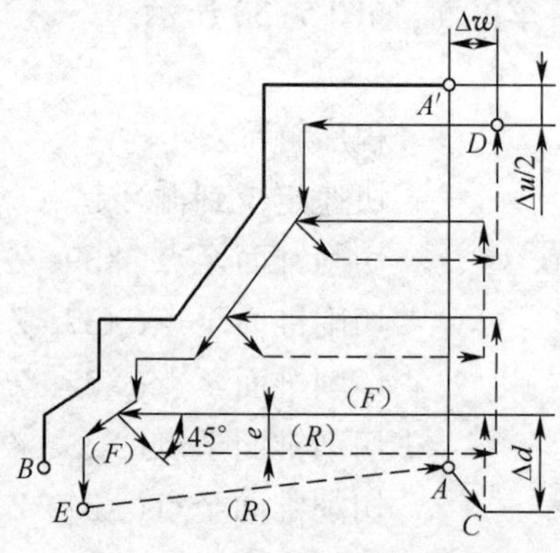

图 5-31　G71 指令循环路径图

7. 仿形粗车循环指令 G73

格式:G73 U(Δi)W(Δk)R(d);

G73 P(ns)Q(nf)U(Δu)W(Δw)F(f);

N(ns)……;

……;

……;

……;

N(nf)……;

式中　Δi——X 方向的最大加工余量,半径值指定,模态量;

Δk——Z 方向的最大加工余量,模态量;

d——粗车刀次;

ns——精车加工程序起始程序段的顺序号；

nf——精车加工程序结束程序段的顺序号；

Δu ——X 方向的精车余量；

Δw ——Z 方向的精车余量；

f ——粗车进给速度或进给量。

循环路径如图 5-32 所示。说明：G73 程序段之前或 G73 程序段中的 F 代码对 G73 程序段有效，而 N(ns)到 N(nf)程序段中的 F 代码对 G73 程序段无效；G71 程序段所能完成的编程工作也可由 G73 程序段完成，而对于零件的非单调轮廓型面，只能用 G73 程序段实现；由于 G73 程序段具有仿形循环路径，因此特别适合加工经过锻造或铸造后与零件的外形相似的毛坯。

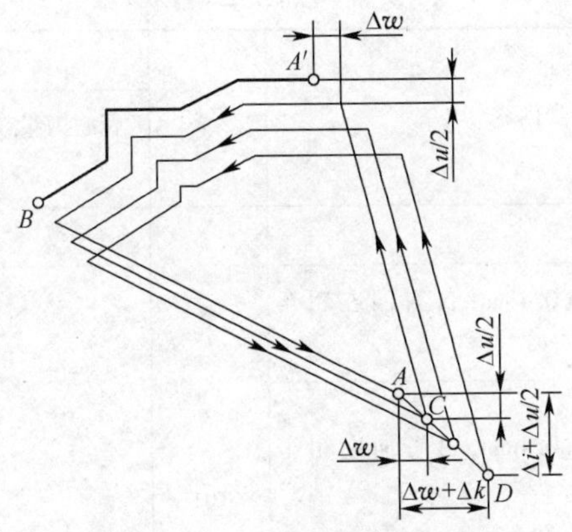

图 5-32　G73 指令循环路径图

8. 精车循环指令 G70

格式：G70 P(ns)Q(nf)；

式中　ns——精车加工程序起始程序段的顺序号；

nf——精车加工程序结束程序段的顺序号。

说明：在含有 G71 程序段或 G73 程序段等粗车循环指令的程序段中，指定的 F 功能对 G70 程序段无效，精车循环的进给量由 G70 程序段或精车加工程序中的 F 代码指定，且后者优先；在精车加工程序中不能调用子程序。

5.2.3　数控车削的典型加工零件

1. 基本指令编程加工实例

例如，如图 5-33 所示零件，毛坯为 φ20mm×60mm，材料为 LY12，试分析其加工工艺，并编写加工程序。

1) 工艺编制

该零件由圆柱面、圆锥面和圆弧面组成，加工精度和表面质量要求如图 5-33 所示；采用三爪自定心卡盘夹紧；加工所用刀具：1 号刀(外圆刀)，4 号刀(切断刀，刀宽 3mm)，工件原点设置在零件右端面中心。其加工工艺如表 5-7 所列。

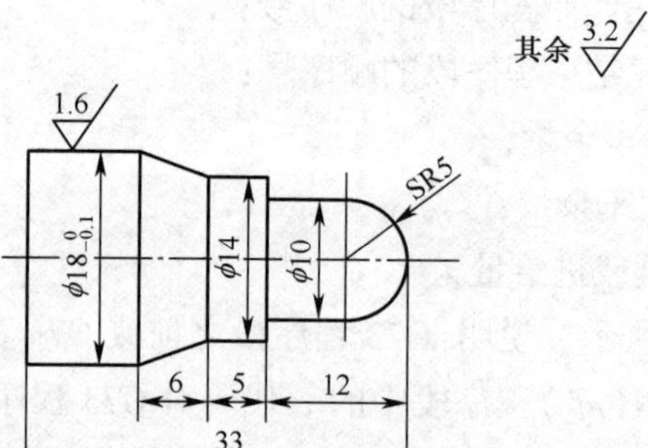

图 5-33　基本指令编程综合实例

表 5-7　加工工艺表

工步号	工步内容	刀具	切削用量		
			背吃刀量/mm	主轴转速/（r/min）	进给量/（mm/r）
1	车端面	T01	0.2	350	0.1
2	径向留精车余量 0.4mm，自右向左粗车 ϕ18mm 外圆面	T01	1	350	0.2
3	径向留精车余量 0.4mm，自右向左粗车 ϕ14mm 外圆面、锥面	T01	1	350	0.2
4	径向留精车余量 0.4mm，自右向左粗车 ϕ10mm 外圆面	T01	1	350	0.2
5	径向留精车余量 0.4mm，自右向左粗车 R5 圆弧面	T01	1	350	0.2
6	暂停，测量	—	—	—	—
7	自右向左精车外型面	T01	0.2	500	0.05
8	切断	T04	—	300	0.05

2）编程

参考程序：	程序解释：
O1060；	程序号
G99 M42；	进给量单位为 mm/r，主轴中速挡转速
M03 S350；	轴正转，转速为 350r/min
T0101；	换 1 号刀
G00 X18.4 Z2；	刀具快速定位
G01 Z-33.5 F0.2；	粗车 ϕ18.4mm 外圆面
G00 X21 Z2；	快速退刀
X16.4；	刀具快速定位

```
G01 Z-17 F0.2;            粗车φ16.4mm 外圆面
X18.4 W-6;                粗车锥面第 1 刀
G00 Z2;                   Z 向退刀
X14.4;                    刀具快速定位
G01Z-17 F0.2;             粗车φ14.4mm 外圆面
X18.4 W-6;                粗车锥面第 2 刀
G00 Z2;                   Z 向退刀
X12.4;                    刀具快速定位
G01Z-12 F0.2;             粗车φ12.4mm 外圆面
G00 X14 Z2;               快速退刀
X10.4;                    刀具快速定位
G01Z-12 F0.2;             粗车φ10.4mm 外圆面
G00 X14 Z2;               快速退刀
X8.4;                     刀具快速定位
G01 Z0 F0.2;              直线插补至工件右端面
G03 X10.4 Z-5 R5.2;       粗车圆弧面第 1 刀
G00 X11;                  X 向退刀
Z2;                       Z 向退刀
X6.4;                     刀具快速定位
G01 Z0 F0.2;              直线插补至工件右端面
G03 X10.4 Z-5 R5.2;       粗车圆弧面第 2 刀
G00 X11;                  X 向退刀
Z2;                       Z 向退刀
X4.4;                     刀具快速定位
G01 Z0 F0.2;              直线插补至工件右端面
G03 X10.4 Z-5 R5.2;       粗车圆弧面第 3 刀
G00 Z2;                   Z 向退刀
X2.4;                     刀具快速定位
G01 Z0 F0.2;              直线插补至工件右端面
G03 X10.4 Z-5 R5.2;       粗车圆弧面第 4 刀
G00 Z2;                   Z 向退刀
X0 .4;                    快速定位
G01 Z0 F0.2;              直线插补至工件右端面
G03 X10.4 Z-5 R5.2;       粗车圆弧面第 5 刀
G00 Z2;                   Z 向退刀
G00 X100 Z100;            快速退刀至安全换刀点
M05;                      主轴停止
```

M00；	程序暂停
M03 S500；	主轴正转，转速为500r/min
T0101；	调用1号刀
G00 X0 Z2；	刀具 快速定位
G01 Z0 F0.05；	直线插补至工件右端面
G03 X10 Z-5 R5；	精车圆弧面
G01 W-7；	精车 ϕ10mm 外圆面
X14；	直线插补
W-5；	精车 ϕ14mm 外圆面
X18 W-6 ；	精车锥面
Z-33.5；	精车 ϕ18mm 外圆面
G00 X100 Z100；	快速退刀至安全换刀点
S300；	转速为300r/min
T0404；	换4号刀
G00 Z-36.5；	刀具 *Z* 向快速定位
X25；	刀具 *X* 向快速定位
G01 X0 F0.05；	切断工件
G00 X100；	*X* 向快速退刀
Z100；	*Z* 向快速退刀至安全换刀点
M05；	主轴停止
M30；	程序结束

2. 复合循环指令编程加工实例

例如，如图5-34所示零件，毛坯为 ϕ45mm×70mm，材料为LY12。试分析其加工工艺，并编写加工程序。

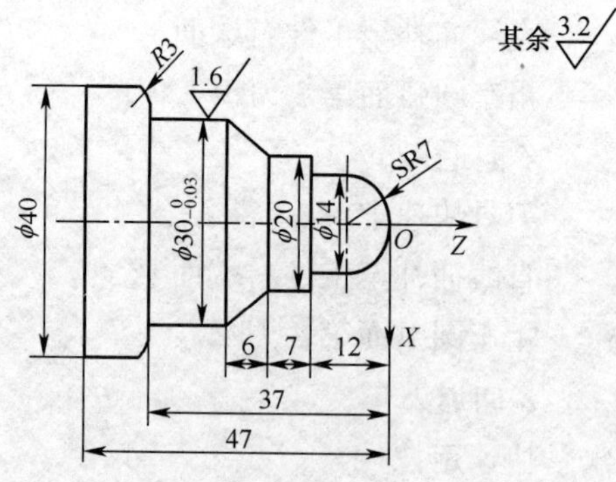

图5-34　G71、G70指令编程实例

1）工艺编制

该零件由圆柱面、圆锥面和圆弧面组成，且为单调轮廓；加工精度和表面质量要求如图5-34所示；采用三爪自定心卡盘夹紧。加工所用刀具：1号刀（外圆刀）、4号刀（切断刀,刀宽 3mm),工件原点设置在零件右端面中心。其加工工艺如表 5-8 所列。

表 5-8 加工工艺表

工步号	工 步 内 容	刀具	切削用量		
			背吃刀量/(mm)	主轴转速/(r/min)	进给量/(mm/r)
1	车端面	T01	0.2	350	0.1
2	径向留精车余量 0.4mm,自右向左粗车零件外型面		1	350	0.2
3	暂停,测量	—	—	—	—
4	自右向左精车外型面	T01	0.2	500	0.05
5	切断	T04	—	300	0.05

2) 编程

参考程序:	程序解释:
O3050;	程序号
G99 M42;	进给量单位为 mm/r,主轴中速挡转速
M03 S350;	主轴正转,转速为 350r/min
T0101;	换 1 号刀
G00 X45 Z2;	快速定位到循环起点
G71 U1 R0.5;	设置 G71 循环参数
G71 P10 Q20 U0.4 W0 F0.2;	设置 G71 循环参数
N10 G00 X0;	精车路径起始程序段
G01 Z0 F0.05;	
G03 X14 Z-7 R7;	
G01 W-5;	
X20;	
W-7;	
X30 W-6;	
W-12;	
X34;	
G03 X40 W-3 R3;	
N20 G01 Z-47.5;	精车路径结束程序段
G00 X100 Z100;	快速退刀至安全换刀点
M05;	主轴停止
M00;	程序暂停
M03 S500;	主轴正转,转速为 500r/min
T0101;	换 1 号刀
G00 X45 Z2;	快速定位到循环起点
G70 P10 Q20;	精车循环

```
G00 X100 Z100;          快速退刀至安全换刀点
M03 S300;               主轴正转,转速为300r/min
T0404;                  换4号刀
G00 Z-50.5;             刀具Z向快速定位
X50;                    刀具X向快速定位
G01 X0 F0.05;           切断工件
G00 X100;               X向快速退刀
Z100;                   Z向快速退刀至安全换刀点
M05;                    主轴停止
M30;                    程序结束
```

5.2.4 车削中心概述

1. 复合加工技术

随着产品结构的复杂程度不断提高,工序集中化趋势日益显著,复合加工技术应运而生。复合加工是指在一台设备上完成车、铣、钻、镗、攻丝、铰孔、扩孔等多种加工。其突出优点是提高机床的生产效率,减少非加工辅助时间,扩大机床的使用范围,而且使零件的加工工艺更加灵活,工序更为集中,加工精度更容易得到保证。

复合加工机床的发展已有百余年的历史。1845 年美国人丁·菲奇发明了转塔车床,1911 年美国格林里公司为汽车零件加工开发了第一台组合机床,1952 年美国麻省理工学院和美国 Parsons 公司联合研制出三轴数控铣床,1958 年美国 KT 公司研制出带有刀具自动交换装置的加工中心。20 世纪 80 年代,数控技术和数控机床成为制造技术的主流,加工中心的功能和结构不断完善,工序集中的数控机床的优越性日益凸显,开始出现车削中心、磨削中心等。90 年代后期,车铣中心、铣车中心、车磨中心等复合化程度更高的机床相继出现。近年来,由激光、电火花和超声波等特种加工方法与切削、磨削加工方法组合的复合机床的应用,使复合加工技术成为推动机床结构和制造工艺发展的一个新热点。

复合加工机床主要分为以下几类。

(1) 以车削加工为主的车削复合中心。该车削复合中心以普通数控车床为基础,在刀塔上除了可以安装车削用刀具,具有两轴联动数控车床的各种功能之外,还增加了动力刀座,可以安装用于铣削加工的刀具,从而可以进行零件端面和圆周上任意部位的钻削、铣削、攻螺纹和曲面铣削。较有代表性的该类复合机床有德国 INDEX 公司的 TRAUB TNX65 多功能数控车削中心,它具有双主轴、4 个刀塔;德国 DMG 公司的 TWIN65 双主轴车削中心,其上下各有一个转塔刀架,可实现 6 面加工。

(2) 以铣削加工为主的多轴加工中心和复合加工中心。该多轴加工中心除了控制 X、Y、Z 等 3 个直线坐标轴之外,为了适应加工时刀具姿势的变化,还可以对回转轴进行控制,如五轴加工中心、六轴加工中心。该复合加工中心除了可进行铣削加工之外,还装有一个能进行车削加工的动力回转工作台,如日本 MAZAK 公司的 INTEGREX e800V/5 五轴卧式铣车中心,它在五轴卧式加工中心的基础上,使回转工作台增加车削功能,可以在一次装夹下对零件实现车削、铣削完全加工;意大利 Milanese 公司的 NTXI 铣车复合中心,它在立式加工中心的右端增加了一个车削主轴。

(3) 以磨削加工为主的复合加工机床。该类具有代表性的机床为瑞士 MAGERLE 公司的 MGR 立式车磨复合加工机床,该机床上方配有多个磨头和一个车刀架,可以对零件进行磨削和精车;日本森精机制作所的 IGV-3NT 磨头可回转式立式磨床,可在一次装夹下对零件内外圆和端面进行加工;瑞士 STUDER 公司的 S33 万能数控磨床,可以在一次装夹下实现多线螺纹加工和内外圆、端面加工。

(4) 不同工种加工的复合化。把多种不同原理的加工类型复合,如切削与磨削、研磨的复合;利用激光功能进行加工后热处理、焊接、切割合并;集中车削、铣削和齿轮加工等功能的复合加工;将激光加工与磨削功能和淬火功能相复合;将机械铣削功能、激光三维加工功能集成等。

2. CH7520C 车削中心

CH7520C 车削中心(FANUC 0i-TC 系统)的外形如图 5-35 所示。该机床的主要技术参数如表 5-9 所列。

CH7520C 车削中心在数控车床的基础上增加了两项功能,具体如下:

(1) 自驱动刀具。其在刀塔上配置动力刀座,主轴电动机可实现自动无级变速,通过传动机构驱动刀具主轴,刀塔和动力刀座的外形如图 5-36 所示。

(2) 增加 C 轴坐标功能。该机床主轴除了提供车削主运动外,还可做分度运动,实现 C 轴与 Z 轴联动或 C 轴与 X 轴联动,从而可在圆柱面或端面上进行车铣复合加工。

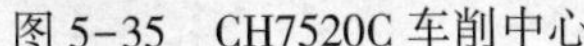

图 5-35 CH7520C 车削中心

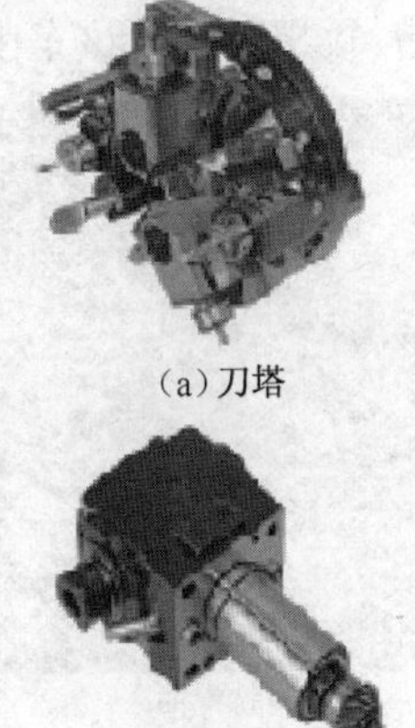

(a) 刀塔

(b) 动力刀座

图 5-36 刀塔和动力刀座

表 5-9 CH7520C 车削中心的主要技术参数

项目		单位	规格
加工范围	床身上最大回转直径	mm	$\varphi500$
	床鞍上最大回转直径		$\varphi320$
	最大车削长度		490
	最大车削直径		$\varphi280$
	最大棒料直径		$\varphi51$

（续）

项目		单位	规格
主轴	液压卡盘直径	mm	φ210
	主轴通孔直径		φ62
	主轴轴承直径(前/后)		φ100/φ90
	主轴转速	r/min	40~4000
	主轴电动机功率	kW	11/15
C 轴	最小控制角度	(°)	0.001
	转速	r/min	40~4000
	电动机功率	kW	3.7/5.5
刀架	刀位数	—	12
床鞍	倾斜角度	(°)	45
	移动距离 X/Z	mm	210/510
	快速移动速度 X/Z	m/min	12/16

CH7520C 车削中心除了可以完成常规切削任务之外，还可以完成的其他工序，主要包括铣端面槽、铣扁方、端面钻孔和攻螺纹、端面分度钻孔和攻螺纹、径向或在斜面上钻孔、铣槽、攻螺纹等。该车削中心所完成的部分典型工序如图 5-37 所示。

(a)铣端面

(b)铣六方

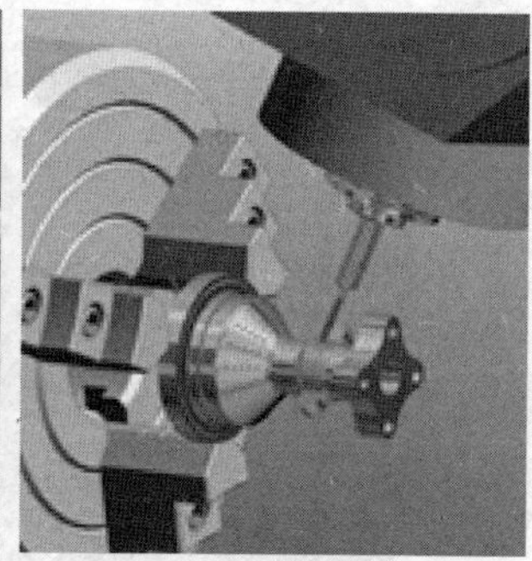
(c)径向钻孔

图 5-37　CH7520C 车削中心的典型工序

此外，CH7520C 车削中心还配置有快速对刀仪，可以用来测量刀具形状补偿值和磨耗补偿值，如图 5-38 所示。

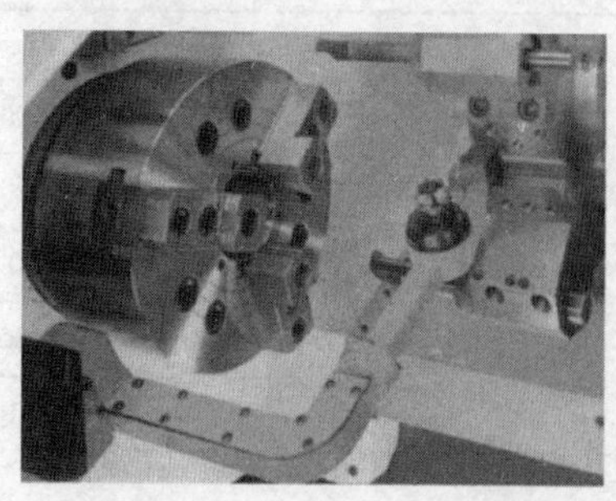

测量X向补偿值

测量Z向补偿值

传感器测头

图 5-38　快速对刀仪

5.3 数控铣削

数控铣削是数控加工最重要的工艺，主要用于较复杂形状机械零件、模具零件的加工。它的运用不仅需要具有普通铣削的基础知识，还需要具有数控编程、数铣的加工工艺等技术。

数控铣削的运动由于数控机床所联动的坐标轴不同，因此其运动形式也不同，如图5-39所示。数控铣削时切削力如图5-40所示。

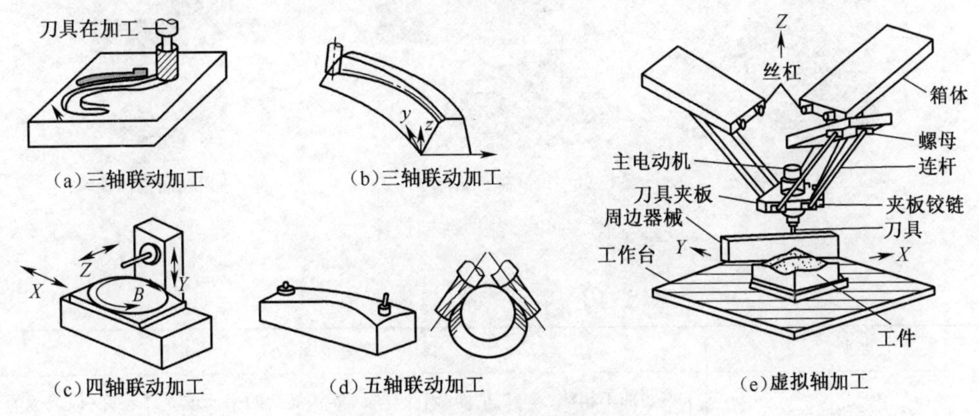

图5-39 数铣加工的切削运动

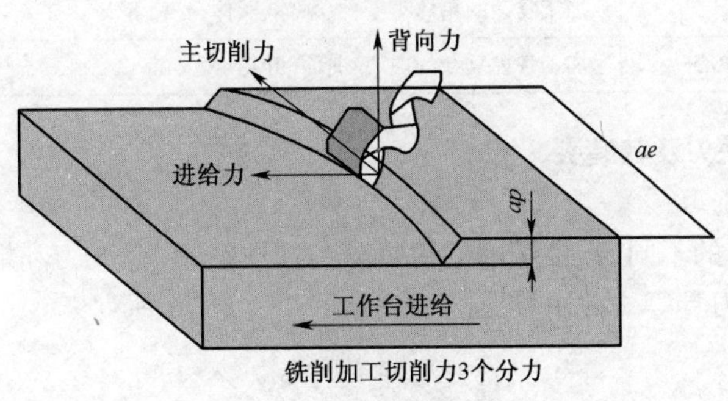

图5-40 数控铣削切削力

数控铣削不仅能完成普通铣削的加工，还特别适用于复杂的平面轮廓类、变斜角类、曲面类零件的加工(图5-41)，如箱体、盖板、平面凸轮、模具型腔、空间型体、复杂曲面。数控铣削虽然具有加工精度高、质量稳定、生产效率高、经济效益好、劳动强度低、便于现代化生产管理等优点，但是具有加工成本较高、生产准备工作复杂、加工中调整困难、维修困难等缺点。

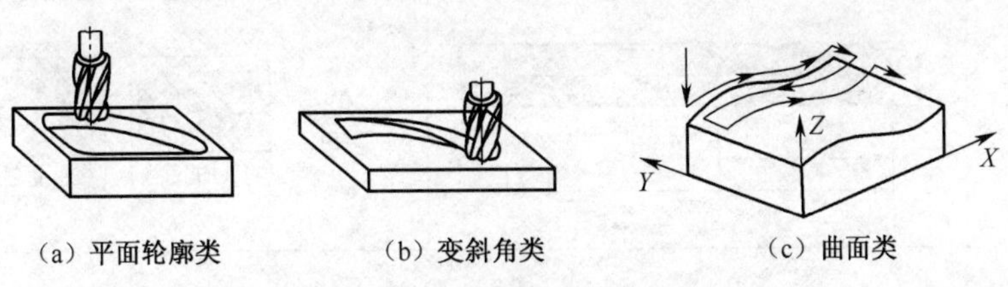

图5-41 数控铣削的加工范围

5.3.1 常用数控铣床及工艺装备

1. 数控铣床分类及应用

数控铣床根据主轴的布局不同，可以分为立式、卧式、立卧两用式数控铣床，如图 5-42 所示。常见的数控铣床及应用如表 5-10 所列。

（a）立式数控铣床

（b）卧式数控铣床

（c）立卧两用数控铣床

图 5-42　各种数控铣床

表 5-10　常见数控铣床及应用

类型	应用范围
立式数控铣床	主要加工箱体、箱盖、平面凸轮、样板、形状复杂的平面或立体零件，以及模具的内、外型腔等
卧式数控铣床	加工复杂的箱体类零件、泵体、阀体、壳体等
多轴联动的加工中心	加工各种复杂的曲线、曲面、叶轮、模具等

2. 常用数控铣刀及其装夹

1）常用数控铣刀

根据加工对象的不同，数控铣削的刀具分为平面铣刀（盘铣刀和端铣刀）、球面铣刀、成形铣刀、孔加工刀具等。常用数控铣刀及应用如表 5-11 所列。

表 5-11　常用数控铣刀及应用

铣刀	简　图	用　途
45°整体立铣刀	d_c　d_m　45°　l　L	切入铣　沟槽铣　侧面铣　周边铣
整体球头立铣刀	d_c　d_m　45°　l　L	R加工　曲面铣

（续）

铣刀	简图	用途
90°可转位立铣刀	90°、d_c、d_m、a、L_1、L	螺旋插补、平面铣、型腔铣
45°可转位立铣刀	45°、(d_{c1})、d_c、d_m、a、L_1、L	平面铣、台阶加工（45°）、孔口倒角
可转位R铣刀	d_c、d_m、d_1、L_1、L	曲面铣、型腔铣、周边铣（r）
可转位槽铣刀	d_c、d_m、L_1、L	外槽铣、内槽铣
可转位螺纹铣刀	d_c、d_m、L_1、L	螺旋铣、螺旋铣
90°可转位面铣刀	d_m、B、L、90°、a、d_c	平面铣、台阶铣（90°）、螺旋插补、坡走铣
双刃镗孔刀	X_1、X_2、90°、d_m、d_c、X_L	镗孔及倒角（$W\times45°$、D）

2）刀具的装夹

数控刀具及其装夹工具已经组成一套工具系统，主要有刀具、刀夹、刀杆、刀座和刀柄等结构体系，并标准化、系列化和模块化，以提高其通用化程度，也便于刀具组装、预调、使用、管理以及数据管理。按系统的结构特点的不同，刀具系统可分为整体式刀具系统（图 5-43）和模块式刀具系统（图 5-44）。整体式刀具系统通常包括弹簧夹头刀柄、莫氏锥刀柄、钻夹头刀柄、侧固式刀柄、攻丝刀柄、面铣刀柄、强力铣刀柄、整体式镗刀体等。模块式刀具系统是指刀具由 2 件或 2 件以上的模块按一定的连接方式组合成一套能完成一定切削功能的刀具系统。其可以根据用户不同的要求，在一定范围内变换组合，从而得到不同的尺寸和规格。

图 5-43　整体式刀具系统　　　图 5-44　模块式刀具系统

3. 工件的装夹

数控铣床常用的夹具包括较大型的平口钳、数控回转工作台、数控分度头、组合夹具、专用气液夹具等。形状简单的工件加工选用通用夹具，单件、小批量生产的工件加工常采用组合夹具，大批量生产的工件加工采用气动、液动专用夹具。

5.3.2　FANUC 0i-MC 系统的编程实例

1. 数控铣床刀具补偿

数控铣床在切削过程中不可避免地存在刀具磨损的问题，如当钻头长度尺寸变短，铣刀半径尺寸变小时，加工出的工件尺寸会随之变化，所以需要对刀具要进行适当的补偿以保证加工尺寸的精度，因此数控铣床一般都具有刀具补偿功能。使用刀具补偿功能之后，可以不考虑刀具中心运动轨迹而可以直接按零件轮廓进行数控编程，这使数控编程工作大为简便。另外，当刀具发生变化时，只需在数控机床的控制系统中输入相应的补偿值而不必重新编制加工程序、重新对刀或重新调整刀具，数控机床仍然能加工出符合图样要求的工件。

刀具补偿通常有 3 种：刀具长度补偿、刀具半径补偿、刀具磨损补偿。下面以刀具长度补偿、刀具半径补偿为例，具体说明。

1）刀具长度补偿（长度偏置 G43/G44/G49）

当刀具的实际长度与标准刀具长度不一致或者刀具磨损、更换新刀、刀具安装有误差时,将标准刀具长度与实际刀具长度之差作为偏置值设定在偏置存储器中,这样可以不改变加工程序便可实现对刀具长度的补偿。

具备了刀具长度补偿功能之后,在编制程序时可以先不考虑刀具的实际长度,而是按照标准刀具进行编程,具体如下:

刀具长度补偿的格式为 G43/G44 Z__H__;取消刀具长度补偿为 G49。

(1) G43 正向偏置(+),G44 负向偏置(-);

(2) 无论 G90,还是 G91,偏置值总是与终点坐标值相加或相减;

(3) H 指定偏置存储器中偏置量所对应的偏置号,取值范围为 H00~H199;

(4) 刀具长度补偿只能加在一个轴上,若要进行切换刀具,则必须先取消刀具长度补偿。

例如,H01 对应的偏置值为 20.0,H02 对应的偏置值为 30.0。

G90 G43 Z100 H01; *Z* 将达到 120.0

G90 G44 Z100 H02; *Z* 将达到 70.0

注意:由于偏置号的改变而造成偏置值的改变时,新的偏置值并不加到旧偏置上。

2) 刀具半径补偿(半径补偿 G40/G41/G42)

刀具半径补偿功能的作用是把工件轮廓轨迹转化成刀具中心轨迹;刀具中心轨迹是在与工件轮廓的等距线上;刀具中心离开工件轮廓的距离称为偏置量。数控编程时按工件轮廓进行编程,由刀具半径补偿功能自动计算出刀具中心轨迹。同刀具长度补偿一样,先测量出刀具的直径,再根据粗、精加工选择不同偏置量,将其输入数控系统。使用了刀具半径补偿功能之后,当更换刀具、刀具磨损或者需要进行偏差补偿时,只需要改变数控系统中的偏置量就可以了,加工程序不需要做任何改变。

刀具半径补偿使用的指令如下:

G41—刀具左偏;

G42—刀具右偏;

G40—取消偏置;

建立刀补程序段格式如下:

GI7 G41/G42 G01 X__Y__D__F__;

取消刀补程序段格式如下:

G40 G01 X__Y___F__;

(1) 刀补方向判定。如图 5-45 所示,沿刀具前进方向看,刀具在工件轮廓左边时为左刀补,用 G41;刀具在工件轮廓右边时为右刀补,用 G42。

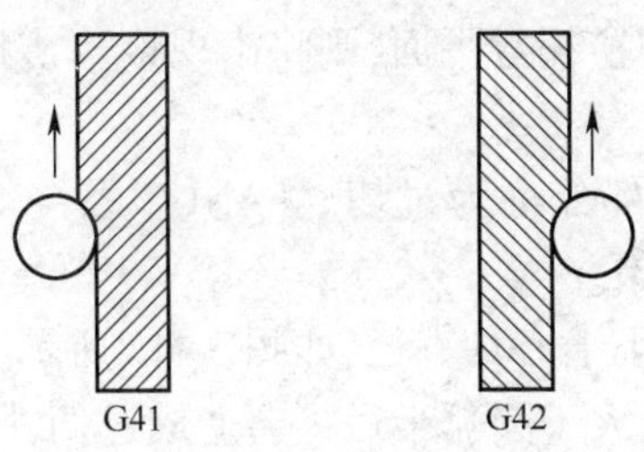

图 5-45 左右刀补判定

（2）刀补代码。用D代码表示偏置存储器中偏置量所对应的刀补号，取值范围为D00～D99。

（3）使用完刀具补偿之后,应及时用G40取消。

（4）建立刀补程序段要求。在建立刀补时,为保证刀具从无刀补状态运动到刀补状态,必须使用直线(不能用圆弧)指令建立刀具半径补偿,且该程序段的移动距离要大于偏置值。此外,在建立刀补程序段中不能有非偏置平面以外的轴移动,如图5-46所示。

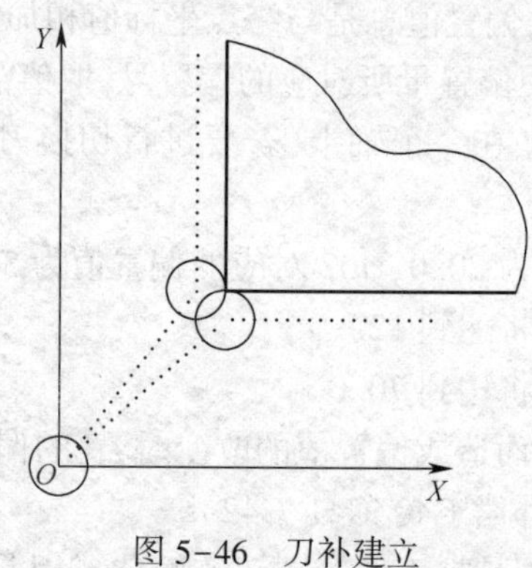

图5-46　刀补建立

（5）在建立刀补程序段之后的两段程序中,必须有一段是刀补偏置平面内的移动指令才能实现正确偏置。需要特别注意:刀具偏置方向是以该段程序为基础的。

刀具半径补偿功能分为B刀补和C刀补。B刀补只能实现本程序段内的补偿;C刀补可以实现程序段之间的尖角过渡,只需给出零件轮廓的数据,数控系统能够自动完成拐点处的中心轨迹计算。尖角过渡可以分为圆弧过渡和交点过渡。需要注意:圆弧过渡的刀具中心轨迹为一个圆弧,其起点为前一曲线的终点,终点为后一曲线的起点。

由于在刀补状态下,刀具中心运动轨迹与编程轨迹不重合,常会出现过切或欠切的现象,因此在编程的时候要注意避免。

3）注意事项

（1）处理建立刀补程序段和后面的程序段时,CNC预读两个程序段。当这两个程序段都不在所选加工表面时,则无法正确建立刀具补偿轨迹,将会产生过切。

（2）建立刀补程序段和取消程序段应指令G00或G01,若不指令,则不建立偏置矢量,若指令G02、G03,系统将出现报警。

（3）在偏置过程中,若处理2个或更多刀具不移动程序段(辅助、暂停),则刀具将产生过切或欠削。

（4）在偏置过程中,若切换偏置平面,则将出现报警,刀具停止移动。

4）过切

刀具切削了不应切除的部分称为过切。FANUC系统能预先对刀具过切进行检查。下面介绍几种常见的过切现象。

（1）相连内角处的间距小于刀具直径,如图5-47所示。

（2）内角过渡时,刀补值大于圆弧半径将会造成过切,因此必须满足刀补值小于等于内角圆弧半径,如图5-48所示。

（3）拐角过渡利用圆弧过渡加工小于刀具半径的台阶。因为采用圆弧过渡后的刀具中心轨迹为一个圆弧,圆弧起点为前一段曲线的终点,终点为后一段曲线的起点,因此会产生过切现象,如图 5-49 所示。

(4) 刀具轨迹的方向不同于数控编程轨迹的方向,如图 5-50 所示。

(5) 当有两个移动指令不在所选加工面内,如图 5-51 所示。

其具体程序如下:

```
G90 G17 G42 G00 X20. Y30. D01;
G00 Z10. ;
G01 Z-10 F100;
G01 X100;
```

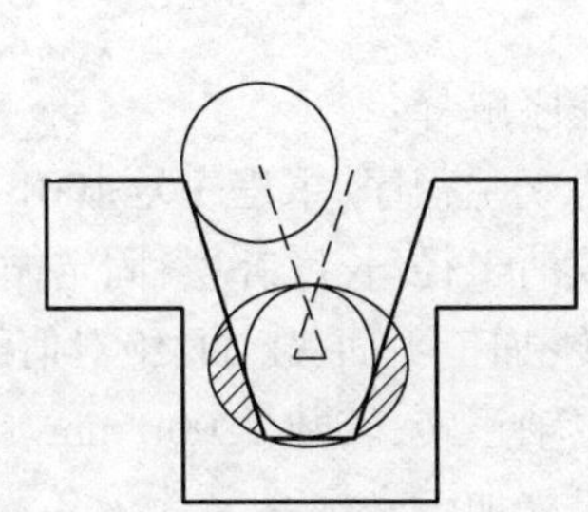

图 5-47 相连内角处的间距小于刀具直径

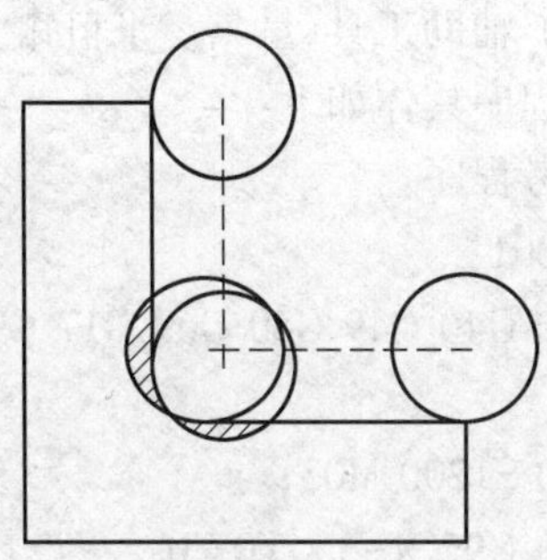

图 5-48 刀补值大于圆弧半径

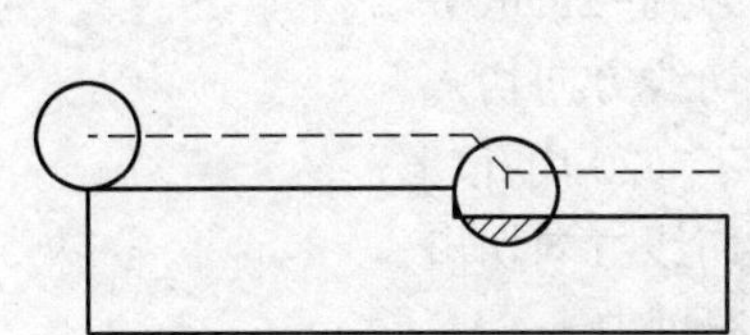

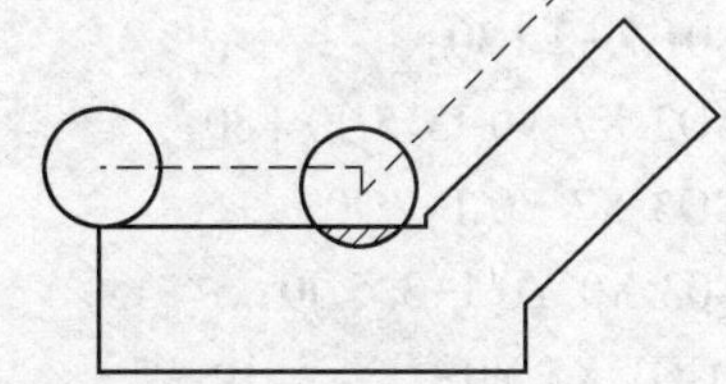

图 5-49 过渡圆弧小于刀具半径产生过切

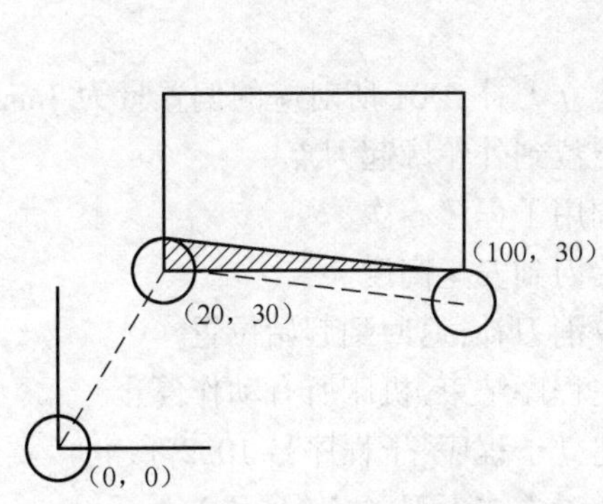

图 5-50 刀具轨迹的方向不同于编程轨迹的方向

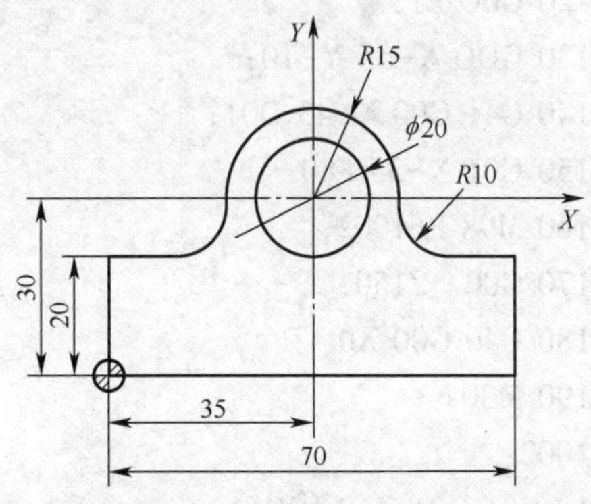

图 5-51 编程实例

2. 编程实例

编制如图 5-51 所示零件的数控铣床加工程序。其毛坯规格为 100mm×60mm×10mm

的钢板。

（1）确定加工内容。①ϕ20 的沉孔，孔深 2mm；②零件外轮廓。

（2）选择刀具。由于零件最小凹弧半径 R10 且有盲孔加工，因此选择半径 3mm 的键槽铣刀。

（3）确定走刀路径。先加工 ϕ20 的沉孔，再加工外轮廓。

（4）确定切削用量。a_p为 2mm，F 为 80mm/min，S 为 1200r/min。

（5）定位和装夹。根据坯料形状，用平口钳装夹，以毛坯底平面和固定钳口定位。

（6）确定刀具起点。通过对刀使刀具起点位于图 5-51 的位置，用 G92 建立加工坐标系。以工件上表面作为 Z 轴零点。

（7）辅助工具、量具。平口钳、木榔头、平垫铁、游标卡尺。

其程序具体如下：

参考程序：	程序解释：
O1001;	建立主程序，主程序号 1001
N10 G40 G49 G80 G69 G17 G90;	取消半径、长度补偿、固定循环、坐标系旋转，加工平面 XY 面、绝对值编程
N20 S1200 M03;	主轴正转，转数 1200r/min。
N30 G92 X-35. Y0 Z0;	建立加工坐标系
N40 GOO Z2;	抬刀
N50 G00 X0 Y0;	快速定位到内孔起刀点
N60 G01 Z-2 F30;	下刀到-2mm 处
N70 GO3 X7 Y0 I3. 5 J0 F80;	沿切线方向切入
N80 GO3 X7 Y0 I-7 J0;	加工 ϕ20 内孔
N90 G03 X0 Y0 I-3. 5 J0;	沿切线方向切出
N100 GO1 X5 Y0;	X 向进刀
N110 G03 X5 Y0 I-5 J0;	切除残留处
N120 GOO Z1;	快速抬刀
N130 GOO X-55 Y-10;	
N140 G41 G00 X-45 D01;	建立刀补，D01 所对应的偏置量为 3mm
N150 G01 X-35 F80;	定位到外轮廓起刀点
N160 M98 P61002;	调用子程序 6 次
N170 G00 Z150;	抬刀到安全高度
N180 G40 G00 X0 Y0	取消刀补，返回到起始位置
N190 M30;	主程序结束，机床所有动作停止
O1002;	建立子程序，子程序号 1002
N10 G91 G01 Z-2 F30;	增量方式下刀，每次下刀 2mm
N20 G90 X-25 F80;	绝对值方式编写零件轮廓程序
N30 GO3 X-15 Y0 R10;	
N40 G02 X15 R15;	
N50 G03 X25 Y-10 R10;	

N60 G01 X35;

N70 Y-30;

N80 X-35;

N90 Y-10;

N100 M99; 子程序结束

5.3.3 其他数控铣加工工艺简介

1. 加工中心

1) 加工中心类型及其应用

加工中心(machine center,MC),是把铣削(车削)、镗削、钻削、螺纹加工等多种功能集中在一起的一种高效率、高精度的数控机床(图5-52)。加工中心配备有容量几十甚至上百把刀具的刀库,并具有自动换刀功能,一次装夹可以完成多面、多工序的加工。常见加工中心的类型及其应用如表5-12所列。

(a) 立式加工中心

(b) 卧式加工中心

(c) 龙门式加工中心

(d) 五轴加工中心

图5-52 各种加工中心

表5-12 加工中心类型及其应用

类型	结构特点	应用范围
立式加工中心	固定式立柱,长方形工作台,无分度回转功能	适合加工盘、套、板类零件。配合数控分度头可以用于加工螺旋线类零件
卧式加工中心	主轴为水平状态,通常都带有能自动分度的回转工作台	用于加工箱体类零件
龙门式加工中心	与数控龙门铣床相似,主轴多为垂直设置,除自动换刀装置外,还带有自动更换主轴的装置,实现一机多用	用于加工大型形状复杂零件
五轴加工中心	主轴可以旋转90°,工件一次装夹可完成除安装面以外的其余5个面的加工	用于加工多面、多工序复杂零件
虚拟轴加工中心	通过多连杆的联动来实现主轴多自由度的运动	用于复杂曲面的加工

2) 加工中心的结构特点

与普通的数控铣床相比较,加工中心自带有刀具库和自动换刀装置,通常还可以配合刀具预调仪、自动对刀仪等使用。自动换刀装置可以帮助加工中心节省辅助时间,并满足在一次安装中完成多工序、多工步的加工要求。因此,加工中心的自动化程度更高,功能更强。

（1）刀具库及其主要形式。刀具库有多种形式，加工中心常用的有盘式、链式两种刀库，如图5-53所示。在盘式刀具库中，刀具可以沿主轴轴向、径向、斜向安放。刀具轴向安装的结构最为紧凑，但为了换刀时刀具与主轴同向，有的刀具库的刀具需在换刀位置90°翻转。在刀具库容量较大时，为在存取方便的同时保持结构紧凑，可采取弹仓式结构。目前，大容量的刀具库安装在机床立柱的顶面或侧面，也可以安装在单独的地基上，可以隔离刀具库转动造成的振动。

链式刀具库通常比盘式刀具库容量大，结构也比较灵活。链式刀具库可以采用加长链带具方式加大刀具库的容量，也可以采用链带折叠回绕的方式提高刀具库空间利用率。在要求很大刀具库容量时，还可以采用多链带结构。

（a）伞形刀具库

（b）盘式刀具库

（c）链式刀具库

图5-53　刀具库类型

（2）自动换刀装置。加工中心换刀的方式有回转刀架换刀、更换主轴头换刀和采用刀具库换刀三种。目前，大多数是利用刀具库实现自动换刀的换刀方式。这类换刀装置由刀具库、选刀机构、刀具交换机构及刀具在主轴上的自动装卸机构等四部分组成。由于有了刀具库，因此机床只需要一个固定主轴夹持刀具，这样有利于提高主轴刚度。独立的刀具库大大增加了刀具的储存数量，有利于扩大机床的功能，并能较好地隔离各种影响加工精度的干扰因素。刀具库可装在机床的工作台上面、立柱上或主轴箱上，也可作为一个独立部件装在机床之外。

刀具库换刀可分为机械手换刀和刀具库与主轴相对运动换刀两种形式，具体如下：

机械手换刀时，首先使用机械手将加工完毕的刀具从主轴中拔出。与此同时，另一只机械手将在刀具库中待命的刀具拔出，然后两者交换位置，最后分别插入主轴与刀具库，完成换刀过程，如图5-54所示。

刀具库与主轴相对运动换刀时，是通过刀具库和主轴箱的配合动作来完成的。一般把刀具库放在主轴可以运动到达的位置，或整个刀具库或某一刀位能移动到主轴箱可以达到的位置。刀具库中刀具的存放位置和方向与主轴装刀方向一致。换刀时，主轴运动到刀位上的换刀位置，由主轴直接取走或放回刀具。

具有机械手系统的自动换刀装置在刀具库配置、主轴相对运动位置及刀具数量上都比较灵活，换刀时间短。刀具库与主轴相对运动换刀方式结构简单，只是换刀时间较长。

（3）自动对刀装置。加工中心为了提高零件的加工精度，必须准确的知道每把刀具的长度补偿值和半径补偿值，所以通常使用各种自动对刀装置（图5-55）来对刀（图5-56）。

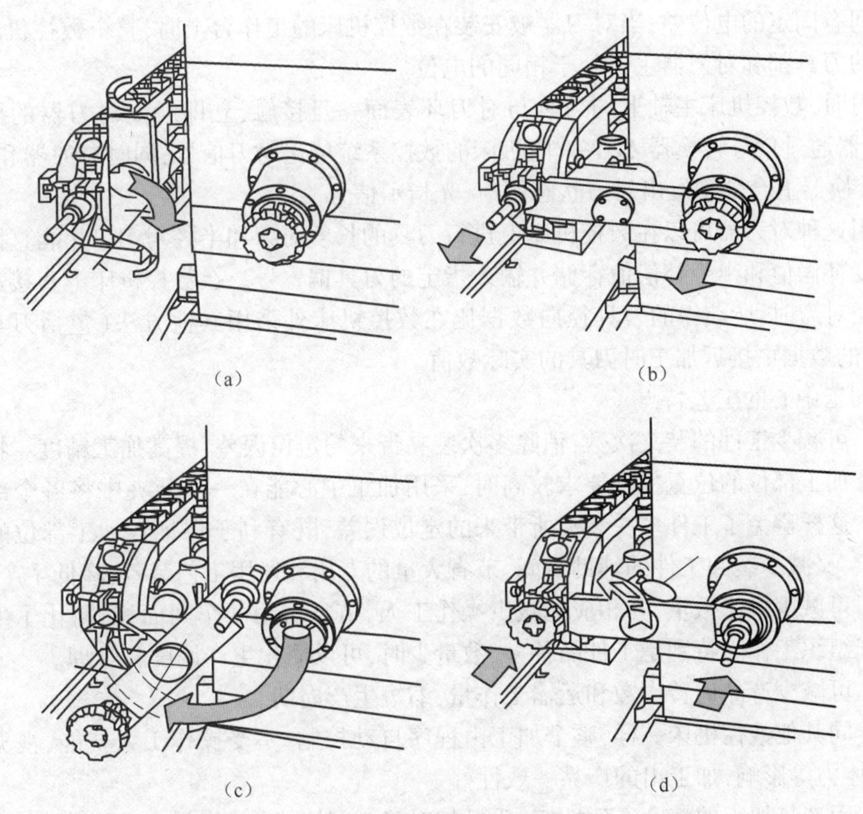
(a) (b) (c) (d)

图 5-54 机械手换刀过程

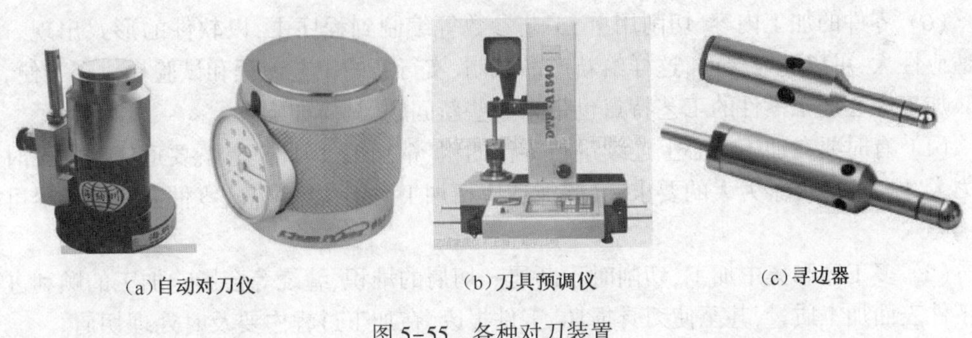
(a)自动对刀仪 (b)刀具预调仪 (c)寻边器

图 5-55 各种对刀装置

(a)先锋ETC-3L型对刀器对刀

(b)寻边器对刀

(c)其他对刀仪对刀

图 5-56 各种对刀

以先锋 ETC-3L 型对刀器为例，如图 5-56(a)所示。在对刀器上的对刀环与对刀器主体之间有固定的电位差；当对刀器被安装在数控机床的工作台上时，整个数控机床包括主轴上的刀具都和对刀器主体处于相同的电位。

对刀时，数控机床主轴上的刀具与对刀环表面一旦接触，立即触发对刀器的控制电路，对刀器通过信号转换器 APT-1 向机床的数控系统传送对刀信号，同时对刀器和 APT-1 信号转换器上会分别发出对刀状态的声、光指示信号。

使用这种对刀器可以在数控机床上进行刀具的长度对刀和半径对刀，并能直接将获得的长度补偿值和半径补偿值存储并输入指定的刀具偏置号。在数控机床上直接进行刀具的半径对刀时，所获得的刀具径向数据比在数控机床外采用其他方法（包括刀具预调仪）获得的数据更接近加工时刀具的实际数值。

3）加工中心的工艺特点

（1）可减少工件的装夹次数，消除多次装夹带来的定位误差，提高加工精度。特别是当零件各加工部位的位置精度要求较高时，采用加工中心能在一次装夹中将各个部位加工出来。这样避免了工件多次装夹所带来的定位误差，既有利于保证各加工部位的位置精度要求，又减少装卸工件的辅助时间，节省大量的专用和通用工艺装备，降低生产成本。

（2）可减少机床数量，并相应地减少操作工人，节省占用的车间面积，简化了生产计划和生产组织工作。特别是工件品种多、数量少时，可以简化生产调度和管理。

（3）可减少产品周转次数和运输工作量，缩短生产周期。

（4）同其他数控机床一样，整个加工由程序自动控制，不受操作工人技能、视觉误差及精神、体力等影响，加工出的产品一致性好。

（5）因产品加工的精度一致性好，质量相对稳定，故检验工作量小，通常只需首件加工检测，中间工件加工抽检。

（6）零件的加工内容、切削用量、工艺参数等编制到程序中，以软件的形式出现。软件适应性大，可以随时修改，这样给新产品试制、实行新的工艺流程和试验提供了方便。

加工中心加工零件的工艺特点也带来一些新问题，具体如下：

（1）有时要在加工中心上连续进行零件的粗、精加工，因此夹具既要适应粗加工时切削力大、刚度高、夹紧力大的要求，又要能适应精加工时定位精度高，零件夹紧变形尽可能小的要求。

（2）多工序和集中加工，切削时不断屑。切屑的堆积、缠绕等会影响加工的顺利进行及零件表面加工质量，甚至使刀具损坏、工件报废，在加工过程中要及时处理切屑。

（3）在毛坯加工为成品的过程中，粗加工后直接进入精加工阶段，工件的温升来不及恢复，零件冷却后尺寸会变动，影响其精度；零件不能进行人工时效，内应力难以消除。

（4）加工中心数控机床价格高，一次性投资大，机床的加工台时费用高，如果零件选择不当，会增加成本。

2. 数控高速加工技术

数控高速加工技术是当代先进制造技术的重要组成部分，拥有高效率、高精度及高表面质量等特征。有关数控高速加工技术的含义，通常有下面几种观点：切削速度很高，通常认为其速度超过普通切削的 5～10 倍；数控机床主轴转速很高，一般将主轴转速在 20000r/min 以上的定为高速切削；数控机床进给速度很高，铝合金铣削可达到 1100m/min 以上，铸铁铣削可到 700m/min，钢材铣削可到 380m/min 以上，钻削 200～1200m/min，磨削 150~360m/min;对于不同的切削材料和所采用的刀具材料,高速切削的含义也不尽相同。

数控高速加工技术的优点有以下几方面。

(1) 加工时间短、效率高。高速切削的材料去除率通常是常规的3~5倍。

(2) 刀具切削状况好、切削力小,主轴轴承、刀具和工件受力均小。切削力比普通切削降低大概30%~90%,加工质量明显提高。

(3) 刀具和工件受切削的热量影响小。由于切削过程产生的热量大部分被高速流出的切屑带走,故工件和刀具热变形小,有效地提高了加工精度。

(4) 工件表面质量好。首先 a_p 与 a_e 小,加工工件表面粗糙度小。其次,切削线速度高,数控机床激振频率远高于工艺系统的固有频率,因而其工艺系统振动很小。

数控高速加工技术促进了机械冷加工制造业的飞速发展,革新了产品设计概念。例如,通过采用整体件加工取代零部件的分项制造装配,提高了加工效率和产品质量,缩短了产品制造周期。高速切削技术加速了汽车、模具、航空、航天、光学、精密机械等产品的更新换代,加速了制造技术与装备的升级,推动了数控加工技术的进步。

思考题

5-1 简述数控加工原理和流程。

5-2 试述数控机床的组成和加工特点。

5-3 数控机床坐标系及方向如何确定?

5-4 如何确定对刀点比较合理?工件坐标系与编程坐标系有什么关系?

5-5 数控程序和程序段的格式是什么?其包括哪几类指令代码?

5-6 简述数控车削加工的特点和加工范围。

5-7 举例说明下列指令 G00、G01、G02、G03、G90、G92、G71、G73 的含义及典型应用。

5-8 试述车削中心的主要特点及应用。

5-9 零件如图5-57所示,毛坯为 ϕ35mm×65mm,材料为LY12。试分析其加工工艺,并编写加工程序。

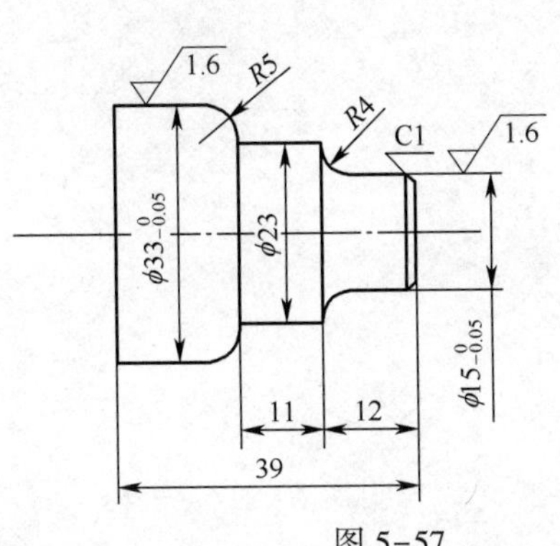

图 5-57

5-10　简述数控铣削加工的特点和加工范围。

5-11　何为刀具半径补偿？何为刀具长度补偿？

5-12　如图 5-58 所示，已粗加工过的 45 钢工件毛坯 70mm×60mm×18mm，铣削出图中的凸台及槽。试分析其加工工艺，并编写加工程序。

5-13　试述加工中心的主要特点和用途。

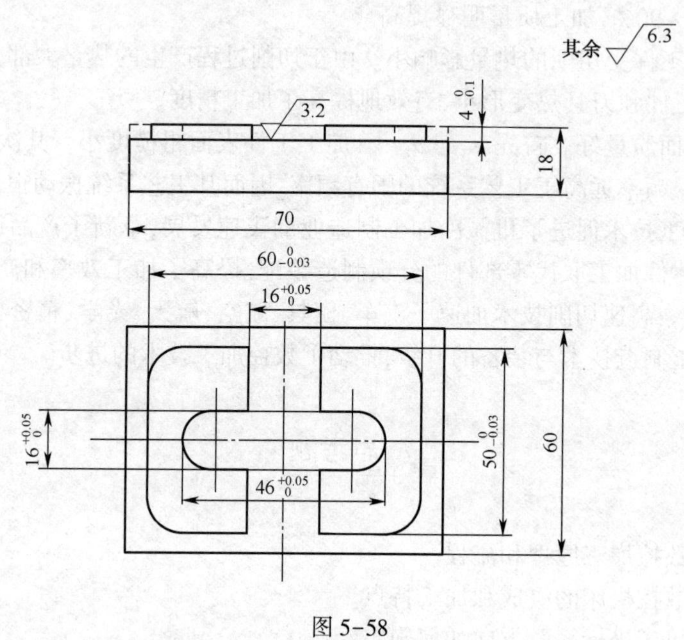

图 5-58

第6章　特 种 加 工

教学基本要求：

(1) 了解特种加工的概念、特点、分类和主要适用范围。

(2) 掌握线切割3B代码的基本指令，并根据工艺图纸编制加工程序。

(3) 了解电火花线切割、激光打标机自动编程软件的主要功能、操作要点。

(4) 掌握电火花线切割、电火花小孔机和激光打标机、激光内雕机的基本操作。

6.1　特种加工的特点及适用范围

传统的机械加工有很久的历史，对人类的生产和物质文明起了极大的作用。20世纪50年代以来，随着科学技术的发展，新材料和复合材料得到广泛应用，对某些零件的性能要求越来越高，所以对加工方法提出更高的要求，特别是某些具有特殊结构和特殊要求的零件越来越多，传统的加工方法已经不能满足需要。因此，特种加工技术得到长足发展，并且已经成为现代制造技术不可缺少的重要工艺方法。

特种加工是指不属于传统的切削加工及成型加工以外的一些新型加工方法的总称，又称为“非传统加工”。它是直接利用电能、热能、声能、光能、化学能、电化学能及特种机械能等多种形式的能量使零件加工成型。特种加工服务于零件的成型技术。

6.1.1　特种加工的主要特点

(1) 不受材料力学性能的限制。由于加工中产生非机械能量的瞬时密度高，因此特种加工可以去除或分离高强度、高硬度、低刚度、高耐热性等传统切削加工难以加工的材料。

(2) 宏观作用力极小，可以用软材料的工具加工硬材料。

(3) 加工质量好。精度高、粗糙度值低、残余应力和热应力等较小。

6.1.2　特种加工的分类和主要适用范围

常用的特种加工分类和主要适用范围如表6-1所列。此外，特种加工方法常与其他加工工艺进行复合，形成新的加工方法，如电解磨制、电解电火花加工、超声电火花加工等。复合后的加工方法能具有复合前各自加工方法的优点，以弥补单一加工方法的不足。

表6-1　特种加工分类和主要适用范围

加工方法	可加工材料	加工原理	主要适用范围
电火花加工	导电材料	利用两电极之间脉冲火花放电产生的高温，烧蚀或电蚀被加工材料	穿孔、成形型面、表面强化、刻字、线切割
电化学加工	金属材料	利用阳极溶解和阴极沉积	电解加工、电刻蚀、电解抛光及电解复合磨削、电镀电铸

（续）

加工方法	可加工材料	加工原理	主要适用范围
超声波加工	硬脆材料	利用超声频振动的工具冲击磨料对工件进行加工	加工玻璃、陶瓷、宝石等硬脆材料
激光加工	任何材料	高能量光束经聚焦后，焦点处能量密度极高，可形成上万摄氏度的高温，可熔融和汽化材料	打标、打孔、切割、焊接、热处理、快速成型、内雕刻等
高压水射流	几乎任何材料	超声速夹砂射流的冲击和切磨作用	切割几乎所有固态材料
等离子	金属材料	利用等离子弧的高温将材料熔融	切割和焊接
电子束	金属材料	高速定向流动的电子具有巨大的冲击能量	高效、高质量打小孔和焊接异种材料
爆炸法	难以成型的材料	爆炸瞬间会产生的高温、高压以及冲击波	成型特大件、难以成型的零件和焊接

6.2 电火花加工

电火花加工又称为放电加工，是在工具和工件之间施加脉冲电压，在一定的液体介质中，使工具和工件之间不断产生脉冲性的火花放电，靠放电时局部瞬时产生的高温把金属材料逐步蚀除下来。

电火花加工最大的特点：工具和工件之间是非接触加工，在加工中没有宏观的切削力。

6.2.1 电火花加工的基本原理及特点

电火花加工原理是基于绝缘液体介质中的工具电极和工件之间产生脉冲性火花放电时的电腐蚀效应来蚀除工件余量，以达到零件尺寸、形状及表面质量预定的要求，其原理如图6-1所示。

一次火花放电大致可分为四个连续阶段，具体如下：

(1) 极间介质电离、击穿，形成放电通道。

(2) 介质分解、电极材料熔化和汽化，产生热膨胀（图6-2）。

(3) 电蚀产物的抛出。

(4) 极间介质的消电离。

电火花加工的特点如下：

(1) 由于工具电极和工件之间不直接接触，便于加工机械，加工难以或无法加工的特殊材料和复杂形状的工件。

(2) 电火花加工过程没有宏观切削力，火花放电时，局部、瞬时爆炸力的平均值很小，不足以引起工件的变形和位移。

(3) 电火花加工电参数易于实现数字控制、自适应控制、智能化控制，便于控制加工速度和精度。

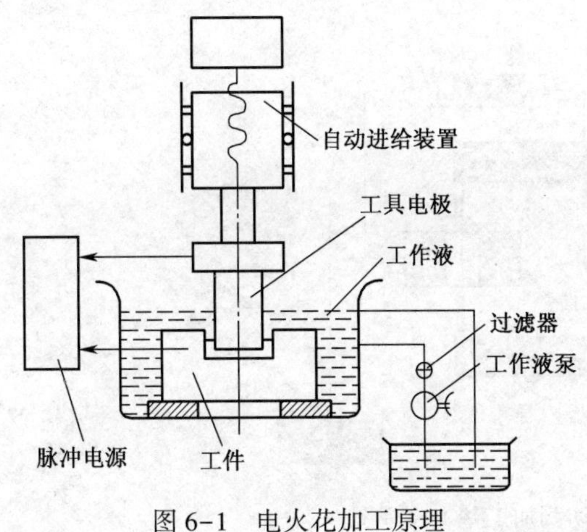

图 6-1 电火花加工原理

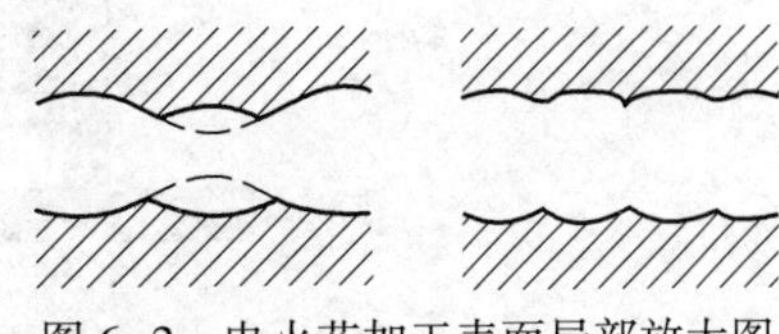

图 6-2 电火花加工表面局部放大图

6.2.2 电火花加工的适用范围

电火花加工广泛应用于机械、航天、电子、核能、仪器、轻工等行业。

电火花加工的适用范围(图 6-3),具体有以下几方面。

(1) 可以加工任何难加工的金属材料和导电材料。

(2) 可以加工形状复杂的表面。

(3) 可以加工薄壁、弹性、低刚度、微细小孔、异形小孔等有特殊要求的零件。

(4) 可以加工零件的型腔尖角部位。

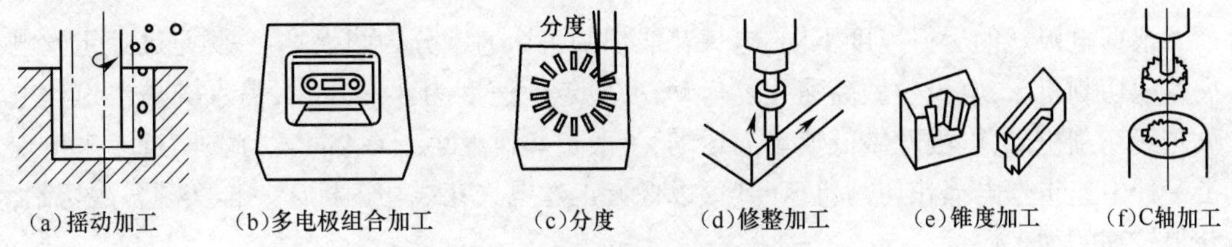

图 6-3 电火花加工的适用范围

6.3 电火花线切割加工

电火花线切割加工是在电火花加工基础上发展起来的一种新的工艺,是用线状电极丝(铜、钼、钨、钨钼)利用火花放电对工件进行切割,简称线切割。

6.3.1 电火花线切割的基本原理及特点

电火花线切割加工是利用工具电极丝对工件进行脉冲放电时产生的电蚀现象进行加工的,其加工原理如图 6-4 所示(中走丝、快走丝线切割)。储丝筒带动电极丝做正反向交替移动,电极丝与工件之间加上脉冲电源,伺服机构控制工作台和丝架导向机构的相对运动,合成轨迹切割工件。

电火花线切割机床都采用数字程序控制,其特点如下:

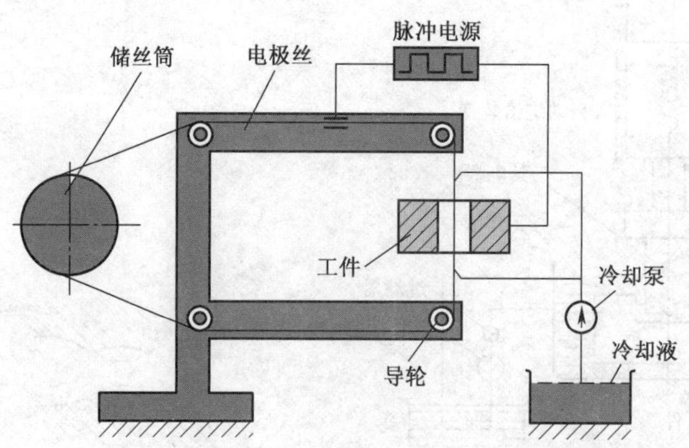

图 6-4　电火花线切割加工基本原理图

（1）采用直径不等的细金属丝作工具电极，因此切割用的刀具简单，大幅缩短生产准备工时。

（2）利用计算机辅助制造软件，可方便地加工复杂的 2D 轮廓。

（3）由于电极丝直径较细（ϕ0.03～ϕ0.3mm），切缝很窄，因此适合加工细小零件。

（4）电极丝在加工中是移动的，短时间可不考虑电极丝损耗对加工精度的影响。

（5）加工对象是直纹面零件，通过四轴联动可以实现锥面和上、下异型类零件加工。

6.3.2　电火花线切割机床的组成

根据电极丝的运行速度不同，电火花线切割机床通常分为两大类：一类是高速走丝电火花线切割机床，电极丝做高速往复运动，一般走丝速度为 8～12m/s；另一类是慢走丝电火花线切割机床，电极丝做低速单向运动，一般走丝速度小于 0.2m/s。此外，近年来出现了一种中速走丝电火花切割机床，其可以像慢走丝电火花线切割机床一样实现多次切割，获得较高的加工质量。

电火花线切割机床主要由机床主体、脉冲电源、控制系统、加工液循环系统等组成。

1. 机床主体

机床主体包括以下几个部分。

（1）运丝机构。运丝机构是用来带动电极丝按一定线速度运动并保持一定的张力。

（2）坐标工作台。坐标工作台是用来固定工件，由两根成垂直方向布置的滚珠丝杆驱动。

（3）床身。床身是用来支承和固定坐标工作台、绕丝机构及线架。

2. 脉冲电源

脉冲电源是将工频交流电转换成频率较高的单向脉冲电流供给火花放电所需的能量。它正极接在工件上，负极接在电极丝上。

3. 控制系统

控制系统主要作用是在电火花线切割加工过程中，按加工要求自动控制电极丝相对工件的运动轨迹和进给速度来实现对工件形状和尺寸的加工。

4. 工作液循环系统

工作液循环系统是由工作液、液箱、液泵、过滤装置、循环导管和流量控制阀组成。工作液主要作用有以下三方面。

(1) 绝缘作用。两电极之间必须有绝缘的介质才能产生火花击穿和脉冲放电,脉冲放电后要迅速恢复绝缘状态,防止产生持续的电弧放电而烧断电极丝。

(2) 排屑作用。把加工过程中产生的金属氧化物颗粒及介质分解物,通过局部高压迅速从电极间排出,否则易出现短路现象,使加工无法进行。

(3) 冷却作用。冷却电极丝和工件,防止工件热变形,保证表面质量。

6.3.3 电火花线切割加工的基本编程方法

编程方法分手工编程和计算机辅助编程,目前高速走丝电火花线切割机床一般采用 3B 格式,而低速走丝电火花线切割机床通常采用国际上通用的 ISO(国际标准化组织)格式。

1. 手工 3B 代码的编程

线切割 3B 代码的手工编程方法如下:

(1) 3B 程序格式:

Bx By BJ G Z

式中 B——分隔符,用它来隔离 x、y 和 J 数字,若 B 后面的数字为 0,则 0 可省略;

x,y——直线的终点或圆弧起点的坐标值,编程时均取绝对值(μm);

J——计数长度(μm);

G——计数方向,分 Gx 或 Gy;

Z——加工指令,分为直线与圆弧两大类。

(2) 直线的编程:

① 建立坐标系。把直线的起点作为坐标的原点,建立坐标系。

② 确定 x、y 值。直线终点的坐标值的绝对值就是 x、y 值。当 x、y 值为整数时,可用公约数将 x、y 缩小整数倍。

③ 确定计数方向 G。当 $|x| > |y|$时,取 x 方向为计数方向,即 Gx ;当$|y| > |x|$时,取 Gy;当 $|x| = |y|$ 时,取 Gx 或 Gy 均可。

④ 确定计数长度 J。计数长度是被加工图形在计数方向上的投影,其单位为 μm。

⑤ 确定加工指令 Z。直线段的加工指令用 L 表示,按直线所在象限来确定加工指令,共有 L1~L4 四种,数字表示直线段所在象限。特别规定 4 条与坐标轴重合的直线段:X 正轴为 L1、Y 正轴为 L2,X 负轴为 L3, Y 负轴为 L4。

例如,编写如图 6-5 所示直线的程序,线段 OA 的程序:

B3000 B2000 B3000 Gx L1

(3) 圆弧的编程:

① 建立坐标系。以圆弧所在圆的圆心作为坐标原点,建立坐标系。

② 确定 x、y 值。以圆弧的起点坐标值的绝对值作为 x、y 值,其单位为 μm。

③ 确定计数方向 G。当 $|y| > |x|$时,取 x 方向为计数方向,即 Gx;当 $|x| > |y|$时,取 y 方向为计数方向,即 Gy;当$|x| = |y|$时,取 Gx 或 Gy 都可以。

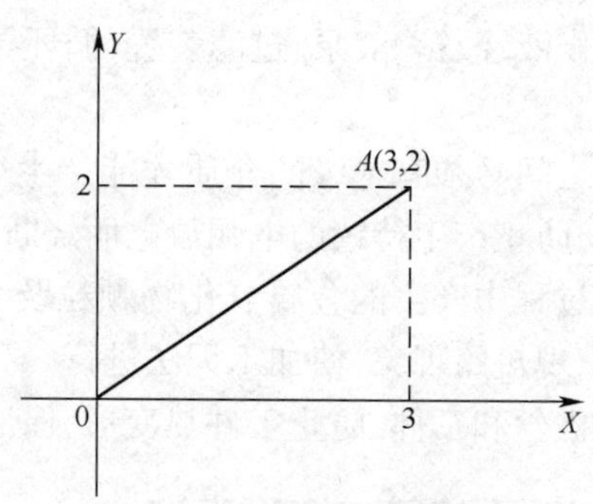

图 6-5 直线的编成坐标系

④ 确定计数长度 J。计数长度是圆弧在对应计数方向上投影的总和，其单位为 μm。

⑤ 确定加工指令 Z。圆弧分为顺时针圆弧 SR 和逆时针圆弧 NR。根据动点离开起点后进入的象限区域，确定加工指令的象限值，共有顺时针 SR1～SR4 和逆时针 NR1～NR4 八种。

例如，编写如图 6-6 所示圆弧的程序。

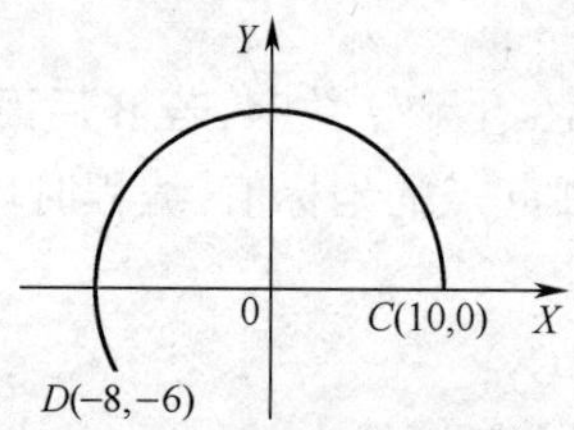

图 6-6 圆弧的编成坐标系

圆弧 CD 段的程序：

B10000　B　　B26000　Gy　NR1

圆弧 DC 段的程序：

B8000　B6000　B26000　Gy　SR3

2. 编程的步骤

（1）审核图纸。首先判定零件加工部位的型面结构是否适合电火花线切割加工；其次审核图中几何要素尺寸是否标注齐全。

（2）确定切割路线，画出钼丝的中心轨迹。切割加工钼丝中心轨迹的位置时，应在加工轮廓的基础上补偿钼丝半径和放电间隙；补偿值 = 钼丝半径 + 单边放电间隙，单边放电间隙通常取 0.01mm，常用的钼丝直径为 ϕ0.1～0.2mm，也可以根据要求选择适当规格。

（3）确定并计算各轨迹节点坐标。

（4）编制各线段的切割程序。

（5）程序结束加结束符 E。

例如，加工如图 6-7 所示的零件，钼丝的直径为 ϕ0.18mm。试用 3B 代码手工编程。

（1）确定穿丝孔位置。0 点为零件内轮廓穿丝孔，a 为零件外轮廓穿丝孔，a 点到零

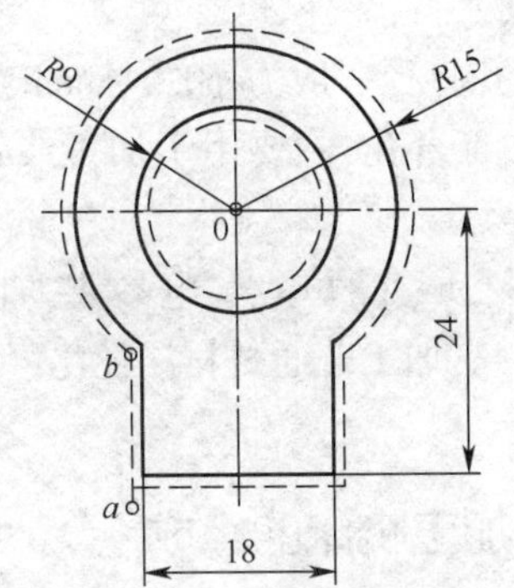

图 6-7 加工零件示例

件外轮廓的距离为 2mm。

(2) 确定加工路线。零件内轮廓按逆时针方向切割,外轮廓按顺时针方向切割。

(3) 画出钼丝的中心轨迹,补偿量=0.18/2+0.01=0.1mm。

(4) 分别计算各段曲线的坐标值。

(5) 用 3B 格式编写程序单,具体程序如下:

	程序	说明
内轮廓:	B8900 B B8900 Gx L1	(0 点为内轮廓切割起点)
	B8900 B B35600 Gy NR1	(逆时针方向编内轮廓程序)
	B8900 B B8900 Gx L3 E	(钼丝回到 0 点,方便计算外轮廓数值)
跳步程序:	B9100 B26000 B26000 Gy L3 E	(将钼丝拆下,按回车键,机床自动执行跳步程序,从 0 点到 a 点。重新穿丝继续执行外轮廓程序直到加工结束)
外轮廓:	B B13950 B13950 Gy L2	(电极丝 $a \to b$)
	B9100 B12050 B42200 Gx SR3	(用勾股定理计算钼丝 b 点的轨迹坐标)
	B B12050 B12050 Gy L4	($y=\sqrt{15.1^2-9.1^2}=12.050$)
	B18200 B0 B18200 Gx L3 E	(程序结束)

6.4 电火花高速小孔加工

在金属材料上加工小孔可以采用机械钻削、电解加工、电火花加工等方法。电火花加工小孔的方法使用比较广泛,特别是在难切削金属材料的加工中,它在生产效率、生产成本、加工精度和大深径比加工等方面有一定的优势。

6.4.1 电火花高速小孔加工的基本原理及特点

电火花高速小孔加工工艺的工作原理有三个要点:一是采用中空的管状电极;二是管中通高压工作液冲走电蚀产物;三是加工时电极做回转运动,可使端面损耗均匀,不致受高压、高速工作液的反作用力而偏斜。高压流动的工作液在小孔孔壁按螺旋线轨迹流出孔外,使工具电极管“悬浮”在孔心,不易产生短路,可加工出直线度和圆柱度很好的小深孔。

电火花高速小孔加工的特点如下：

（1）加工面积小、深度大，小孔直径一般为 ϕ0.2~3mm，常用电极有黄铜和紫铜两种。

（2）可以加工通孔也可以加工盲孔，主要用于加工线切割模具穿丝孔、各种滤板、筛网小孔、喷嘴、气孔化纤喷丝板等。

（3）加工速度与孔径、加工材质、工件厚度、电参数、加工液等因素有关。

（4）电极直径为 ϕ0.3~0.5mm，加工普通材料深径比可以达到大于 100∶1，用 ϕ1 的电极加工的深度可大于 200mm。

6.4.2 电火花高速小孔加工机床的组成

电火花高速小孔加工机床由电气系统、高压工作液泵、工作台及床身、立柱、主轴头、旋转头组成。电气系统主要包括高效脉冲电源、主轴伺服控制、工作台光栅位置显示、人机界面及机床电气控制。高压工作液系统可产生 4~6MPa 的高压水，加工时高压水从电极内孔喷出，起到冷却和排屑的作用，如图 6-8 所示。

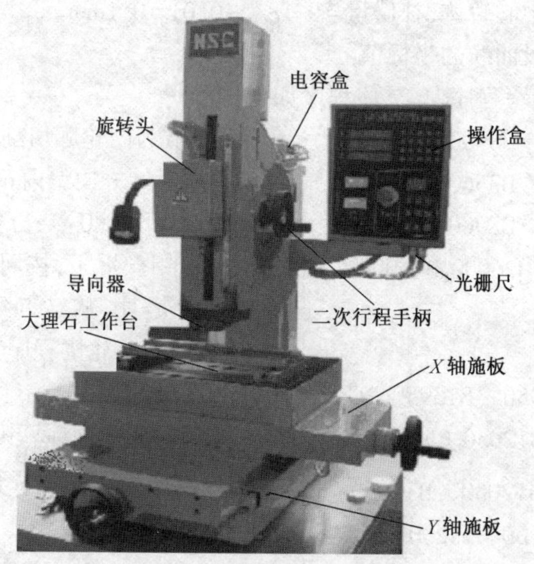

图 6-8 电火花高速小孔加机床主要结构

6.5 电化学加工

电化学加工是指通过化学反应去除工件材料或在其上镀覆金属材料等的特种加工。常用的电化学加工包括电解加工、电磨削、电化学抛光、电镀、电刻蚀等。

电化学加工须符合法拉第定律。

6.5.1 电化学加工种类及工艺特点

电化学加工主要是利用阳极溶解和阴极沉积来实现。利用阳极溶解可以进行电解加工、电解抛光和电蚀刻；利用阴极的沉积作用可以作电镀和电铸。

电解工艺特点具体如下：

(1) 适应性强。只须材料导电，与材料的软、硬、脆无关。

(2) 加工过程无机械作用力。

(3) 工具电极在理论上无消耗(阴极)。

(4) 表面质量好于电火花加工。

(5) 加工效率高于电火花加工。

(6) 加工精度较低。

6.5.2 电镀与电铸

电镀是利用电解原理在某些金属表面镀上一薄层其他金属或合金的过程，从而起到防止腐蚀，提高耐磨性、导电性、反光性及增进美观等作用，如图 6-9 所示。

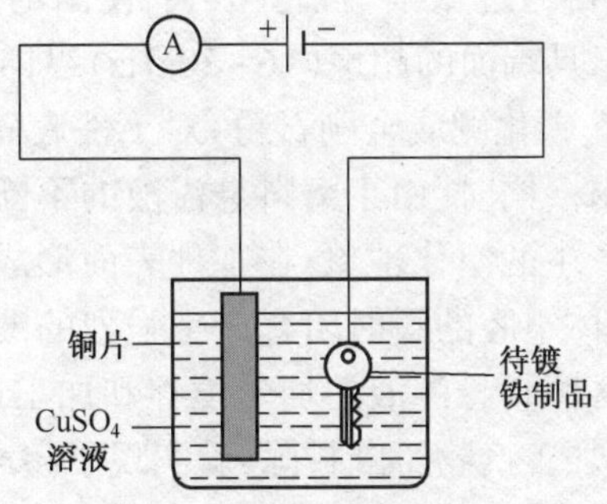

图 6-9　电镀原理示意图

电镀的特点：电镀层比较均匀，一般都较薄。

电镀的方式：挂镀、滚镀、连续镀和刷镀。

电镀大致可以分为下面三类。

(1) 装饰性电镀。以镀镍-铬、镀金、镀银为代表。

(2) 防护性电镀。以镀锌为代表。

(3) 功能电镀。以镀硬铬为代表。

电铸是利用金属的电解沉积原理来精确复制某些复杂或特殊形状工件的特种加工方法，它是电镀的特殊应用，如图 6-10 所示。

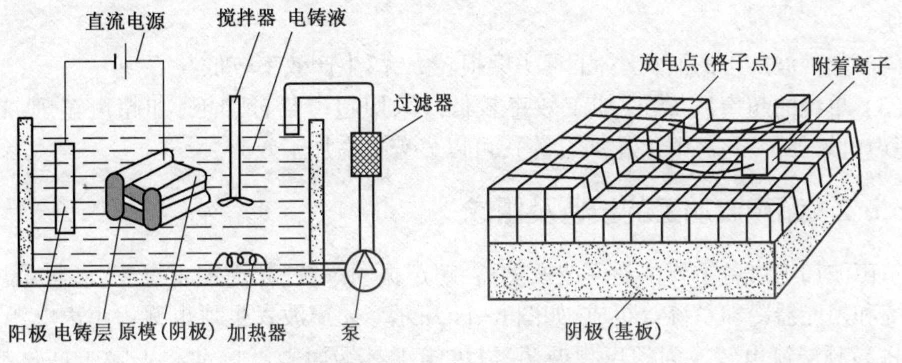

图 6-10　电铸加工原理示意图

6.6 超声波加工

超声波加工也称为超声加工,是利用工具端面做超声频振动,通过磨料悬浮液加工硬脆材料的一种加工方法。超声波加工是磨料在超声波振动作用下的机械撞击和抛磨作用与超声波空化作用的综合结果。

6.6.1 超声波加工的基本原理及特点

超声波加工时,首先在工具头与工件之间加入液体与磨料混合的悬浮液,并在工具头振动方向加上一个不大的压力;然后超声波发生器将工频交流电能转变为有一定功率输出的超声频电振荡;最后通过换能器将超声频电振荡转变为超声机械振动。此时该振幅较小,仅为 0.005~0.01mm,再通过振幅变幅杆放大,使固定在变幅杆端部的工具振幅增大到 0.01~0.15mm。利用工具端面的超声(16~30kHz)纵向振动,使工作液(普通水)中的悬浮磨粒(碳化硅、氧化铝、碳化硼或金刚石粉)对工件表面产生撞击抛磨,使该处材料变形,直至击碎成微粒和粉末。同时,由于磨料悬浮液的不断搅动,因此促使磨料高速抛磨工件表面;由于超声振动产生的空化现象,在工件表面形成液体空腔,因此促使混合液渗入工件材料的缝隙里。液体空腔的瞬时闭合产生强烈的液压冲击,强化了机械抛磨工件材料的作用,有利于加工区磨料悬浮液的均匀搅拌和加工产物的排除。随着磨料悬浮液不断循环,磨粒不断更新,加工产物不断排除,就实现了超声波加工的目的。

超声波加工的特点如下:

(1) 超声波加工适合加工各种硬脆材料,尤其是玻璃、陶瓷、宝石、石英、锗、硅、玛瑙和金刚石等非金属材料。其也可以加工淬火钢、硬质合金、不锈钢、钛合金等硬质金属材料或耐热导电的金属材料,但加工生产效率较低。

(2) 由于超声波加工去除工件材料主要靠磨粒瞬时局部的冲击作用,故工件表面的宏观切削力很小,切削应力、切削热很小,不会产生变形及烧伤,加工精度与表面粗糙度也较好,表面粗糙度值 Ra 可达 0.63~0.1μm,尺寸精度可达 0.01~0.05mm。超声波加工可以加工薄壁、薄片、窄缝、低刚度等易变形零件。

(3) 超声波加工的工具可用较软的材料做成较复杂的形状,且不需要工具和工件做比较复杂的相对运动,因此超声波加工易于加工出各种复杂形状的型孔、型腔和成型表面,还可以进行表面修饰加工等。一般超声波加工机床的结构比较简单,操作、维修也比较方便。

(4) 超声波加工的面积小,工具头磨损较大,故生产效率较低。

(5) 单纯的超声波加工,加工效率较低。采用超声复合加工(如超声车削、超声磨削、超声电解加工、超声电火花加工等),可以显著提高加工效率。

6.6.2 超声波加工的设备及组成

超声波加工设备主要由超声波发生器、超声振动系统、超声加工机床、磨料悬浮液循环系统和换能器冷却系统等组成,如图 6-11 所示。超声波发生器也称为超声电源,其作用是将高频交流电转换为超声频振荡,以供给工具端面做复振动和去除工件材料的能

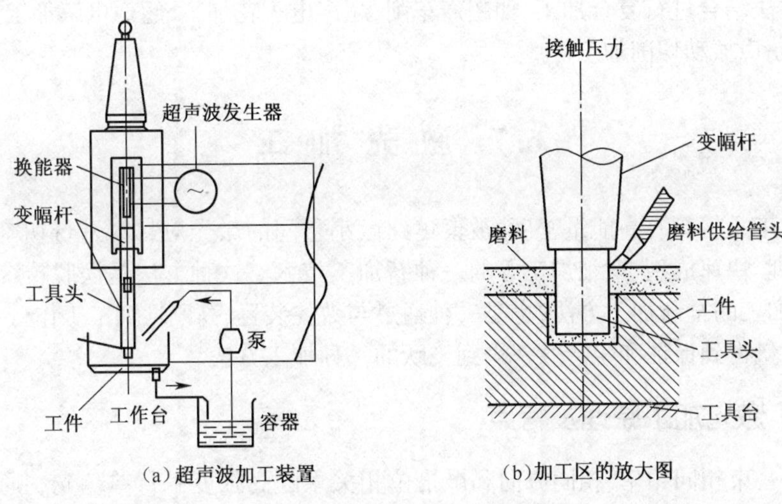

(a)超声波加工装置　(b)加工区的放大图

图 6-11　超声波加工的基本装置

量。换能振动系统包括超声换能器、超声变幅杆和工具，其作用是将由超声波发生器输出的高频电信号转变为机械振动能，并通过变幅杆使工具端面做小振幅的高频振动，以进行超声加工。超声加工机床包括加压机构及工作进给机构、工作台及其位置调整系统。

6.6.3　超声波加工的应用

目前，超声波加工主要用于加工半导体和非导体的硬脆材料的孔加工、套料、切割、雕刻以及研磨金刚石拉丝模等。另外，在加工难切硬质金属材料及贵重脆性材料时，可以利用超声波加工工具做高频振动，超声波加工还可以与其他加工方法配合，进行复合加工。

(1) 型孔和型腔的加工。超声波加工主要应用在加工脆硬材料的圆孔、型孔、型腔、套料、微细孔等。

(2) 切割加工。对于难以用普通机械加工方法切割的脆硬材料，如陶瓷、石英、硅、宝石等，其利用超声波加工具有切片薄、切口窄、精度高、生产效率高、经济性好等优点。

(3) 超声波清洗。超声波清洗的原理主要是基于清洗液在超声波作用下产生的交变冲击波和空化效应的结果。超声波在清洗液中传播时，液体分子往复高频振动产生正负交变的冲击波。产生的冲击波直接作用到被清洗的部位，使污物遭到破坏，并从被清洗表面脱落下来。该方法主要用于几何形状复杂、清洗质量要求高而用其他方法清洗效果差的中、小精密零件，特别是工件上的细小深孔、微孔、弯孔、盲孔、沟槽、窄缝等部位的清洗，生产效率和净化率都很高。

(4) 超声波焊接。超声波焊接是利用超声振动的作用去除工件表面的氧化膜，使工件露出本体表面，两个被焊工件表面分子在高速振动撞击下，摩擦发热并黏在一起。它可以焊接尼龙、塑料及表面易生成氧化膜的铝制品，还可以在陶瓷等非金属表面挂锡、挂银，从而改善这些材料的可焊性。

(5) 复合加工。目前，超声波加工在加工硬质合金、耐热合金等硬质金属材料时加工效率低，工具损耗大。为了提高上面材料的加工效率和降低工具损耗，常将超声波加工和其他加工方法结合进行复合加工，如超声车削、超声电火花加工、超声电解加工、超声调制激光打孔、超声振动切削加工等。

6.7 激光加工

激光加工是将具有高能量密度、被聚焦到微小空间的激光对材料进行切割、打孔、焊接、表面处理、快速成型、微细加工等的一种新加工技术。这种方法是摆脱传统的机械加工、热处理加工的全新加工方法，也是一种通过与数控装置、高刚性加工工作台相结合，使工件加工质量得到保证和生产效率得到飞跃的一种加工方法。

6.7.1 激光加工原理及特点

激光是一束相同频率、相同方向和严格位相关系的高强度平行单色光。通过光学系统首先将激光束聚焦成尺寸与光波波长相近的极小光斑，其功率密度可达 $10^6 \sim 10^8$ W/cm^2，温度可达 1 万摄氏度；然后将材料在瞬间熔化和蒸发，工件表面不断吸收激光能量，凹坑处的金属蒸气迅速膨胀，压力猛然增大，熔融物被产生的强烈冲击波喷溅出去，从而达到切除材料的目的。

激光加工装置是由激光器、聚焦光学系统、电源、光学系统监视器等组成。激光器是激光加工设备的核心，它能把电能转换成激光束输出。固体激光器常由主体光泵（激励源）及谐振腔（由全反射镜、半反射镜组成）、工作物质（一些发光材料如钇铝石榴石、红宝石、钕玻璃等）、聚光器、聚焦透镜等组成，如图 6-12 所示。

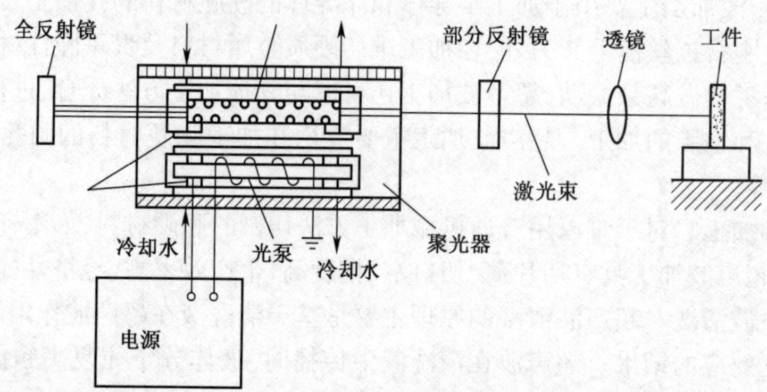

图 6-12 激光加工装置

激光加工的特点如下：

（1）激光在加工过程中，激光束能量密度高，加工速度快慢均可调，对非激光照射部位几乎无影响，属非接触加工，无明显机械力，也无工具损耗，热影响区小、工件热变形小。激光加工质量好，对刚性差的零件可实现高精度加工，易实现自动化。

（2）因激光加工的功率密度是所有加工方法中最高的，所以不受材料限制，激光可以对任何材料进行加工，特别是可以加工高硬度、高脆性及高熔点的材料。

（3）激光束易于导向、聚焦和发散，可实现各方向变换，极易与数控系统配合。激光加工常用于精密细微加工，最高加工精度可达 0.001mm，表面粗糙度 *Ra* 值可达

0.4~0.1μm。

(4) 可通过调节光束能量、光斑直径及光束移动速度,实现各种加工。

(5) 由于激光的加工速度快、耗损低,易实现加工自动化和流水作业,因此其加工成本低、生产效率高,加工质量稳定可靠,经济效益和社会效益显著。

6.7.2 激光加工的应用

1. 激光打标

激光可雕刻金属及多种非金属材料。激光打标广泛应用于电子元器件、集成电路、电工电器、手机通信、五金制品、工具配件、精密器械、眼镜钟表、首饰饰品、汽车配件、塑胶按键、建材、PVC 管材、医疗器械等领域。

2. 激光打孔

激光打孔主要用于小孔、窄缝的微细加工,多孔、密集群孔的加工,以及在倾斜面上进行斜孔加工等。激光加工不受材料的硬度、刚性、强度和脆性等限制,并且打孔速度快、效率高、精度好,非常适合进行数量多、密度高的多孔、群孔加工。

3. 激光焊接

在激光焊接过程中,当激光束接触到金属材料时,其能量通过热传导传输到工件表面以下更深处。在极短的时间内使被焊处形成一个能量高度集中的热源区,在激光热源的作用下,材料熔化、蒸发,并穿透工件的厚度方向形成狭长空洞,随着激光焊接的进行,小孔在两工件之间的接缝区域移动,形成焊缝。

4. 激光切割

激光切割是利用聚焦以后的高功率密度($10^5 \sim 10^7 W/cm^2$)激光束连续照射工件,使被照射处的材料迅速熔化、汽化、烧蚀或达到燃点,产生蒸发,形成孔洞。

激光切割是激光加工中应用最广泛的一种方法,其具有切割速度快、加工质量高、省材料、热影响区小、工件变形小、无刀具磨损、没有接触能量损耗、噪声小、易实现自动化等优点,而且激光切割可以在任何方向切割,包括内尖角。目前激光除能切割钢板、不锈钢、钛、钽、镍等金属材料外,还能加工布匹、木材、纸张、塑料、陶瓷、混凝土等非金属材料。

5. 激光表面强化处理

激光表面强化处理的作用原理是当激光能量密度在 $10^4 \sim 10^5 W/cm^2$,首先对工件表面进行扫描,在极短的时间内加热到相变温度,工件表层材料吸收激光辐射能并转化为热能;然后通过热传导使周围材料温度以极快的速度升到高于相变点而低于熔化温度;最后通过材料基体的自冷却作用使被加热的表层材料快速冷却,实现工件的相变硬化(激光淬火)。所得到的硬化层组织较细,硬度也高于常规淬火的硬度。与其他表面热处理方法比较,激光热处理工艺简单、生产效率高,工艺过程易实现自动化。

6. 激光三维内雕

激光三维内雕是指在计算机控制下利用激光作为加工手段,在各种形状的透明水晶玻璃中雕刻出各种立体图案、文字、人物肖像等(图 6-13)。激光内雕技术主要用于水晶工艺品的激光内雕刻。

其与传统的机械雕刻方法相比的优点如下:

(1) 采用计算机控制技术和高精度、高效率的伺服控制系统,适应了现代化生产的高

图 6-13　激光雕刻的水晶制品

效率、快节奏的要求。

(2) 采用激光加工手段,可以在水晶玻璃内部雕刻出由精细明亮的点组成的精美立体图案。

(3) 利用激光聚焦技术,与水晶体不接触也可在水晶内雕刻出永不磨灭的立体图案。

6.8　高压水射流加工

高压水射流加工也称为水刀加工,是一项新兴的加工技术。超高压水射流是冷态切割加工,切割时不会产生热应力,特别是切割加工复合材料具有独特的优势。高压水具有强大的破坏力,可用作精密切割的工具,因此它在工业上具有很大的应用潜力。在使用磨料时,高压水切割效率会更高,其原因是磨料在高速水流带动的下对被切割材料进行物理切削。高压水切割是当前世界上唯一一种冷态高能束切割技术。

6.8.1　高压水切割原理及特点

当高压水流直射到某一目标时,水流的速度瞬间减小到零,水的大部分动能转变为对表面的压力能;在撞击后最初百万分之几秒的时间内,瞬时产生极高的压力导致目标材料被击穿,随着切割喷嘴的连续移动就完成了切割过程(图 6-14)。

高压水切割的特点如下:

(1) 可以精密切割,能加工复杂的几何形状。

(2) 切割可以不必从边缘开始。

(3) 没有灰尘和火灾的危害,切割毛刺少。

(4) 切缝很窄,材料利用率很高。

(5) 在喷嘴的整个使用过程中,能有效地保持锐利的切削"刃"。

(6) 材料上的横向力很小可以忽略,不会导致薄弱材料变形,允许平整地一直切到材料的边缘。

(7) 对复合层板加工时,不会产生如加工塑料时所出现的边缘熔焊现象。

(a)高压水切割进行中

(b)高压水切割的米老鼠

图 6-14 高压水切割

6.8.2 高压水切割组成

高压水切割是由供水系统、增压系统、高压水路系统、磨料供给系统、切割头装置、接受装置、运动控制系统组成,具体如下:

(1) 供水系统。将水质软化到 pH 值 6~8,精滤至 0.5μm。

(2) 增压系统。液压双向作用往复式,增压比 10∶1~20∶1。

(3) 高压水路系统。连接高压水路和切割头装置。

(4) 磨料供给系统。其包括料仓、磨料、流量控制阀和输送管。

(5) 切割头装置。其包括高压水开关和宝石喷嘴。

(6) 接受装置。接受切割剩余射流,有消能降噪、防震和安全之功能。

(7) 运动控制系统。其主要是控制水刀切割路径 。

6.9 等离子加工

等离子体是指处于电离状态的气态物质,其中带负电荷的粒子(电子、负离子)数等于带正电荷的粒子(正离子)数。为与固体、液体和气体这三种物质状态区别,等离子体被称为物质的第四态。通过气体放电或加热的办法,从外界获得足够能量,使气体分子或原子中轨道所束缚的电子变为自由电子,便可形成等离子体。在工业上,等离子加工主要有切割和焊接两种用途。

6.9.1 等离子及等离子弧特点

等离子的特点如下:

(1) 在等离子体中具有正、负离子,可作为中间反应介质。

(2) 通过对等离子介质的选择可获得氧化气氛、还原气氛或中性气氛。

(3) 等离子体是一种良导体,能利用磁场来控制等离子体的分布和运动。

(4) 热等离子体提供了一个能量集中、温度很高的反应环境。

等离子弧的特点如下:

(1) 能量密度大、方向性强、熔透能力强。

（2）焊缝质量对弧长的变化不敏感。

（3）电流较小时电弧仍很稳定，适合焊接微型紧密零件。

（4）焊缝的深宽比大，热影响区小。

（5）可以产生稳定的小孔效应，单面焊双面成型。

（6）与氩弧焊相比较，等离子焊接成本低，可省电 1/3～1/2、省气 1/2～2/3。在焊接厚度较小的情况下，等离子焊接无需填丝。

6.9.2 等离子加工的应用

1. 等离子焊接

等离子焊接是气体由电弧加热产生离解，在高速通过水冷喷嘴时受到压缩，增大能量密度和离解度，形成细长的等离子弧柱。等离子弧的稳定性、发热量和温度都高于一般电弧，因而具有较大的熔透力和焊接速度。等离子弧柱中心温度可达 18000～24000K 以上，比激光焊接产生的温度高。

2. 等离子切割

等离子切割是利用高温等离子电弧的热量使工件切口处的金属部分或局部熔化、蒸发，并借高速等离子的动量排除熔融金属，形成切口的一种加工方法。

6.10 电子束加工

电子束加工是利用高能电子束流轰击材料使其产生热效应或辐射化学和物理效应，达到预定工艺的方法。电子束可以用来打孔、焊接、切割、热处理、刻蚀等。1949 年，德国首次利用电子束在 0.5mm 不锈钢板上加工出直径 0.2mm 的小孔。1957 年，法国研制出电子束焊接机。20 世纪 60 年代初，我国开始研究电子束加工工艺。

6.10.1 电子束加工分类

电子束加工分为电子束非热加工（图 6-15）和电子束热加工（图 6-16）。利用电子束产生热效应的加工为电子束热加工。利用功率密度比较低的电子束和电子胶（电子抗蚀剂，由高分子材料组成）相互作用，产生的辐射化学或物理效应的加工为电子束非热加工。

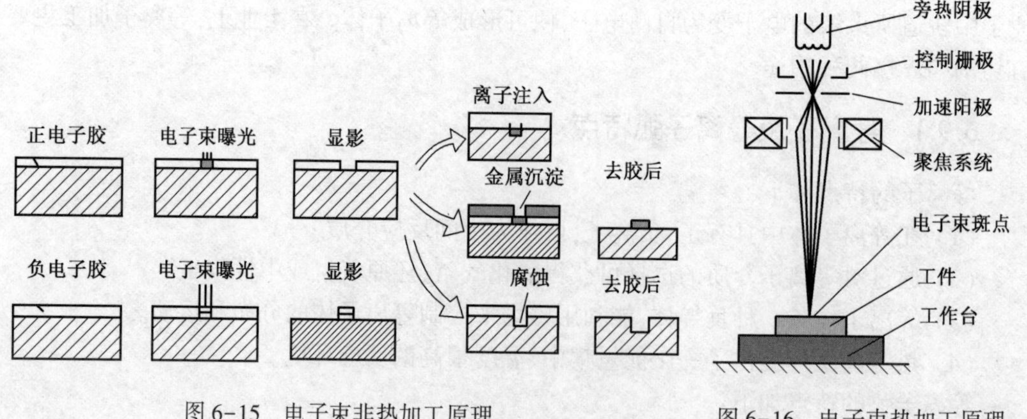

图 6-15 电子束非热加工原理

图 6-16 电子束热加工原理

6.10.2 电子束加工的应用

电子束可用来打孔、焊接、切割、热处理、刻蚀等。

1. 电子束打孔

电子束打孔典型案例——化纤喷丝头打孔(图6-17)。零件材料钴基耐热合金,厚度为4.3~6.3mm,加工11766个直径为0.81mm的圆形孔,公差为±0.03mm。用电子束加工一件只需40min,如用电火花加工一件需要30h,用激光加工一件需要3h,而且电子束加工的孔公差要优于激光加工的孔,且电子束加工的孔形无喇叭口。

2. 电子束焊接

电子束焊接是指利用定向高速运动的电子束流撞击工件使动能转化为热能而使工件熔化,形成焊缝。其具有速度高、变形小,焊缝深宽比高,可实现异种材料焊接(图6-18)。

图6-17 化纤喷丝头打孔

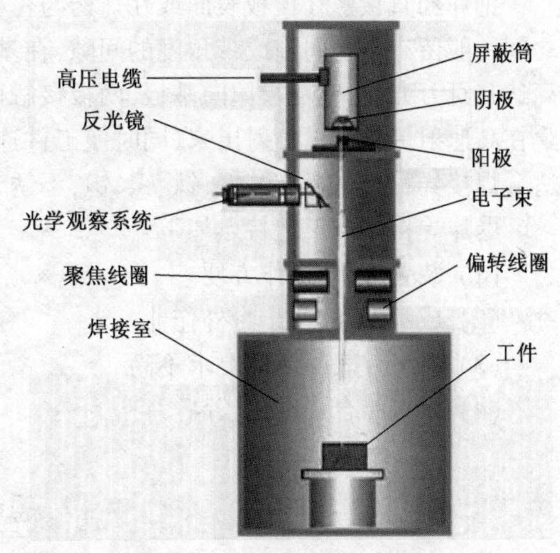

图6-18 电子束焊接原理

6.11 爆炸法加工

利用含大量化学能的火药或炸药在爆炸时产生的高温、高压以及冲击波进行材料加工称为爆炸法加工。其主要用于爆炸成型、爆炸焊接、爆炸切割、表面硬化、粉末压制成型和矫形。

6.11.1 爆炸加工分类

爆炸加工分为接触爆炸加工和隔离爆炸加工,具体如下:

(1) 接触爆炸加工。装药直接和加工对象接触。

(2) 隔离爆炸加工。用水、油、空气、砂等作为中间介质,使装药与工件不直接接触。

6.11.2 爆炸加工的应用

1. 爆炸成型法

爆炸以冲击波形式作用于坯料，使其产生塑性变形，并以一定速度贴膜完成成型过程。

爆炸法成型可以用于难以成型的零件或特大型工件。

特大件的生产往往是单件生产，需要更大的工艺装备来完成，需要耗费更多的资源，经济性极差，而选择爆炸的方式来加工就变得十分方便和经济。爆炸加工时首先需要在空地上挖出所要成型的模坑，然后将要成型的板料盖在坑口，计算好炸药用量以及覆盖填埋物的重量，就可以引爆成型了。有些材料用普通冷冲压工艺难以成型，如钛合金，用爆炸成型法则会轻而易举地完成加工。

2. 爆炸焊接法

把炸药直接敷在覆板表面或在炸药与覆板之间垫塑料、橡胶作为缓冲层，覆板与基板之间一般留有平行间隙或带角度的间隙，在基板下垫厚砧座。炸药引爆后的冲击波压力高达几百万兆帕，使覆板撞向基板，两板接触面产生塑性流动和高速射流，结合面的氧化膜在高速射流作用下喷射出来，同时使工件连接在一起。爆炸焊分为点焊、线焊和面焊，适合焊接异种金属，如铝、铜、钛、镍、钽，不锈钢与碳钢的焊接，铝与铜的焊接等。

爆炸焊接法的工艺特点如下：

（1）装置简单，操作方便。

（2）成本低廉，适于野外作业。

（3）对工件表面清理要求不高。

（4）焊接结合强度比较高。

思考题

6-1 常见的特种加工有哪些？分别适合加工的对象是什么？

6-2 与传统切削加工相比较，特种加工有哪些最突出的优点？

6-3 试利用 3B 编写如图 6-19 所示的内、外轮廓零件程序。电极丝为 ϕ0.18mm 的钼丝，单边放电间隙为 0.01mm。

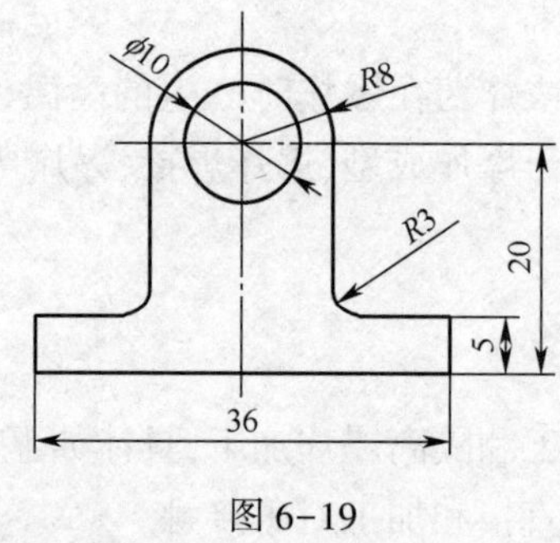

图 6-19

第 7 章 质 量 检 测

教学基本要求：

（1）了解产品质量内涵和质量检测基本知识。

（2）掌握常用量具及其使用方法。

（3）了解现代质量检测器具。

7.1 产品质量的概念

7.1.1 质量的内涵

“质量”一词，渗透于日常生产与生活的每个角落，既抽象，又具体。对于质量的理解，不同的人会有不同的结论，如优良程度、适用性、物有所值、符合规范及要求等。那么，质量的定义究竟是什么，至今并无完全统一的说法。世界著名的质量管理专家约瑟夫·莫西·朱兰（Joseph M. Juran）从用户的使用角度出发，把质量的定义概括为产品的“适用性”；另一位质量管理专家菲利浦·克劳士比（PhiliPB. Crosby）从生产者的角度出发，把质量的定义概括为产品符合规定要求的程度，也称产品的“符合性”。在《质量管理体系——基础和术语》（GBIT19000 2000idt ISO 9000 : 2005）给出的质量定义：质量是一组固有特性满足要求的程度。该定义所阐述的“固有特性”和“满足要求的程度”，反映了产品或服务满足明确和隐含需求能力的特性的总和，包括了产品的符合性和适用性的全部内涵。

图 7-1 所示为一个汽车产品，是为了满足用户的使用需要而制造的产品。该汽车产品具有产品性能、寿命、可靠性、安全性、经济性、外观等内在质量和外观质量的要求。产品性能是指产品满足需求所具有的技术特性，如物理、化学或技术性能；产品寿命是指产品的使用期限；产品可靠性是指寿命周期内产品使用的正常状况；产品安全性是指产品在使用过程中的安全程度，包括人身安全、环境污染等；产品经济性是指产品经济寿命周期内的总费用的多少，如汽车的每百公里的耗油量等；产品外观是指产品造型、色泽、粗糙度、内饰、舒适度等特性。产品的内在质量与外观质量特性相比较，内在质量是主要的、基本的，只有在保证内在质量的前提下，外观质量才有意义。

任何产品都是由设计、制造到销售的过程的结果。所以，产品质量包含设计质量、制造质量、销售服务质量和过程体系质量。

（1）产品的设计质量：计划赋予产品质量水平的高低，以产品规格表示。产品的研究开发工作水平是决定产品质量的前提。

（2）产品的制造质量：在生产制造过程中每个具体产品符合产品规格的程度。

（3）产品销售服务质量：使用中的产品符合预告提出的销售份额及维护服务等程度。

图 7-1　汽车产品

(4) 过程体系质量:根据质量体系对产品质量实现管理和控制的内容。

由图 7-1 可以看出,汽车产品是由若干个零件所组成。例如,一架波音"747"飞机共有 450 万个零件,要 2 万多家协作厂商来共同完成。换言之,零件是组成产品的基本单位。产品的功能是由构成产品的不同结构零部件实现的。从本质上讲,产品的制造过程实际上是零件的制造和装配过程。因此,狭义的产品质量概念是指零件质量和装配质量。

零件质量是指满足产品功能所必备的技术要求,通常包括尺寸精度、形状精度、位置精度、粗糙度、材质、性能等。

装配质量包括装配精度、操作性能、使用性能等指标。例如,汽车产品的装配质量包括的内容:一是装配精度:定位精度、相互位置精度、传动精度、几何精度、工作精度等;二是性能(操作性能和使用性能):容量、使用方便性(操纵方便性、出车迅速、上下方便、可靠耐久性、维修性、防公害性)、速度性能、越野性、机动性、燃料经济性、安全性(稳定性、制动性)、舒适性(平顺性、设备完备)等。

综上所述,产品质量概念包含的内容如图 7-2 所示。

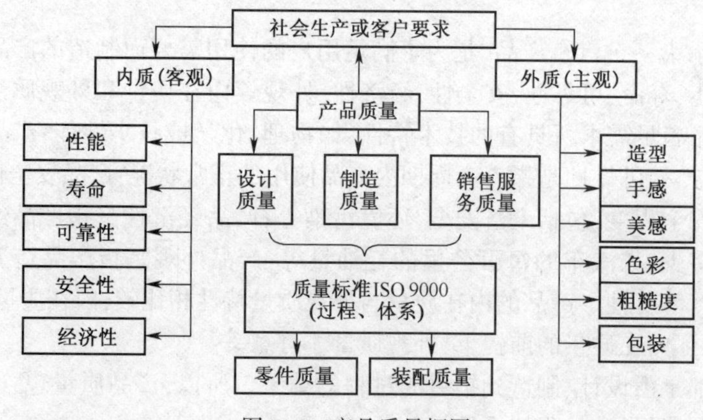

图 7-2　产品质量框图

7.1.2　质量检测技术

在机械制造业中,对零部件及产品的检测是对零件及产品质量符合性最直接的评价方法,也是企业质量管理最重要的环节之一。产品功能是由构成产品的不同结构的零部件实现的。构成产品的零部件根据其不同功用,分别有相应的技术要求。零件的技术要求通常包括表面粗糙度、尺寸精度、形状精度、位置精度、材料及热处理要求、表面处理等。为了确保制造的零部件满足特定的技术要求,需要在产品制造的不同环节安排相应的检测内容。零部件的检测内容,根据技术要求的不同划分为不同的类别,如材质检验、硬度检验、力学性能检测、金相组织检测、缺陷检测及几何量检测。零件的几何量是可以用尺寸数字来衡量的特定技术参数,其检测内容包括表面粗糙度、尺寸精度、形状精度和位置精度。

1. 表面粗糙度 *Ra*(μm)

表面粗糙度是指零件表面的微观不平度,以凹凸轮廓的算术平均偏差表示(图 7-3),即

$$Ra = \frac{1}{l}\int_0^l |y(x)|\mathrm{d}x \approx \frac{1}{n}\sum_{i=1}^{n}|y_i|$$

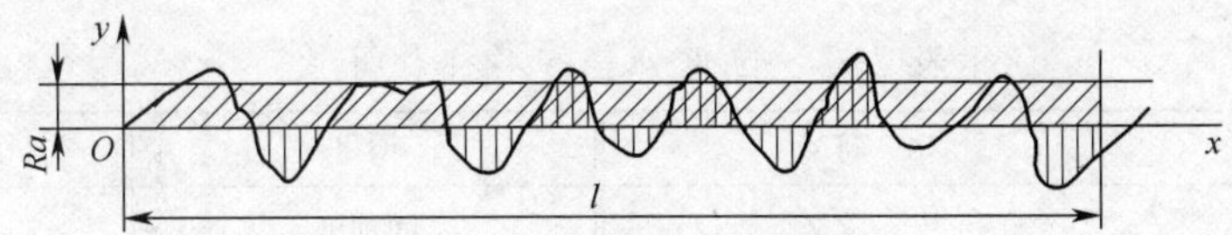

图 7-3 轮廓算术平均偏差

2. 尺寸精度(mm)

衡量尺寸的精确程度,以尺寸公差进行控制。尺寸公差等于最大极限尺寸与最小极限尺寸之差的绝对值(图 7-4)。我国国家标准《极限与配合的标准公差和基本偏差数值表》(GB/T1800.3—1998)将尺寸精度的标准公差等级分为 20 级,分别用 IT01,IT0,IT1,IT2,…,IT18 表示。IT01 尺寸公差值最小,尺寸精度最高。

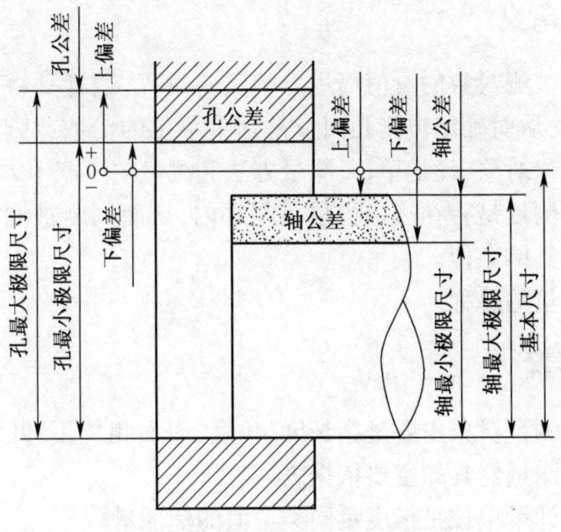

图 7-4 尺寸公差的概念

3. 形状精度(mm)

形状精度是指零件上的被测要素(线和面)相对于理想形状的符合程度,由形状公差控制。国家标准规定了表7-1所列的6项形状公差。

表7-1 形状公差的名称及符号

项目	符号	项目	符号
直线度	—	圆柱度	⌭
平面度	▱	线轮廓度	⌒
圆度	○	面轮廓度	⌓

4. 位置精度(mm)

位置精度是指加工后零件上的被测要素(点、线、面)的实际位置与理想(图纸)位置的接近程度,是由位置公差来评定的。国家标准规定了表7-2所列的8项位置公差。

表7-2 位置公差的名称及符号

项目	符号	项目	符号
平行度	//	同轴度	◎
垂直度	⊥	对称度	⌯
倾斜度	∠	圆跳动	↗
位置度	⌖	全跳动	⌰

7.2 质量检测基本知识

7.2.1 测量的含义

测量是指以确定被测对象的量值而进行的实验过程,通常是将被测的量与作为计量单位标准量进行比较,从而确定被测几何量是计量单位的倍数或分数的过程。一个完整的测量过程应包括测量对象、计量单位、测量方法和测量精度四个方面要素。

检验是指判断被测量是否在规定极限范围之内,从而判断被测对象是否合格。检验不要求得到被测量的具体数值。

检测是检验和测量的总称。

7.2.2 测量要素

(1) 测量对象。测量对象主要是指长度、角度、表面粗糙度、几何形状精度和相互位置精度等。它是选择测量器具的主要依据之一。

(2) 计量单位。计量单位是指度量同类量值的标准量。

(3) 测量方法。测量方法是指测量原理、测量器具和测量条件的总和。

(4) 测量精度。测量精度是指测量结果与真值一致的程度。

7.2.3 测量器具分类

测量器具是指确定几何量值的器具。其按结构特点分为量具、量仪和计量装置。

(1) 量具。量具是以固定形式复现量值,或将被测量对象的实际尺寸和形位误差的综合结果确认在规定范围内的器具。

(2) 量仪。量仪是将被测几何量的量值转换成可直接观测的指示值或等效信息的计量器具,具有传统放大系统。

(3) 计量装置。计量装置是为确定被测几何量值所需的计量器具和辅助设备的总称,如自动分选机检验夹具等。

7.2.4 测量器具的选择

按照图样对工件、产品进行测量或检验时,则要考虑如何选择测量器具。测量器具选择得合理,测量起来就准确、方便且经济。所以,测量器具的选择是保证产品质量、降低成本、提高生产效率的重要条件之一。

选择测量器具的主要依据是被测量的对象,即被测件。要根据被测件的特点及测量要求等具体情况,合理选择测量器具。

选择测量器具时应考虑以下几方面内容。

(1) 被测件的测量项目。对于某一被测件来说,往往存在多个测量项目,如测量长度和直径、测量角度和锥度、测量结合面的间隙等,因此应按照测量项目来选择相应的测量器具。

(2) 被测件的批量。根据工件生产批量的不同,应选择相应的测量器具。单件、小批量生产,要以通用测量器具为主测量;成批量生产,要以专用测量器具为主测量;大批量生产,则应选用高效机械化或自动化的专用测量器具。

(3) 被测件的特点。根据被测件的结构形状、被测部位、材料、重量、刚性和表面粗糙度等不同特点,选用合适的测量器具。例如,若被测件的材料较软(如铜、铝)、刚性较差,则不宜选用测量接触力较大的测量器具,必要时可选用非接触式的测量器具;若被测件的重量大,则不应置于测量器具上进行测量,而可将测量器具置于被测件上进行测量;若被测表面的粗糙度要求高时,则可选用精度较高的测量器具,而粗糙表面只能采用精度低的测量器具进行测量。

(4) 被测件的测量尺寸。一是要保证被测尺寸在所选用测量器具的测量范围之内;二是用于比较测量时,测量器具的示值范围还应大于被测件的尺寸公差。

(5) 被测件的尺寸公差。根据被测件的尺寸公差,选择精度合适的测量器具是非常重要的。测量器具的精度偏低或偏高都不合理。如果测量器具精度偏低,则测量误差大,不能满足高精度被测件的测量要求,而且还会增加被测件的废品率。如果测量器具精度偏高,测量误差虽然减小了,但对尺寸精度要求不高的被测件来说,是不必要的;使用高精度的测量器具,会增加测量费用和测量时间,使测量工作的经济性变差;测量器具的精度高,对测量的条件要求也会相应提高,若此时用来测量低精度工件,则不但示值不稳定,而且容易损坏测量器具。因此,精度较低的被测件,要选用相应的低精度测量器具;精度高的被测件才宜选用高精度的测量器具，不应滥用高精度测量器具。

综上所述，测量器具的选择是一个综合性问题，要全面考虑被测件、测量经济性、测量的实际条件以及测量人员的技术水平等情况。

7.3 常用量具及其使用方法

量具是用于加工前后及加工过程中，对毛坯、工件及零件进行检测的工具。在产品生产中所用量具的种类很多，按其测量原理不同，量具可分为刻线量具和非刻线量具两大类。刻线量具按其结构形式不同，刻线量具分为游标式量具、螺旋测微量具和比较测微量具。

7.3.1 游标式量具

1. 游标卡尺

最常用的游标式量具是游标卡尺，其结构简单、使用方便，可测量工件的内、外形尺寸，在小量程游标卡尺的副尺上面，一般还有深度尺，用于测量深度尺寸。

1）游标卡尺的构造

游标卡尺如图 7-5 所示。其主要由主尺、副尺与制动螺钉组成。测量精度可分为 0.1mm、0.05mm、0.02mm 三个量级，测量范围：0 ~ 125mm、0 ~ 150mm、0 ~ 200mm、0 ~ 300mm 等。

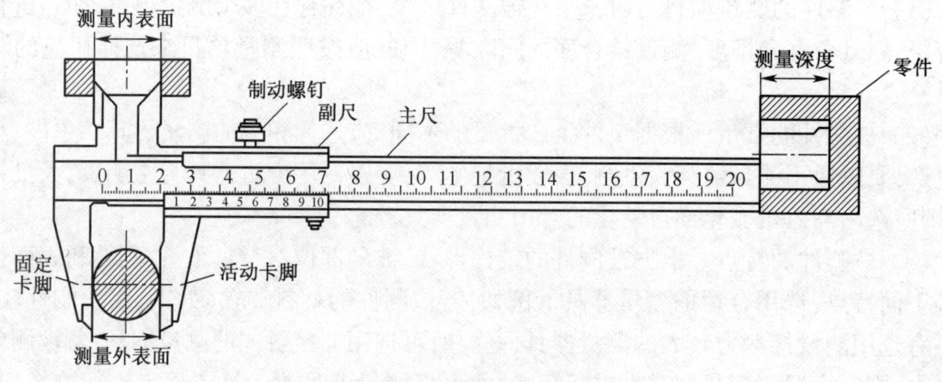

图 7-5 游标卡尺的结构及应用

2）游标卡尺的读数原理

游标卡尺是根据主尺量值刻度和副尺游标刻度的相互位置关系来读取测量值的。读数要诀：在主尺上读整数，在副尺上读小数，即以游标刻度零线所对应的主尺刻度值为量值的整数值，以主尺上某条刻线对准的游标刻度值为量值的小数值。

以读数精度为 0.02mm 的游标卡尺为例，说明游标卡尺的读数原理。主尺的刻线间距为 1mm。游标在 49mm 长度上被等分 50 个刻度，其刻线间距为 49mm/50 = 0.98mm。主尺刻度与游标度每格之差为 0.02mm。因此，游标刻度值为每格 0.02mm。当主尺和副尺的量脚闭合时，主尺刻度与游标刻度的零线对准（图 7-6（a）），即读数值为 0.00mm。当测量工件时，主尺刻度和游标刻度的相互位置关系如图 7-6（b）所示，即游标刻度零线位于主尺刻度值 23 的右侧，量值的整数值应为 23mm，且恰好与主尺上某条刻线对准的游标刻度值为 0. 24(12 格,每格 0. 02mm),该尺寸为 23. 24mm。

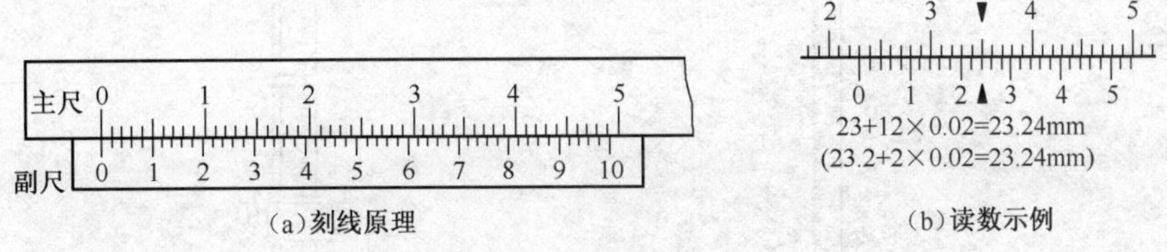

(a)刻线原理　(b)读数示例

图 7-6　游标卡尺的读数原理及示例

3) 带表卡尺和数显卡尺

在游标卡尺基础上发展起来有带表卡尺和数显卡尺。

带表卡尺如图 7-7 所示,其基本结构和功用与游标卡尺大致相同,其不同点:副尺上的游标被百分表代替。测量时由读数端所对应的主尺刻度读取整数位,而小数位则从百分表上直接读出,读数更为准确、便捷。带表卡尺的示值精度为 0. 02mm。

数显卡尺是数字显示技术与传统卡尺的完美结合,如图 7-8 所示。其基本结构和功用与游标卡尺相同,采用数字显示技术,使用更方便、示值精度更高(0. 01mm)。数显卡尺可以在测量范围内的任意位置置零便于作比较测量,还可以带输出端口便于计算机记录测量数据。

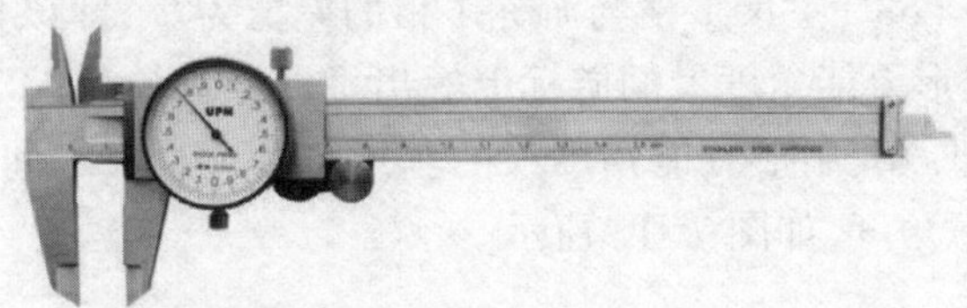

图 7-7　带表卡尺

图 7-8　数显卡尺

2. 游标深度尺和游标高度尺

游标深度尺(图 7-9)用于测量孔的深度、槽的深度、台阶高度等。游标深度尺使用时先将尺架贴紧工件表面,再把主尺插到底部,即可读出测量尺寸;或用螺钉坚固,取出后再看尺寸。

游标高度尺(图 7-10)除测量高度之外,还可用于精密划线和当作杠杆表座使用。

游标深度尺和游标高度尺的读数原理和方法与游标卡尺相同。

3. 游标万能角度尺

测量工件表面之间角度需要角度量具,如角尺、角度规、正弦规和万能角度尺等,最常用的是万能角度尺,采用游标读数原理,可直接测量各种内外角。

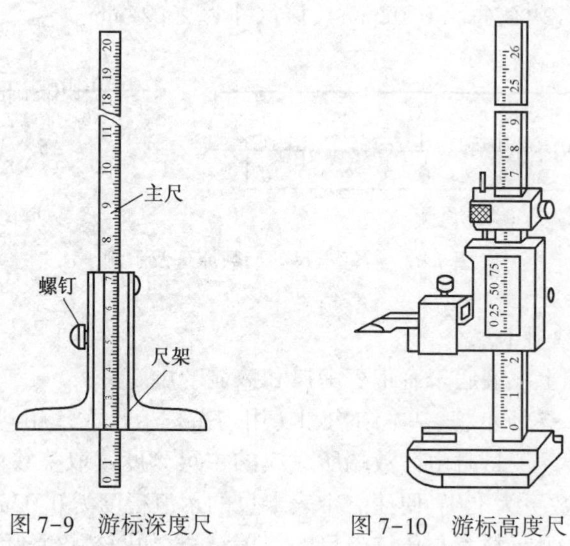

图 7-9　游标深度尺　　图 7-10　游标高度尺

扇形万能角度尺的结构如图 7-11(a)所示。它由主尺和游标尺组成读数机构。其刻线原理如图 7-11(b)，主尺刻线每格为 1°，游标刻线将主尺上的 29°等分成 30 格时，游标刻线的每格为 29°/30＝58′，主尺 1 格与游标 1 格的差值为 2′，即该角尺的测量准确度为 2′。为了便于读数，扇形万能角度尺的游标上标出了以分为单位的实际读数，如图 7-11(c)所示。测量时通过改变扇形万能角度尺的基尺、角尺、直尺之间的相互位置，能测量 0°～320°范围内的任意角度，如图 7-12 所示。

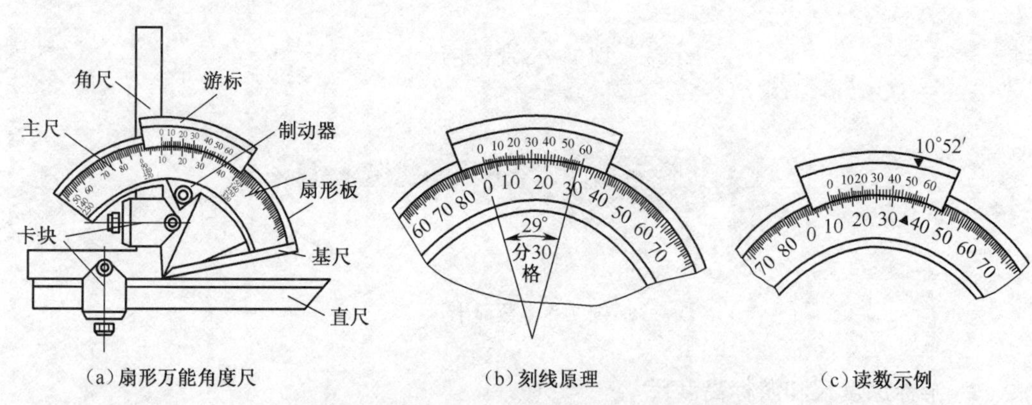

图 7-11　扇形万能角度尺的结构及读数原理

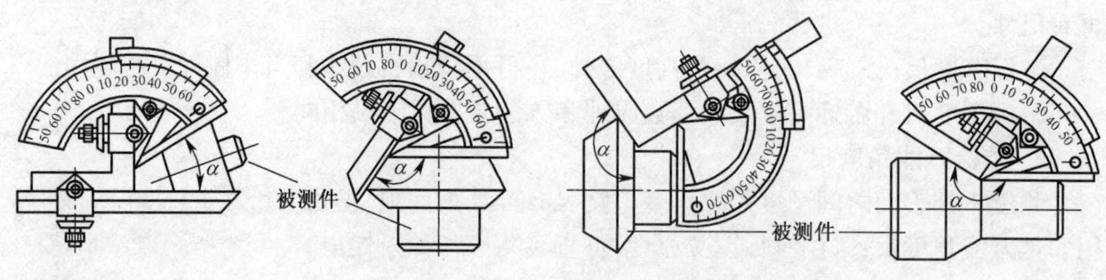

图 7-12　扇形万能角度尺应用实例

7.3.2 螺旋测微量具

螺旋测微量具是利用螺旋微动装置测量长度尺寸的精密量具,其测量精度比游标卡尺更高,达 0.01mm。百分尺(图 7-13)是使用最广泛的螺旋测微量具。按用途不同,百分尺可以分为外径百分尺、内径百分尺和深度百分尺;按其测量尺寸范围不同,百分尺可以分为 0~25mm、25~50mm、50~75mm 等多种。

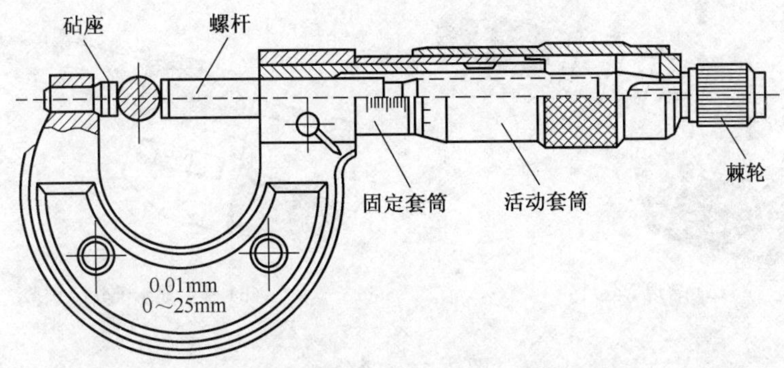

图 7-13 外径百分尺

1. 百分尺刻线原理与读数方法

外径百分尺的读数机构由固定套筒与微分筒组成。在固定套筒上有一条与螺杆平行的中线,其上下两侧各有一排刻度线,其中:一排刻度线为毫米刻度线,其上标有刻度数值;另一排刻度线为半毫米刻度线,一般不标数值。两排刻度线的线间距均为 1mm,相互错开 0.5mm。螺杆的螺距为 0.5mm,与螺杆固定在一起的微分筒外圆周上面有 50 等分的刻度。微分筒每转一周螺杆移动 0.5mm,微分筒每转一格,螺杆的轴向位移为 0.01mm,螺杆轴向位移的小数部分就可从微分筒上面的刻度读出。由此可见,圆周刻度线是用来读出 0.5mm 以下到 0.01mm 的小数的值(0.01mm 以下的值可凭视觉再估计其后面 1 位数)。

百分尺的测量值可由以下三部分读数相加得出。

(1) 以微分筒端面为读数基准,在毫米刻度线上面读取毫米数。

(2) 以微分筒端面为读数基准,在半毫米刻度线上面读取 0.5 毫米数。

(3) 以固定套筒中线为读数基准,在微分筒上面读取小于 0.5mm 的小数。

图 7-14 所示为外径百分尺的读数示例。

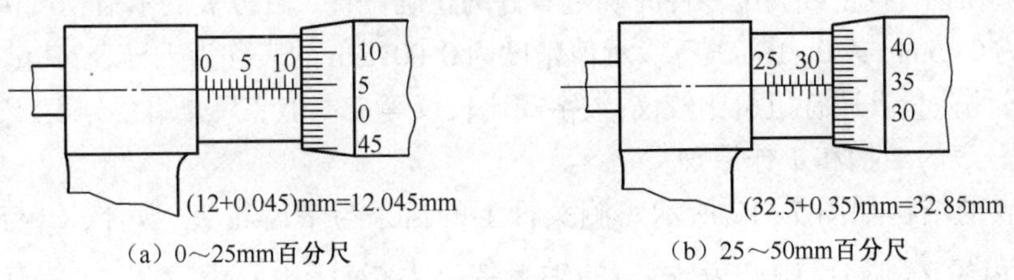

图 7-14 外径百分尺的读数示例

2. 千分尺

千分尺的读数原理与百分尺的读数原理基本相同，不同的是千分尺对活动套筒刻度进一步细分，其读数精度为0.001mm（图7-15（a））。液晶显示的千分尺（图7-15（b）），其测量值可直接从显示屏上读出。改变千分尺测头的形状，可扩大千分尺的应用范围（图7-16）。内径千分尺、深度千分尺、螺纹千分尺、公法线长度千分尺等的刻线原理与读数方法与外径千分尺相同。

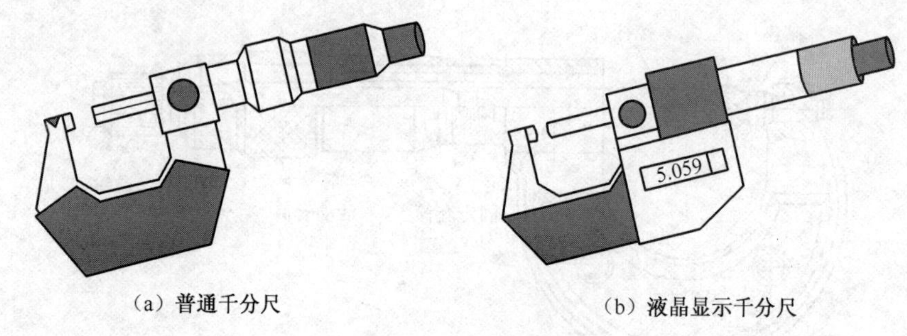

（a）普通千分尺　（b）液晶显示千分尺

图7-15　千分尺

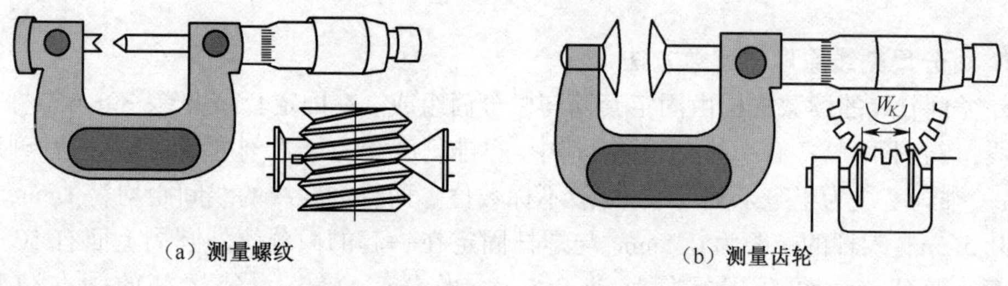

（a）测量螺纹　（b）测量齿轮

图7-16　千分尺的应用实例

7.3.3　比较测微量具

比较测微量具是指该量具通常没有基本长度显示，不能直接读取被测尺寸的绝对长度值，只能在较小的量程范围内比较测量被测尺寸的微小变化量，与基准长度量具（如长度量块）配合使用可测量尺寸的绝对数值。百分表是用途最广的一种比较测微量具，其精度较高、量程很小，多用于测量工件表面的形状和位置误差，如圆柱度、平面度、平行度、跳动量等，也常用于加工、找正或装配零件时确定零件的正确位置。百分表的示值精度为0.01mm，量程一般为0~5mm或0~10mm等。示值精度为0.001mm的表称为千分表，其量程只有0~1mm。比较测微量具还有扭簧比较仪、数字式比较仪等。本小节只介绍百分表。

1. 百分表的结构和工作原理

百分表的结构如图7-17所示。测头杆上的齿条与轴齿轮 Z_1 啮合，Z_1 与 Z_2 同轴，Z_2 与中心齿轮 Z_3 啮合，中心齿轮 Z_3 的轴上装有大指针，中心齿轮 Z_3 与装有小指针的齿轮 Z_4 啮合。当测头杆上下移动时，通过齿轮 Z_1 和齿轮 Z_2 带动齿轮 Z_3 上的大指针和齿轮 Z_4 上的小指针转动。测头杆每移动1mm，大指针转一圈，小指针转一格。测量时指针读数的变动量，即尺寸变化量。刻度盘可以转动，以便将测量的起始位置对零。为消除齿条齿轮机构的啮合间隙，在齿轮 Z_4 上装有游丝。齿杆上装的弹簧产生测量压力。

杠杆百分表是另一种形式的百分表。测头的移动方向近乎与百分表面垂直，便于观察和读数，可用于测量狭窄的内腔表面，如图 7-18 所示。

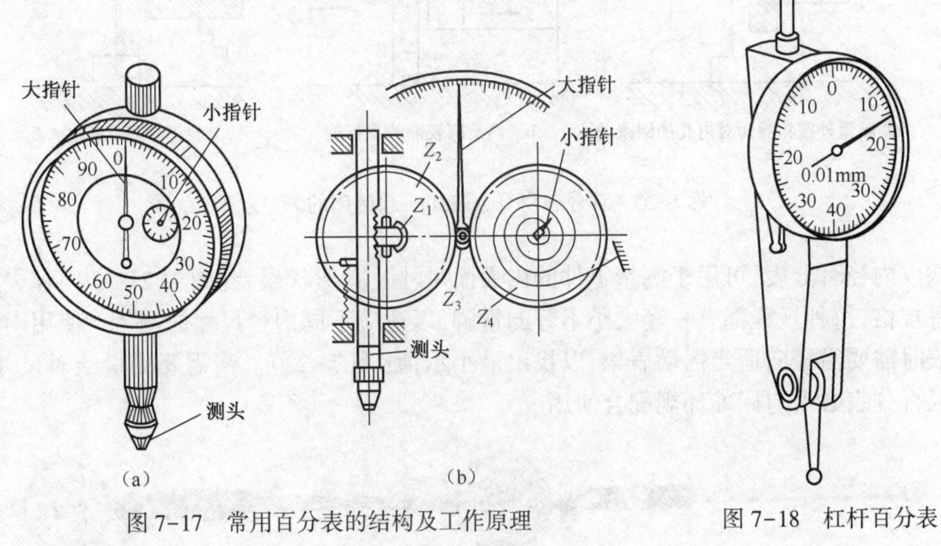

图 7-17 常用百分表的结构及工作原理

图 7-18 杠杆百分表

2. 百分表的应用

1）百分表与百分表架一起使用（图 7-19、图 7-20）

百分表可以固定在百分表架上使用。根据测量需要可选择移动表架、磁性表架或固定表架。移动表架又称为拖表架，用铸件材料制成，底面多为精密磨削加工过的，但以精密刮削过的为最好。磁性表架多吸附在固定的钢铁表面使用，也可以固定在平板上用于测量中小型零件的平行度或尺寸变化量，如检查工件的跳动量。固定表架只用于测量小型零件的平行度或尺寸变化量，在表架上的百分表固定可靠、测量系统刚性较好、测量值更稳定。

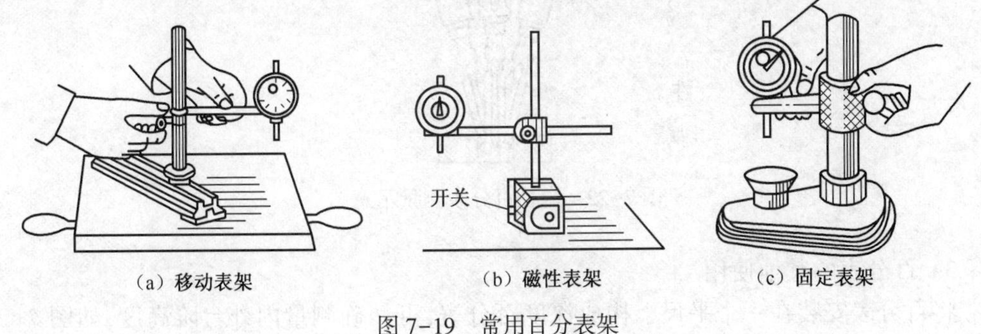

图 7-19 常用百分表架

2）百分表与内径表杆一起使用

内径表杆是一种将径向位移转换为轴向位移的杠杆机构。将百分表安装在内径表杆

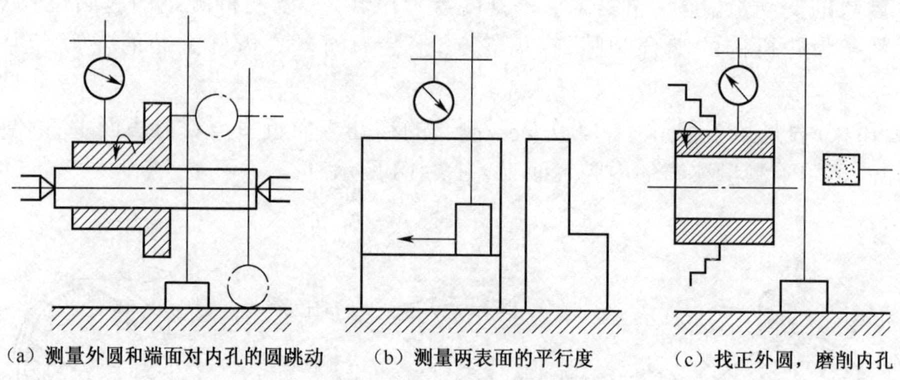

（a）测量外圆和端面对内孔的圆跳动　（b）测量两表面的平行度　（c）找正外圆，磨削内孔

图 7-20　百分表与百分表架一起使用的测量示例

上构成内径百分表,可用于测量零件的内表面尺寸及其形状误差(图 7-21)。内径表杆有多种规格,每种规程都有一套大小不等的量脚,以适应不同内径尺寸的测量。使用内径百分表时需要沿径向适当摇动表架,以找出最小示值(图 7-22)。当需要测量绝对尺寸时,内径百分表必须与标准环规配合使用。

（a）测量较大尺寸　（b）测量较小尺寸

图 7-21　内径百分表

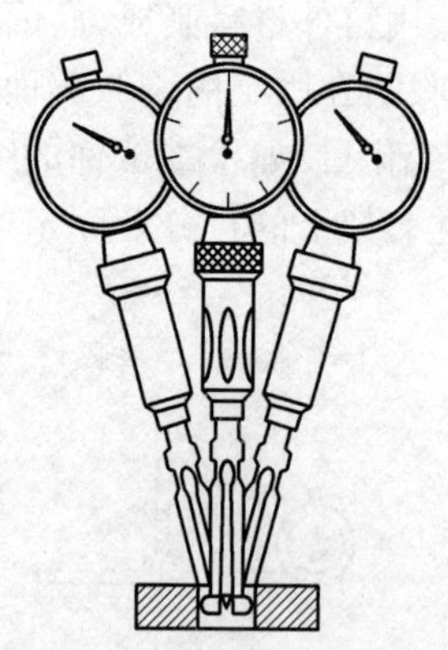

图 7-22　内径百分表测量示意图

3）百分表的其他使用

将百分表安装在一个平尺上构成深度百分表,可精确测量内外台阶高度,如图 7-23 所示。

百分表的发展方向是电子化、数字化。各种类型数显百分表已进入实用阶段,如图 7-24 所示。

图 7-23 深度百分表

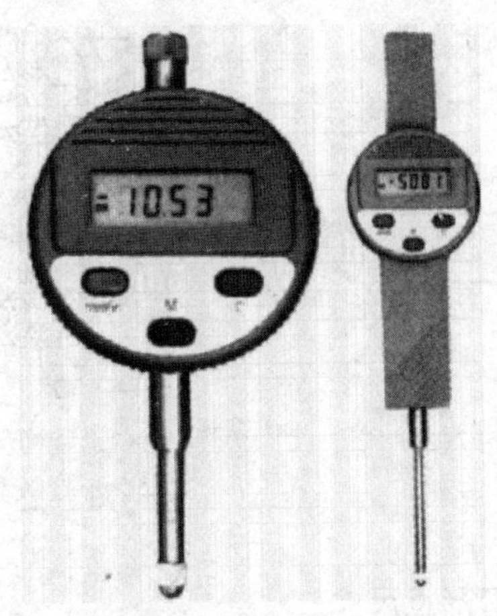

图 7-24 数显百分表

7.3.4 非刻线量具

非刻线量具不能直接测出被测部分的准确尺寸。

1. 卡钳

卡钳是一种间接量具，测量尺寸时卡钳必须与刻线量具配合使用（一般常与钢尺或游标卡尺配用）。卡钳分为外卡钳（图 7-25(a)）和内卡钳（图 7-25(b)）两种。

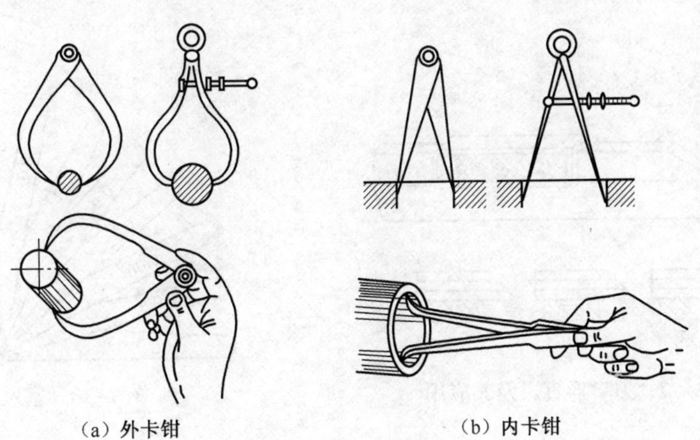

（a）外卡钳　（b）内卡钳

图 7-25 卡钳种类及应用举例

2. 塞规与卡规

塞规与卡规是用于成批大量生产的一种专用量具。

塞规用于测量孔径（图 7-26(a)）和槽宽。塞规的短端称为止端，用来控制最大极限尺寸；塞规的长端称为过端，用来控制最小极限尺寸。测量时，只有当过端能通过而止端不能通过时，工件（或零件）的被测尺寸才在公差范围之内，视为合格品。

卡规是用来测量外径或厚度的量具（图 7-26(b)），其测量原理和使用方法与塞规相同。

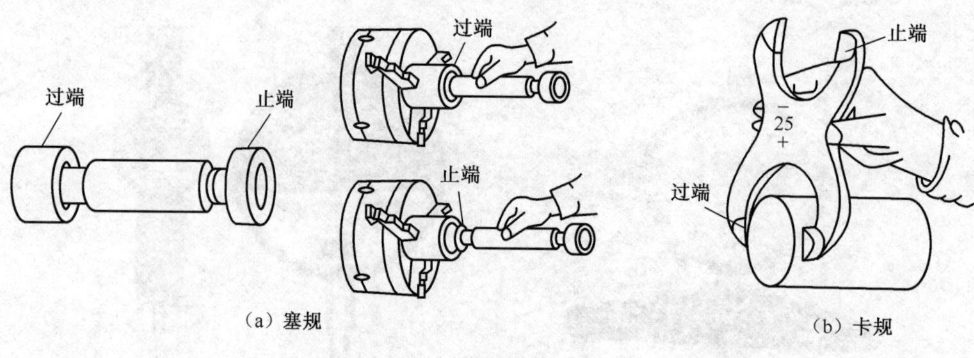

（a）塞规　　（b）卡规

图 7-26　塞规与卡规

3. 刀口形直尺

刀口形直尺是用光隙法检验表面平面度和直线度的量尺，又称为刀口尺或刃口尺（图 7-27）。刀口形直尺使用时刀口应首先紧贴被测表面，然后根据两者之间有无光隙来判断被测表面是否平直。光隙的大小可用塞尺测得。检查平面度时刀口形直尺应在长度、宽度和对角线等方向检测。

4. 塞尺

塞尺是测量贴合面间隙的薄片量具（图 7-28），由一组厚度不等的薄钢片组成。塞尺的每片钢片上面印有厚度标记，测量时若两贴合面之间能插入 0.02mm 的塞片，而用 0.03mm 的塞片插不进去时，则其间隙值在 0.02~0.03mm。测量时选用的塞尺尺片数目越少越好。

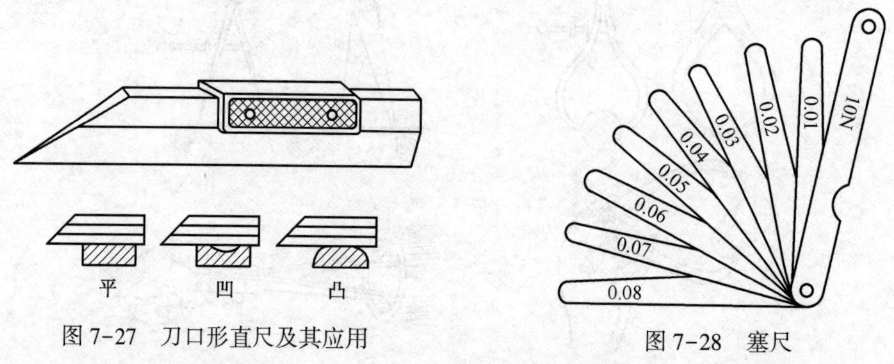

图 7-27　刀口形直尺及其应用　　图 7-28　塞尺

5. 90°角尺

90°角尺是检验直角用的量规，即用来检验两个被测表面是否垂直或保证划线及工具切入时的垂直度，故又称为直角尺。检测时，根据光隙判断被测两表面之间是否垂直（图 7-29），两接触面之间的间隙值可用塞尺测得。

7.3.5　测量过程的注意事项

1. 减小基准件误差的影响

一般基准件的精度应比被测件精度高 2~3 级。坚持基准件的定期检定。在测得值

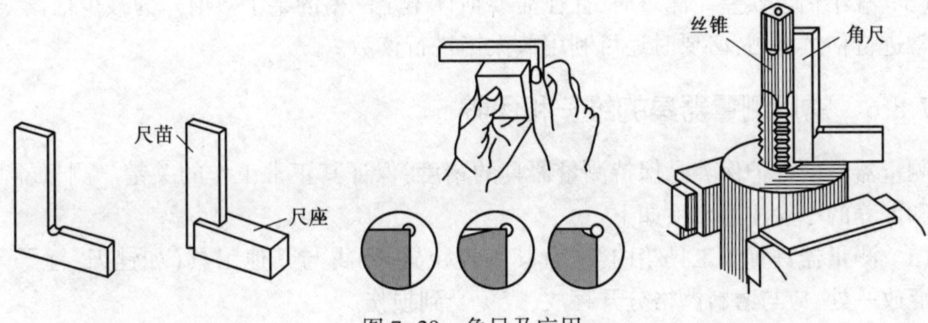

图 7-29 角尺及应用

中应加上基准件的修正值。

2. 减少测量器具误差的影响

每种测量器具都规定了允许的示值误差,使用中应注意以下几点。

(1) 不合格的测量器具坚决不用。

(2) 某些测量器具(如游标卡尺、千分尺等)使用时,应事先校对零位。

(3) 测量器具测头的滑动应灵活、均匀,避免出现过松或过紧的现象。

3. 减少测量力引起的测量误差

要求测量力的大小要适当,稳定性要好,使用中应注意以下几点。

(1) 测量力不能太大,控制在允许测量力范围内。

(2) 测量力应尽可能与"对零"时的测量力保持一致,各次测量的测量力大小应相对稳定。

(3) 测量器具的测头应轻触被测件,避免用力过猛或发生冲击。

(4) 带有测量力恒定装置的量具,测量时必须使用该恒定装置(如千分尺的测力装置)。

4. 减少温度引起的测量误差

物体有热胀冷缩的特性,温度变化对测量结果有很大的影响,使用中应注意以下几点。

(1) 精密测量应在恒温室中的标准温度(20℃)下进行;或使测量器具和被测件与周围的环境温度相一致,再进行测量。

(2) 测量器具与被测件的膨胀系数相接近。

(3) 加工中受热或过冷的工件均不应在加工完毕后立即进行测量。

(4) 测量器具不应放在热源附近或高温或低温环境下。

(5) 注意测量者的体温、手的温度及哈气对测量器具的影响。

5. 减少主观原因造成的测量误差

(1) 掌握测量器具的正确使用方法及读数原理,避免或减少测量错误。

(2) 测量时应认真仔细、注意力集中,避免读错、记错等造成误差。

(3) 测量时在同一位置多测量几次,取平均值作为测量结果,可以减少测量误差。

(4) 减小视差。偏视所得读数与正确读数之差称为视差。正确的读数方法应是以一只眼正对刻度线或指针,而不是以鼻梁对正。

（5）减小估读误差。测量时，往往需要估计不足一格的某个数值。为减少估读误差，应经常进行估读练习，必要时还可利用放大镜进行读数。

7.3.6 常用测量器具的维护和保养

测量器具的维护保养是保持测量器具的精度，保证其正常工作的关键。测量器具的维护和保养的一般注意事项如下：

（1）测量器具置于工具箱内，应有其固定位置，不得与其他工具（如锉刀、锤子等）、刀具混放一处，应与磨料严格分开存放，避免受到损伤。

（2）测量器具应置于清洁、干燥、温度适宜、无振动、无腐蚀性气体之处。

（3）非计量检修人员严禁自行拆卸、修理或改装测量器具。

（4）测量器具使用前必须用棉纱擦拭干净。

（5）不能用精密量具测量毛坯或正在运动的工件，不可以作为其他工具的代用品。

（6）测量器具测量时不能用力过猛、过大，不能测量温度过高的工件。

（7）不能用手擦摸测量器具的测量面，不能用脏油清洗。

（8）测量器具使用完后必须擦洗干净，涂油后放入专用的盒内。

7.4 现代质量检测器具简介

现代化的测试技术是采用物理、光学、激光、电子学与计算机科学与技术等的最新成果，实现制造过程的各种几何量的计量和测试。常用的计量仪器有比较仪、显微镜、轮廓仪和三坐标测量仪等。下面简单介绍粗糙度仪、测高仪、投影仪和三坐标测量仪的结构及工作原理。

7.4.1 粗糙度仪

粗糙度仪又称为表面粗糙度仪、表面粗糙度检测仪、粗糙度测量仪、粗糙度计等。其具有测量精度高、测量范围宽、操作简便、便于携带、工作稳定等特点，可以广泛应用于各种金属与非金属的加工表面的检测。其主体结构如图 7-30 所示。

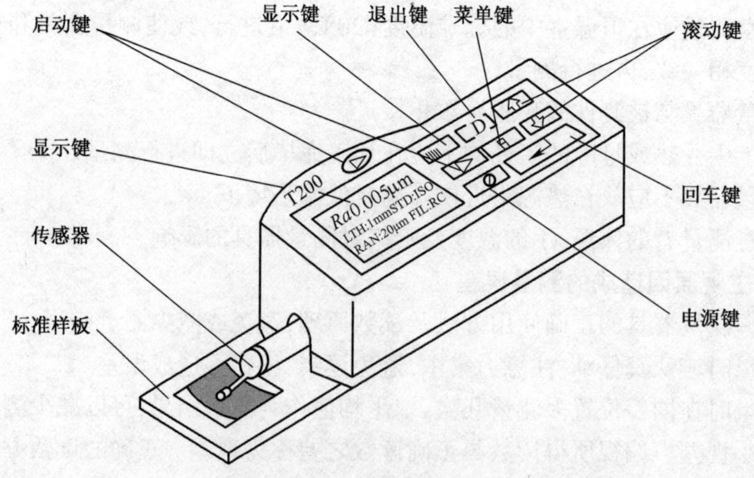

图 7-30 便携式表面粗糙度仪操作面板正面结构

测量工件表面粗糙度时,首先将传感器放在工件被测量表面,由仪器内部的驱动机构带动传感器沿被测表面做等速滑行,由于被测表面轮廓峰谷起伏,因此触针将在垂直于被测轮廓表面方向产生上下移动;然后把这种移动通过电子装置把信号加以放大;最后通过指零表或其他输出装置将有关粗糙度的数据或图形输出。

目前粗糙度检测方法很多,常见的方法有比较法、触针(轮廓仪)法、光切法等,如图 7-31所示。

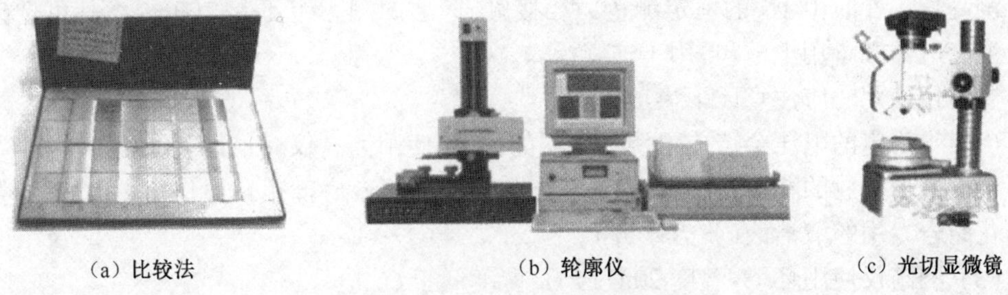

(a) 比较法　(b) 轮廓仪　(c) 光切显微镜

图 7-31　表面粗糙度测量仪器

便携式表面粗糙度仪使用时应注意以下事项。

(1) 避免将仪器放置于碰撞、剧烈震动、重尘、潮湿、油污、强磁场等环境。

(2) 传感器是仪器的精密部件,应精心维护,每次使用完毕,要将传感器放回包装盒。

(3) 随机标准样板应精心保护,以免划伤后造成校准仪器失准。

7.4.2　测高仪

测高仪(又称为高度仪)是用于测量空间点位相对地面高度的仪器,广泛应用于在线或批量检测,可测量高度、深度、槽宽、内外径、孔心距、轴心距、平面度、垂直度等。测高仪的结构如图 7-32 所示。

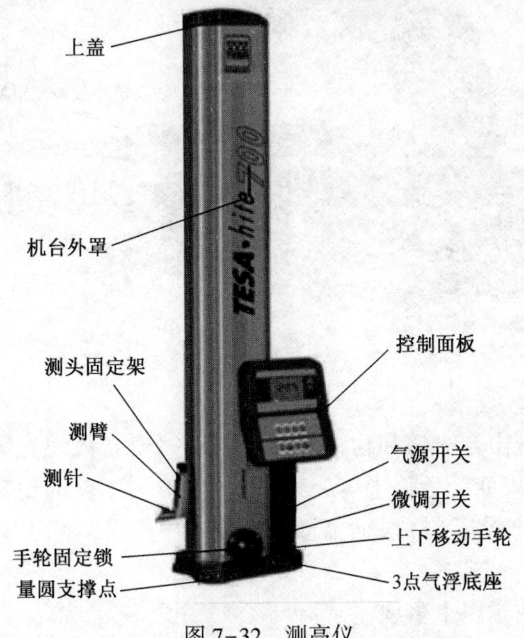

图 7-32　测高仪

测高仪是一个分辨力达 0.0002mm 的高精度光学测量系统，一个高稳定性的测力装置保证了仪器的优越重复性(0.5μm)。带有测头滑座的垂直移动可由手动或电动机驱动来实现。在电动机驱动工作方式时，其对整批零件检测的测量运行可以实现操作者最少干预，这样对测量精度、测量速度、测量舒适度均有好处。其独特的气浮系统可以在保证精度的同时达到更快的测量速度。在图形界面上其可以应用图标显示测量，在线测量时可由数显操作盘输入数据，RS-232C 数据输出。

测高仪工作时由 1N 的恒定测量力相接触，标准的测力范围是 700mm。其可选择外部电池充电器和备用电池包，用于连续操作。

测高仪使用时应注意以下事项。

(1) 不稳定的电压会造成电源变压器的损坏，使用测高仪时请加装稳压器。

(2) 机台摆放的花岗岩平台应保存干燥，以防止机台底部生锈损伤。平台清洁时，应使用花岗岩专用的清洁液(不含水分)。

(3) 测高仪使用环境：温度 20℃±1℃，湿度低于 60%。

(4) 测高仪的电池使用时，不可以一直充电。

7.4.3 投影仪

投影仪适用于各种中、小零件的轮廓测量和表面测量，如曲线样板、盘形齿轮、成型车刀、螺纹、模具和仪器零件等。投影仪既可用坐标法测量，也可用刻线尺测量；既可描绘图形，也可放大图与工件影像相比较。投影仪的结构如图 7-33 所示。

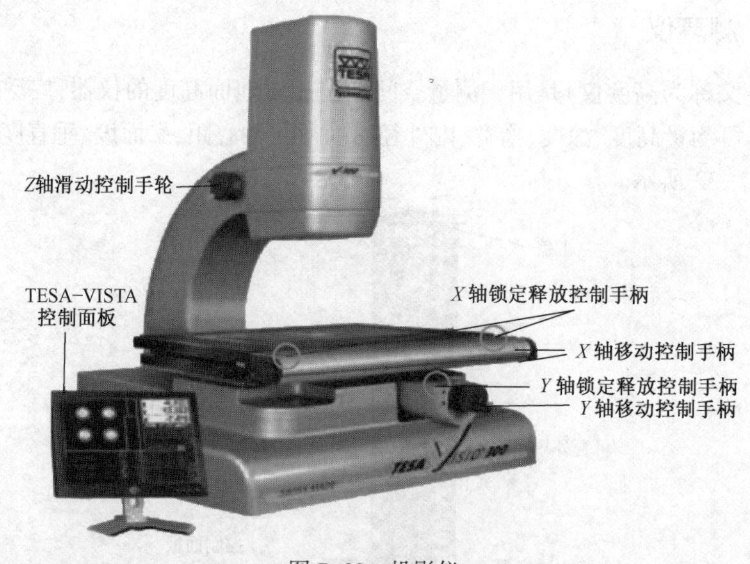

图 7-33 投影仪

投影仪的光学系统由聚光镜和物镜两部分组成。聚光镜使光源发出的光集中，形成强光照明，也使照明光束变为近似平等光束；物镜将被测工件的轮廓或表面形状，以精确的放大率投影于仪器的投影屏，根据需要对该影像进行测量、比较或描绘，如图 7-34 所示。

投影仪使用时应注意以下事项。

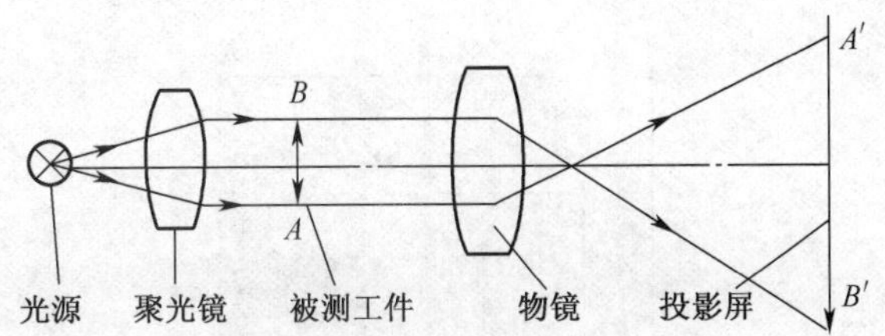

图 7-34　投影仪的工作原理

(1) 使用投影仪时请加装稳压器。

(2) 仪器使用环境:温度(20±2℃),湿度低于 60%。

(3) 投影玻璃屏幕不可用手接触。清洗投影玻璃屏幕时,不可用洗洁剂,同时需要用光学玻璃专用布擦试。

7.4.4　三坐标测量仪

三坐标测量仪(coordinate measuring machine,CMM)是指在一个六面体的空间范围内,能够表现几何形状、长度及圆周分度等测量能力的仪器。

三坐标测量仪的结构如图 7-35 所示,同时,它通常配备测量软件、输出打印机、绘图仪等设备,以增强计算机数据处理及自动控制等功能。

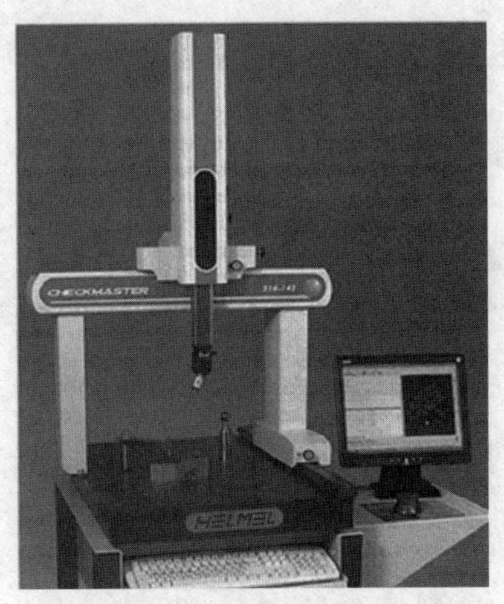

图 7-35　三坐标测量仪结构图

将零件放入三坐标测量仪允许的测量空间,精密地测出零件的各测量点在 X、Y、Z 三个坐标上的坐标值。根据这些的空间坐标值,经过计算机数据处理,拟合形成测量元素,如圆、球、圆柱、圆锥、曲面等,经过数学计算得出被测零件的几何尺寸、形状和位置公差等数据。图 7-36 所示为三坐标测量仪原理。

三坐标测量仪使用时应注意以下事项。

1. 开机前的准备

(1) 应严格控制使用场所的温度(20±2)℃及湿度(40%~70%)。

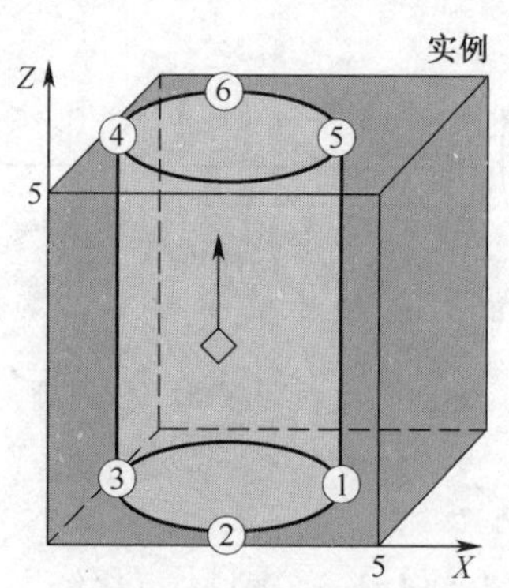

图 7-36　三坐标测量仪原理

（2）每天对仪器气源进行检查；定期检查花岗岩导轨状况，每次开机前清洁仪器的导轨，用航空汽油（120 号或 180 号汽油）或无水乙醇擦拭。

（3）长时间没有使用的三坐标测量仪，应在开机前首先要控制室内的温度和湿度（24h 以上），然后检查气源、电源是否正常。

（4）开机前检查电源，定期检查接地电阻是否小于 4Ω。如有条件的话，三坐标测量仪可配置稳压电源。

2. 工作过程的注意事项

（1）零件放到工作台检测之前，应先清洗去除零件的毛刺；零件在测量之前，应在室内恒温，以免因为温差影响测量精度。

（2）大型零件应轻放到工作台上，必要时可以在工作台上放置一块厚橡胶以防止碰撞。

（3）小型零件放到工作台后，应紧固零件后再进行测量。

（4）在工作过程中，测座在转动时一定要远离零件，以避免碰撞。

（5）在工作过程中如果发生异常响声或突然故障，切勿自行拆卸及维修，应及时与专业人士或厂家联系。

3. 操作结束后的注意事项

（1）将 Z 轴移动到下方，但应避免测针撞到工作台。

（2）工作完成后要清洁工作台面。

（3）检查导轨，如有水印，则要及时检查过滤器；如有划伤或碰伤，则应及时与专业人士或厂家联系，避免造成更大损失。

（4）工作结束后将仪器总气源关闭。

思考题

7-1　零件的加工质量包括哪几方面？

7-2　怎样正确使用游标卡尺？

7-3　试说明 0. 02mm 游标卡尺的刻线原理和读数方法。

7-4 游标卡尺和千分尺的示值精度是否等同于测量精度,为什么?

7-5 百分表有哪些用途?试举例说明。

7-6 常用量具有哪几种类型?它们的读数原理有何异同?分别使用在什么场合?

7-7 使用量具前为什么要检查零点、零线和基准?若有误差,则应如何修正读数?

7-8 如图 7-37 所示零件为单件生产,试对标有公差要求的尺寸,选择适当的量具。

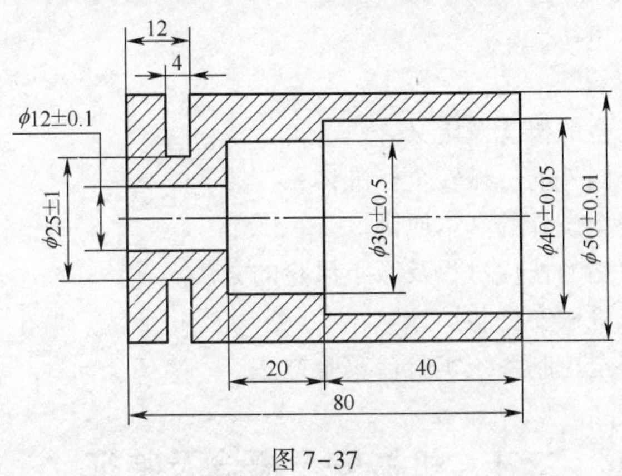

图 7-37

第8章 机 械 安 全

教学基本要求：

(1) 了解机械安全的概念及定义。

(2) 了解我国及国外的机械安全标准体系。

(3) 了解机械安全设计的基本原则。

(4) 了解风险评估的迭代过程及减小风险的方法。

(5) 了解常用的机械安全防护。

(6) 了解机械安全控制系统实验台实验方法。

8.1 机械安全概念及特征

安全是人类生存中最重要、最基本的需求，是人们生命与健康的基本保证，一切生活、生产活动都源于生命的存在。在机械工业中，安全涉及人、机械和环境三个方面，导致不安全的原因主要也是这三个方面，即人的不安全行为、机械的不安全状态以及不安全的环境。过去，人们通常对人的不安全行为比较重视，而对机械的不安全状态及环境的危害不够重视。这种不安全存在于机器的设计、制造、运输、安装、使用、报废、拆卸及处理等环节，机械安全事故的发生通常是多种因素综合作用的结果。

机械安全是指机械在全生命周期内，风险被充分减小的情况下，执行其预定功能而对人体不产生损伤或危害健康的能力。换言之，机械安全是从人的需要出发，在使用机械全过程的各种状态下（包括运输、安装、调试、运行、维护、处理等），达到人体免受外界因素危害的状态和条件。为确保机械安全，需从设计（制造）和使用方面采取安全措施，即本质安全。当设计方面无力解决安全问题时，可通过使用信息的方式将风险告诉用户，由用户使用时采取相应的补救安全措施；同时要考虑合理的、可预见的各种误用的安全性，采取的各种安全措施不能妨碍机械执行其正常使用功能。但是由于机械设备使用人员的复杂性和多变性，因此很难通过消除人的不安全行为来避免安全事故的发生，而通过技术手段消除机械设备的不安全状态，更加有效。这也体现了现代机械安全技术的设计理念。

机械安全的基本特征主要包括以下六个方面。

一是系统性。机械安全自始至终运用了系统工程的思想和理念，将机械作为一个系统来考虑。

二是综合性。机械安全综合运用了心理学、控制论、可靠性工程、环境科学、工业工程、计算机及信息科学等知识，是多学科交叉的领域。

三是整体性。机械安全全面、系统地对导致危险的因素进行定性分析、定量分析和评价，整体寻求降低风险的最优方案。

四是科学性。机械安全全面、综合地考虑了诸多影响因素，通过定性分析、定量分析和评价，最大限度地降低机械在安全方面的风险。

五是防护性。机械安全使机械在全寿命周期内发挥预定功能，其防护效果要求人员、机械和环境等都是安全的。

六是和谐性。机械安全要求人与机械之间能满足人的生理、心理特性，充分发挥人的能动性，提高人机系统效率，改善机械操作性能，提高机械的安全性。

8.2 机械安全标准

机械安全标准是规定机器全生命周期内设计、制造、使用、维护、维修、报废等各阶段必要的安全要求，实现机器在其全生命周期内的本质安全和安全生产的技术依据。其目的是实现避免和减小对人员的机械伤害、保证劳动者的职业健康。在国际贸易中，机械安全标准已成为消除机械产品贸易技术壁垒的主要依据。

8.2.1 机械安全标准的特性

(1) 统一性。为了保证机械安全所必须的工作秩序，确定适合于一定时期和一定条件下的机械安全一致性规范。随着时间的推移和条件的改变，旧的规范统一要由新的规范统一所代替。

(2) 协调性。为了使机械安全标准的整体功能达到最佳，并产生实际效果，必须通过有效的方式协调好各类机械安全标准之间的关系，建立和保持相互一致的技术要求，适应或平衡各种关系所必须具备的条件。

(3) 择优性。在一定的限制条件下，按照特定目标对机械安全标准体系的构成因素及其关系进行选择、设计或调整，使之达到最理想、最优化的效果。

(4) 系统性。机械安全标准分为基础类、通用类及专业类安全标准，各类标准之间有紧密的联系，相互支撑，密切配合。

(5) 适用性。机械安全标准广泛适合于设计、制造、使用和管理等领域，紧贴市场，满足需求。

8.2.2 我国机械安全标准体系

与发达国家相比较，我国的机械安全标准化工作起步较晚。1994 年，全国机械安全标准化技术委员会(SAC/TC 208)成立，成立之初"标委会"贯彻"立足基本国情、蓄纳国际先进、放眼大机械、涵盖全过程、发展可持续"的指导思想，把握体系建设的正确方向，使我国机械安全标准体系建设得以稳步而快速的完成。经过二十多年的发展，我国机械安全标准化工作已与国际接轨，并建立了较为完善的机械安全标准体系。我国机械安全标准体系不仅与国际机械安全标准体系联系紧密，而且保持了我国机械安全标准体系的相对独立。

按照机械安全标准的适用范围，可将机械安全标准分为下面三类。

(1) A 类标准(基础安全标准)。A 类标准给出了适用于所有机械安全的基本概念、设计原则和一般特征，全部属于推荐性标准。

（2）B 类标准（通用安全标准）。B 类标准适用于机械的安全特征或使用范围较宽的安全防护装置。B 类标准按照标准的具体内容分为强制性标准和推荐性标准，是否强制执行是由市场需求决定的。一般情况下，如果不按照标准的规定执行，则对人身健康和安全造成伤害的可能性非常大，并且伤害程度比较严重的标准应制定为强制性标准，否则制定为推荐性标准。B 类标准还可细分为 B1 类标准，即特定安全特征（如安全距离、表面温度、噪声等）标准和 B2 类标准，即安全装置（如双手操纵装置、联锁装置、压敏装置、防护装置等）标准。

（3）C 类标准（特定机械安全标准，也称为产品安全标准）。C 类标准是将一种特定的机械或一组机械规定出详细安全要求的标准。例如，分离机安全要求、铸造机械安全要求、空调用通风机安全要求、包装机械安全要求等，都属于 C 类标准。由于 C 类标准规定具体机械的安全要求，因此 C 类标准多为强制性标准。

我国 A、B、C 三类机械安全标准的关系，如图 8-1 所示。A 类标准位于金字塔的最顶端，起到统领所有机械安全标准的重要作用。A 类标准的基本概念、设计通则以及方法被几乎所有的 B 类标准和 C 类标准所引用。B 类标准确定的安全参数或规定的安全防护装置被部分 C 类标准所引用，但允许 C 类标准的安全要求与 B 类标准不一致时优先采用 C 类标准。

我国机械安全标准体系有四个方面的显著特点：一是立足基本国情，蓄纳国际先进并与国际机械安全标准紧密相联；二是立足“大安全”，产品安全标准与基础安全标准紧密相联，并且产品安全标准视为体系的重要组成部分；三是该体系与安全生产实现无缝对接，为政府对行业和企业的安全监管提供了有效的手段；四是该体系为自动化技术、智能制造等新技术应用到安全领域提供了广阔的空间。

8.2.3 欧盟机械安全标准体系

欧盟理事会在欧洲一体化的进程中，明确了法律法规及标准之间的地位及关系。随之便产生了一系列欧盟法律及法规，《机械指令》就是在此背景下出台的，属于技术法规的范畴。在该指令中，明确了机械产品必须达到的基本安全卫生要求。因此，欧盟机械安全标准与《机械指令》紧密相关，形成了有一定内在联系的“机械指令-机械安全标准”关系模式，如图 8-2 所示。欧盟标准由欧洲标准化委员会和欧洲电工标准化委员会负责制定，统称为协调标准。历史表明，欧洲标准化组织建立起的欧盟机械安全标准关系模式适应了欧洲科学技术的发展需要，保持了标准体系的相对稳定，并得到了国际社会的广泛认可。

欧盟将机械安全标准分为 A、B、C 三类，A 类为基础类标准、B 类为通用类标准、C 类为产品类标准。这三类标准均围绕机械指令的基本健康安全要求制定。

A 类标准规定适用于所有机械的设计通则和风险评估方法（EN ISO 12100），以及机械安全标准的起草和表述规则（EN Guide 414）。B 类标准由 B1 类和 B2 类标准组成：B1 类标准包括电磁兼容类、人类工效学类、防火防爆类、卫生类、噪声类、辐射类、安全距离等；B2 类标准包括进入机器的固定式进入设施类、安全控制系统、机械电气设备类、防护装置、保护装置等。C 类标准将《机械指令》中的安全与健康要求细化到具体某一类机器或一组机器，C 类标准涉及的范围非常广泛，从普通家庭的门窗、鼓风机到大型的风力涡

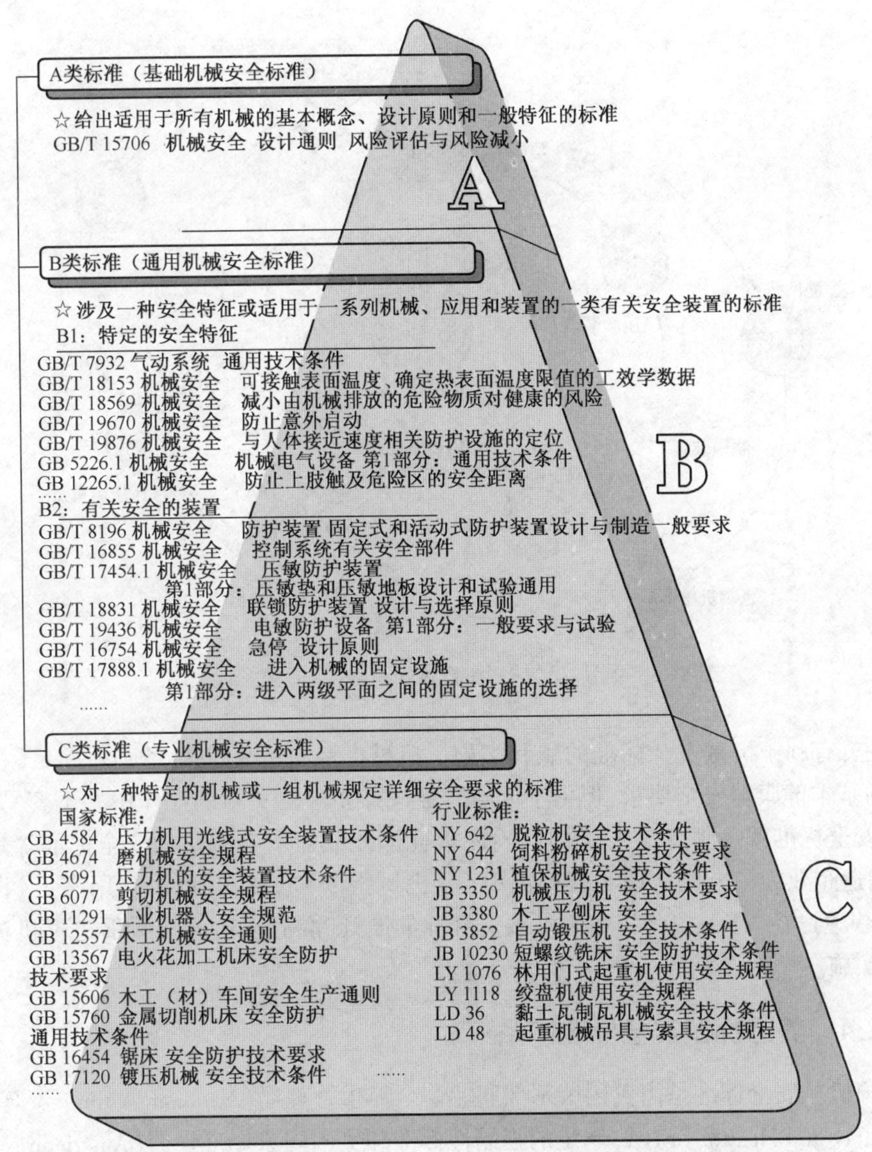

图 8-1 我国的机械安全标准体系中各类标准之间的关系

轮机、航空器地面支持设备等。

欧盟机械安全标准体系具有以下特点。

第一,由标准支撑技术法规(《机械指令》)的实施,有效减少了对技术法规的修订。《机械指令》是技术法规,属于法律范畴,只规定安全和健康等方面的基本要求,而技术细节由机械安全标准来保证。

第二,欧盟机械安全标准体系,提高了机械安全标准之间的一致性和互补性。欧洲标准化组织将机械安全标准分为A类、B类和C类,各类标准的适用范围按顺序逐步缩小,C类标准一般只适用于某一类机器。因此,即使某类机械产品没有对应的C类标准,甚至B类标准也没有,该产品也可以按照A类标准的要求和方法进行设计和制造。

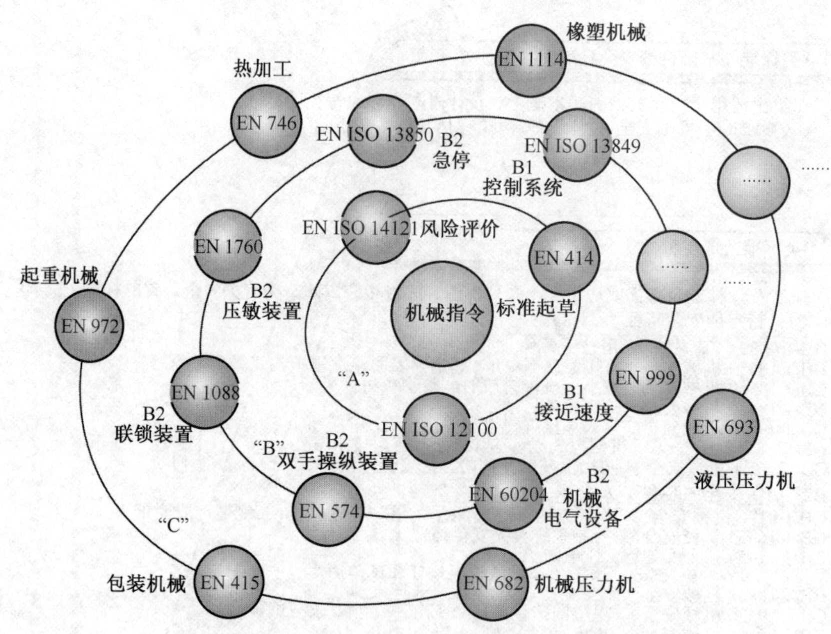

图 8-2 欧盟“机械指令-机械安全标准”的关系模式图

第三，有利于机械安全标准的顺利实施。机械产品进入欧盟市场必须满足《机械指令》中的基本健康与安全要求，但由于证明满足这些要求在实际的操作中并不容易实现，而机械安全标准就为制造企业提供了方便，因此即使欧盟所有的机械安全标准都是自愿性的，制造企业为了方便的证明其产品符合《机械指令》的要求，可以利用满足《机械指令》的“快速途径”——按照相关的机械安全标准设计和制造，这样大大促进了机械安全标准的实施。

8.2.4 美国机械安全标准体系

美国机械安全标准是由美国劳工部职业安全卫生管理局（National Institute of Occupational Satety and Health，OSHA）制定的强制性标准和美国国家标准学会（American National Standards Institute，ANSI）发布的推荐性标准两部分组成，并构成了美国的机械安全标准体系。OSHA 在制定某些机械安全标准时，多处标准引用了现有的 ANSI 标准。由于 OSHA 标准是强制执行的，因此制定 ANSI 标准必须考虑 OSHA 标准的安全要求。

OSHA 标准与 ANSI 标准之间既有区别又有联系，美国机械安全标准体系具有以下的特点。

第一，美国机械安全标准体系主要由两大部分组成，两大部分标准相互关联又自成体系。

美国机械安全标准体系主要由强制性的 OSHA 标准和推荐性的 ANSI 标准组成。OSHA 标准由美国劳工部职业安全卫生管理局组织制定并作为执法检查的依据，各州可以根据 OSHA 标准制定自己的标准，也可以直接按照 OSHA 标准执行。因此 OSHA 标准从政府管理监督的层面形成了自上而下的体系。而 ANSI 标准也正在与国际标准接轨，在采用了 ISO 12100 标准之后，与现有的 B 类标准和 C 类标准形成了类似于 ISO 的机械安全标准体系。

由于 OSHA 机械安全标准必须强制执行，所以在 OSHA 标准发布后，ANSI 在制定或修订机械安全标准时必须与 OSHA 标准的安全要求一致甚至高于其要求。这两大部分标准相互协调，形成了美国机械安全标准体系。

第二，OSHA 的监督检查保证了机械的安全性，进入美国市场的机械产品无需加贴安全标志。

OSHA 和 ANSI 的机械安全标准关注的是机械使用时的安全（安全要求针对机械的用户，即企业的雇主），这一点是美国与欧盟甚至世界大多数国家或地区不同之处。在美国，如果企业发生安全事故，则 OSHA 将介入调查；如果发现雇主使用了不安全的机械，则将遭受高额的罚款。这种情况使得雇主不得不选择安全的机械，从而使不安全的机械失去了市场，机械制造企业自然不愿意生产没有市场的不安全机械。因此，进入美国的机械产品，需要满足相关的机械安全标准，但一般无需加贴任何安全标志。

第三，OSHA 标准中引用 ANSI 标准，促进了 ANSI 标准的顺利实施。

OSHA 在制定标准时，多处标准引用了 ANSI 的安全标准。虽然 ANSI 的安全标准属于推荐性的，但是其标准中的条款一旦被 OSHA 标准引用，OSHA 就将 ANSI 标准中的要求转变为美国联邦政府的要求。这样，ANSI 标准由推荐性标准变为实质上的“强制性”标准，极大地促进了 ANSI 机械安全标准的贯彻实施。

8.3 机械安全设计

8.3.1 基本原则

机械安全设计是从源头消除“物的不安全状态”的最有效手段，也是使机械设备本身达到本质安全的有效手段，并且在设计阶段消除危险源所需的代价也最小。在设计阶段必须综合考虑各种因素，正确处理设备性能、产量、效率、可靠性、实用性、先进性、使用寿命、经济性和安全性之间的关系，但安全性是必须首先考虑的。

由于产生“物的不安全状态”的源头是与机械相关的各种危险，在设计时必须采取措施消除这些危险或将这些危险产生的风险减小至可接受的水平，因此机械安全设计的过程就是一个风险减小的过程。

为了有效消除或减小风险，设计机械时需按照以下步骤依次采取措施。

(1) 确定机器的各种限制，包括预定使用和任何合理可预见的误用。

(2) 识别危险及其伴随的危险状态。

(3) 对每一种识别的危险和危险状态进行风险估计。

(4) 评价风险并决定是否需要减小风险；

(5) 采取保护措施消除危险或减小危险伴随的风险。

措施(1)～(4)与风险评估相关，措施(5)与风险减小相关。

图 8-3 所示为基于风险减小迭代三步法的机械安全设计流程。

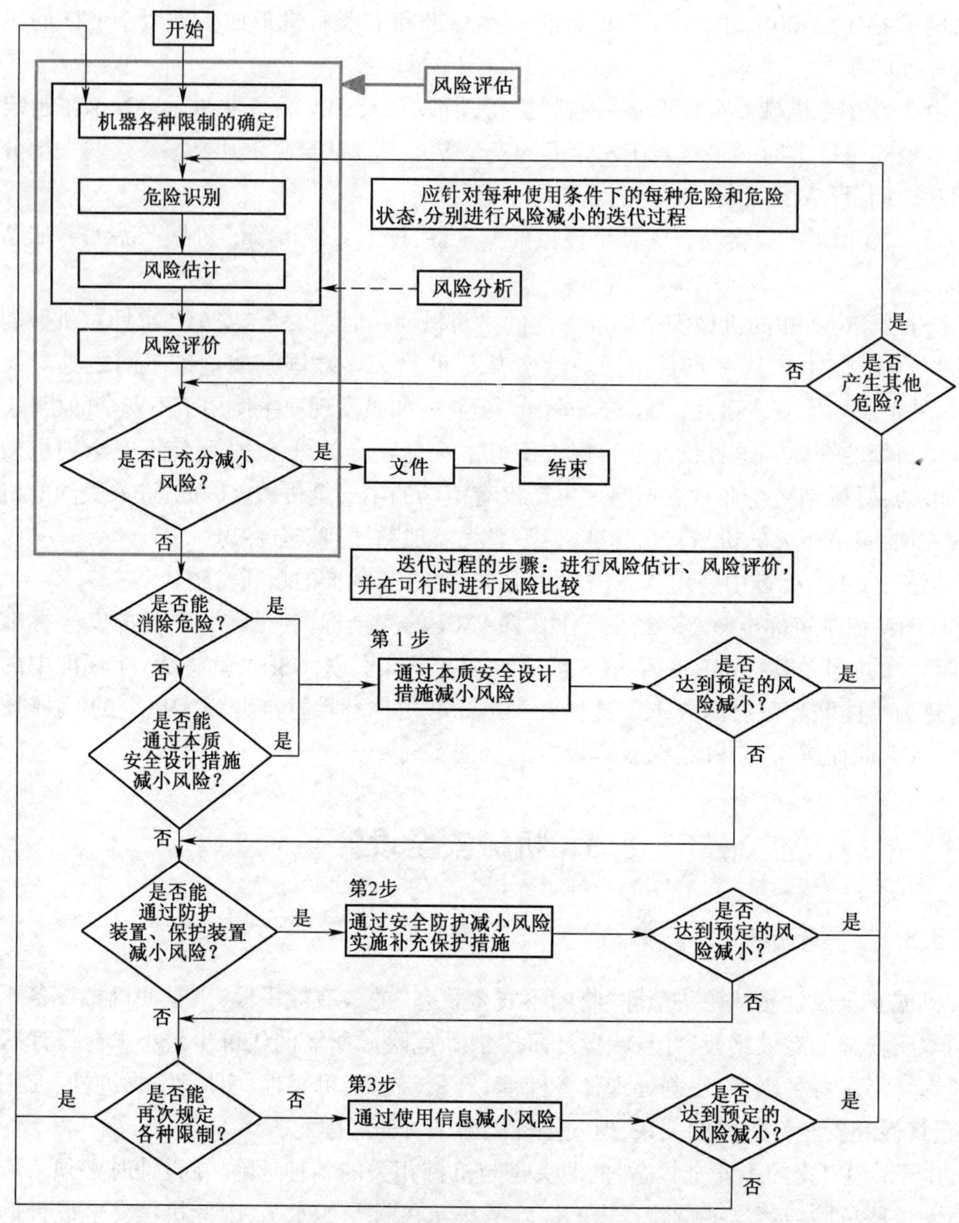

图 8-3　基于风险减小迭代三步法的机械安全设计流程

8.3.2　风险评估

风险评估是以系统方法对与机械有关的风险进行分析和评价的一系列逻辑步骤。必要时,风险评估之后需要进行风险减小。为了尽可能通过采取保护措施消除危险或充分减小风险,有必要重复进行该过程。

图 8-3 所示的风险评估包括风险分析和风险评价两个步骤。风险分析提供了风险评价所需的信息,最终判断是否需要减小风险。如果需要减小风险,则需要选用适当的安全防护措施。在采用风险减小三步法的每个步骤后,确定是否达到充分的风险减小。作

为该迭代过程的一部分，设计者还需检查采用新的保护措施时是否引入了额外的危险或增加了其他风险。如果出现了额外的危险，则应把这些危险列入已识别的危险清单，并提出适当的保护措施。

8.3.3 风险减小

通过消除危险，或通过分别或同时减小下面两个因素，可以实现风险减小。

(1) 所考虑危险产生伤害的严重程度。

(2) 伤害发生的概率。

风险减小过程应按照下面优先顺序进行，即图 8-3 所示的“三步法”。

1. 本质安全设计措施

本质安全设计措施是通过适当选择机器的设计特性和(或)暴露人员与机器的交互作用，消除危险或减小相关的风险。本质安全设计措施是风险减小过程的第一步，是最重要的步骤，也是不采用安全防护或补充保护措施等而消除危险的唯一阶段。

1) 考虑几何因素和物理特性

几何因素包括：机械部件的形状和相对位置，使人体的相应部位可以安全地进入；通过减小间距，使人体的任何部位不能进入；避免锐边、尖角和凸出部分等。

物理特性包括：将致动力限制到足够低，使被致动的部件不会产生机械危险；限制运动部件的质量、速度，从而限制其动能；根据排放源特性限制排放，采取措施减小噪声、振动、有害物质和辐射的排放。

2) 考虑机械设计的通用技术知识

机械设计通用技术知识可从设计技术规范(标准、设计规范、计算规则等)中得到，包括机械应力、材料及其性质以及噪声、振动、有害物质、辐射等的排放值。

3) 选择适用的技术

对于具体的应用，通过技术的选用可消除一种或多种危险，或者减小风险。例如，预定用于爆炸性环境中的机器，可采用合适的气动或液压控制系统、机器执行器，以及本质安全的电气设备。

4) 采用直接机械作用原则

如果一个机械零件运动不可避免地使另一个零件通过直接接触或通过刚性连接件随其一起运动，这就实现了直接机械作用。

5) 稳定性

机器的设计应使其具有足够的稳定性，并使其在规定的使用条件下可以安全使用。稳定性需要考虑的因素包括底座的几何形状、重量分布、由运动引起的且能够产生倾覆力矩的动态力、振动、重心的摆动、设备行走或不同安装地点(如地面条件、斜坡)的支承面的特性、外力等。在机器生命周期的各个阶段内，都需要考虑机器的稳定性。

6) 维修性

需要考虑使机器可维护的维修性因素包括：可接近性；易于搬运，考虑人的能力；专用工具和设备的数量限制。

7) 遵循人类工效学原则

设计机械时需要考虑人类工效学原则，以减轻操作者心理、生理压力和紧张程度。在初步设计阶段，分配操作者和机器的功能(自动化程度)时，考虑人类工效学原则能够改善机器的操作性能和可靠性,从而降低在机器所有使用阶段内的出错概率。

2. 安全防护和补充保护措施

考虑到机器的预定使用和可合理预见的误用,如果通过本质安全设计措施消除危险或充分减小与其相关的风险实际不可行,则可使用经适当选择的安全防护和补充保护措施来减小风险。

1）安全防护

为了防止运动部件对人员产生危险,可根据运动部件的性质和进入危险区的需求,选择和使用合适的防护装置和(或)保护装置,如图 8-4 所示。正确选用安全防护装置应基于该机器的风险评估结果。对于在机器正常运行期间不需要操作者进入危险区的场合,一般可选择固定式防护装置。

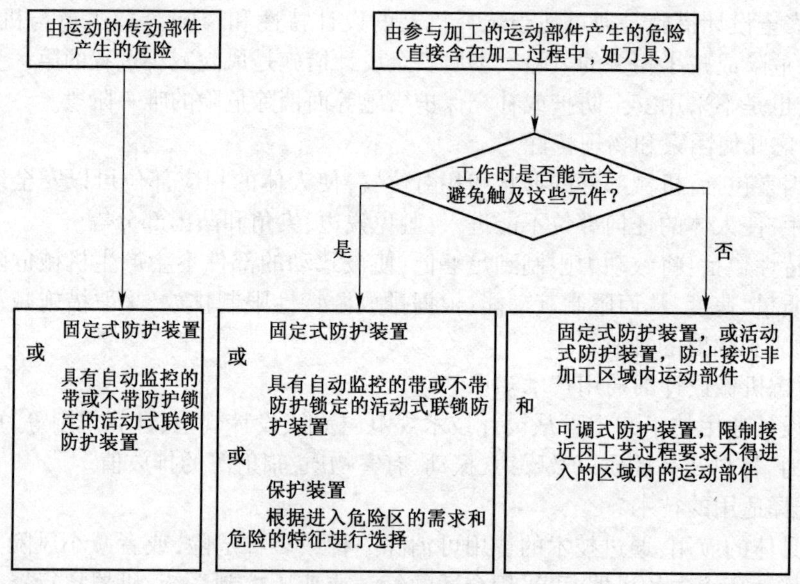

图 8-4　选择安全防护装置防止由运动部件产生的危险的指南

随着需要进入危险区的频次增加,不可避免地导致固定式防护装置无法回到原处,此时需要使用其他保护措施(活动式联锁防护装置、敏感保护设备)。有时可能需要使用安全防护装置的组合。例如,与固定式防护装置联合使用的机械式加载(装料)装置用于将工件送入机器,从而消除进入主要危险区的需求。此时,可采用一个断开装置防止由机械式加载(装料)装置与可触及的固定式防护装置之间产生的次要卷入或剪切危险。

2）补充保护措施

根据机器预定用途及可合理预见的误用,可能不得不采用既不是本质安全设计措施、安全防护(使用防护装置和/或保护装置),也不是使用信息的保护措施,这类措施称为补充保护措施。这些措施可以包括:实现急停功能的组件和元件;被困人员逃生和救援措施;隔离和能量耗散的措施;提供方便且可安全搬运机器及其重型零部件的装置;安全进入机器的措施。

3. 使用信息

尽管采用了本质安全设计措施、安全防护和补充保护措施,但风险仍然存在时,则需要在使用信息中明确剩余风险。

8.4 机械安全防护

8.4.1 安全防护装置

防护装置是指设计为机器的组成部分,用于提供保护的物理屏障。根据防护装置的结构不同,可将其称为外壳、护罩、盖、屏、门等;防护装置之外的安全保护装置都可称为保护装置,有时保护装置也称为安全装置。本节简单介绍机械设备常用的几种防护装置和保护装置。

1. 防护装置

1) 固定式防护装置

固定式防护装置是指以一定方式(如采用螺钉、螺母、焊接等)固定的,只能使用工具或破坏其固定方式才能打开或拆除的防护装置,如图 8-5 所示的防护罩。

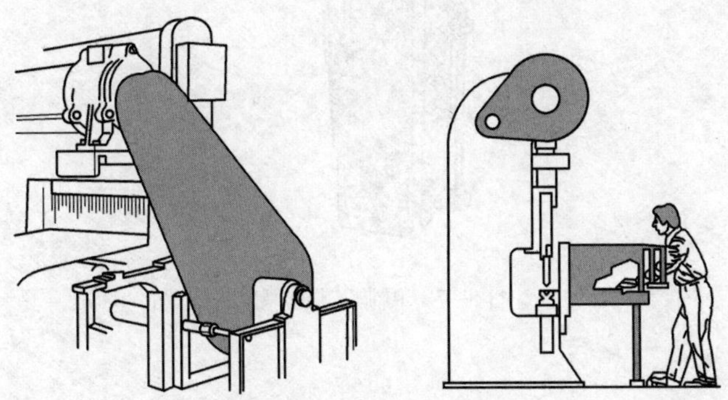

图 8-5　固定式防护装置

2) 联锁防护装置

联锁防护装置是指与联锁装置联用的防护装置,如图 8-6 所示。它与机器控制系统一起实现以下功能。

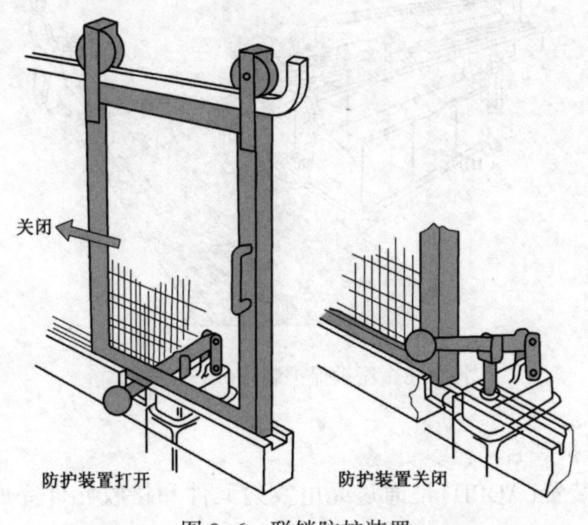

图 8-6　联锁防护装置

（1）在防护装置关闭前,防护装置“遮蔽”危险的机器功能不能执行。

（2）在危险机器功能运行时,如果打开防护装置,则防护装置发出停机指令。

（3）在防护装置关闭后,防护装置“遮蔽”危险的机器功能可以运行。防护装置自身的关闭不会启动危险机器功能。

3）可调式防护装置

可调式防护装置是指整体或者部分可调的固定式或活动式防护装置,如图 8-7 所示。

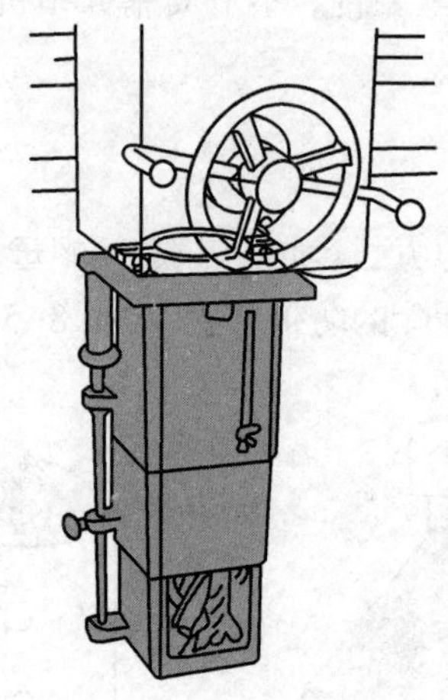

图 8-7　可调式防护装置

2. 保护装置

1）压敏保护装置

压敏保护装置是由一个(或一组)能感应所施加压力的传感器、控制单元和一个或多个输出信号开关装置组成的安全装置,用于感测人体或人体部位的存在。常见的压敏保护装置有压敏垫、压敏地板(图 8-8)、压敏边等。

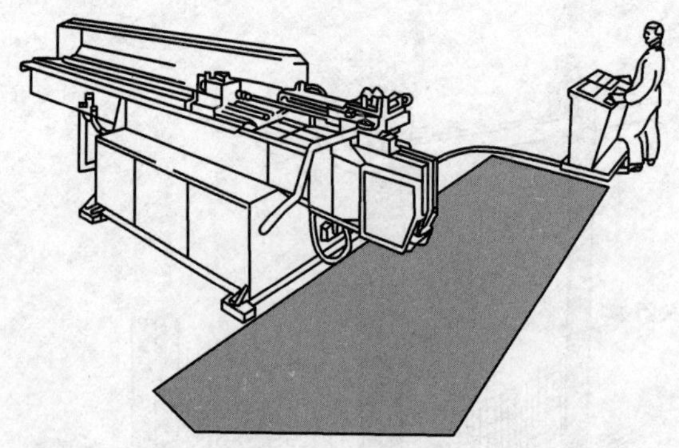

图 8-8　压敏保护装置(压敏地板)

2）有源光电保护装置

有源光电保护装置(AOPD)是通过光电发射元件和接收元件完成感应功能的装置,

可探测特定区域内由于不透光物体出现引起的该装置内光线的中断。常见的有源光电保护装置有安全光幕(图 8-9)、安全光栅等。

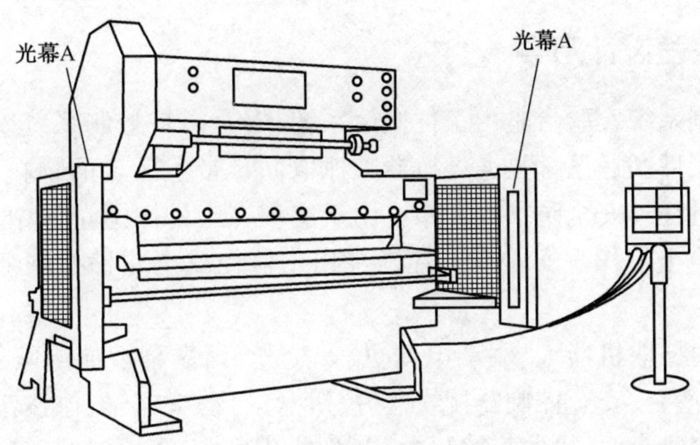

图 8-9 有源光电保护装置

3) 双手操纵装置

双手操纵装置(图 8-10)是指至少需要双手同时操作才能启动和保持危险机器功能的控制装置,以此为该装置的操作人员提供一种保护措施。双手操纵装置在锻压机械、冲床等领域已得到广泛应用。

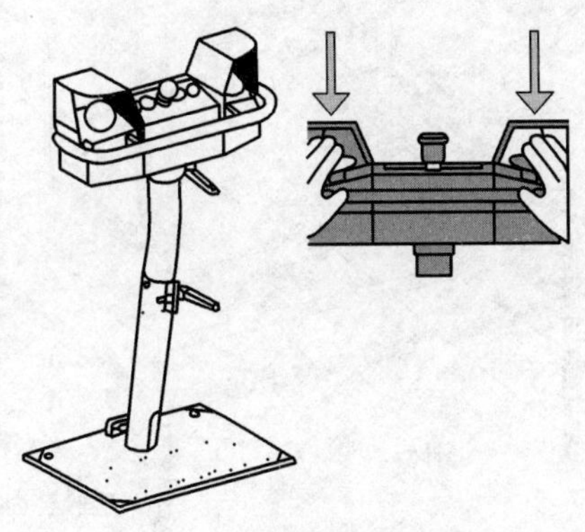

图 8-10 双手操纵装置示例

8.4.2 安全控制系统

机械设备及其安全防护装置的安全功能通常都需要安全控制系统来实现,而安全控制系统执行安全功能的能力,即安全控制系统的性能决定了安全功能对机械设备风险减小的作用大小。

目前,体现安全控制系统性能的指标是性能等级(performance level,PL)。性能等级是指在可预期的条件下,用于规定安全控制系统的安全相关部件执行安全功能的离散等级。PL 分为五级:a、b、c、d 和 e,其中:a 为最低级,e 为最高级。

8.5 机械安全控制系统实验台

8.5.1 实验台设计方案

机械安全控制系统实验台是由工件搬运系统、安全防护控制系统以及实验台监控软件三部分组成。工件搬运系统是通过机器人抓取同步带上运输的物料，模拟工业生产中物料的自动传输过程。安全防护控制系统用于实现在工件搬运过程中，有危险产生时控制工件搬运系统停止工作。实验台监控软件用于监控安全防护控制系统在工作过程的状态。

该实验台是由抓取机器人、驱动电动机、安全光幕、光幕智能屏蔽器、滑台限位传感器、工件、同步带、滑台、安全控制器接线盒、按钮盒、启动按钮、复位按钮、急停按钮、计算机、多层警示灯、实验台面、机器人控制盒、电源总开关、安全控制器、安全继电器、电源指示灯、总控制柜、磁感应联锁开关、安全联锁开关、解锁按钮、安全围栏等组成。实验台的结构组成如图 8-11 所示，实验台实物如图 8-12 所示。

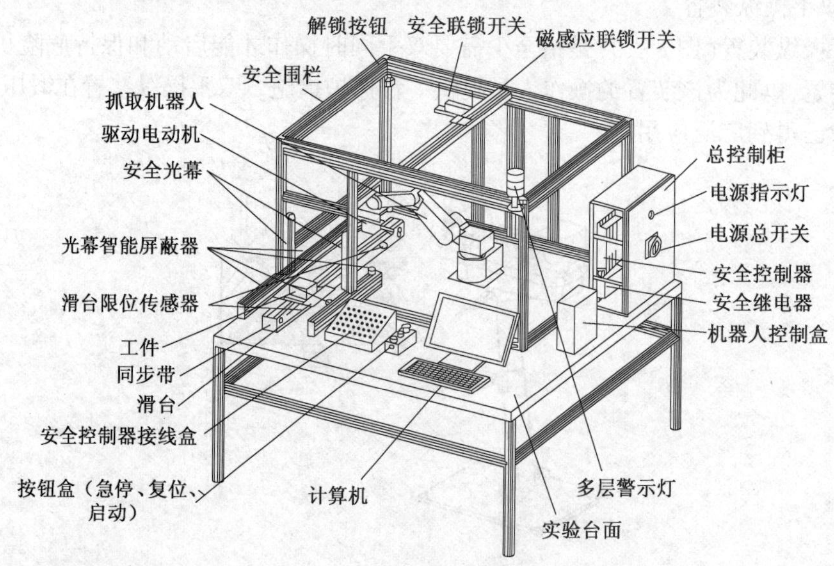

图 8-11　实验台组成结构

使用该实验台时根据设计的安全防护控制系统，通过安全控制器接线盒连接所需的安全元器件。工件搬运系统开始工作时，如人员触发安全元器件（如安全光幕），则工件搬运系统自动停止工作，多层警示灯发出报警声。

使用该实验台可实现以下功能。

（1）学习安全防护控制系统的设计。该实验台自身设计有相关安全防护控制系统实验，可通过实验掌握安全防护控制系统的原理及其设计方法。

（2）学习不同安全元器件的功能应用。安全元器件是组成安全防护控制系统的基本元件，可通过该实验台对单个元器件的功能进行实验，让使用者掌握安全元器件的原理及

图 8-12 实验台实物

使用方法。

(3)安全防护控制系统的验证。在实际产品设计中进行安全防护控制系统方案设计时,可先通过该实验台构建设计方案,验证设计是否满足使用功能,提出改进措施,即通过实验,进行方案分析和改进。

8.5.2 工件搬运系统

工件搬运系统是由抓取机器人、驱动电动机、滑台限位传感器、工件、同步带、滑台、机器人控制盒组成。滑台固定于同步带上,在驱动电动机驱动下同步带带动工件移动。滑台限位传感器固定于同步带上,抓取机器人及机器人控制盒置于实验台面。其结构如图 8-13所示。抓取机器人选取四轴码垛机器人,其速度快、成本低,适合小工业生产线码垛、物料筛选等工作,其抓手采用伺服直流电动机驱动的机械抓手。

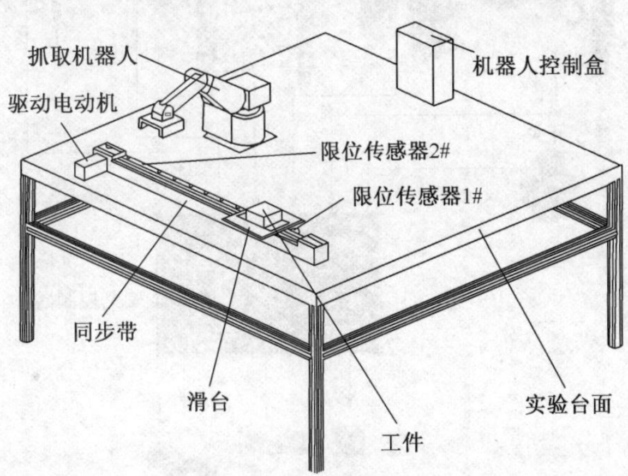

图 8-13 工件搬运系统

实验台实验时,工件置于滑台上,滑台处于初始工作位置(限位传感器 1#处),系统启动后,工件被同步带运输移动到工作终点(限位传感器 2#处);机器人根据设置的动作循环抓取工件，并搬运至侧面物料盒中；滑台在机器人抓取工件后自动回到初始工作位置，进行下次的工件搬运过程。

8.5.3 机械安全防护控制系统

1. 安全防护控制系统

安全防护控制系统的作用是保护工业现场的工作人员和加工设备的安全，避免工作人员出现人身安全事故，避免现场的加工设备受到损坏，减少企业因安全事故所造成的损失。

安全防护控制系统是由不同类型的安全元器件组成，主要是由安全输入设备、安全控制设备、安全输出设备三部分构成，如图 8-14 所示。安全输入设备主要用于检测是否有人员接近危险源；安全输出设备用于控制危险源的动作，并且可以降低其风险；安全控制设备是对安全输入信息进行读取、运算，并且对安全输出设备进行控制的设备，是安全防护系统的核心，对安全防护系统的构筑起关键的作用。

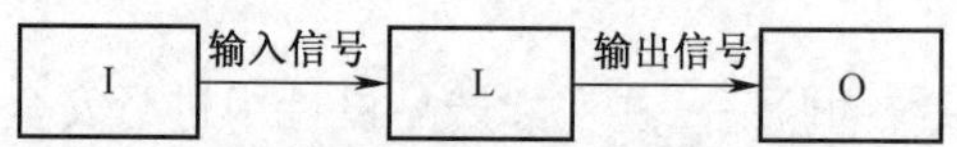

I—输入设备；L—控制设备；O—输出设备。

图 8-14　安全控制系统结构

机械安全防护控制系统实验台的安全防护控制系统是由安全光幕、光幕智能屏蔽器、复位按钮、急停按钮、多层警示灯、安全控制器、安全继电器、磁感应联锁开关、安全联锁开关、解锁按钮等组成。其系统组成原理，如图 8-15 所示。

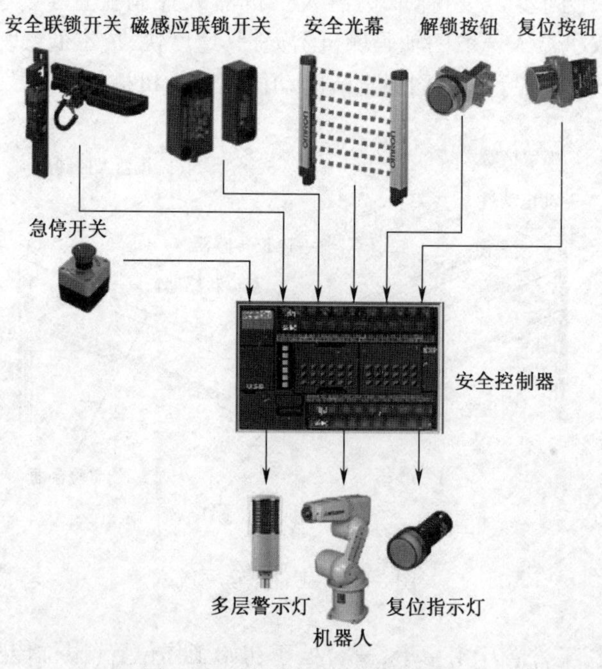

图 8-15　安全控制系统原理图

2. 安全控制器

安全控制器选用欧姆龙公司 G9SP 安全控制器。其具有以下特点。

(1) 自由编程。与普通可编程控制器一样,G950 安全控制器通过配套的 G9SP Configurator 软件,对输入、输出进行定义,对程序进行编写、更改,实现安全防护控制系统的监控。

(2) 简化设计、方便接线。由于 G9SP 安全控制器将传统急停开关、安全门开关、安全光幕等元器件的功能集成在一个控制器上,因此可以直接将安全信号接在 G9SP 安全控制器上。

(3) 灵活配置。G9SP 安全控制器不仅可以单独使用,也可以和普通可编程控制器配套使用,还可以增加一些扩展模块,灵活地配置一些模块进行组合。

在构建安全防护系统时,G9SP 安全控制器一般置于控制柜中,各安全元器件连接 G9SP 安全控制器的输入与输出端口。对于一个固定功能的安全防护控制系统,G9SP 安全控制器的接线方式固定。如需改变安全防护控制系统的功能,增加或减少安全元器件,则需改变其接线方式,而对于已经完成接线工作的安全防护控制系统,再次改变其接线方式不仅费事费力,还容易导致错误的产生。为了解决此问题,研制了 G9SP 安全 PLC 试验盒,如图 8-16 所示。G9SP 安全控制器具有 Si00~Si19 的输入接口和 So00~So07、T0~T5 的输出接口,将 G9SP 安全 PLC 试验盒上的接口与 G9SP 安全控制器上的对应接口串接。使用即插即拔的连接线将安全元器件连接 G9SP 安全 PLC 试验盒上,即可实现 G9SP 安全控制器接线的快速改变,从而方便快速地构建不同安全防护控制系统。

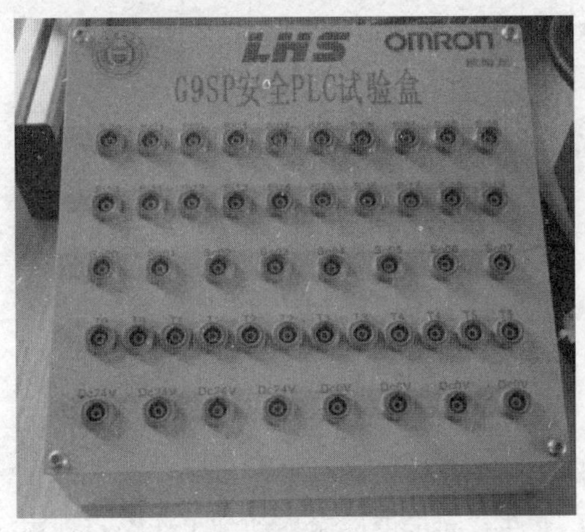

图 8-16　G9SP 安全 PLC 试验盒

8.5.4　实验过程

机械安全控制系统实验台的实验过程如下:

(1) 根据实验设计的安全防护系统输入与输出设备,完成 G9SP 安全 PLC 试验盒上的接线。

(2) 把实验台上的电源总开关打开,电源指示灯亮。复位按钮上的指示灯闪烁,启动抓取机器人,按下复位按钮。复位按钮指示灯灭,所有产品都处于正常状态,多层警示灯绿色灯亮，实验台可正常使用。

（3）在计算机上进入实验台选用安全控制器的控制软件，构建安全防护控制系统监控界面。

（4）进入实验台的 G9SP 安全控制器控制软件，构建安全防护系统监控界面，并且启动监控功能，如图 8-17 所示。

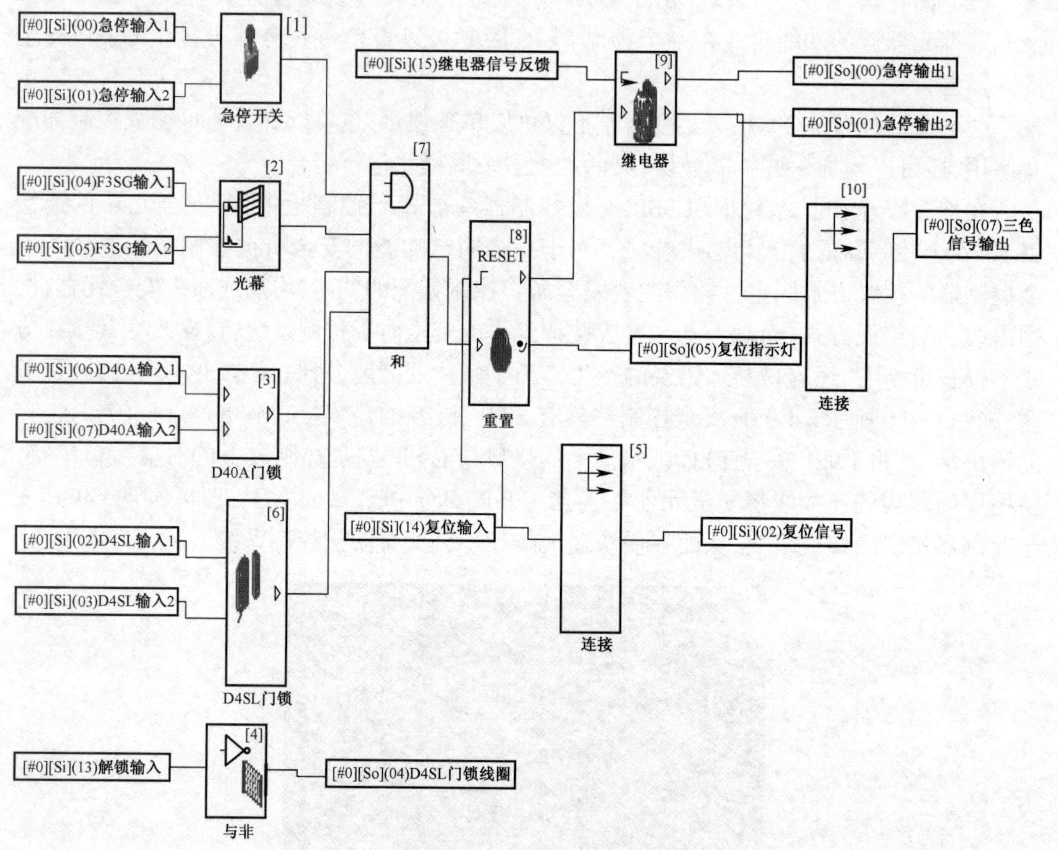

图 8-17　安全防护控制系统监控界面

（5）将工件置于滑台上，滑台处于初始工作位置。

（6）按下启动按钮，工件被同步带运输移动到工作终点。由于光幕智能屏蔽器的存在，因此在工件运输过程中，不会因为工件穿过安全光幕导致工件搬运系统停止工作。抓取机器人根据设置的动作循环抓取工件，并搬运至侧面的实验台面；滑台在抓取机器人抓取工件后 4s 自动回到初始工作位置，进行下一次的工件搬运过程。

（7）人手穿过安全光幕，工件搬运系统立刻停止工作，多层警示灯红色灯亮起，同时报警声响起，在安全防护系统监控界面中的“光幕”部分闪烁。

（8）按下复位按钮实验台恢复到上面步骤(5)的状态。

（9）同理，也可通过急停按钮、磁感应联锁开关、安全联锁开关触发安全防护控制系统控制工件搬运系统停止工作。

8.5.5 实验台特点

机械安全控制系统实验台特点具体如下:

(1) 高效实现安全防护系统的改变。通过安全 PLC 试验盒可以方便快速地构建不同安全防护控制系统。

(2) 学习安全防护控制系统的设计。本实验台自身设计有相关安全防护控制系统实验,可通过实验了解掌握安全防护控制系统的原理及其设计方法。

(3) 学习不同安全元器件的功能应用。安全元器件是组成安全防护控制系统的基本元件,可以通过本实验台对单个元器件的功能进行实验,掌握安全元器件的原理及使用方法。

(4) 安全防护控制系统的验证。在实际产品设计中进行安全防护控制系统方案设计时,可以先通过本实验台构建设计方案,验证设计是否满足使用功能,再进行方案分析和改进。

思考题

8-1 危险的类型有哪些？机械危险的基本形式有哪些？

8-2 我国的机械安全标准体系是什么？

8-3 机械安全设计原则是什么？

8-4 什么是安全装置？有哪些类型？

8-5 什么是防护装置？有哪些类型？

8-6 举例说明机械防护的措施有哪些？

8-7 机械安全控制系统实验台主要功能是什么？

8-8 理解机械安全控制系统实验台的特点。

第9章 智能制造

教学基本要求：

(1) 了解智能制造的发展历程、定义及其特征。

(2) 了解制造业发展战略及智能制造发展路径。

(3) 了解个性化印章智能制造生产线。

9.1 智能制造的发展历程

智能制造是伴随信息技术的不断普及而逐步发展起来的。1988年，美国纽约大学的怀特(P. K. Wright)教授和卡内基梅隆大学的布恩(D. A. Bourne)教授出版了《智能制造》，首次提出智能制造的概念，并指出智能制造的目的是通过集成知识工程、制造软件系统、机器人视觉和机器控制对制造技工的技能和专家知识进行建模，以使智能机器人在没有人工干预的情况下进行小批量生产。

20世纪90年代，随着信息技术和人工智能的发展，智能制造技术引起发达国家的关注和研究，美国、日本等纷纷设立智能制造研究项目基金及实验基地，智能制造的研究及实践取得了长足进步。

20世纪尤其是2008年金融危机以后，发达国家认识到去工业化发展的弊端，制定"重返制造业"的发展战略，同时大数据、云计算等信息技术发展的尖端科技引发制造业加速向智能化转型，把智能制造作为未来制造业的主攻方向，给予一系列的政策支持，以抢占国际制造业科技竞争的制高点。

加拿大制定的《1994—1998年发展战略计划》认为，未来知识密集型产业是驱动全球经济和加拿大经济发展的基础，认为发展和应用智能系统至关重要，并将具体研究项目选择为智能计算机、人机界面、机械传感器、机器人控制、新装置、动态环境下系统集成。

日本1989年提出智能制造系统，并且于1994年启动了先进制造国际合作研究项目，包括公司集成和全球制造、制造知识体系、分布智能系统控制、快速产品实现的分布智能系统技术等。

欧洲联盟的信息技术相关研究有欧洲信息技术研究发展战略项目(European Strategic Programme for Research and Development in Information Technology，ESPRIT)。该项目大力资助有市场潜力的信息技术。1994年启动了新的研究和发展项目，其选择了39项核心技术，其中三项(信息技术、分子生物学和先进制造技术)均突出了智能制造的位置。

中国20世纪80年代末也将"智能模拟"列入国家科技发展规划的主要课题，并且在专家系统、模式识别、机器人、汉语机器理解方面取得了一批成果。国家科技部正式提出了"工业智能工程"，作为技术创新计划中创新能力建设的重要组成部分，智能制造将是该项工程中的重要内容。

由此可见,智能制造正在世界范围内兴起。它是制造技术发展,特别是制造信息技术发展的必然,是自动化和集成技术向纵深发展的结果。

9.2 智能制造的定义及特征

制造是把原材料变成有用物品的过程,包括产品设计、材料选择、加工生产、质量保证、管理和营销等有内在联系的运作和活动。因此,制造有三个方面的内涵:在结构上,其是由制造过程所涉及的硬件软件以及人员所组成的一个统一整体;在功能上,其是一个将制造资源转变为成品或半成品的输入输出系统;在过程上,制造系统包括市场分析、产品设计、工艺规划、制造实施、检验出厂、产品销售等制造的全过程。所以,制造是一个系统,制造系统是指为达到预定制造目的而构建的物理的组织系统。

人工智能是智能机器所执行的与人类智能有关的功能,如判断、推理、证明、识别、感知、理解、设计、思考、规划、学习和问题求解等思维活动。人工智能具有一些基本特点,包括对外部世界的感知能力、记忆和思维能力、学习和自适应能力、行为决策能力、执行控制能力等。

将人工智能技术和制造系统相结合,实现智能制造,通常有以下好处。

(1) 智能机器的计算智能高于人类。例如:设计结果的工程分析、高级计划排产、模式识别等,与人根据经验来判断相比,机器能更快地给出更优的方案,因此智能优化技术有助于提高设计与生产效率、降低成本,并提高能源利用率。

(2) 智能机器对制造工况的主动感知和自动控制能力高于人类。以数控加工过程为例,“机床/工件/刀具”系统的振动、温度变化对产品质量有重要影响,需要自适应调整工艺参数,但人类显然难以及时感知和分析这些变化。因此,应用智能传感与控制技术,实现“感知—分析—决策—执行”的闭环控制,能显著提高制造质量。同样,在企业的制造过程中,存在很多动态的、变化的环境,制造系统中的某些要素(设备、检测机构、物料输送和存储系统等)必须能动态地、自动地响应系统变化,这也依赖于制造系统的自主智能决策。

(3) 随着工业互联网等技术的普及应用,制造系统正在由资源驱动型向信息驱动型转变。若制造企业拥有的产品全生命周期非常丰富的数据,则通过基于大数据的智能分析方法,将有助企业创新或优化研发、生产、运营、营销和管理过程,为企业带来更快的响应速度、更高的效率和更深远的洞察力。

9.2.1 智能制造的定义

在 2015 年工业和信息化部公布的“2015 年智能制造试点示范专项行动”中,智能制造定义:基于新一代信息技术,贯穿设计、生产、管理、服务等制造活动各个环节,具有信息深度自感知、智慧优化自决策、精准控制自执行等功能的先进制造过程、系统与模式的总称。智能制造可有效缩短产品研制周期、降低运营成本、提高生产效率、提升产品质量、降低能源消耗。

9.2.2 智能制造的特征

智能制造的特征主要体现在以下4个方面。

(1) 大系统。全球分散化制造,使任何企业或个人都可以参与产品设计、制造与服务,智能工厂和交通物流、电网等都将发生联系,并通过工业互联网,大量数据被采集并送入云网络。

(2) 系统进化和自学习。通过自学习和自组织,系统结构不断进化,从而通过最佳资源组合实现高效产出。

(3) 人与机器的融合。人机协同机器人和可穿戴等设备的发展,生命和机器的融合在制造系统中会有越来越多的应用体现。

(4) 虚拟与物理的融合。智能系统包含两个世界:一个是由机器实体和人构成的物理世界,另一个是由数字模型状态信息和控制信息构成的虚拟世界,未来这两个世界将深度融合、难分彼此。

9.3 我国制造业的发展战略及目标

实体经济空心化、虚拟经济比重过大成为欧美发达国家的严峻挑战。美国、德国、英国、法国等发达国家各自提出了“再工业化”战略,以振兴制造业,重新占领价值链高端。

中国已经成为制造业大国,但是高端制造业竞争力不足,并面临发达国家“高端回流”和发展中国家“中低端分流”的双向挤压。为此,中国提出了“中国智能制造发展战略”,以推进制造强国建设。

我国制造业发展战略的核心是借助信息化的新技术手段,打破传统的制造业发展模式,重塑制造业体系和行业边界,并拓展新的商业模式,从而占领价值链高端。虽然各国发展重点有所不同,但是均具有以下的共同目标。

(1) 创新设计,满足客户的个性化定制需求。在家电、3C(计算机、通信和消费类电子产品)等行业,产品的个性化来源于客户多样化与动态变化的需求,企业必须具备提供个性化产品的能力,才能在激烈的市场竞争中生存下来。智能制造技术可以从多方面为个性化产品的快速推出提供支持,如通过智能设计手段缩短产品的研制周期,通过智能装备提高生产的柔性,从而适应单件小批生产模式等。这样,企业在一次性生产且产量很低的情况下也能获利。

(2) 实现复杂零件的高品质制造。在航空、航天、船舶、汽车等领域存在许多结构复杂、加工质量要求非常高的零件。以航空发动机的机匣为例,它是典型的薄壳环形复杂零件,最大直径可达3m,其外表面分布安装发动机附件的凸台、加强筋、减重型槽及花边等复杂结构,壁厚变化剧烈。用传统方法加工该零件时,零件的加工变形难以控制,质量一致性难以保证,变形量的超差将导致发动机在服役时发生振动,严重时甚至会造成灾难性的事故。对于这类复杂零件,可以采用智能制造技术在线检测加工过程中具有力——热——变形场的分布特点,实时掌握加工中工况的时变规律,并针对工况变化即时决策,使制造装备自律运行,可以显著地提升零件的制造质量。

(3) 保证高效率的同时,实现可持续制造。可持续制造是可持续发展对制造业的必然要求。在环境方面,可持续制造首先要考虑的因素是能源和原材料消耗。智能制造技术能够有力地支持高效可持续制造:首先通过传感器等手段可以实时掌握能源利用情况;其次通过能耗和效率的综合智能优化,获得最佳的生产方案并进行能源的综合调度,提高能源的利用效率;最后通过制造生态环境的一些改变,如改变生产的地域和组织方式,与电网开展深度合作等,可以进一步从大系统层面实现节能降耗。

(4) 提升产品价值,拓展价值链。产品的价值体现在"研发-制造-服务"的产品全生命周期的每一个环节。根据"微笑曲线"理论,制造过程的利润空间通常比较低,而研发与服务阶段的利润往往比较高,通过智能制造技术,有助企业拓展价值空间。一是通过产品智能化升级和产品智能设计技术,实现产品创新,提升产品价值;二是通过产品个性化定制、产品使用过程的在线实时监测、远程故障诊断等智能服务手段,创造产品新价值,拓展价值链。

9.4 智能制造的实施路径

企业系统从无知、混沌的状态到自学习、自适应的状态,是从无序到有序,从懵懂到明智的进化过程。从企业数字化转型和智能制造建设的角度来看,这个过程大体可以分为五个阶段:互联化、可视化、透明化、可预测和自适应,这也可作为企业智能制造的建设路径。

在互联化阶段,企业系统的各个要素及运行都可用数字来表达。在信息化时代,业务的数字化显现主要通过手工录入来完成,在数据的准确性、完整性、及时性方面都有一定的缺陷。面向智能制造时代,通过物联网和人工智能(图像识别、语音识别等)等技术的应用,理论上讲,业务的数字化显现工作可以自动完成,数据在准确性、完整性和及时性等方面可以指数级提高。

在可视化阶段,企业系统的数字化显现被赋予了业务意义。在信息化时代,业务的可视化主要以交易或记录为中心,以统计学技术来表示业务运营的特征,如总量、最大、最小、平均、中位数、环比、同比等。面向智能制造时代,随着云计算技术的发展,企业更注重业务发展轨迹的变化,数字主线和数字孪生成为了业务可视化的新型展现方式,使业务远程管理等业务场景成为可能。

在透明化阶段,关注地是企业系统各要素之间的关系,以及企业业务运营和变化的背后,因果关系的寻求。在信息化时代,企业能够得到的主要是业务变化的"How"。面向智能制造时代,随着数据数量和质量的大幅提高,以及高级分析技术的发展,企业更关注业务变化的"Why"。有了对企业系统中因果关系的清晰认识,就可以做制造运营的仿真和优化,从而实现精益制造。

在可预测阶段,关注地是业务运营的未来变化,以便于企业提前做好应对。在信息化时代,企业对业务变化的预测主要是通过统计学方法来实现,如统计过程控制技术(statistical process control,SPC)在制造管理中的应用,但其在适用范围和准确性等方面还有很大的局限。在智能制造时代,随着机器学习等技术的发展,可供应用的预测技术更加多元化,如线性回归、神经网络、决策树、支持向量机等技术在制造业都可以找到其适用场景。

在自适应阶段,企业系统的运营已经实现了高度自主。作为智能制造的高级阶段,企业系统可以根据环境的变化作出实时调整,并根据应对措施效果的反馈进行自学习和算法优化。在自适应阶段,智能制造的表象就是少人化,甚至零人工干预,并实现柔性制造和自主制造。

9.5 智能制造与传统制造的区别

智能制造是一种由智能机器和人类专家共同组成的人机一体化智能系统,通过人与智能机器的合作共事,进行扩大、延伸和部分地取代人类在制造过程中的脑力劳动。它更新了制造自动化的概念,使其扩展到柔性化、智能化和高度集成化。智能制造与传统制造的异同点主要体现在产品的设计、产品的加工、制造管理以及产品服务等方面(表9-1)。智能制造关键特征(数字化、互联互通、智能决策、动态感知和大数据分析)与精益制造、柔性制造、可持续制造、数字化制造、云制造、智慧制造、可重构制造、敏捷制造等其他制造模式的关系,如表9-2所列。

表9-1 智能制造与传统制造的区别

分类	传统制造	智能制造	智能制造的影响
设计	常规产品; 面向功能需求设计; 新产品周期长	虚实结合的个性化设计; 面向客户需求设计; 数值化设计、周期短,可实时动态改变	设计理念与使用价值观的改变; 设计方式的改变; 设计手段的改变; 产品功能的改变
加工	加工过程按计划进行; 半智能化加工与人工检测; 生产高度集中组织; 人机分离; 减材加工成型方式	加工过程柔性化,可实时调整; 全过程智能化加工与在线实时监测; 生产组织方式个性化; 网络化过程实时跟踪; 网络化人机交互与智能控制; 减材、增材多种加工成型方式	劳动对象变化; 生产方式的改变; 生产组织方式的改变; 生产质量监控方式的改变加工方法多样化; 新材料、新工艺不断出现
管理	人工管理为主; 企业内管理	计算机信息管理技术; 机器与人交互指令管理; 延伸到上下游企业	管理对象变化; 管理方式变化; 管理手段变化; 管理范围扩大
服务	产品本身	产品全生命周期	服务对象范围扩大; 服务方式变化; 服务责任增大

表9-2 智能制造关键特征以及与其他制造模式的关系

智能制造关键特征	其他制造模式	使能技术
数字化互联互通智能决策动态感知和大数据分析	精益制造(lean manufacturing):侧重利用一组工具辅助制造体系中各类浪费的识别及逐步消除	工艺优化技术、工作流优化技术、实时监控及可视化技术

（续）

智能制造关键特征	其他制造模式	使能技术
数字化互联互通智能决策动态感知和大数据分析	柔性制造(flexible manufacturing):利用由制造模块和物流设备的集成系统,针对不断变化的产量、工艺和生产形势,在计算机控制下进行柔性化生产	模块化设计技术、互操作技术、面向服务的架构
	可持续制造(sustainable manufacturing):在生产中最大限度地降低对环境的影响,以保护能源、自然资源和提高人员的安全性等	先进材料技术、可持续工艺指标及评价体系、监控和控制
	数字化制造(digital manufacturing):在全生命周期中使用数字化技术,以提高产品质量、工艺水平和企业效率,缩短周期和降低成本	三维建模技术,基于模型的企业,产品生命周期管理
	云制造(cloud manufacturing):基于云计算和SOA架构的分布式网络化制造模式	云计算、物联网、虚拟化、面向服务的技术、先进的数据分析技术
	智慧制造(intelligent manufacturing):人工智能为基础的智慧化生产方式,在最小化人工介入的情况,根据环境和工艺需求的变化进行自适应生产	人工智能、先进的感知和控制技术、优化技术、知识管理
	可重构制造(holonic manufacturing):在动态和分布式制造过程中应用智能体,支持动态和持续性变更的自适应。	多智能体系统、分布式控制技术、基于模型的推理及规划技术
	敏捷制造(agile manufacturing):在制造体系中利用有效的流程和工具,实现对客户需求和市场变化的快速响应,控制成本和质量	协同工程、供应链管理、产品生命周期管理

9.6 个性化印章生产线

9.6.1 概述

个性化印章生产线基于物联网(internet of things,IOT)、云计算、增强现实(augmented reality,AR)、数字孪生(digital twin)等新一代信息技术,贯穿设计、生产、管理、服务等制造活动各环节,具有过程信息自感知、管理系统自决策、加工设备自执行等功能,体现个性化定制、自动化生产、可视化监测、智能化预警等智能制造技术特征。本节主要介绍个性化印章的产线组成、工作流程及个性定制。

9.6.2 生产线的组成

个性化印章产线主要由生产系统、机械安全防护系统、信息管理系统、自动化控制系统组成。

(1) 生产系统。生产系统主要由仓储物流单元、加工制造单元与装配单元组成。产线概貌,如图 9-1 所示。

图 9-1　产线概貌

仓储物流单元由立体仓库与堆垛机系统、进出料平台、加装在智能 AGV 上的协作式机器人、RFID 识别系统等组成，主要用于物流吃仓储与运输。加工制造单元由数控车床、精雕机、上下料机器人等组成。通过工业机器人上下料，可以实现工件在数控车床与精雕机中的自动加工。装配单元由装配机器人、末端手爪工具、装配平台等组成，主要用于加工成品零件自动化装配。生产系统布局，如图 9-2 所示。

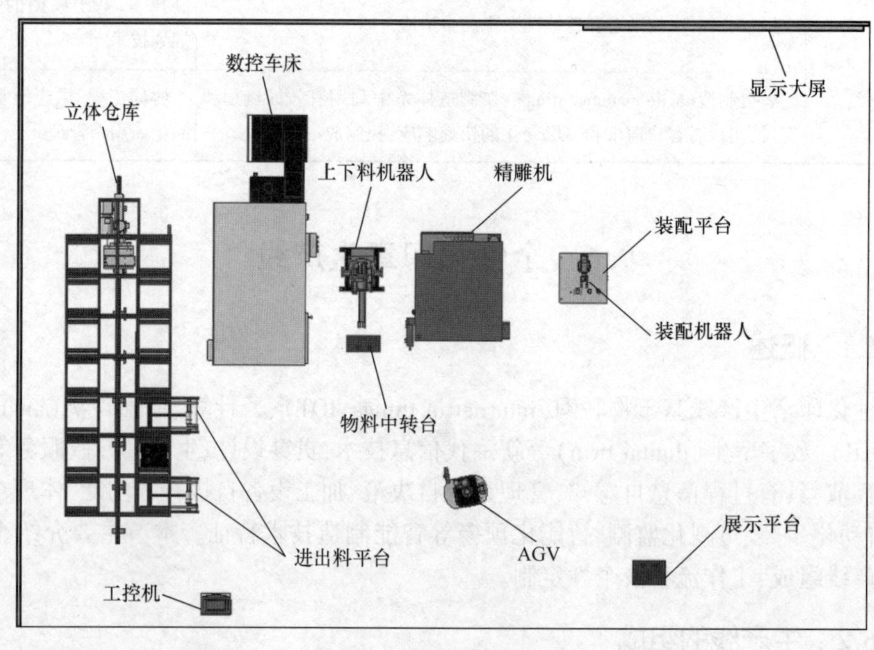

图 9-2　生产系统布局

（2）机械安全防护系统。机械安全是制造业生存与发展的保障，关系到国民经济的各个方面和人们的健康安全。据不完全统计，我国制造业由于机械安全问题，每年都会发生数千起的人身意外事故。产品在设计阶段就应当按照严格的标准进行安全设计，通过安全防护系统提高机械的安全性。安全防护系统的作用是保护工业现场的工作人员和加工设备的安全,避免工作人员出现人身安全事故,避免现场的加工设备受到损坏,减少企业因安全事故造成的损失。高等学校作为高等人才培养的主要场所,毕业生将成为企业研发、设计产品的主力军,因此在高等工程教育中引入安全教育与安全设计理念,对培养高素质的人才具有重要的现实与战略意义。可通过构建机械安全防护培训系统,培养学生或研发人员在产品设计时既考虑安全防护问题的能力,又提高产品的本质安全水平,从而保障使用者的安全。

机械安全防护系统由安全控制器、激光扫描仪、安全眼等构件构成,其系统布局如图9-3 所示。

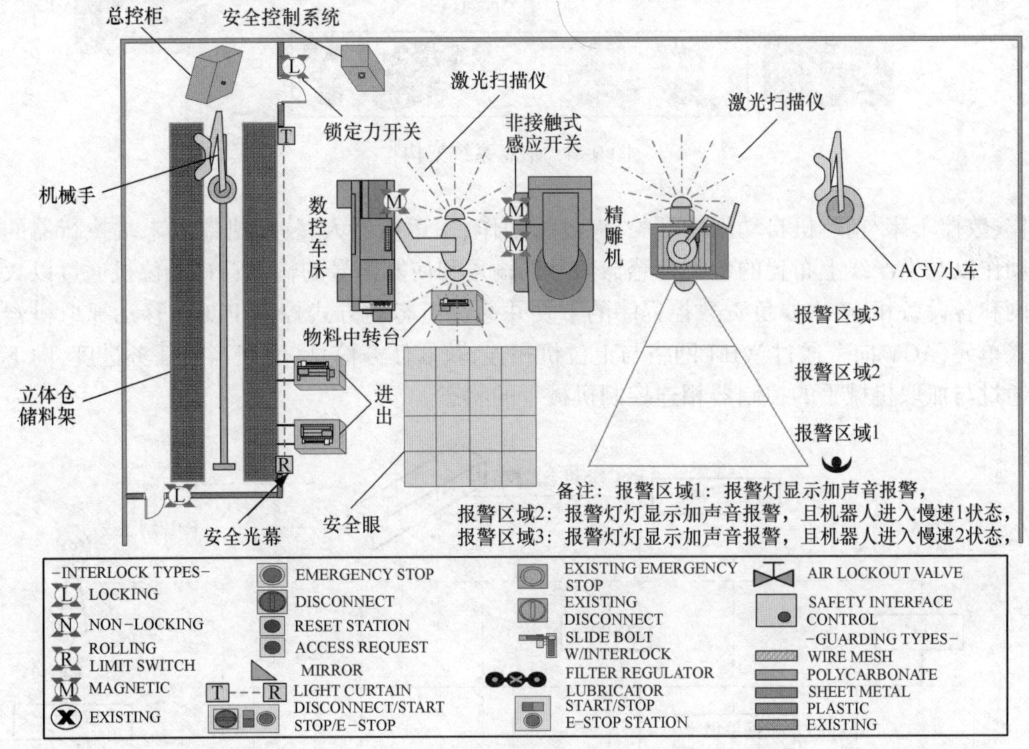

图 9-3 安全系统布局

(3) 信息管理系统。信息管理系统由印章下单系统、自动控制系统、生产线数字孪生系统、AR 信息展示系统组成。实现生产过程的个性化定制、自动化生产、可视化监测、智能化预警等。其具体实现方式:通过 KEPWare 工业设备通讯软件实现设备数据互联,将 Thingworx 工业创新物联网平台作为数据总线,对设备数据在平台上建模,基于 WEB 的浏览器直接浏览并操控三维模型,实现三维虚拟监控系统,整体展现智能制造产线三维互动模型。基于 Thingworx 与 AR 平台技术,构建产线加过过程信息展示系统。通过 Thingworx 快速使能特性,构建订单选配页面供客户配置订单下发。该系统组成如图 9-4 所示。

(4) 自动化控制系统。个性化印章生产线控制系统网络拓扑图(图 9-5)。该控制系统主要由 PC 上位机、现场总控 PLC、CNC 控制系统以及机器人控制柜组成。总控 PLC 通过 IO 控制总线,控制生产线上相关设备的动作状态。例如:自动化立体仓库的出入库操

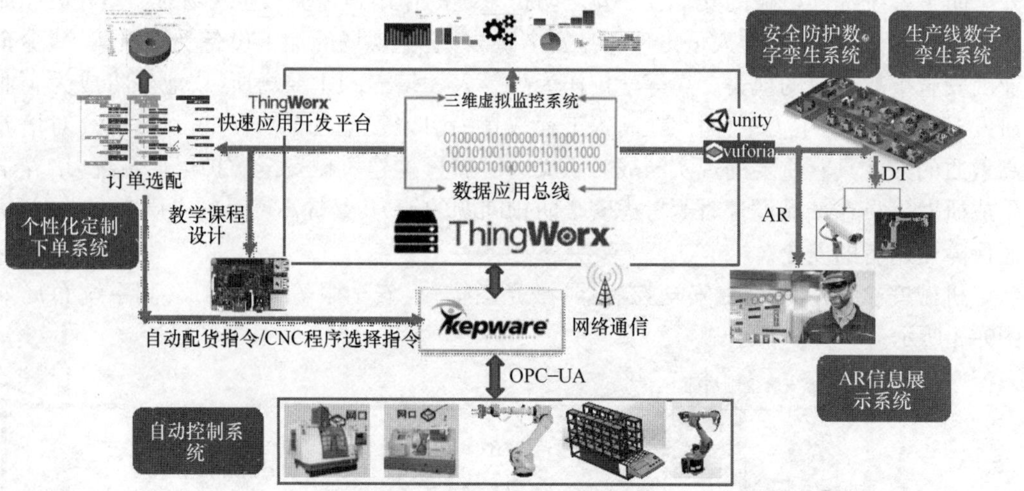

图 9-4　信息系统架构

作、数控车床/精雕机自动门的开关、夹具的动作、搬运机器人/装配机器人末端执行器的动作以及生产线上布置的各类传感器信号的输入和使能信号的输出；PC 上位机通过以太网和各设备相连，主要负责数控程序的下发并通过组态的方式控制 PLC。移动抓取机器人单元，AGV 向上通过 WIFI 网络与上位机相连，获取任务信息、反馈当前任务进度，向下通过与抓取机械手的控制器相连控制机械手的状态。

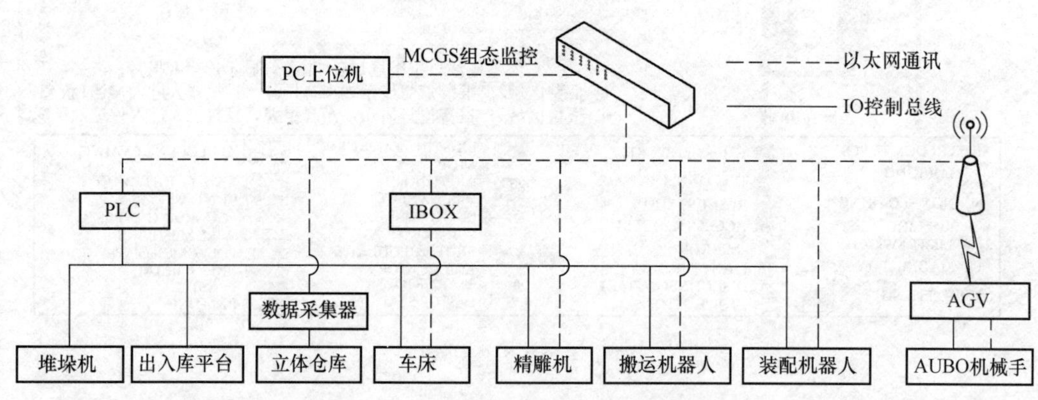

图 9-5　自动化生产线控制系统网络拓扑图

9.6.3　生产线工作流程

个性化印章生产工作流程，如图 9-6 所示。

9.6.4　个性化定制

1. 个性化定制系统总体架构

个性化定制系统的主要功能模块与体系结构都是在满足个性化定制需求的基础上定制的。定制系统的体系结构如图 9-7 所示，整个系统可以分为三层。

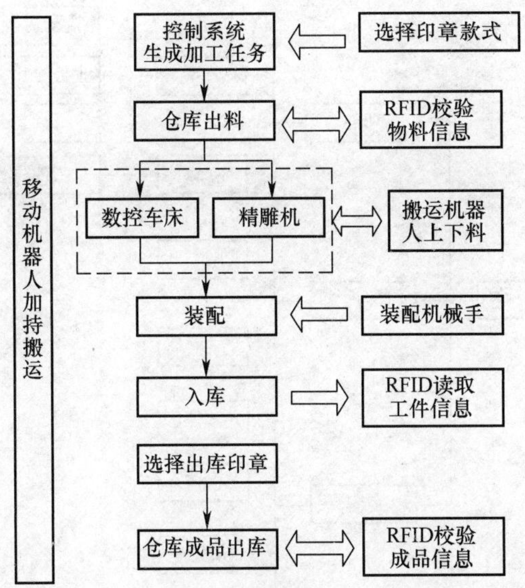

图 9-6 个性化印章生产工作流程

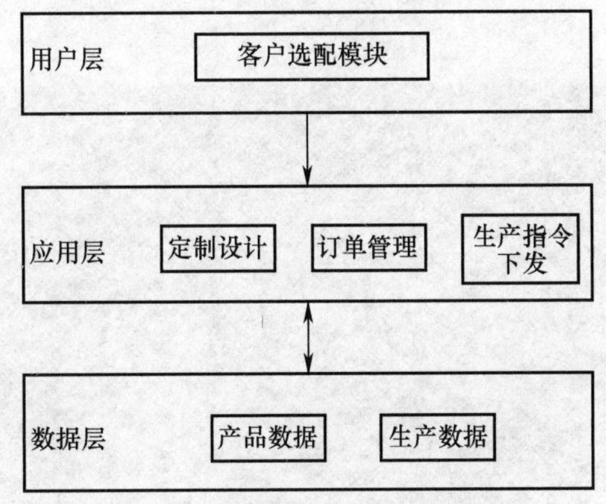

图 9-7 个性化定制系统整体架构

(1) 用户层:用户进行定制操作的入口,即客户端浏览器。用户通过浏览器向 Web 服务器提出服务请求,返回的信息在浏览器上显示,完成与后台的交互。

(2) 应用层:应用层是用户与平台交互的一层,也是整个平台价值最能体现的一层。系统的各种功能在这层实现,包括用户的定制设计、订单管理和生产指令下发,应用层为实现用户定制和生产加工的逻辑实现层。

(3) 数据层:数据层是整个平台的底层基础。它提供了系统运行的基础数据和实时数据,包含产品数据和生产数据。

2. 印章个性化定制系统的组成

1) 印章定制模块

印章定制模块根据印章的可选配置(图 9-8),包括功能(公章/私章)、材质(塑料/铜)等构建可视化选配界面提供给用户选择。图 9-9 所示为效果显示主页面,图 9-10 所示为印章定制页面。

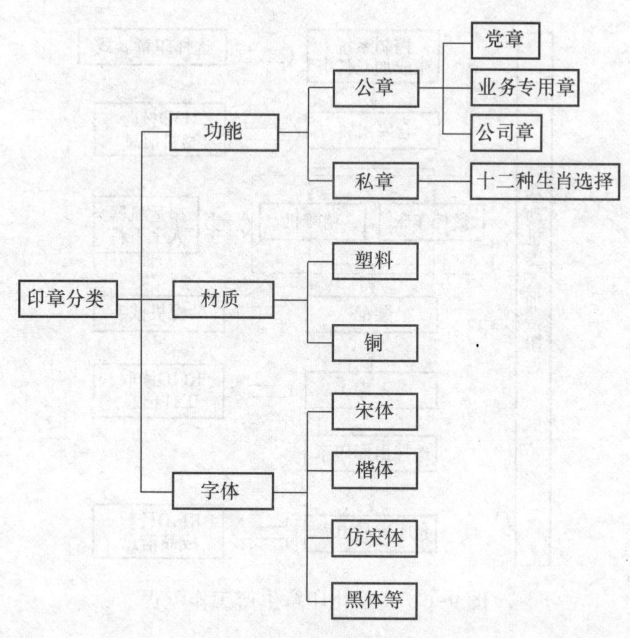

图 9-8　印章可选配置

图 9-9　效果显示主页面

2）印章三维模型展示模块

要实现在产品定制过程中客户驱动的个性化定制，其本质上就是要实现用户与产品三维模型的实时交互。根据不同的定制配置，动态展示产品的三维模型。本系统采用 Web GL 技术，使用目前技术最为成熟的 Three. js 框架，通过创建 HTML 脚本来实现产品模型的实时交互。印章三维模型展示页面如图 9-11 所示。

3）数据库模块

数据库存储了个性化定制服务所需的各种持久性数据信息。根据对印章定制流程的分析，建立对应的数据表，数据表构建如图 9-12 所示。

3. 选配系统与生产系统通信技术

要实现提交定制信息到定制化生产全流程的自动化，需要解决选配系统与生产系统的实时通信。确保终端用户的订单信息能够转化为生产数据，下发至各个设备进行生产。

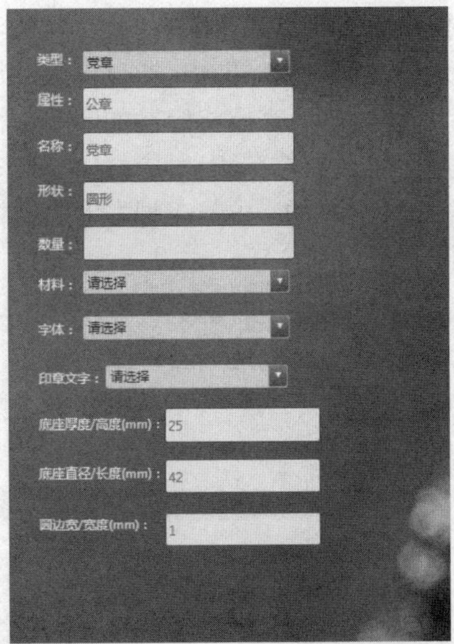

图 9-10　印章定制页面

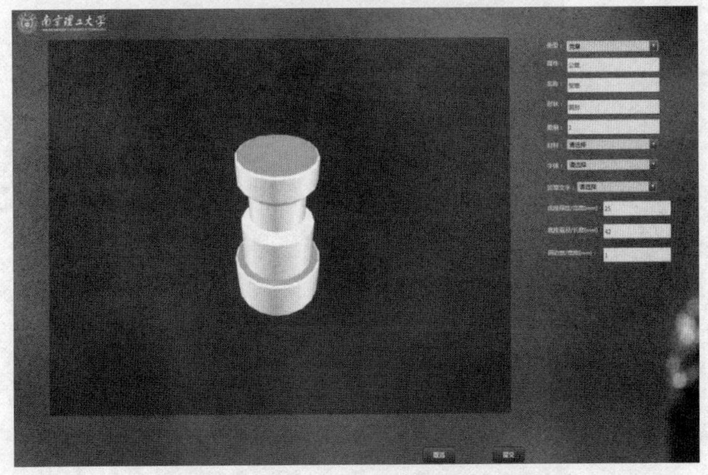

图 9-11　印章三维模型展示页面

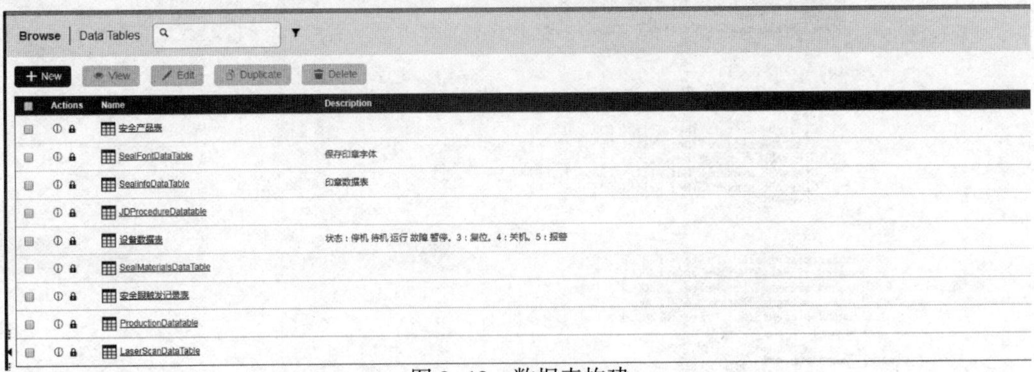

Browse | Data Tables

+ New　View　Edit　Duplicate　Delete

Actions	Name	Description
	安全产品表	
	SealFontDataTable	保存印章字体
	SealInfoDataTable	印章数据表
	JDProcedureDatatable	
	设备数据表	状态：停机 待机 运行 故障 暂停。3：复位。4：关机。5：报警
	SealMaterialsDataTable	
	[illegible]	
	ProductionDatatable	
	LaserScanDataTable	

图 9-12　数据表构建

整个选配系统是基于 Thingworx 物联网平台来完成。Thingworx 软件提供 Thingworx

Edge SDK 的远程方法绑定技术来实现与其他系统的通信功能。Thingworx 部署在服务器上,生产系统需要和服务器保持在同一局域网内,通过以太网与选配系统进行连接。

具体来说,当用户提交订单信息后,需要将定制的印章物料清单传递给码垛机进行物料的传送,将对应的数控程序下发给数控车床,对应的印章雕刻程序下发给精雕机。当用户提交订单后,在选配系统中通过编写 JavaScript 脚本形成物料清单(图 9-13),上面记录了印章的材质、功能等信息。

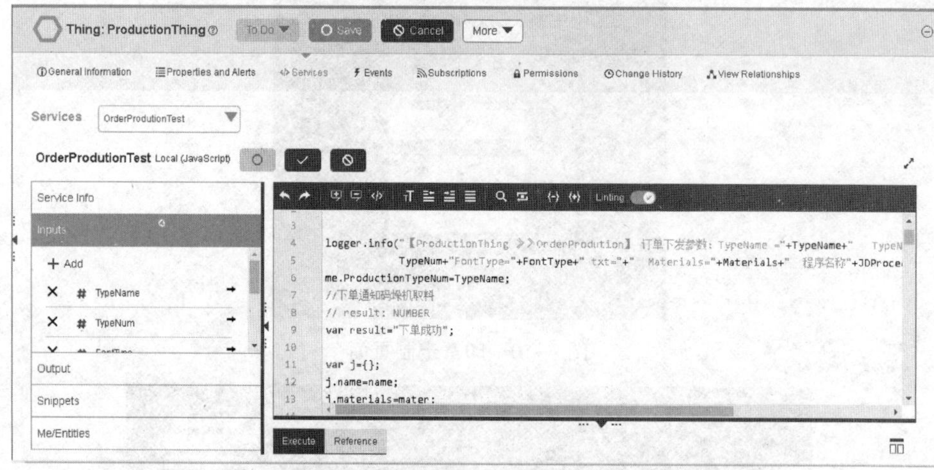

图 9-13　选配系统物料清单的形成

通过 Thingworx 提供的 Thingworx Edge SDK(图 9-14),将物料清单信息传递给 PLC,来控制码垛机的取料。

```
[method: ThingworxServiceDefinition(name = "ProducePlan", description = "Produce Plan")]
[return: ThingworxServiceResult(name = CommonPropertyNames.PROP_RESULT, description = "Result", baseType = "NUMBER")]
public int  ProducePlan(
        [ThingworxServiceParameter(name = "Type", description = "Probuce Type", baseType = "NUMBER")] byte Type,
        [ThingworxServiceParameter(name = "Shape", description = "Probuce Shape", baseType = "NUMBER")] byte Shape,
        [ThingworxServiceParameter(name = "Color", description = "Probuce Color", baseType = "NUMBER")] byte Color,
        [ThingworxServiceParameter(name = "Material", description = "Probuce Material", baseType = "NUMBER")] byte Material,
        [ThingworxServiceParameter(name = "Numb", description = "Probuce Numb", baseType = "NUMBER")] byte Numb

    )
{
    Console.WriteLine("Type:" + Type + "Shape:"+ Shape + "Color:" + Color + "Material:" + Material + "Numb:" + Numb);
    try
    {
        for (int i = 0; i < 5; i++)
        {
            ClassABB.siemensS7Net.Write("DB300.0", Type);
            ClassABB.siemensS7Net.Write("DB300.1", Shape);
            ClassABB.siemensS7Net.Write("DB300.2", Color);
            ClassABB.siemensS7Net.Write("DB300.3", Material);
            ClassABB.siemensS7Net.Write("DB300.4", Numb);
        }

        for (int i = 0; i < 10; i++)
        {
            if (ClassABB.siemensS7Net.ReadByte("DB300.10").Content != 0)
            {
                ClassABB.siemensS7Net.Write("DB300.0", 0);
                ClassABB.siemensS7Net.Write("DB300.1", 0);
                ClassABB.siemensS7Net.Write("DB300.2", 0);
                ClassABB.siemensS7Net.Write("DB300.3", 0);
                ClassABB.siemensS7Net.Write("DB300.4", 0);
                return 1;
            }
        }

        ClassABB.siemensS7Net.Write("DB300.0", 0);
        ClassABB.siemensS7Net.Write("DB300.1", 0);
        ClassABB.siemensS7Net.Write("DB300.2", 0);
        ClassABB.siemensS7Net.Write("DB300.3", 0);
        ClassABB.siemensS7Net.Write("DB300.4", 0);
        return -1;
    }
    catch (Exception ex)
    {
        Console.WriteLine("Communication Plc Failed : " + ex.Message);
        return -1;
    }
  }
}
```

图 9-14　Thingworx Edge SDK 程序

PLC 将对应的物料清单写入 DB 块进行取料。PLC 记录订单信息如图 9-15 所示。

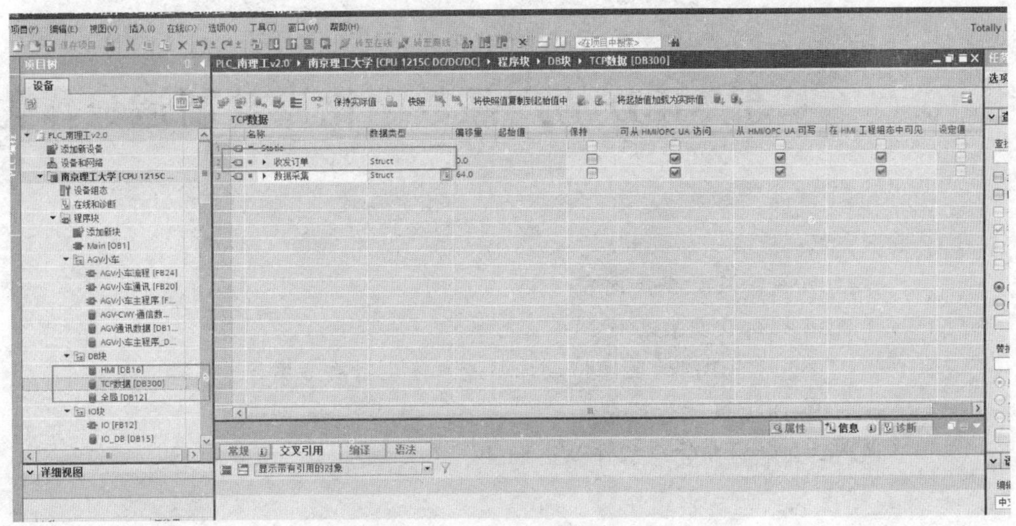

图 9-15 PLC 记录订单信息

由产线来加工产品。图 9-16 所示为加工好的公章与私章。

图 9-16 加工好的公章与私章

思考题

9-1 简述智能制造发展历程。

9-2 什么是制造系统？将人工智能与制造系统相结合有什么好处？

9-3 智能制造的定义是什么？它有哪些特征？

9-4 智能制造实施路径包含哪些内容？

9-5 智能制造的关键特征是什么？简述与其他制造模式的关系。

9-6 个性化印章生产线用到了哪些智能制造技术？其生产工艺流程是什么？

第 10 章　基于 MBD 的产品数字化设计制造一体化

教学基本要求：

(1) 了解 MBD 概念及数据集内容。

(2) 了解 MBE 概念及发展历程。

(3) 了解 PTC 基于 MBD 的数字化设计制造一体化解决方案。

(4) 了解 TOP-DOWN 设计理念。

(5) 了解产品生命周期管理软件 Windchill。

10.1　从 MBD 到 MBE

国内外大型装备制造企业的数字化技术发展迅速，三维数字化设计技术得到了广泛应用，基于模型定义(model based definition，MBD)的数字化设计与制造技术已经成为制造业信息化发展的趋势。

大多数产品采用的数字化定义方式，即“三维设计+二维生产”的混合模式进行设计和生产。这种“二维生产+三维设计”的定义模式，在设计和生产阶段不能做到单一数据来源，它们互为补充，从不同的方面描述产品。三维模型主要用来精确地描述产品的形状，而工程图用来表示对制造精度和质量要求、检验依据等。按照这种模式，设计人员除了建立三维模型之外，还需要花费大量时间和精力用于三维模型转化为二维图样，提交制造工厂使用，这样不仅增加了工作量，还难以保证数据的唯一性。在飞机等复杂产品的制造过程中，经常会出现工程更改，不能完全避免更改二维图样或三维模型的任何一个，而忽略了另一个，造成数据之间的不协调，导致产品质量出现问题甚至报废。这种混合模式已经成为阻碍产品数字化技术应用进程的主要障碍之一。

MBD 改变了传统的产品定义模式。它以三维产品模型为核心，将产品设计信息、制造要求共同定义到该数字化模型中；通过对三维产品制造信息和非几何管理信息的定义，将其作为产品设计与制造过程的唯一依据，实现设计、工艺、制造、检测等的高度协作。

MBD 产品数据模型是对产品零部件信息完整描述的数据集。该数据集不仅包含产品结构的几何形状信息，还包括原来定义在二维工程图中的尺寸、公差，一些必要的工艺信息及关于产品定义模型的说明等非几何信息，从而使 MBD 模型可以作为加工、检验的依据。MBD 数据集内容的说明如图 10-1 所示，其分为 MBD 装配模型与 MBD 零件模型两部分。MBD 零件模型信息可总结为三类：零件模型几何信息、零件属性信息、零件标注信息。零件模型几何信息描述了产品形状、尺寸信息；零件属性信息表达了产品的原材料规范、分析数据、测试需求等辅助信息；零件标注信息包含了产品尺寸与公差范围、制造工艺和精度要求等生产必须的工艺约束条件。MBD 装配模型是由一系列 MBD 零件模型组成的装配零件列表加上以文字符号方式表达的标注和属性数据组成。因此,三维数模MBD数据集涵盖后面加工、装配、检测等环节的所有几何信息与非几何信息。其内容的元素构成:相关设计基准数据、实体模型、毛坯、零件坐标系统、三维标注、工程注释、材料信息、标注集、其他定义数据,如图10-1所示。

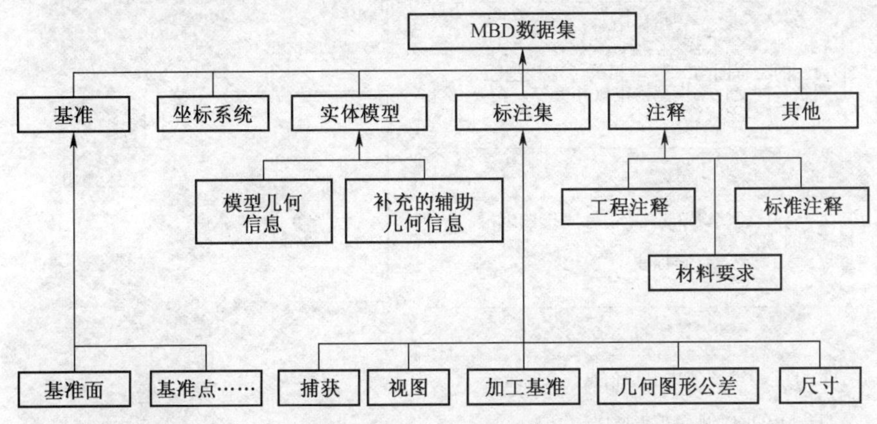

图10-1 MBD数据集内容

国内外很多企业在MBD技术应用方面已经成熟,如波音公司在波音787客机研制过程中全面采用了MBD技术,将三维产品制造信息与三维设计信息共同定义到产品的三维模型中,摒弃二维图,将MBD模型作为制造的唯一依据,开创了飞机数字化设计制造的新模式。

为了更好地使MBD数据在产品的整个生命周期内能够被有效利用,很多大型企业开始研究、验证和应用基于模型的企业(model based enterprise,MBE)的方法。MBE是基于MBD在整个企业和供应链范围内建立一个集成和协同化的环境,各业务环节充分利用已有的MBD单一数据源开展工作,使产品信息在整个企业内共享,快捷、无缝和低成本地完成产品从概念设计到废弃的部署,有效缩短整个产品的研制周期,改善生产现场工作环境,提高产品质量和生产效率。

MBE已成为当代先进制造技术的具体体现,代表了数字化制造的未来。美国陆军研究院指出:"如果恰当地构建企业MBE的能力体系,能够减少50%~70%的非重复成本,能够缩短达50%的上市时间"。基于此,美国国防部办公厅明确指出,将在其所有供应链中推行MBE体系,开展MBE的能力等级认证。全世界众多装备制造企业也逐步加入MBE企业能力建设的大军。由此可见,MBE已不再单纯是一项新技术、新方法的应用和推广,而是上升到了国家战略和未来先进制造技术的高度,它的研究应用成功与否将关系到未来制造业的新格局。MBE发展历程如图10-2所示。

作为一种数字化制造的实体,MBE在统一的基于模型的系统工程(model based systems engineering,MBSE)指导下,通过创建贯穿企业产品整个生命周期的产品模型、流程管理模型、企业(或协作企业之间)的产品管理标准规范与决策模型,并在此基础上实施与之相对应的基于模型的工程、基于模型的制造和基于模型的维护的部署。

基于模型的工程、基于模型的制造和基于模型的维护作为单一数据源的数字化企业

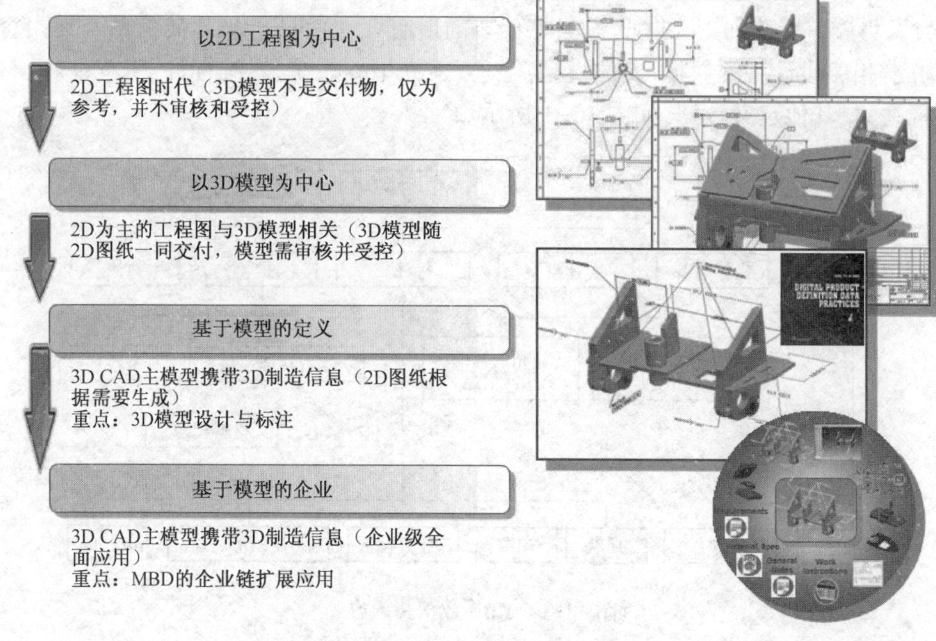

图 10-2　MBE 发展历程

系统模型的三个主要组成部分，涵盖了从产品设计、制造到服务的完整产品全生命周期业务。以 MBD 主模型为核心在企业各业务环节顺畅流通和直接使用，从虚拟的工程设计到现实的制造生产直至产品的上市流通，基于 MBD 的产品模型始终服务于产品生命周期的每个阶段。MBE 企业的能力在强调 MBD 模型数据、技术数据包、更改与配置管理、企业内外的制造数据交互、质量需求规划与检测数据、扩展企业的协同与数据交换六个方面的同时，更加强调扩展企业跨供应链的产品全生命周期的 MBD 业务模型和相关数据在企业内外的顺畅流通和直接重用。

构建完整的企业 MBE 能力体系是企业的一项长期战略，在充分评估企业能力条件的基础上统一行动，以 MBD 模型为统一的“工程语言”，在基于模型的系统工程方法论指导下，全面梳理企业内外、产品全生命周期业务流程、标准规范，采用先进的信息技术，形成一套崭新的、完整的产品研制能力体系。

MBE 的效益在 MBD 创建并在整个企业应用时就已经开始了。对于大型装备的原始制造商和供应商来说，在整个 MBE 企业的方案、设计、验证、制造、维护的各个环节都会带来下面实实在在的效益。

（1）缩短新订/经修订的产品交付时间，并降低工程设计的返工周期。

（2）整合并精简设计和制造流程，降低成本。

（3）生产规划时间减少，减少生产延误的风险。

（4）提高生产过程的设计质量，减少制造交货时间。

（5）减少工程变更，减少产品缺陷，提高产品质量。

（6）改善与利益相关者的合作、协同，缩减在产品的开发管理生命周期中的所有要素的周期和整体项目的成本。

(7) 提高备件的采购效率。

(8) 改进作业指导书和技术出版物的质量。

(9) 在维修过程中提供互动的能力。

10.2 基于 MBD 的数字化设计制造一体化解决方案

PTC 公司已成为 CAD/CAE/CAM/PLM/物联网等领域最具代表性的软件供应商之一。其提供完整的基于 MBD 的数字化设计制造一体化解决方案,帮助企业形成完备的 MBE 能力体系,减少繁重的集成与数据转换工作,实现最大限度的数据畅通与可直接重用。PTC 公司形成了以 Windchill Project Link 为项目管理,以 Creo 为 MBD 定义工具,通过 Windchill MPMLink 直接使用 MBD 模型进行工艺设计,采用 SLM Solutions 进行售后服务管理,以 Windchill PDMLink 为数据管理平台的基于 MBD 的数字化设计制造一体化解决方案。PTC 公司基于 MBD 的数字化设计制造一体化解决方案的六大核心技术包含全三维标准技术、创新的一体化建模能力、全三维可视化技术、全三维工艺设计、一体化管理平台技术、全三维标准和规范经验,如图 10-3 所示。

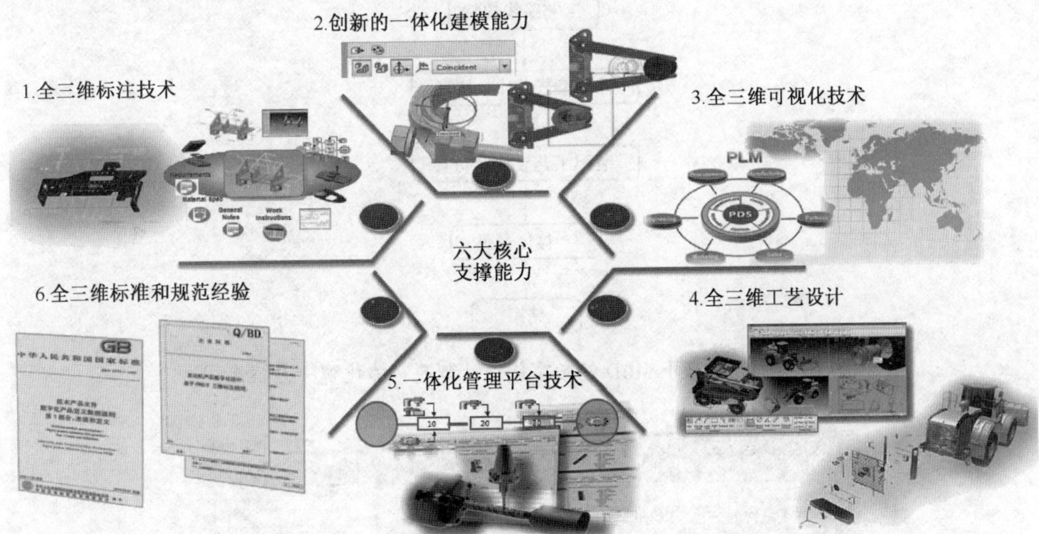

图 10-3 PTC 公司基于 MBD 的数字化设计制造一体化解决方案的六大核心技术

PTC 公司基于 MBD 的数字化设计制造一体化解决方案流程如图 10-4 所示。

1. 项目启动与执行

(1) 成立产品研制项目组,编制项目计划,如图 10-5 所示。

(2) 分配研制任务到相应人员,如图 10-6 所示。

2. MBD 协同设计

1) 在线和离线协作

(1) 协作规范:必备软件、环境配置。

(2) 定义协作接口:定义空间接口、遵循规范。

(3) 检查控制:中间节点控制、规范性检查。

(4) 数据接收与处理。

(5) 内部分析:空间检查、干涉检查。

(6) 完善设计:变更与优化。

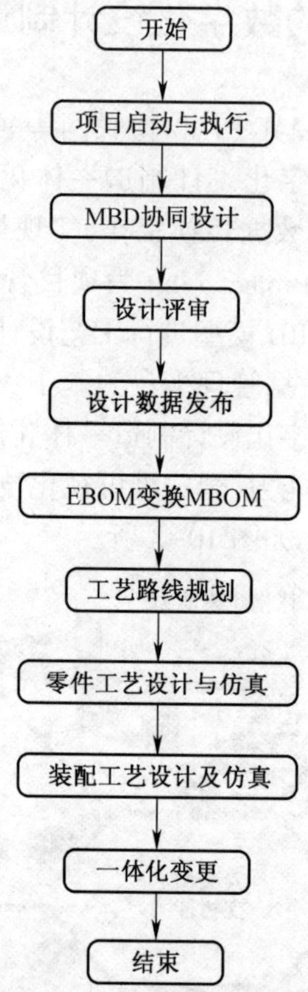

图 10-4　PTC 基于 MBD 的数字化设计制造一体化解决方案流程

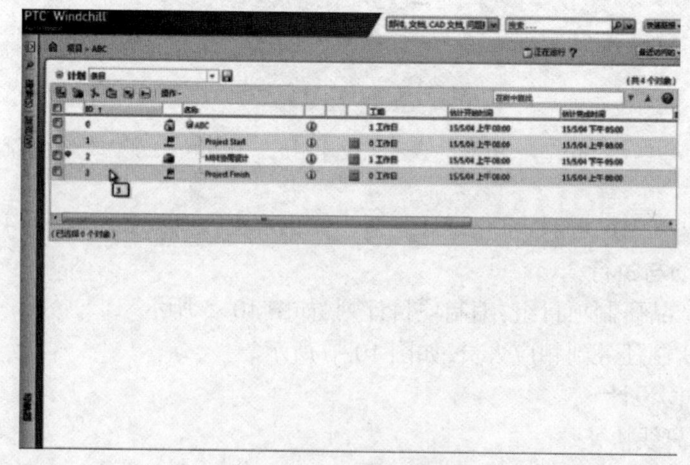

图 10-5　定义项目计划

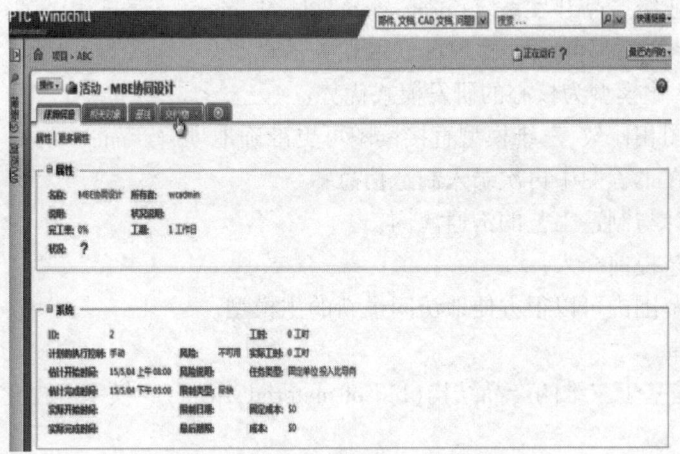

图 10-6 执行项目任务

2) Top-Down 协同设计(图 10-7)

(1) Top-Down 是一种协同设计方法:

① 在设计顶层放置关键控制条件;

② 通过产品结构逐级传递这些设计条件到设计底层。

(2) Top-Down 是一种协同管理工具:

① 在一个核心位置集中管理所有的设计条件;

② 贯穿整个设计过程,可以关联控制和传递设计变更;

③ 有效管理外部参考。

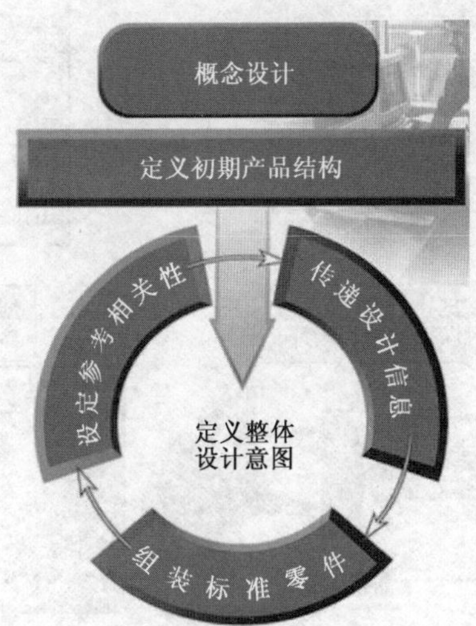

图 10-7 Top-Down 协同设计

3) MBD 设计与标注

(1) 单一主数据集,提供完整的产品定义:

① 产品利用三维模型进行表达,包含产品生命周期内的所有信息,可以支持产品全生命周期全流程无障碍信息交流;

② 可在企业级产品开发系统(professional development system,PDS)中管理,设计、工艺、制造、检验等部门都可以通过 PDS 获取相关信息。

(2) 以数字化模型为核心的研发模式优势:

① 与二维图相比较,三维模型直接读图可更准确地理解产品;

② 没必要在工程图中再次录入制造信息;

③ 消除设计与制造工艺的沟通鸿沟;

④ 制造工艺提前介入;

⑤ 在企业范围内可以很方便地访问最新的主模型。

3. 设计评审

设计评审是基于三维的产品结构(bill of material,BOM)与模型可视化评审。MBD 过程如图 10-8 所示。

1) 设计师发起设计评审流程

(1) 设计、校对、审查、工艺会签、标准化会签、审定、批准。

(2) 工艺会签可以进行二级签审的分派子流程。

(3) 流程结束后,系统自动签审电子签名到图纸标题栏。

(4) 批准后的数据受安全保密权限的严格控制。

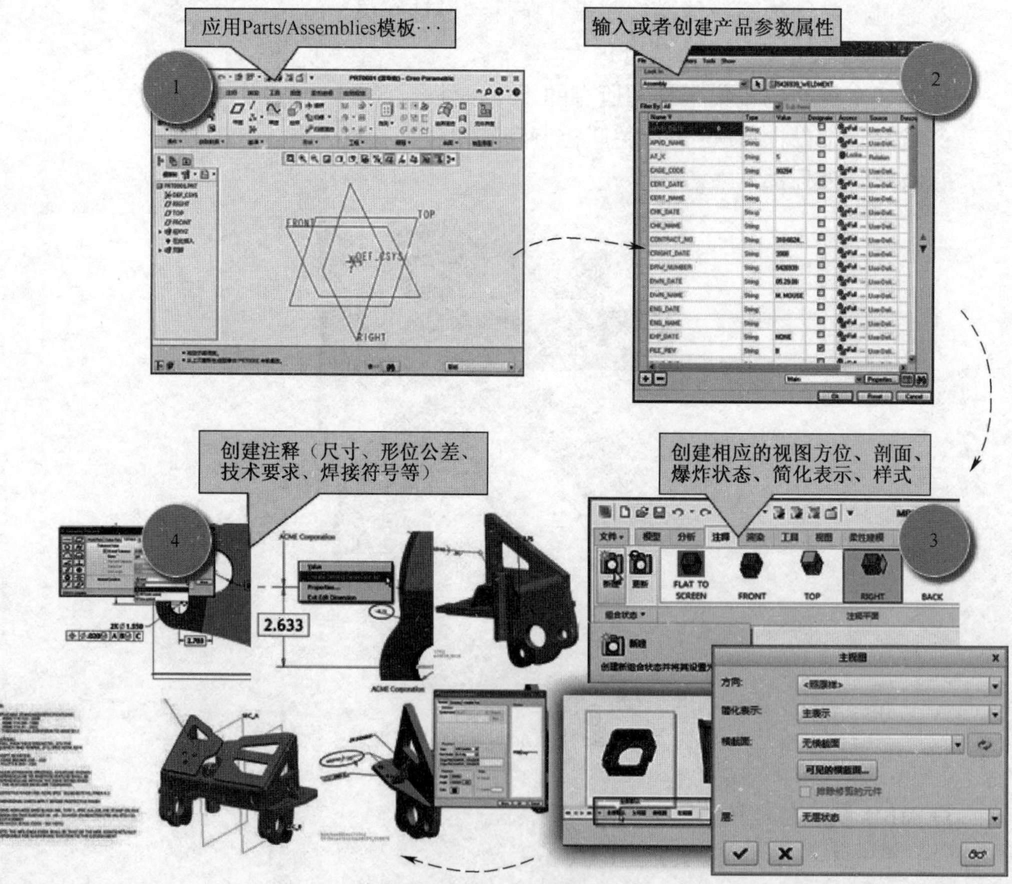

图 10-8　MBD 过程

2) 实现产品全三维模型设计,并利用三维模型开展评审工作

(1) 进行装配静态干涉检查。

(2) 进行机构运动模拟。

(3) 进行审核意见签署。

(4) 进行尺寸、空间距离分析。

(5) 进行人机工程分析。

(6) 进行拆装干涉分析。

(7) 对超大模型进行浏览分析。

(8) 非标注尺寸的评审。

3) 设计评审环节中,嵌入工艺会签子流程

(1) 工艺接口人:负责工艺审查任务分发。

(2) 各专业工艺:负责各自的工艺审查任务。

(3) 工艺各专业全部完成预审任务后,工艺接口人将收到查看工艺预审意见任务。

(4) 工艺接口人可以查看所有指派工艺专业反馈的工艺预审意见。

4. 设计数据发布

(1) 用户选择顶层零部件,在操作栏中新建“产品数据下发请求”。

(2) 在顶层 Part 的基础上可以自动收集本次要发放的产品结构,以及产品结构树上关联的三维/二维模型、辅助图样和技术文件。

5. eBOM(engineering BOM)变换 mBOM(manufacturing BOM)(图 10-9)

(1) 直接利用设计 BOM 编制制造 BOM。

(2) 支持对制造 BOM 的调整,可以调整装配结构、增加虚拟件、工艺组合件、去掉不必要的设计部件。

(3) 基于设计三维模型编制 mBOM。

(4) 设计 BOM 与制造 BOM 保持关联对应。

(5) 分析 BOM 之间的差异,保证数据完整性。

(6) 保证制造与设计数据的一致性。

(7) 提高制造 BOM 的编制效率。

6. 工艺路线规划

(1) 对 BOM 中的每个零部件规划工艺路线。

(2) 根据工艺流程,确定各分厂或车间流转路径。

(3) 可以根据工艺路线进行设计数据的授权。

(4) 基于 mBOM 可汇总出工艺路线表。

(5) 满足不同部门的业务需求。

7. 零件工艺设计与仿真

1) 普通机加工艺设计

(1) 三维加工工艺设计:工序定义、所需资源定义与分配。

(2) 继承设计模型,定义工艺模型(毛坯模型定义)。

(3) 中间态工序模型定义。

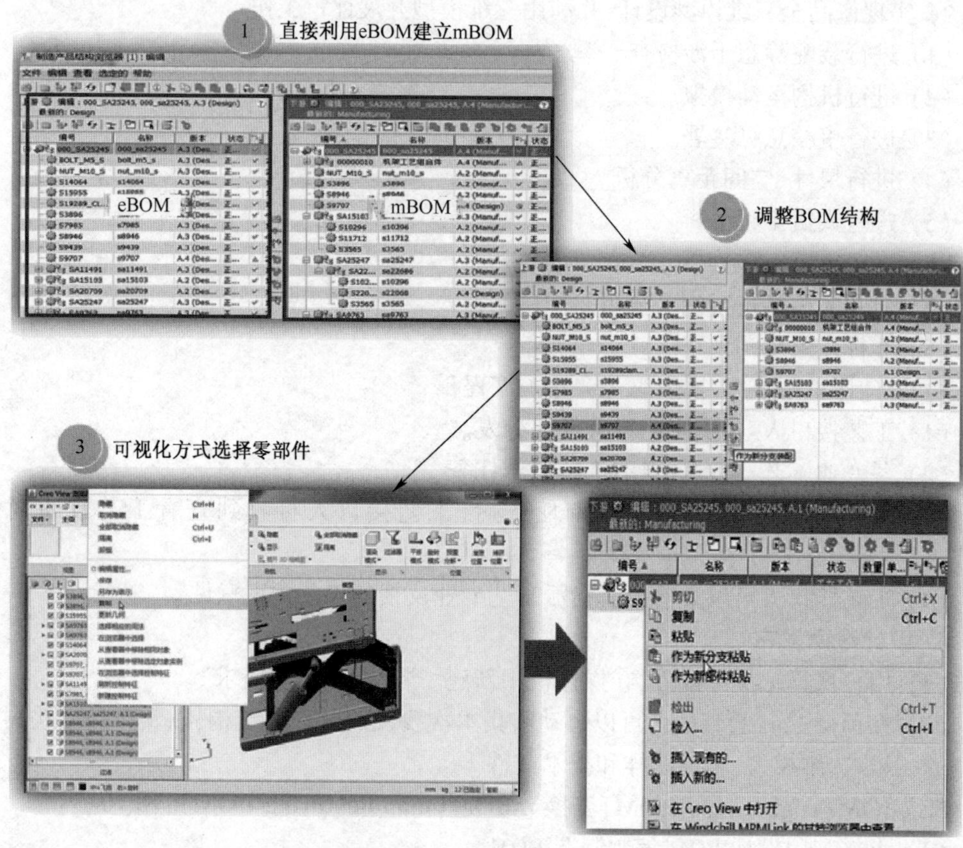

图 10-9　eBOM 变换 mBOM 过程

2）工序模型设计

（1）三维工艺设计。

（2）继承设计模型定义工艺毛坯模型。

（3）每个中间态工序模型定义。

（4）设计每道工序的工作内容、工艺资源、工艺图等。

（5）将工艺内容进行完整展示并输出为完整的工艺卡片。

3）数控机床加工工艺设计

（1）创建制造视图。

（2）创建工艺指导。

（3）工艺定义和典型工艺引用。

（4）导入数控信息。

（5）引用 3D 工序模型。

4）工艺模型的处理

（1）继承设计模型。

（2）确认加工部位。

（3）确认加工尺寸。

（4）定义加工辅助。

5）数控仿真

（1）轨迹仿真。

（2）快速过切检查。

（3）切削仿真。

（4）机床仿真。

8. 装配工艺设计与仿真(图 10-10)

（1）与研发部门查看同源信息。

（2）工艺规程编制。

（3）为工序制定参装零部件。

（4）对工序内容进行填写。

（5）装配工艺仿真,这是装配工艺验证的有效手段：

① 装配运动仿真,以动画的方式展示装配过程；

② 装配过程验证检查；

③ 车间装配指导。

（6）工艺规程发布。设计与展示分离,可生成各种格式的工艺规程。

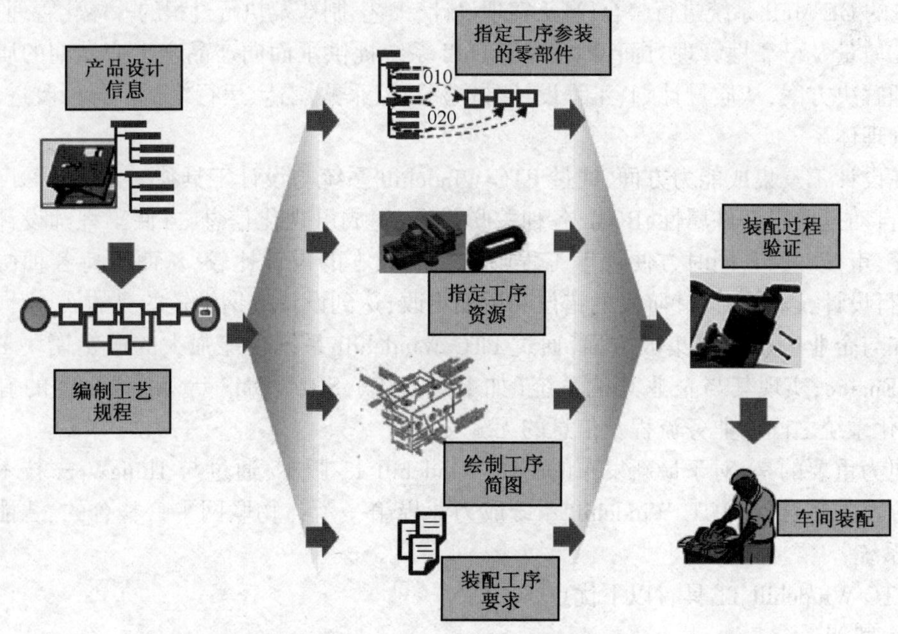

图 10-10　装配工艺设计与仿真流程

9. 一体化设计变更

（1）设计发生变更：

① 增加、减少零部件；

② 更改 3D 模型。

（2）变更评审与发布,装配模型输入 Windchill 系统,BOM 自动更新。

（3）工艺得到提醒：

① 预订设计数据的变更事件通知功能；

② 系统中的工艺数据过期的自动提醒。

(4) 工艺 BOM 相应变更,根据 eBOM 与 mBOM 的关联性进行更改。

10.3 PTC Windchill 简介

作为产品生命周期(product lifecycle management,PLM)完整解决方案的市场领导者,PTC Windchill 系统能够支持企业在单一的系统平台中处理整个产品生命周期的主要业务过程。企业在研发管理项目建设的不同阶段,可以利用 PTC Windchill 系统提供的各种模块进行组合,满足企业当前规划的产品开发管理系统需求。PTC Windchill 系统还能对企业特定应用,提供专门的解决方案,以帮助企业尽快获得收益。

在设计过程管理方面,PTC Windchill 系统提供了以 BOM 为核心,面向多专业的设计过程管理,并通过构建透明化项目管理系统,建立与研发主项目和子项目之间的关联关系,实现产品研制进度与协作过程的管理。

在工艺制造管理方面,PTC Windchill 系统通过其 MPMLink 模块,提供了基于 MBD 的三维工艺过程管理能力,实现设计和工艺过程的高效协作,实现一体化管理;同时通过与业界先进的 GE MES 系统进行整合,真正实现设计、工艺、制造及执行过程的一体化管理。

在质量及可靠性管理方面,PTC Windchill 系统提供了面向产品全生命周期的质量闭环管理解决方案,从质量计划、工程设计、试验验证、采购制造、运行维护到分析改进,形成闭环管理体系。

在设计工具集成能力方面,通过 PTC Windchill 系统与设计工具独一无二的深度集成技术,自动提取零部件属性、BOM、各种关联关系,生成可视化信息,方便工程师设计信息的提交、审核、发布,同时方便评审工程师进行多版本的设计比较,从而支持各种协同设计,并行设计,以减少设计阶段的错位和后期更改,达到设计周期缩短的目的。

在与企业应用系统集成方面,通过 PTC Windchill 系统功能强大的成熟模块 ESI 和 Info * Engine,实现其与企业其他系统(如 ERP、MES、SRM、QMS 等系统)之间的有机集成,优化系统之间的业务流程及信息的无缝交换。

更为重要的是,对于最新发布的 PTC Windchill 11 版本,通过与 ThingWorx 技术平台解决方案的整合,使 PTC Windchill 系统成为业界第一个与物联网平台整合的、智能化的 PLM 系统。

PTC Windchill 11 具有以下优点。

1. 智能

产品研发是一个节奏快、极易发生变化的过程,涉及的人员和学科也比以往任何时候都多。若要做出准确的决策、提供高质量的工作成果和及时发布产品,则必须让所有人都保持信息畅通,并从有关产品数据和流程的单一数据来源接收信息。

(1) 基于角色的应用程序。通过摒弃复杂的用户界面和大量的培训,更快、更轻松地为更多利益相关方提供与其工作相关的适当产品数据,从而充分发挥 PLM 的作用。

(2) 全新搜索功能。多层面的搜索功能使查找和重用零件变得更加快速、直观和简单。

(3) 经过改进的知识产权保护。增强的安全功能使其在与全球的内部人员和第三方协作人员进行协作时,保持数据和项目的安全性,从而为“随处设计,随处构建”的策略提供坚实的后盾。

(4) 生命周期协作开放服务(open services for lifecycle collaboration,OSLC)标准。PTC Windchill 11 是一个智能开放的 PLM 系统。PTC 采用 OSLC 标准来改善协作以及与其他系统的连接。

2. 连通

智能互联产品为产品开发团队带来了新的挑战,同时也带来了新的机会,其中的一项是能够直接获取实时运行数据,从而更快地改善产品质量。

(1) 互联的质量。捕获和分析现场数据可以更快地检测故障,并利用更完整的信息来改进根本原因分析和纠正/预防措施。

(2) 需求追踪能力。利用 PTC Windchill 和 PTC Integrity 之间的最新联系,定义和管理系统级需求和产品设计之间的联系。

(3) Performance Advisor。PTC Windchill 11 是一款智能互联产品,可提供更好、更主动的支持,包括收集有关自身性能的信息、提醒 PTC 留意相关问题,以及保持匿名性和合规性。

3. 完整

当今的产品开发复杂性要求 PLM 以更敏捷的方法管理更多数据和流程:实现以零件为中心的设计、缩短产品上市时间、简化协作以及提高决策制定的准确性和速度。

(1) 经过改进的 BOM 转换。利用 eBOM、mBOM 和 sBOM 之间的平滑转换、可视化的并排 BOM 比较以及可在 BOM 中自动传递的更改,可以改善团队之间的协作。

(2) 经过更新的 BOM 管理。通过改进可视化、零件定义和变型管理来创建和管理以零件为中心的完整 BOM。

(3) 管理 PTC Creo 3.0 的突破性进展。利用最新的设计探索功能和 Unite 技术,以原生格式管理任何受支持的 CAD 文件。

(4) 其他功能。改善了项目协作、PTC Creo View 的可视化、客户体验管理等。

4. 灵活

通过利用新的部署方式,即云、本地和完全托管的 SAAS 模型来降低 PLM 项目的投资规模,同时保证可访问性和安全性。这种新的方式可通过订阅模式定价的形式来确保 PLM 项目或计划发生需求变化时灵活调整预算。

思考题

10-1 总结 MBE 发展历程。

10-2 MBE 对产品开发带来的影响与意义是什么?

10-3 PTC 基于 MBD 的数字化设计制造一体化解决方案的六大核心技术是什么?

10-4 查阅资料了解 TOP-DOWN 设计方法有哪些?

参 考 文 献

[1]殷瑞钰,汪应洛,李伯聪．工程哲学[M]. 北京:高等教育出版社,2013.
[2]王景贵,刘东升．现代工程认知实践[M]. 北京:国防工业出版社,2012.
[3]张曙,陈超祥．产品创新和快速开发[M]. 北京:机械工业出版社,2008.
[4]鞠鲁粤．工程材料与成形技术基础[M]. 3 版.北京:高等教育出版社,2015.
[5]姜银方,王宏宇．机械制造技术基础实训[M]. 北京:化学工业出版社,2006.
[6]安萍．材料成形技术[M]. 北京:科学出版社,2008.
[7]刘胜青,陈金水．工程训练[M]. 北京:高等教育出版社,2005.
[8]胡建德．机械工程训练[M]. 杭州:浙江大学出版社,2007.
[9]张巨香．机械制造基础实习[M]. 南京:南京大学出版社,2007.
[10]孙以安,鞠鲁粤．金工实习[M]. 上海:上海交通大学出版社,2005.
[11]鞠鲁粤．机械制造基础[M].3 版. 上海:上海交通大学出版社,2005.
[12]华茂发．数控机床加工工艺[M].2 版. 北京:机械工业出版社,2010.
[13]王景贵．先进制造技术基础实习[M]. 北京:国防工业出版社,2008.
[14]傅水根．现代工程技术训练[M]. 北京:高等教育出版社,2006.
[15]胡铭．现代质量管理学[M]. 武汉:武汉大学出版社,2008.
[16]刘镇昌．制造工艺实训教程[M]. 北京:机械工业出版社,2005.
[17]周济．智能制造——“中国制造 2025”的主攻方向[J]. 中国机械工程,2015,26(17):2273-2284.
[18]国家制造强国建设战略咨询委员会,中国工程院战略咨询中心．智能制造[M]. 北京:电子工业出版社,2016.
[19]中国电子信息产业发展研究院．智能制造术语解读[M]. 北京:电子工业出版社,2018.
[20]刘强,丁德宇．智能制造之路[M]. 北京:机械工业出版社,2017.
[21]周成,徐建成,居里锴．基于 MBD 的产品数字化设计制造一体化实践指导书[M]. 北京:电子工业出版社,2018.